高等职业教育“十四五”规划教材

食用菌生产技术

何　斌　伍均锋　张世姣　主编

中国农业大学出版社
·北京·

内容简介

食用菌被誉为“人类理想的健康食品”，培育与发展食用菌产业是推进乡村振兴战略的重要内容。本教材由5个模块27个项目构成，模块一为食用菌生产理论部分，包括认识食用菌、食用菌生产条件、消毒与灭菌；模块二至模块五为食用菌生产应用部分，包括食用菌菌种生产技术、食用菌栽培技术、食用菌病虫害防治技术、食用菌保鲜与加工技术。本教材的编写秉承职业教育培养职业技能人才的特性，以“行动导向、任务引领、学做结合、理实一体”为编写原则，以项目化模式编写，从食用菌生产岗位中精选典型工作任务，有针对性讲授专业知识和训练专业技能，培养学生的学习、实践、创新能力。

本教材汇集了编著者多年的食用菌教学、科研与生产的实践经验，条理清晰、图文并茂、简明扼要、通俗易懂，突显了食用菌“因时、因地、生态、高效”的生产特点，既可作为职业院校农林类专业学生食用菌课程的选用教材，也可作为食用菌相关从业人员的参考资料和高素质农民培训的通用教材。

图书在版编目(CIP)数据

食用菌生产技术 / 何斌，伍均锋，张世姣主编. -- 北京：中国农业大学出版社，2024.3
ISBN 978-7-5655-3188-0

Ⅰ.①食… Ⅱ.①何…②伍…③张… Ⅲ.①食用菌-蔬菜园艺-高等职业教育-教材
Ⅳ.①S646

中国国家版本馆 CIP 数据核字(2024)第 042439 号

书　名　食用菌生产技术
作　者　何　斌　伍均锋　张世姣　主编

策划编辑　康昊婷　　**责任编辑**　康昊婷
封面设计　郑　川　李尘工作室
出版发行　中国农业大学出版社
社　址　北京市海淀区圆明园西路2号　　**邮政编码**　100193
电　话　发行部 010-62733489,1190　　编辑部 010-62732617,2618
出版部 010-62733440　　读者服务部 010-62732336
网　址　http://www.caupress.cn　　**E-mail**　cbsszs@cau.edu.cn
经　销　新华书店
印　刷　运河（唐山）印务有限公司
版　次　2024年4月第1版　2024年4月第1次印刷
规　格　185 mm×260 mm　16开本　20.25印张　505千字
定　价　69.00元

编写人员

主　编　何　斌　伍均锋　张世姣

副主编　王　丽　李斌斌　张春坪　彭　婷　包京姗

编　者　（按姓氏拼音排序）

阿左吉日	安加琪	包京姗	毕学义
窦文慧	何　斌	姬　磊	李斌斌
李康林	李　倩	李晓清	彭　婷
唐金凤	王定利	王杰平	王　丽
王正森	王珠婷	伍均锋	徐　超
谢小红	杨栀玲	喻文建	郑云志
赵振海	张春坪	张世姣	朱言琴
税小虎			

主　审　李银塔

前言 Preface

食用菌具有较高的营养价值和药用价值，被誉为“人类理想的健康食品”。食用菌产业是集高效农业、循环农业、低碳农业和可持续农业特征于一体的现代农业产业，是经济效益、社会效益和生态效益均显著的新兴产业，担负着转化农林废弃物资源、增加蛋白质供给和增强食物安全保障能力的重要任务，其产业发展的战略地位日益突出。

培育与发展战略性新兴食用菌产业，是实现农业增效和农民增收的重要举措，也是完善现代农业产业体系和推进乡村振兴战略的重要内容。政府重视食用菌产业发展，2020 年 4 月，中共中央总书记习近平在陕西省商洛市柞水县金米村考察调研时深情点赞当地木耳产业为“小木耳大产业”。在《关于做好 2023 年全面推进乡村振兴重点工作的意见》中也提到要构建多元化食物供给体系，培育壮大食用菌和藻类产业。

党的二十大报告提出，加快建设农业强国，扎实推动乡村产业、人才、文化、生态、组织振兴。产业兴必先人才兴，食用菌生产高技能人才的培养，是我国食用菌产业高质量发展的基础，食用菌学科的教材建设对食用菌人才的培养发挥着极其重要的引领作用。本教材的编写秉承职业教育培养职业技能人才的特性，以“行动导向、任务引领、学做结合、理实一体”为编写原则，从食用菌生产岗位中精选典型工作任务，有针对性讲授专业知识和训练专业技能，培养学生的学习、实践、创新能力。

本教材由 5 个模块构成，模块一为食用菌生产理论部分，包括认知食用菌、食用菌生产条件、消毒与灭菌；模块二至模块五为食用菌生产应用部分，包括食用菌菌种生产技术、食用菌栽培技术、食用菌病虫害防治技术、食用菌保鲜加工技术。以模块项目化模式编写，共计 27 个项目。

本教材汇集了编者多年的食用菌教学、科研与生产实践经验，条理清晰、图文并茂、简明扼要、通俗易懂，突显了食用菌“因时、因地、生态、高效”的生产特点。可作为高等职业院校农林类专业学生食用菌课程的教材，也可作为食用菌相关从业人员的参考资料和高素质农民培训的通用教材。

本教材编写过程中得到了四川菌真香农业有限公司、四川大自然慧川食品有限公司、兄弟院校同行及朋友们的大力支持与帮助，在此深表感谢。

由于教材编写时间和水平有限，书中难免存在不当之处，恳请各位专家同行和广大读者批评指正。另外，本书在编写过程中引用了部分文献资料，在此谨向有关作者表示衷心感谢！

编　者

2023 年 7 月

目录 Contents

模块三　食用菌栽培技术

模块一

食用菌生产理论

项目一　认识食用菌

知识目标

1. 了解食用菌的概念、价值及效益；了解食用菌产业发展现状与趋势。
2. 掌握食用菌的形态结构、特征及分类；掌握食用菌的繁殖方式及生活史。
3. 掌握食用菌生长发育对营养物质及环境条件的需求。

能力目标

1. 科学认识食用菌产业发展的意义及方向。
2. 依据食用菌的形态、结构特征，能识别常见食用菌种类。
3. 根据食用菌的营养特性及环境需求，能选用适宜的培养基质，能调控适宜的生长环境。

素质目标

1. 弘扬中国食用菌文化，提升民族自豪感。
2. 讲述食用菌价值，树立“小蘑菇，大健康”意识。
3. 讲述食用菌产业独特魅力，激发学生学习兴趣。

知识一　食用菌与食用菌生产概述

图 1-1　食用菌

一、食用菌的概念与种类

根据国家标准 GB/T 12728—2006，食用菌的英文名为 edible mushroom，定义为可食用的大型真菌。在我国食用菌一词有两种不同的含义，即广义食用菌和狭义食用菌。广义食用菌泛指可以食用的所有真菌，包括各种小型真菌，如酵母菌、毛霉、根霉、脉孢霉和各种大型真菌，或常见的香菇、木耳、灵芝、块菌、虫草、口蘑等。狭义食用菌，是专指各种大型可食用的真菌。本书介绍的食用菌均属于大型真菌，故应采取狭义食用菌的概念，即食用菌（图 1-1）是一类可供人类食用并具有肉质、胶质子实体或菌核的大型真菌，俗称“菇”“菌”“芝”“耳”“蕈”“蘑”。

在欧美国家，多年来食用菌特指人工生产的双孢菇的一种，直至近年，随着人类对食用菌营养和药用功能认知的普及和提高，平菇、香菇、金针菇、木耳等在欧美市场的消费逐年增加，食用菌这一术语的范围也得以拓展。

据估计，全球有大型真菌 14 万余种，目前已知或记载种类约占 10%，即 1.4 万种左右，其中食用菌有 2 000 多种。我国食用菌资源非常丰富，目前已知的食用菌有 1 000 多种。我国已人工驯化生产出子实体和利用发酵培养出菌丝体的食用菌达 200 余种，其中可商业化生产的有 70 多种，可规模化生产的有 30 多种。现已知食用菌中绝大多数种类仍为野生菌，有待驯化和开发利用。

在分类学上，食用菌隶属于真菌门，大部分食用菌属于担子菌亚门，如香菇、双孢菇、平菇、金针菇、草菇、鸡腿蘑、灵芝、茶树菇、杏鲍菇、滑菇、竹荪、猴头菇、银耳、黑木耳、毛木耳、茯苓、猪苓等；少部分食用菌属于子囊菌亚门，如羊肚菌、马鞍菌、黑孢块菌等。世界五大品牌食用菌中有四种（香菇、草菇、平菇、木耳）人工栽培源于中国。

二、食用菌的价值

（一）食用菌的营养和保健价值

食用菌质地柔嫩、味道鲜美、营养丰富，富含多种生理活性物质，历来深受人们推崇。古代人们把食用菌誉为“山珍”，是宴席上的珍品；近代人们又把食用菌誉为“素中之荤”“植物肉”“保健食品”。在美国，蘑菇被称为“上帝的食品”，在日本，香菇被称为“植物性食品的顶峰”。食用菌现已被联合国粮农组织推荐为 21 世纪的理想健康食品及“一荤一素一菇”最佳饮食结构。

食用菌具有蛋白质、多糖、维生素含量高，脂肪含量低的特点。食用菌蛋白质含量高于一般果蔬，蛋白质中含人体所必需的 8 种氨基酸，禾谷类食物中缺乏的赖氨酸和亮氨酸，在食用菌中含量特别丰富。

糖类是食用菌重要的组成物质。食用菌不仅含有与植物相同的单糖、双糖和多糖，还有一些氨基糖、糖醇类、糖酚苷类、多糖蛋白类等植物少有的糖类。各种真菌多糖是食用菌重要的生理活性物质，具有调节人体免疫活性的特性。食用菌中含有多种维生素，如硫胺酸（维生素 B_1）、核黄素（维生素 B_2）、尼克酸、生物素、抗坏血酸（维生素 C）、叶酸、烟酸等，其中 B 族维生素、尼克酸等维生素的含量高于植物性食品的含量，双孢菇中 B_{12} 含量高于同重量的带鱼的含量。按照世界卫生组织要求，每日大约食用 100 g 鲜蘑就能满足成年人对维生素的需求量。食用菌中普遍含有丰富的维生素 D 原，即麦角甾醇，其在紫外光照射下可转变成丰富的维生素 D，食用菌中草菇维生素 C 含量居于水果、蔬菜、菇类之首。

食用菌还含有在人体中起重要作用的矿物营养元素，如钾、磷、硫、钠、钙、镁、铁、锌、铜等，部分食用菌还含有大量的锗和硒。除此之外，食用菌多含呈香的风味物质，能促进食欲，如香菇中香味成分主要是香菇精（1，2，3，5，6-五硫杂环庚烷）。

（二）食用菌的药用价值

在我国食用菌入药已有 2 000 多年的历史，是世界上最早利用食用菌治病的国家。在《神农本草经》和《本草纲目》两部医学巨著中都有食用菌药用价值的详细记载。

食用菌在生命代谢活动中能合成各种次生代谢产物和天然化合物。通过化学成分分离鉴定表明，食用菌中含有多糖类、萜类化合物、甾体、生物碱、酚类成分、鞘脂、色素类，还有非蛋白氨基酸、糖多肽、糖蛋白、有机酸、多元醇、呋喃衍生物等多种生理活性物质。

这些生理活性物是人们预防和治疗疾病的物质基础，其生理活性功能包括抗肿瘤作用、免疫调节作用、预防或治疗心血管疾病作用、降血脂作用、抗菌作用、抗病毒作用和保肝作用等。如香菇能降低血浆中胆固醇含量，对心肌梗死、高血压、冠心病有预防作用，其中含有的香菇多糖具有防癌抗癌的作用，双链 RNA 可提高人体免疫力，增强人体抗病能力，还有助于抗艾滋病及延缓衰老。黑木耳具有清胃、润肺、健脑、通便、治痔等功效。银耳可滋补强身、提神生津、对慢性肾炎有一定疗效。蜜环菌具有与天麻类似的作用。猴菇菌片对治疗胃及十二指肠溃疡有较好效果。灵芝具有镇静、解痛、解毒、止咳、平喘、化痰等药效。鸡腿蘑具有降血糖，治疗糖尿病的功效。此外，还有很多食用菌具有预防和辅助治疗癌症的作用。

食用菌在生命代谢活动中能合成各种次生代谢产物和天然化合物。从天然产物及其衍生物中寻找具有显著活性的先导化合物，已经成为国内外新药创制研究的重点领域之一。

三、食用菌生产的效益

发展食用菌产业，不仅可以改善人类膳食结构，提高人民健康水平，而且有利于增加出口创汇、提高农民收入，也有利于农林牧废弃物循环再利用，经济效益、社会效益和生态效益均十分显著。

（一）经济效益

食用菌产业具有低投入、高产出、见效快等显著优势，规模可大可小，便于操作，作为庭院经济，可以获得较好的收益。若用大棚生产食用菌一年最少可以栽培两季，每亩（667 m^2）可获利 2 万元以上，远高于普通蔬菜种植。另外，各种食用菌系列深加工产品不仅可以提高食用菌的利用率，而且可以大幅度地增值，从而提高经济效益。

（二）社会效益

在全球粮食安全及大食物观背景下，食用菌除作为蔬菜食用外，还可以制成 10%的强化面粉，加工成主食食品和全营养食品。生产 100 万 t 干食用菌相当于 160 万 t 牛肉、1 280 万 t 粮食。食用菌产业属于劳动密集型产业，每亩平均直接用工 5～7 人，远高于其他作物生产，发展食用菌产业可直接或间接转化大量的农村、城郊富余劳动力。同时，食用菌产业的壮大发展还会带动其他相关产业，如商贸、交通运输、机械加工、原辅材料、农膜包装、旅游餐饮、金融银行业的发展，可达到农民增收、农业增效、财政增长的目的，能形成“兴起一个产业，富裕一方百姓”的农村经济新格局，进而促进乡村振兴战略的发展。

（三）生态效益

在动物、植物、微生物“三物”循环中，植物是生产者、动物是消费者、微生物是分解者。食用菌作为大型真菌能分解利用农林牧废料，产出营养美味的健康食品，并形成菌糠、菌液等有机肥，可用于改良土壤结构、提高土壤肥力，形成良性生物循环和生态循环。利用农林废弃物 2 000 万 t，可生产出 100 万 t 干食用菌，产后可形成有机肥料 1 000 万 t、50 万 t 氮量为 2%的尿素。同时食用菌生产对水的利用率是粮食的 37.5 倍，蛋白质生产效率是粮食的 100 倍。

四、食用菌生产现状

(一)食用菌生产现状

随着人类科研水平和生活水平的提高,人们对食用菌的认识也在不断加强,作为世界卫生组织和联合国粮食及农业组织推荐的人类健康膳食结构中的组成部分,食用菌消费量日益增长,世界食用菌贸易量不断增加。

1.产业概况

从品种上看,世界工厂化食用菌栽培品种主要有木腐菌的金针菇、杏鲍菇等及草腐菌的双孢菇等。其中,双孢菇是欧美国家的主栽品种,香菇在亚洲国家占主导地位。欧美的美国、荷兰、法国、西班牙及亚洲的中国、日本、韩国等国家是世界主要的食用菌生产大国。全球栽培食用菌市值约 350 亿美元,药用菌产品 150 亿美元,野生菌 10 亿美元,总计超 500 亿美元,其中大部分作为食品食用。食用菌主要出口国有中国、荷兰、波兰、英国、法国、日本、韩国、越南和印度。从 20 世纪中期开始,全球食用菌产量一直保持增长态势,根据统计,近十年食用菌产量年均增长率超 6.0%。

2.消费国家

全球食用菌消费主要集中亚洲、欧洲、美洲三大地区。以人均消费量排名,亚洲位居第一,欧洲排名第二,美洲位列第三。中国虽然是食用菌产量、消费量最大的国家,但每年人均消费量不足 0.5 kg,消费潜力巨大。

3.生产模式

目前,食用菌行业存在的栽培模式主要有三种:"传统农户生产模式""公司+农户生产模式""工厂化生产模式"。随着现代农业的发展,食用菌菌种研发及栽培技术逐渐提高,工厂化生产模式随之兴起,所占比重也逐年增高。全球食用菌工厂化率超 90%的国家主要是荷兰、日本和韩国。荷兰是食用菌工厂化生产的发源地,1947 年荷兰开辟了草腐菌工厂化生产的先河,随后在欧美先进国家陆续推行。荷兰双孢菇工厂化栽培技术处于世界领先水平,具有专业分工明确,堆肥制作质量、标准高,机械化、电脑控制及防疫水平高等优势,最高单产可达 40 kg/m^2。日本是亚洲的食用菌生产强国,其科研水平、工厂化栽培技术水平世界领先,所有企业基本都配有空调设备,可进行全年生产。目前,日本是木腐菌白色金针菇工厂化生产大国。韩国紧跟日本食用菌工厂规模化生产步伐,从 20 世纪 90 年代引进技术与设备,到如今独立自主研发,已经基本实现了金针菇、杏鲍菇、真姬菇(斑玉蕈)全自动化生产,产品主要出口到欧美和日本。

(二)我国食用菌生产现状

中国是世界食用菌栽培最早的国家,也是食用菌产量最大的国家,更是食用菌消费量最多的国家。近年来随着经济全球化、产业市场化、科技现代化,我国食用菌生产发展发生了显著变化。

1.栽培品种多样性

目前我国食用菌栽培品种已达到 80 多种,形成商品规模生产的有 50 多种,规模化栽培的有 30 多种,年产 30 万 t 以上的有 13 种。基本形成了大宗品种稳步发展,珍稀菇类较快发展,药用菌异军突起的一个“百菌争艳”的局面。据中国食用菌协会统计，2021 年产量前 7 位的食用菌品种依次是：香菇、黑木耳、平菇、金针菇、杏鲍菇、双孢菇和毛木耳，总产量占全国食用菌总产量的 84.86%，是我国食用菌产品的常规主要品种(图 1-2)。

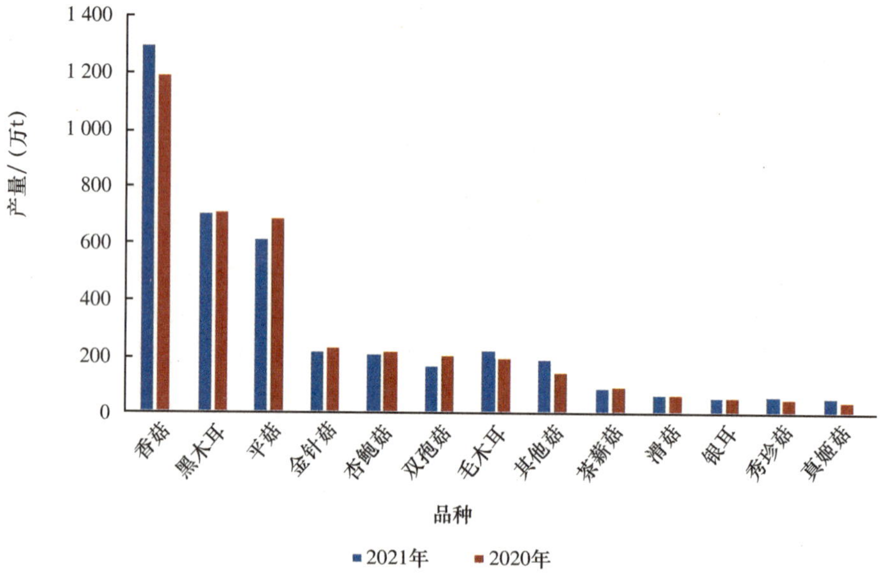

图 1-2　2020—2021 年食用菌主要品种产量对比图

(中国食用菌协会 2021 年统计数据)

2. 产量增速快

近十年来，我国食用菌产量呈直线上升趋势，年均增长率超 10%，2021 年达到了 4 133.94 万 t，产值为 3 475.63 亿元，出口创汇 30 多亿美元，是中国农业中继粮食、蔬菜、果树、油料之后的第五大产业，超过了棉花、茶叶、糖类。

3. 栽培方式多元化

工厂化生产是食用菌产业发展的必然趋势，欧洲、美国、日本、韩国及我国台湾等发达国家和地区的工厂化食用菌生产已基本完成了对传统模式的替代。其中，我国台湾、韩国工厂化食用菌生产占有率达 95%以上，日本达 90%以上。据中国食用菌协会数据显示，2016—2020 年，中国食用菌工厂化生产比例在不断提升，从 2016 年的 7.15%增长到 2020 年的 9.7%。我国食用菌生产栽培由传统农户种植模式到“企业＋传统农户种植”模式，再到目前的工厂化种植模式，已经蓬勃发展起来(图 1-3)。2021 年我国智能化栽培企业超 700 家，日产量超万吨，稳居全球首位，占全球食用菌智能化生产总产量的 45%。

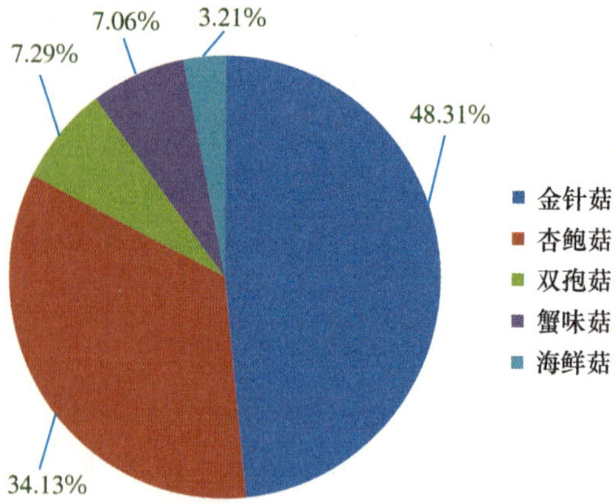

图 1-3　2019 年食用菌工厂化产量占比

(中国食用菌协会 2019 年统计数据)

4. 加工方式及产品增多

随着加工设备及技术不断提升、加工方式不断深入，食用菌加工由最早的粗加工，发展到现在的精加工和深加工。加工产品由传统产品如保鲜品、干品、盐制品向新型食品如冷冻品、罐头制品转变，包括一些品质优良、营养丰富的新产品，如多糖、多肽不断推出，大幅提升了食用菌产业的经济产值，投入产出比为1∶(2～5)，超出其他农业种养项目1～3倍。

5. 生产原料更加广泛

食用菌栽培原料除传统棉籽壳和木屑外，一些作物的秸秆、工厂下脚料、药厂废渣、酒糟等纷纷成为食用菌生产的原料，培育出许多具有特色的食用菌产品，使市场更加丰富多彩。

6. 生产设施使用增多

国内生产食用菌配套机械和配套设施的大规模企业超过70家，食用菌栽培的设施化程度显著提高，一些发酵罐、微喷、智能温室、空气净化器、装袋和接种机进入生产领域，深加工领域引进的萃取、多肽分离、多糖药剂等先进设备更多，高投入高产出，产业水平高和产业链延长。

7. 食用菌产区扩大

在乡村振兴、鼓励农产品出口等相关政策的刺激下，食用菌产业发展首当其冲，西部、东北和华北部分地区增长幅度较大。受各地政策引导以及市场和成本因素影响，“南菇北移，东菇西进”正进入新阶段，东南部地区产业结构和布局调整加快，突出精深加工和品牌特色。

8. 食用菌文化逐渐形成

近年来随着食用菌产业链的不断延展，食用菌文化产业不断兴起，食用菌休闲观光方兴未艾，食用菌特色小镇建设完善，许多地区将食用菌会展文化、特色休闲观光旅游文化纳入地方特色旅游项目。

五、食用菌产业发展趋势

(一)全球食用菌产业发展趋势

人类社会经历了农业文明之后，进入了信息文明。就全球发展而言，农业社会、工业社会和信息社会交叉并存。全球工业化和现代化进程的加快，使得人类赖以生存的耕地不断减少，使用可以不占用耕地生产人类优质食品，有助于缓解人类的食物紧缺压力。同时，食用菌利用农林废弃物的产业特点，使其发展具有良好的农业生态效益和环境效益。

1. 市场需求的增加促进产业稳定持续发展

食用菌的营养美味和健康功能，使食用菌消费需求持续增加，特别是现代医学研究表明食用菌的多项功效，使其日益受到消费者青睐。不论发达国家还是发展中国家，食用菌都属于保健食品之列。食用菌消费的增长，生产上来自常规种类和珍稀种类两大类，前者增长量大，后者增长幅度大。市场消费规律表明，新种类产量的增加和消费不影响传统种类的消费量。近年美国平菇成为消费增长较快的种类，但传统的双孢菇产量和消费量仍稳步增长；同样，近年我国白灵菇、杏鲍菇、茶树菇、羊肚菌等珍稀种类消费的迅速增长，也没有影响平菇、香菇、黑木耳等传统种类的增长和消费。

2. 食用菌产业由发达国家继续向发展中国家转移

我国食用菌的栽培起源于1 300年以前，甚至更早。近代的实用栽培起源于法国，食用菌栽培现代技术起源于欧美国家的。现代食用菌产业经历了近 100 年大发展之后，自 20 世纪 80 年代中后期逐渐向东方转移，特别是随着我国食用菌产业的兴起，加快了这种转移。2012 年第 18 届国际食用菌科学与栽培大会的召开成为我国由世界食用菌产业大国转变为世界食用菌产业强国的重要标志。

3. 东南亚进入发展快车道，非洲食用菌产业快速兴起

近年来，越南、印度、泰国等东南亚各国食用菌产业发展迅速，他们充分利用自身的资源和气候特点，发展特色食用菌。如越南和泰国充分利用当地的稻草和高温高湿气候，大力发展草菇生产，充分利用山区不同海拔的垂直气候特点，在不同海拔地点建设不同设施，利用自然气候，开展专业化周年生产。2020 年以来，印度的食用菌产业以年 25%左右的速度递增，未来 10 年有望成为亚洲食用菌产业发展最快的国家。

（二）我国食用菌产业的发展趋势

食用菌产品主要通过经销商销往酒楼、饭店和食堂，以及通过农贸市场或超市销往千家万户，少部分经深加工后出售给终端消费者。随着社会经济和科技的发展，人类对食用菌的需求将稳定增长，这必然为我国食用菌的发展带来广阔的前景。我国食用菌产业经历了 40 多年的快速发展，和其他农产品一样，市场已经由短缺变为了供需平衡。改革开放带来的人们生活水平的提高及市场经济全球化，使国内外对食用菌产业发展及产品质量提出了新的要求。

1. 规范化标准化生产

我国食用菌产业起源于家庭式分散生产，由于条件、栽培技术和生产理念等不同，规范化和标准化进程缓慢。随着农业标准化建设的推进，食用菌常态标准化水平将不断提升，规范化生产，标准化操作，产品质量不断提高，特别是主产区，纷纷建立实用、经济、科学的生产技术体系，并以地方标准颁布实施。生产联合体和生产经营企业根据自身的实际情况，制定符合实际需要的企业标准。在主产区和生产基地，按照农业良好作业规范原理制定的食用菌良好作业规范不断普及，从场地、投入品、管理措施、采收、包装、贮运到餐桌的可追溯体系已逐步建立，促进了食用菌产品质量的提高。

2. 设施化专业化生产

食用菌产品质量的提高需要科学技术和技术规范，更需要适宜的设施和专业化生产。市场对质量要求的提高，使过去一家一户的分散小规模生产逐渐向设施化和专业化生产转变。相关设施设备水平也不断提高，农业生产应用的粉碎机、装袋机、翻料机、接种机、菌种生产器具等，工业化生产应用的培养基制备、灭菌、接种、搔菌、环境控制等成套专业化设备得到广泛应用。食用菌高压灭菌逐渐明晰，专业化生产不断加强。年产数百万袋的菌棒场逐年增加，适应不同阶段的生产特点，实行工段划分，专业化生产已成为发展的必然趋势。

3. 质量化效益化生产

我国食用菌产业经历了 40 多年的快速发展后，已经完成了数量的扩张。继续产量的扩增，产业效益恐难以提高，甚至会导致“菇贱伤农”情况的发生。随着我国经济的发展，人民生活水平的提高，对食用菌营养和功能认识的普及，促发了对食用菌质量和安全意识的增强。产品质量的提高将带动价格的提高，价格的提高又将调动广大栽培者的积极性，进一步促进食用菌产业的健康快速发展。

知识二 食用菌形态结构与分类

一、食用菌的形态结构

自然界中食用菌种类繁多，形态、大小、颜色各异，但其基本结构大致相同，是由菌丝体（营养器官）和子实体（繁殖器官）两部分构成（图 1-4）。

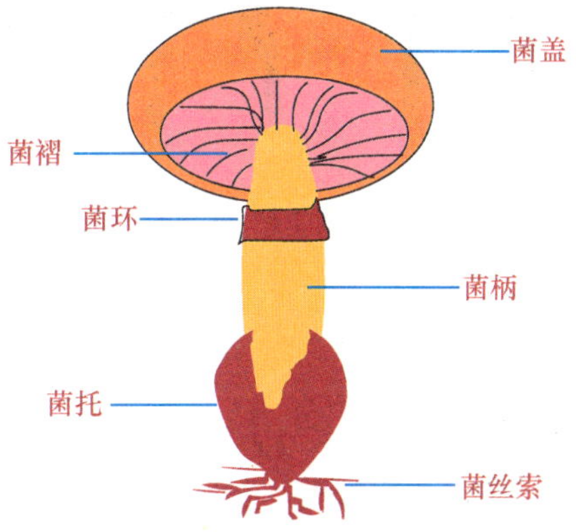

图 1-4 伞菌类食用菌形态结构

（一）菌丝体形态结构

菌丝是食用菌的营养器官，是构成菌丝体的基本单位，通常由孢子萌发产生的芽管状细胞不断分枝伸长形成；由无数菌丝交织而成的丝状体或网状体称为菌丝体（图 1-5）。

食用菌菌丝由单个或多个细胞组成，其细胞结构由细胞壁、细胞膜、细胞质、细胞核组成。食用菌菌丝最初是无隔膜多核细胞菌丝而后通过同宗结合或异宗结合形成双核或多核细胞菌丝体。

根据菌丝发育顺序和细胞中细胞核数目的不同，可将菌丝分为初生菌丝、次生菌丝和三生菌丝。

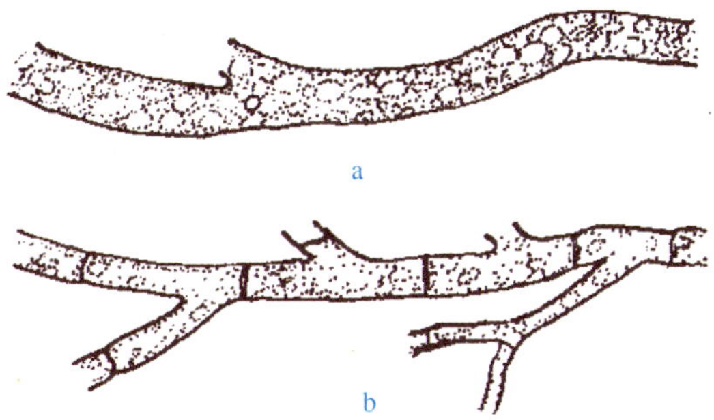

a. 无隔菌丝 b. 有隔菌丝

图 1-5 菌丝

1. 初生菌丝

直接由单核的孢子萌发，所有的细胞核是相同的，又被称为同核体，初生菌丝最初是多核的，随着隔膜的形成，菌丝被分割成多细胞的单核菌丝体。初生菌丝生长期短、菌丝弱，没有结菇能力，只有和两条性别不同的菌丝结合后形成双核菌丝才能形成子实体。

2. 次生菌丝

两个性亲和的初生菌丝体通过质配形成次生菌丝体（图 1-6），由于次生菌丝体每个细胞内有两个不同的细胞核，又被称为异核体或双核体。次生菌丝多靠锁状联合分裂，继而繁衍成旺盛的菌丝。锁状联合是担子菌菌丝细胞生长繁殖的一种特殊方式（图 1-7）。

图 1-6 次生菌丝的形成

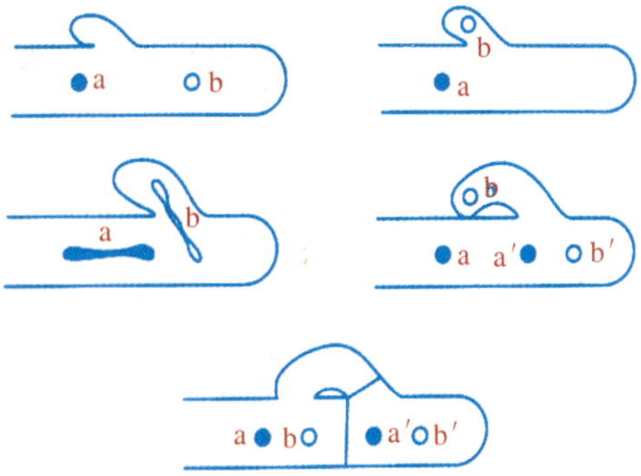

图 1-7 锁状联合

（引自 Alexopoulos 等，1996）

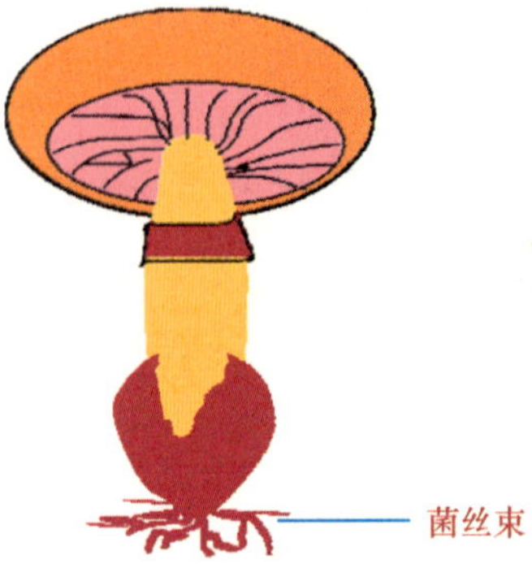

图 1-8 三生菌丝

3. 三生菌丝

三生菌丝是由次生菌丝进一步发育形成的已组织化的双核菌丝体，也叫结实性菌丝，如菌索、菌核、子座及子实体中的菌丝（图 1-8）。

（二）子实体形态结构

子实体是食用菌产生有性孢子的肉质或胶质的大型菌丝组织体，是食用菌的繁殖器官，也是人们主要的采食部分，通常被称为“菇、耳、菌、蕈、芝”等。食用菌子实体的形态、大小、质地、颜色因种类不同而异。食用菌子实体常见形态有伞状、扇状、头状、耳状、柱状、漏斗状、舌状、珊瑚状等。食用菌子实体的伞状结构最为常见，其基本结构主要由菌盖、菌柄组成，部分种类还具有菌幕的残存物——菌环、菌托。

1. 菌盖

菌盖又名菌伞、菌帽，是伞菌类子实体位于菌柄之上的帽状部分，是主要的繁殖结构，也是人们食用的主要部分。菌盖通常呈圆形或伞状，也有其他形状（图 1-9）。

菌盖表面有光滑的、纹路的、粗糙的等特征；菌盖颜色也是多样的，有红、黄、绿、紫、白、灰、褐等。菌盖形状、表面特征及颜色是食用菌分类的重要依据。菌盖由菌皮、菌肉及菌褶或菌管三部分组成。

2. 菌柄

菌柄又名菇柄、菇脚。菇柄位于菌盖下方，上部连接菌盖，下部着生于培养基质，起支持和输导作用。菌柄形状、粗细、颜色、质地及着生位置等因品种而异。菌柄一般着生于菌盖中部，也有偏生或侧生。菌柄多为肉质，少数为纤维质、蜡质等。菌柄长短不一，有的甚至无菌柄。菌柄常呈圆柱状、棒状等，实心或空心。菌柄表面多为光滑，少数菌柄上有网纹、鳞片等结构。菌柄的颜色各异，有的与菌盖同色，有的则不同（图 1-10）。

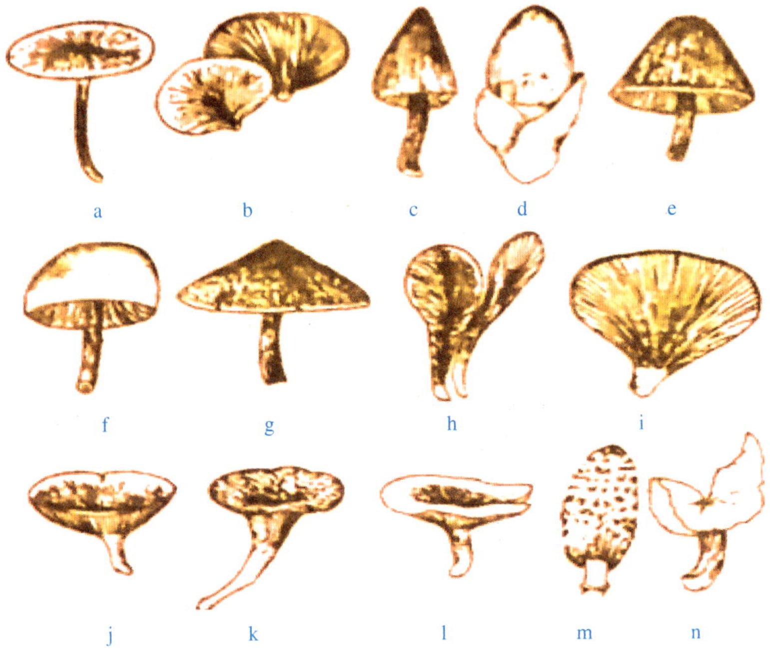

a. 圆形　b. 半圆形　c. 圆锥形　d. 卵圆形　e. 钟形　f. 半球形　g. 斗笠形　h. 匙形　i. 扇形　j. 漏斗形　k. 喇叭形　l. 浅漏斗形　m. 圆筒形　n. 马鞍形

图 1-9　菌盖形状

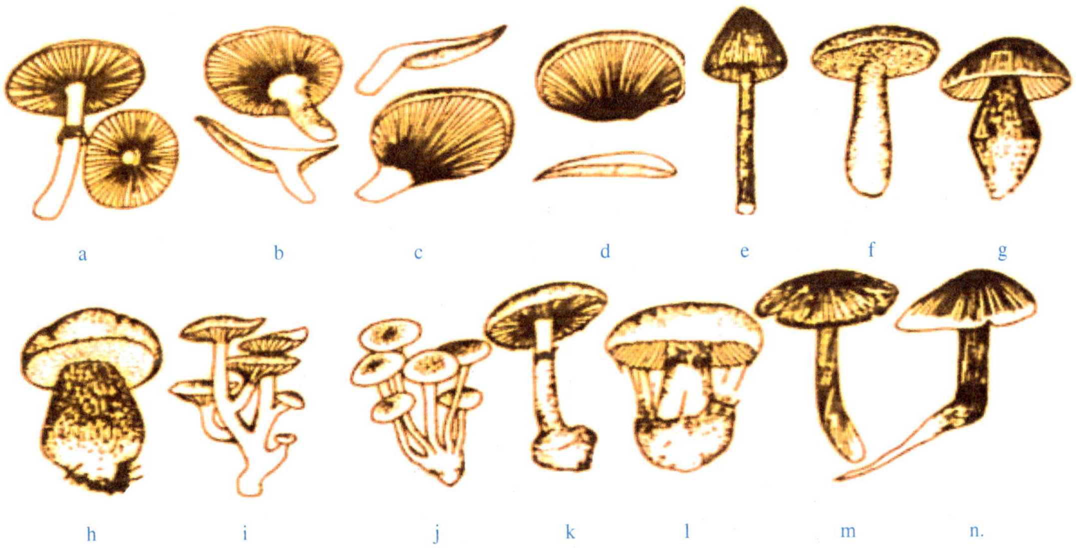

a. 中生　b. 偏生　c. 侧生　d. 无菌柄　e. 圆柱形　f. 棒形　g. 纺锤形　h. 粗状　i. 分枝　j. 基部联合　k. 基部膨大呈球形　i. 基部膨大呈臼形　m. 菌柄扭转　n. 基部延长呈假根状

图 1-10　菌柄形态特征(仿应建浙等)

3. 菌幕、菌环与菌托

(1)菌幕:菌幕分为外菌幕及内菌幕。包被整个幼小子实体外面的菌膜,称为外菌幕。连接菌盖与菌柄间的膜,称为内菌幕。

(2)菌环：随着菌盖的生长和伸展，内菌膜破裂后残留在菌柄上发育成菌环。菌环在菌柄上的着生位置、单双层结构及存留时间因品种而异，少数种类菌环易消失或脱落(图 1-11)。

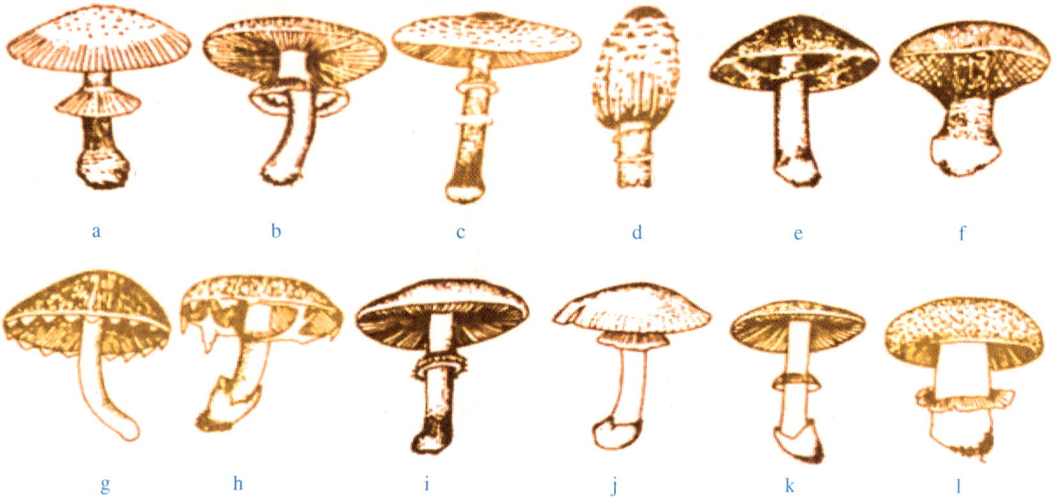

a. 单层　b. 双层　c. 、d. 可沿菌柄移动　e. 膜质絮状　f. 丝膜状　g. 、(h. 破裂后附着在菌盖的边缘　i. 齿轮状　j. 生菌柄上部　k. 生菌柄中部　l. 生菌柄下部

图 1-11　菌环形态特征(仿应建浙等)

(3)菌托：随着菌柄的生长，外菌幕被撑裂，残留于菌柄基部发育成的杯状、苞状或袋状物构造，称为菌托。菌托的形状有鞘状、环状、鳞茎状、瓣裂状等，较多伞菌类虽有外菌幕，但在子实体生长发育过程中会逐渐全部消失，无法形成菌托(图 1-12)。

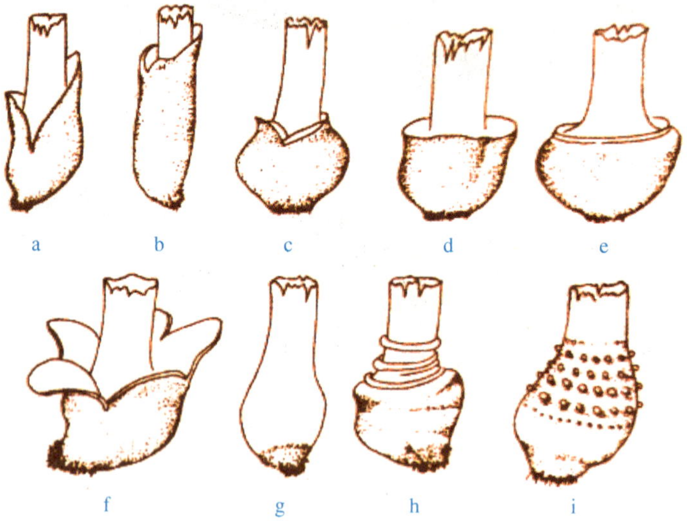

a. 苞状　b. 鞘状　c. 鳞茎状　d. 杯状　e. 杵状
f. 瓣裂　g. 菌托退化　h. 带状　i. 数圈颗粒状

图 1-12　菌托形态特征(仿应建浙等)

二、食用菌的分类

食用菌的分类是认识和研究食用菌的基础。食用菌的分类主要是以其形态结构、细胞、生理生化、生态学、遗传等特征为依据的，特别是以子实体的形态和孢子的显微结构为主要依据（图 1-13）。根据各类群之间的相似程度，将其划分为界、门、纲、目、科、属、种 7 个分类等级，有时还有亚纲、亚目、亚科的单位。其中“种”为分类的基本单位。

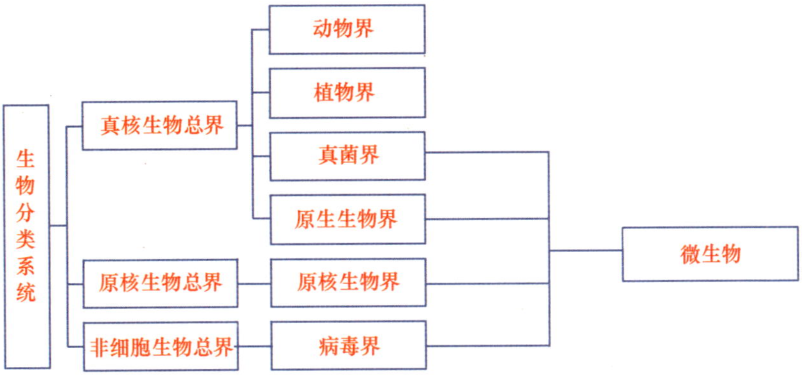

图 1-13　生物分类系统

食用菌隶属于生物中的微生物界（菌物界）真菌门中的担子菌纲和子囊菌纲。食用菌绝大多数属于担子菌纲，少数属于子囊菌纲（表 1-1）。

全世界约有菌物 150 万种，经研究和描述的有 6 万～7 万种，其中有 1 万多种是大型真菌。我国地理位置和自然条件十分优越，蕴藏着极为丰富的食用菌资源。目前，我国已发现食用菌有 1 000 多种，隶属于 166 个属，54 个科，14 个目。

表 1-1　几个重要的真菌分类

Ainsworth 等（1973）	菌物字典（1983）	菌物字典（1995）	Alexopoulos 等（1996）	菌物字典（2001）
真菌界	真菌界	原生动物界	真菌界	藻物界
黏菌门	黏菌门	集胞菌门	壶菌门	丝壶菌门
集胞菌纲	鹅绒菌纲	网柄菌门	接合菌门	网黏菌门
网黏菌纲	网柄菌纲	黏菌门	接合菌纲	卵菌门
黏菌纲	集胞菌纲	黏菌纲	毛菌纲	真菌界
根肿菌纲	黏菌纲	原柄菌纲	子囊菌门	子囊菌门
真菌门	根肿菌纲	根肿菌门	半知菌	子囊菌纲
鞭毛菌亚门	网黏菌纲	藻物界	（无性子囊菌）	新床菌纲
壶菌纲	真菌门	丝壶菌门	古生子囊菌	肺炎胞囊菌纲
丝壶菌纲	鞭毛菌亚门	网黏菌门	丝状子囊菌	酵母菌纲
卵菌纲	壶菌纲	卵菌门	担子菌门	裂殖酵母菌纲
接合菌亚门	丝壶菌纲	真菌界	担子菌类	外囊菌纲

续表 1-1

Ainsworth 等(1973)	菌物字典(1983)	菌物字典(1995)	Alexopoulos 等(1996)	菌物字典(2001)
接合菌纲	卵菌纲	子囊菌门	腹菌类	担子菌门
毛菌纲	接合菌亚门	担子菌门	卵菌门	担子菌纲
子囊菌亚门	接合菌纲	担子菌纲	丝壶菌门	锈菌纲
半子囊菌纲	毛菌纲	冬孢菌纲	网黏菌门	黑粉菌纲
不整囊菌纲	子囊菌亚门	黑粉菌纲	根肿菌门	半知菌门
核菌纲	(不分纲)	壶菌门	网柄菌门	(无性态真菌)
盘菌纲	担子菌亚门	接合菌门	黏菌门	壶菌门
腔菌纲	层菌纲	毛菌纲		接合菌门
虫囊菌纲	腹菌纲	接合菌纲		毛菌纲
担子菌亚门	锈菌纲	真菌界		接合菌纲
冬孢菌纲	黑粉菌纲	壶菌门		原生动物界
层菌纲	半知菌亚门	接合菌门		集胞菌门
腹菌纲	腔孢纲	毛菌纲		黏菌门
半知菌亚门	丝孢纲	接合菌纲		网柄菌纲
芽孢纲				黏菌纲
丝孢纲				原柄菌纲
腔孢纲				根肿菌门

注:引自李玉、刘淑艳主编《菌物学》,2015.

知识三　食用菌繁殖方式与生活史

一、食用菌繁殖方式

繁殖是生物的基本特征,是形成具有种的全部典型特征的新个体的过程。食用菌的繁殖方式包括无性繁殖和有性繁殖。

(一)无性繁殖

无性繁殖是指不通过有性生殖细胞的结合,由母体直接产生新个体的生殖方式。无性繁殖是食用菌繁殖的基本方式,是通过食用菌菌丝的断裂、分枝、出芽或产生无性孢子(分生孢子、节孢子、厚垣孢子)(图 1-14)的方式产生新菌丝进而形成新个体。无性繁殖因不发生质配、核配和减数分裂等过程,新菌丝细胞中遗传物质较为稳定,繁殖后代能很好地保持亲本原有的性状。食用菌菌种生产的组织分离法,即从种菇中分离一块组织块进行纯培养过程,这就是一种典型的无性繁殖;另外,食用菌的无性繁殖方式还有菌种的扩大培养、原生质体再生菌株。

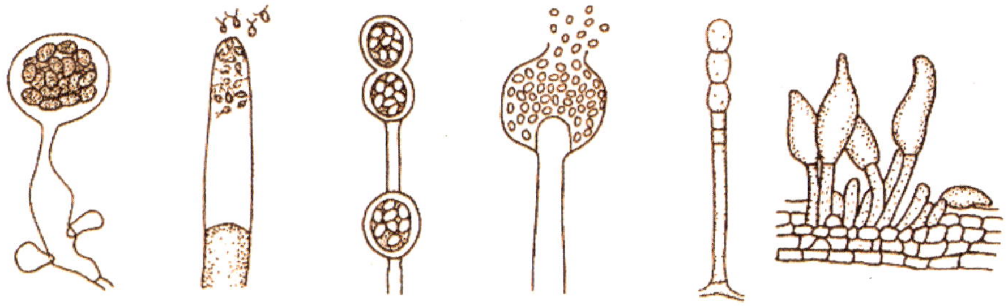

a. 泡囊 b. 游动孢子囊及游动孢子 c. 厚垣孢子 d. 孢子囊孢子 e. 担孢子 f. 分生孢子

图 1-14 真菌无性繁殖产生的孢子类型

(二)有性繁殖

有性繁殖是指通过有性生殖细胞的结合,产生一定形态的有性孢子的繁殖方式。有性繁殖是食用菌遗传物质自我改变、主动适应环境变化的主要繁殖方式。食用菌的有性繁殖历经质配、核配和减数分裂 3 个阶段。质配是 2 个可亲和性细胞原生质的结合,细胞质配后形成 1 个双核细胞,进入食用菌的双核时期;核配是将质配后的两个单倍体核融合为 1 个二倍体的合子核;减数分裂在子实体的担子内进行,把合子核的染色体减半,又重新产生 4 个单倍体核。有性繁殖过程中细胞进行减数分裂,其后代具备双亲的遗传特性。

二、食用菌生活史

食用菌生活史是指从一种孢子萌发开始,经过生长和发育,到再产生同一种孢子的过程。食用菌的生活史包括菌丝营养生长期和菌丝生殖生长期两个阶段(图 1-15)。

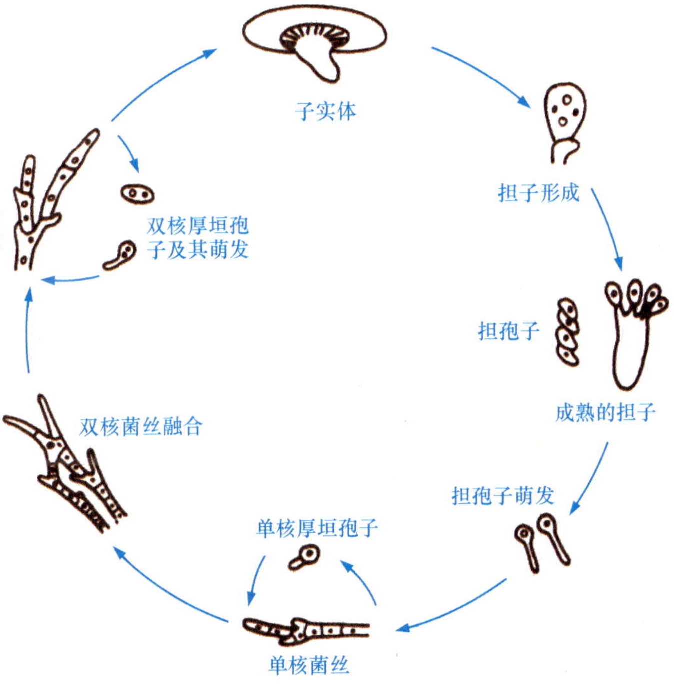

图 1-15 食用菌生活史

(一)菌丝营养生长期

1. 孢子萌发期

多数食用菌孢子在适宜的基质中,吸水膨胀长出芽管,芽管顶端生长发育成单核菌丝。在胶质菌中(如银耳、金耳等),担孢子不能直接萌发菌丝,常以芽殖方式形成次生担孢子或芽孢子后萌发形成菌丝;木耳等担孢子被分隔成多个细胞,每个细胞再产生若干个钩状分生孢子后萌发成菌丝。

2. 单核菌丝期

孢子萌发形成单核菌丝(初生菌丝或一级菌丝),单核菌丝生长缓慢、纤细、分枝稀疏、抗逆性差,一般不会形成子实体。有些食用菌(如草菇、香菇等)的单核菌丝生长时如遇到不良环境将形成厚垣孢子,当环境适宜时再次萌发成单核菌丝。双孢蘑菇的担孢子含有 2 个细胞核,由孢子萌发的菌丝是双核的,无单核菌丝阶段。

3. 双核菌丝期

2 条可亲和性单核菌丝细胞质融合(质配)使单个细胞含 2 个细胞核,称为双核菌丝(次生菌丝或二级菌丝)。双核菌丝生长健壮、分枝浓密、抗逆性强,担子菌类食用菌双核菌丝具有典型的锁状结构。

(二)菌丝生殖生长时期

1. 子实体形成期

双核菌丝旺盛生长、积累营养,形成组织化结构菌丝束(三级菌丝)。菌丝束在适宜环境下相互扭结形成原基后逐步发育成子实体。

2. 孢子的形成与释放

食用菌子实体成熟时,在菌褶或菌管处形成子实层着生担子。担子母细胞中两个单倍体细胞核融合(核配),形成 1 个二倍体合子。二倍体合子再经过减数分裂,形成 4 个单倍体的担孢子。在适宜环境条件下担孢子发生弹射、萌发,开始新的生活周期(图 1-16)。

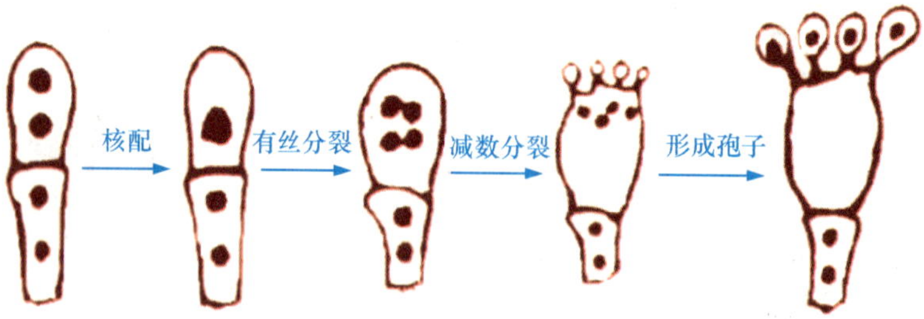

图 1-16　孢子的形成与释放

3. 菌丝有性结合

依据一个担孢子萌发形成的初生菌丝是否能独立完成有性生活史,可将食用菌性亲和系统分为同宗结合和异宗结合两大类型。

(1)同宗结合:同宗结合是一种自体可孕的有性生殖方式,分为初级同宗结合和次级同宗结合两种类型。初级同宗结合是指每个担孢子内只含有 1 个经减数分裂产生的细胞核,担孢子萌发后形成的单核菌丝能双核化，并完成有性生殖过程（如草菇）。次级同宗结合是指单个担孢子本身就含有 2 个可以性亲和的细胞核，担孢子萌发时形成的菌丝体本身就是异核体，不需要与其他菌丝交配就可以完成其生活史（如双孢蘑菇，图 1-17）。

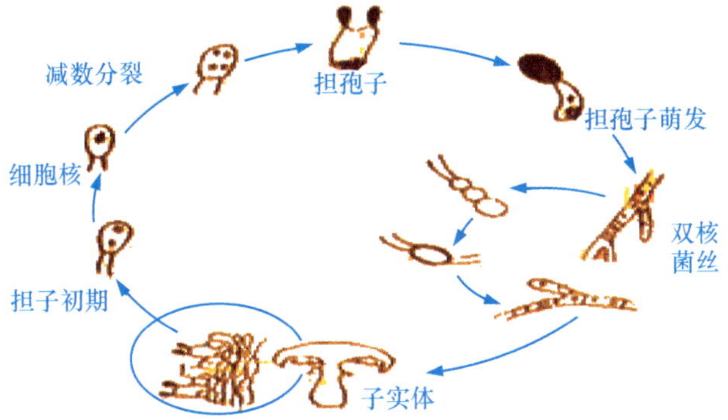

图 1-17　双孢菇生活史

（2）异宗结合：异宗结合是自身不孕而杂交可孕的有性繁殖方式，可分为二级异宗结合和四级异宗结合两种类型（图 1-18）。二级性异宗结合的性亲和系统是由单个因子（A）控制，每个单核体只有 1 种类型 A 因子，只有含不同类型 A 交配因子的单核菌丝（A1 和 A2）之间才能相互交配形成异核体，并最终完成有性生殖。同一菌株产生的担孢子间交配成功率理论值为 50%（如滑菇）。四级性异宗结合是由对应于不同染色体上的 A 和 B，2 个因子控制。2 对交配子（Aa，Bb）在减数分裂时独立分离和自由组合，使每个担子上都产生 4 种不同交配型的担孢子即 A1B1、A1B2、A2B1 和 A2B2。只有 2 个单核菌丝之间 A 和 B 因子均不相同时（A≠，B≠）才能交配成功。同一菌株子实体上产生的担孢子之间相互配对时，配对成功率只有 25%（如裂褶菌）。现能人工栽培的食用菌大多数属于异宗结合类型。

二极性

孢子性别	A	A	a	a
A	S	S	F	F
A	S	S	F	F
a	F	F	S	S
a	F	F	S	S

四极性

孢子性别	AB	Ab	aB	ab
AB	S	S	S	F
Ab	S	S	S	S
aB	S	F	S	S
ab	F	S	S	S

S (sterile), 表示两者不亲和；F (fertile), 表示两者可育。

图 1-18　异宗结合的类型图

知识四　食用菌营养与环境

一、食用菌的营养类型

食用菌自身不含叶绿体，不能进行光合作用，属于异养型生物。依据食用菌获取营养的方式及与生物环境的关系，可分为 3 种营养类型：腐生型、寄生型、共生型。

(一)腐生型

腐生型食用菌是指从动植物残体或无生命的有机物中获取营养和能量的食用菌。此类食用菌数量最大，分布最广，现人工栽培的食用菌大多数属于腐生型。依据腐生对象不同可分为木生菌、草生菌和土生菌。

1. 木生菌

木生菌是从木本植物残体中获取营养和能量的食用菌。常以木质素和半木质素为优先利用的碳源，也能利用纤维素。野生木生菌常在枯木的形成层生长，使木材变腐充满白色菌丝。人工栽培木生菌时，常选择段木或木屑为培养料栽培，如香菇、木耳、灵芝等。

2. 草生菌

草生菌是从草本植物残体或腐熟有机肥料中获取营养和能量的食用菌。常以纤维素和半纤维为优先利用的碳源，几乎不能利用木质素。野生草生菌常生长在烂草堆和腐熟的堆肥、厩肥等有机肥料上。人工栽培草生菌时，常选择秸秆、稻草、畜禽粪、圈肥为培养料栽培，如草菇、双孢蘑菇、鸡腿菇等。

3. 土生菌

土生菌是从富含腐殖质的枯枝落叶层、草地、肥沃田野等场所生长的食用菌，如羊肚菌、马勃、竹荪等。

(二)寄生型

寄生型食用菌是指生活于寄主体内或体表，从活细胞中吸取养料的食用菌。在食用菌中，专性寄生极少见，多为兼性寄生(以腐生为主)或兼性腐生(以寄生为主)，如蜜环菌菌丝在树木的死亡部分腐生生活，一旦侵入活细胞后就转为寄生生活，导致树木发病(属兼性寄生)。而冬虫夏草菌侵染鳞翅目蝙蝠蛾幼虫，在活虫体内吸取营养，生长繁殖，虫体僵化后，适宜条件下形成菌和虫的复合体即冬虫夏草(属兼性腐生)。

(三)共生型

共生型食用菌是指能与植物、昆虫、原生动物或其他菌类相互依存、互利共生的食用菌。最典型的共生菌食用菌是菌根菌。这些食用菌菌丝与植物根系形成菌根，食用菌和植物相互受益，菌根上菌丝能促进植物对营养物质的吸收，保护植物根系免遭病原菌的侵袭，而植物也能为菌丝生长繁殖提供营养物质。菌根可分为外生菌根和内生菌根两大类型。外生菌根是菌根菌的菌丝紧密包围在根系根毛外周，形成菌套，菌根菌不侵入根细胞的内部，只生活在根细胞的间隙，如美味牛肝菌、红菇、松茸等。内生菌根是菌根菌的菌丝侵入根细胞内部，不改变根的形态，共生植物仍保留根毛，如天麻和蜜环菌的共生关系。鸡枞菌和黑翅白蚁也是一种典型的食用菌与昆虫的共生关系。

二、食用菌的营养物质

食用菌属于异养生物，所需营养物质来源于生长基质，主要包括碳源、氮源、矿物元素和生长因素。

1. 碳源

碳素的 20%构成食用菌的组织结构，80%供其生长发育所需要的能量。食用菌不能利用无机碳，只能利用有机碳。在有机碳中，可直接吸收利用的是单糖、双糖(表 1-2)。半纤维素、纤维素、木质素、淀粉等大分子量的多聚糖类，须通过食用菌菌丝前端分泌的胞外酶才能分解吸收利用。

表 1-2 食用菌对有机碳的利用情况

有机态碳类别	有机态碳主要种类	利用情况
单糖	葡萄糖*、果糖、甘露糖、半乳糖等	可直接利用
寡糖	麦芽糖*、乳糖、纤维二糖	可直接利用
多糖	淀粉*、纤维素*、半纤维素*、木质素*、果胶	需胞外酶分解后才能利用，生产上常用富含此类物质的农副产品下脚料，如棉籽壳、秸秆、稻草、木屑等
有机酸	糖酸、乳酸、柠檬酸、延胡索酸、琥珀酸、苹果酸、酒石酸	可直接利用
醇类	甘露醇*、甘油*	可直接利用

注：* 为在食用菌培养中广泛利用的碳源，未标记的利用较少或不易利用。

2. 氮源

氮源是构成食用菌的氨基酸、核酸及蛋白质的重要物质，可直接吸收的有机氮有氨基酸和蛋白胨，大分子量的蛋白质须通过菌丝分泌的胞外酶水解后才能吸收利用。多数食用菌除利用有机氮外，也能利用 NH_4^+ 和 NO_3^- (表 1-3)。

碳源和氮源是食用菌的主要营养。在食用菌栽培中 C/N 是衡量栽培基质营养均衡的一个重要指标。一般在菌丝生长期(营养生长期)的 C/N 为 20∶1左右为宜，出菇期(生殖生长期)的 C/N 为(30～40)∶1为宜。子实体分化发育期氮过多会引起菌丝徒长，推迟出菇期；氮太少也不好，会使原基不易形成和发育不良。

表 1-3 食用菌对氮源的利用情况

氮源类别	氮源种类	利用情况
无机态氮	NH_4^+，$_3^-$	可直接利用，但作为唯一氮源时，生长慢、不结菇
有机态氮	氨基酸、尿素	可直接利用，但应注意尿素的使用浓度
	蛋白胨、蛋白质	需胞外酶分解后才能利用，生产上常用富含此类物质的农副产品下脚料，如豆饼粉、玉米粉、玉米皮、米糠等

3. 矿物元素

在菇体灰分中，矿物元素含量为 0.3%～0.7%，其中大量元素主要有磷、硫、钾、钙、镁，微量元素有铁、铜、锌、锰、铝、硼等。矿物元素参与构成细胞结构和酶的成分，同时调节食用菌的生理生化过程。食用菌生长发育所需要的矿物营养全部来源于栽培基质(表 1-4)。

表 1-4 食用菌对矿质营养的需求

元素	使用化合物	用量/mol	生理作用
大量元素			
K	KCl，K_2PO_2	10^{-3}	离子平衡，糖代谢，酶活性
P	KH_2PO_4	10^{-3}	核酸，能量传递，中间代谢
Mg	$MgCl_2$，$MgSO_4$	10^{-3}	酶的活化，ATP 代谢
N	$NaNO_3$，NH_4Cl	10^{-3}	氨基酸、核苷酸及维生素的组成
S	K_2SO_4，$MgSO_4$	10^{-4}	氨基酸、维生素的组成，巯基的组成
Ca	$CaCl_2$，$CaSO_4$	10^{-4}～10^{-3}	酶的活化剂，质膜组分
微量元素			
Fe	$FeCl_3$，$FeC_6H_5O_7\cdot5H_2O$	10^{-6}	细胞色素、血戏蛋白的组成
Cu	$CuSO_4$	10^{-7}—10^{-6}	酶的活化剂，色素的生物合成
Mu	$MnCl_2$	10^{-7}	酶的活化剂，TCA 循环，核酸合成
Zu	$ZnCl_2$	10^{-8}	酶的活化剂，有机酸及其他中间代谢
Mo	Na_2MoO_4	10^{-9}	酶的活化剂，硝酸代谢及其他

引自 Graeme 等，2011

4. 生长因素

食用菌生长发育必不可少、需求量甚微的特殊有机物质，称为生长因素。一般包含维生素、生长素及激素三类物质。生长因素既不参与细胞结构组成，也不为细胞提供能量，却是酶的组成部分或活性基团，具有调节代谢和促进生长的作用。培养基质中严重缺乏生长因素时，菌丝就会停止生长发育，甚至不能正常出菇。

三、食用菌的理化环境

食用菌生长发育需要有适合的物理和化学环境条件，包括温度、水分和湿度、氧气和二氧化碳、光照条件和酸碱度等。

1. 温度

温度是食用菌生长发育的重要环境因素。食用菌在适宜温度范围内，其生长代谢和繁殖速度随着气温的上升而加快；当超过最低或最高温度时，食用菌的生长代谢就会受到抑制，甚至死亡。依据食用菌菌丝体对温度的适应性，可将食用菌分为 3 种类型：低温型，菌丝生长最适温度为 18～21 ℃，如金针菇；中温型，菌丝生长最适温度为 22～28 ℃，如香菇；高温型，菌丝生长最适温度 为 29～32 ℃，如草菇。依据食用菌子实体分化对温度变化的反应不同，又可以把食用菌分为 2 种类型：变温结实型和恒温结实型。变温结实型食用菌，其菌丝营养生长过渡到子实体分化形成，需要温差刺激，如金针菇、香菇等；反之为恒温结实型食用菌，如草菇、猴头菇等（表 1-5）。

表 1-5 几种食用菌对生长发育温度的要求

种类	菌丝体生长温度/℃		原基分化与子实体发育温度/℃	
	温度范围	最适温度	原基分化温度	子实体发育温度
双胞蘑菇	6～33	24	8～18	13～16
香菇	3～33	25	7～21	12～18
草菇	12～45	35	22～35	30～32
黑木耳	4～39	30	15～37	24～27
平菇	10～35	24～27	7～22	13～17
银耳	12～36	25	18～26	20～24
猴头菌	12～33	21～24	12～24	15～22
金针菇	7～30	23	5～19	8～14
大肥菇	6～33	30	20～25	18～22
松口蘑	10～30	22～24	14～20	15～16
光帽鳞伞	5～33	20～25	5～15	7～10

2. 水分和湿度

水分是食用菌细胞的重要组成成分，食用菌机体内的一系列生化反应都离不开水。在食用菌生产管理中，水分是指培养基质的含水量和空气的相对湿度。培养基质含水量不足，菌丝不易萌发和生长缓慢；水分过多容易导致培养基质缺氧，影响菌丝正常生长。不同食用菌、不同培养基质对含水量的要求略有差异，通常要求培养基质含水量为 60%～65%。

空气相对湿度将直接影响培养基质和子实体表面的水分蒸发量。适当的空气相对湿度能够促进子实体表面水分蒸发，从而促进菌丝体中的营养向子实体输送，又不易导致子实体表面失水干枯。食用菌的菌丝体生长和子实体发育阶段所需的空气相对湿度不同，大多数食用菌的菌丝体生长所需空气相对湿度为 60%～75%；子实体发育阶段所需的空气相对湿度为 80%～95%。

3. 氧气和二氧化碳

食用菌是好氧、异养性真菌，生理代谢需要充足的氧气。氧气不足，食用菌生活力降低，发育减缓；二氧化碳过多时，生长停止，因此需要经常通风换气。食用菌在不同生长发育阶段所需要的氧气量是不同的，一般生殖生长阶段需氧量大于菌丝营养生长阶段。不同食用菌种类，甚至不同品种或菌株，对氧气的需求量也存在着差异；草菇呼吸强度是双孢菇的 6 倍，因此对氧气的需求量也远远大于双孢菇。适度增大二氧化碳浓度，能抑制食用菌菌盖生长和开伞，同时促进菌柄伸长。在金针菇菇蕾形成后，提升二氧化碳浓度至 1%能显著提高金针菇的产量和品质。

4. 光照条件

食用菌在不同生长阶段对光照的需要是不同的，一般食用菌种类在菌丝营养生长阶段不需要光照，甚至在完全黑暗的条件下其菌丝生长更有利。同时不同光质对菌丝生长的影响也不同，蓝光(380～540 nm)对菌丝生长抑制作用较强，绿光(470～650 nm)次之，红光和近红外光(570～920 nm)对菌丝生长无影响。

除双孢菇外，其他大部分食用菌在原基分化和子实体发育阶段需要一定量的散射光线，如香菇、滑菇等食用菌，在完全黑暗条件下不形成子实体；金针菇、侧耳等食用菌在无光环境中菇体畸形、不产生孢子。同时不同光照强度对子实体的色泽、菌柄长度和菌盖宽度都有较大影响。光照不足时，菇体颜色较浅，菌柄较长，菌盖较窄。生产中可灵活应用这一特性，将金针菇和双孢菇在弱光条件下培养，可得到比较理想的商品菇。

5. 酸碱度

酸碱度(pH)会影响生物酶的活性及酶促反应的速度，是影响食用菌生长的重要因素。不同种类食用菌对培养基质的酸碱度要求不同。木生型食用菌适宜在微酸性培养基中生长，pH 5.5～6.5，猴头菇生长适宜 pH 3～6.4；草生型食用菌适宜在中偏碱性培养基中生长，pH 7.5～8.5，草菇生长适宜 pH 8～9；大多数食用菌喜偏酸性环境，菌丝生长适宜 pH 为 5.0～6.5。猴头菇大部分食用菌在 pH 大于 7.0 时生长受阻，大于 8.0 时生长停止。因灭菌和菌丝生长代谢会导致培养基质 pH 降低，因此在配制培养基质时添加生石灰适当调高 pH；或者在配制培养基质时添加磷酸氢二钾、磷酸二氢钾缓冲剂和碳酸钙中和剂。在食用菌的生产实践中，也常通过控制 pH 来抑制或杀灭杂菌。

四、食用菌的生物环境

食用菌与植物、动物、微生物共同生活在同一环境中，彼此之间有着千丝万缕的关系，并经过长期的适应性发展，共同构成了复杂而稳定的生态系统。

1. 食用菌与植物

食用菌与植物的关系密切而复杂，一方面部分兼性寄生类食用菌，如猴头菇、蜜环菌对寄主植物会造成不同程度的危害；另一方面部分共生型类食用菌，如松露、松茸与植物形成菌根，互惠互利。植物是食用菌赖以生存的营养物质基础，同时也为食用菌生长发育创造了适宜的生态环境。

2. 食用菌与动物

动物在一定程度上能为部分粪生型食用菌，如毛头鬼伞、双孢菇等提供营养物质，同时还可以作为食用菌孢子传播的媒介。部分食用菌还能与动物形成良好的共生关系，如鸡枞菌生长在黑翅白蚁巢上，白蚁为鸡枞菌提供生长基质，鸡枞菌为白蚁提供食物来源——菌丝瘤。动物对食用菌不仅能产生有利的影响，同时也会直接啃食食用菌的菌丝体、子实体或危害食用菌生长基质间接影响食用菌的生长发育。

3. 食用菌与微生物

食用菌自身就是微生物大家族中的一员，彼此间的关系也更为密切。有益微生物可以为食用菌生长发育提供营养物质，创造良好生态环境。而有害微生物则会寄生于食用菌菌丝体或子实体吸取养分，或通过竞争的方式与食用菌争夺培养料中的养分、水分和生长空间，进而导致食用菌的产量、质量的下降。

思考与练习

1. 简述食用菌的价值。
2. 简述食用菌产业发展现状及未来方向。
3. 绘制伞菌类食用菌的形态结构简图，标注其基本结构。
4. 写出常见食用菌品种的归属类别。
5. 食用菌的营养类型可分为哪三种？
6. 食用菌生长发育需要哪些营养物质？
7. 食用菌生长发育受哪些环境条件影响？

项目二　食用菌生产条件

知识目标

1. 了解食用菌生产所需原料、设备及设施的种类。
2. 掌握食用菌生产所需原料的特性及设备功能。
3. 掌握食用菌生产设施的结构特点及构建方法。

能力目标

1. 能结合食用菌生产合理选购、加工食用菌生产所需原料。
2. 能结合食用菌生产有效选购、改装食用菌生产所需设备。
3. 能结合食用菌生产科学构建、完善食用菌生产所需设施。

素质目标

1. 树立学生保护环境、废物再利用的意识。
2. 培养学生科学、严谨、创新的精神。

知识一　食用菌生产原料

用于食用菌生产的原材料种类繁多，依据原材料在培养基质中所占比例和提供碳氮元素多少的不同，可分为主料和辅料。

一、主料

主料是指在食用菌培养基质中，占有多数或绝大多数的同种或同类原料成分，该类原料主要为食用菌菌丝及其子实体提供碳元素等大量营养物质，如木屑、玉米芯、棉籽壳、甘蔗渣等(图 2-1)。

1. 木屑

木屑是木生型食用菌主要的营养来源。我国适宜木生型食用菌生长的树木种类多、分布广，在实际生产中要根据树木材质、树龄和粗度以及不同菇、耳对其的适应性，选用适生树种。食用菌生产中常采用不含芳香油类物质的阔叶树作为原料，适用于生产食用菌的阔叶树种类较多，多数属于壳斗科、桦木科，少数属于豆科、大戟科等，常用树种有栎树、麻栎、刺槐等。

木屑

玉米芯

棉籽壳

甘蔗渣

图 2-1　食用菌生产主料

2. 工农业副产品

原则上凡不含有毒有害物质和特殊异味的农林副产品都可以作为食用菌栽培的培养料，一些富含木质纤维素的野生材料也可作为培养料。农副产品，如稻草、麦秸、玉米芯、玉米秸、高粱秸、棉籽壳、废棉、棉秸、豆秸、花生秸、花生壳、甘蔗渣、稻糠、高粱壳等；林业副产品，如树枝、树杈、树墩、树根、刨花、木屑等；野生材料如类芦、象草、皇竹草等。另外，轻工业生产的副产品也可以作为食用菌栽培的培养料，如糠醛渣、酒糟、醋糟、废纸浆等。

3. 畜禽粪料

粪料一般多作为双孢菇、大肥菇、草菇、鸡腿蘑等粪草菌的栽培主料。常用的有马粪、牛粪、猪粪、鸡粪等。因为粪料不仅是食用菌生产的大宗原料，而且也是草腐菌栽培的最基本原料，所以把它归纳为主料。

二、辅料

辅料是指在食用菌栽培基质中配量较少、含氮量较高、用来提高栽培基质中氮含量的物质，如米糠、麸皮、玉米粉等(图 2-2)。

1. 米糠

米糠是栽培各种食用菌最常用的辅料，主要作用是增加氮源。新鲜的米糠中含有 12.5% 的粗蛋白和大量的生长因子，如维生素 B_1、维生素 B_5 等。添加量一般为 5%～15%。

2. 麸皮

麸皮除主要为培养料增加氮源外，还为食用菌生长提供所需的各种维生素，如维生素 B_1、维生素 B_2 等。但麸皮添加量不宜过高，否则培养料碳氮比失调，会造成菌丝徒长，而且还易感染杂菌，甚至导致不出菇或出畸形菇。添加量一般为 15%～20%。

3. 玉米粉

玉米粉既可作为速效养分，促进菌丝快速生长，又可为食用菌生长提供生物素等，常被视为增产剂。玉米粉主要用于低温型食用菌的生产，添加量一般为 3%～5%，高温季节一般不加或少加玉米粉，以免造成链孢霉等杂菌污染。

4. 糖

食用菌生长前期，菌丝少而弱，分解主料中大分子碳水化合物能力差，常在培养基中加入少量易吸收利用的葡萄糖或蔗糖作为食用菌培养初期碳源的补充，同时还可诱导胞外酶的产生，加速对粗纤维等原料的利用。添加量一般为 1%～2%。食用菌培养料添加红糖、白糖均可。

米糠

麸皮

图 2-2　食用菌生产辅料

5. 石膏

石膏可用于调节培养料的酸碱度，同时还能降低木屑中单宁的含量，使之更有利于菌丝的蔓延，另外还能起到增加钙、硫营养成分的作用。添加量一般为 1%～3%。

6. 石灰或碳酸钙

石灰或碳酸钙除调节培养料 pH，防止绿色木霉等杂菌污染外，还能补充钙营养元素。因不同菇类耐酸碱性不同，所需石灰或碳酸钙的添加量也不同。一般食用菌种类添加量为 1%～5%，喜酸性食用菌，如猴头菇、香菇、金针菇等一般不添加石灰。

此外粕饼、黄豆粉、过磷酸钙、硫酸镁、添加剂等也是食用菌生长常用辅料。

知识二　食用菌生产设备

食用菌生产机械化、智能化是保障食用菌产业高质量、高效率发展的必然趋势。食用菌生产设备主要包括培养基质制备设备、菌种培育设备和接种设备等。

一、培养基质制备设备

1. 原料处理设备

食用菌生产原料来源多样、形态各异，生产前需通过专业机械设备将其切片、粉碎、传输、翻堆、搅拌后方能使用。常用原料处理设备有：切片机、粉碎机、铡草机、传输机、翻料机和拌料机等。无论选用哪种机械，一定要根据生产规模、原材料特性及电力设施来合理选配（图 2-3）。

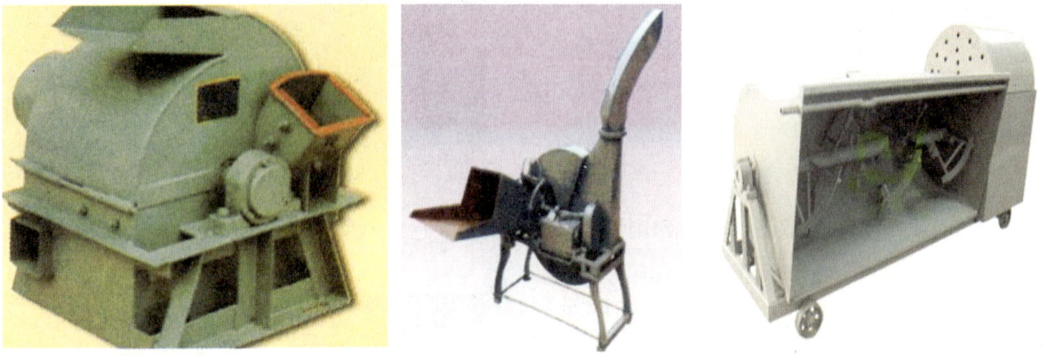

切片粉碎两用机　　铡草机　　双螺旋搅拌机

图 2-3　食用菌生产原料处理设备

2. 培养基分装设备

食用菌生产常采用袋（瓶）栽方式，需要将培养料分装到适宜的袋或瓶中，传统手工装袋（瓶）效率低、标准性差，常用的培养料分装设备有装瓶机和装袋机。购买培养料分装设备时型号需与食用菌生产时选用的菌袋或菌瓶口径大小相匹配（图 2-4）。

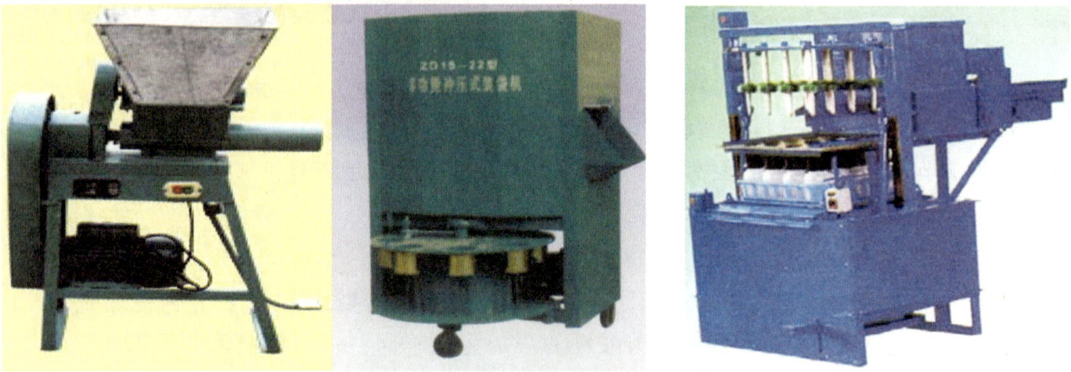

摩擦离合装袋机　　冲压式装袋机　　装瓶机

图 2-4　食用菌培养基分装设备

3. 培养基灭菌设备

培养料是食用菌生长发育的基质，其洁净程度是影响食用菌生产成功与否的关键因素之一，特别是用于菌种生产的培养基质必须通过高温高压灭菌达到无菌状态才能使用。生产上常采用高压灭菌锅和常压灭菌灶（柜）对食用菌培养基质进行灭菌处理（图 2-5、图 2-6）。购买或构建灭菌设备（设施）时应根据生产量，匹配容积大小及蒸汽发生量，确保灭菌效果。

图 2-5　高压灭菌锅

图 2-6　常压灭菌灶

二、菌种培育设备

菌种质量的好坏是食用菌生长成功与否的先决条件。生产优质菌种常用设备包括恒温培养箱、液氮罐、灭菌锅、超净工作台；生产液体菌种还需要摇床机、发酵罐等设备(图 2-7)。

菌种恒温培养箱

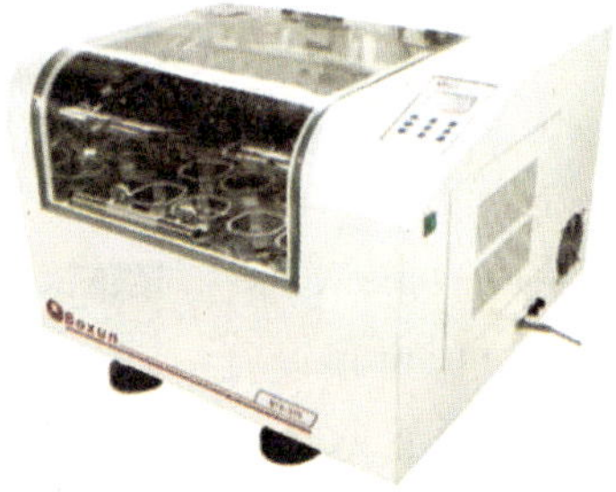

智能控温摇床机

液体菌种发酵罐

图 2-7　菌种培育设备

三、接种设备

接种是将菌种在无菌条件下转接扩繁到已灭菌的培养基上的过程。人工接种一般在接种箱、接种帐内或超净工作台(线)上完成。随着种植规模的扩大及接种条件的改善，机械接种将成为主要的接种方式，常用的接种机械设备有固体接种机和液体接种机；按接种机械分类又可分为袋栽接种机和瓶栽接种机(图 2-8)。

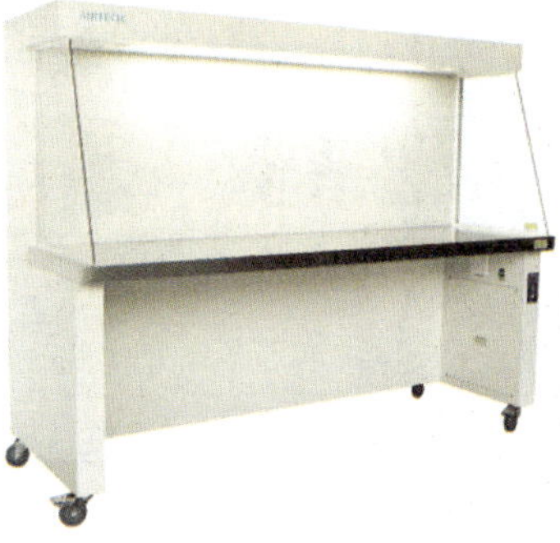

超净工作台

固体菌种接种机

百级净化液体接种室

图 2-8　接种设备

知识三　食用菌生产设施

食用菌生产设备与建筑设施配套使用，能为食用菌创造更适宜的生长发育环境。用于食用菌生产的设施主要有菇棚、菇房和养菌室。应选择地势开阔、交通便捷、水源清洁、电力有保障及周边环境卫生达标的地区作为设施用地。

一、菇棚

菇棚是一种简易的食用菌栽培设施，具有搭建简便，取材容易，成本低廉，通风好，保温保湿性好等特点（图 2-9）。可采用竹片、竹竿、架、塑料管、钢管等材料搭建不同规格的菇棚，并能通过掀盖薄膜、绒毡保温棉、反光膜和遮阳网等覆盖物调节昼夜温差。

图 2-9　菇棚

二、菇房

菇房是室内生产食用菌的主要场所。菇房多是砖墙结构，内壁墙面厚实光洁，地面硬实平整。此外，菇房应尽可能安装风扇、抽风机，房顶设置拔风筒，门窗应对着走道，避免外来风直吹床面（图 2-10）。

工厂化生产的菇房，菇房墙板和定板壁常采用适当密度和厚度的聚苯乙烯彩钢板或聚氨酯保温板；地面铺设隔热防潮的挤塑板。

图 2-10　菇房

三、养菌室

养菌室是培养菌丝的场所，又称发菌室（图 2-11）。在农户小规模、正季食用菌生产中，不需要建设专门的养菌室，可根据当地气候条件，在栽培大棚中就地养菌，就地出菇。在企业大规模生产或出菇场地与养菌场所条件相差较大时，必须建造专门的养菌室。养菌室建设和结构与各类温室相同，顶棚略高为好。

在食用菌栽培设施中，还应根据栽培品种生长的特性，合理布局安装床架、网格，空气过滤换气装置，自动喷水装置，温度调控装置，灯光控制系统等设施设备；有条件者还可安装全智能互联系统，实现食用菌生长的智能化管理。

图 2-11　养菌室

思考与练习

1. 食用菌生产原料有哪些？
2. 食用菌生产设备有哪些？
3. 食用菌生产设施有哪些？
4. 制订年生产平菇 10 万菌袋的生产计划。

项目三　消毒与灭菌

知识目标

1. 了解消毒、灭菌的概念。
2. 理解消毒、灭菌的类型及原理。
3. 掌握消毒、灭菌的基本方法。

能力目标

1. 能利用高压锅和常压灭菌设备对培养基质进行灭菌。
2. 能对食用菌生产过程和环境进行消毒。
3. 能检测消毒、灭菌效果。

素质目标

1. 消毒灭菌病原微生物，树立健康防范意识。
2. 正确使用消毒灭菌设备、物品，培养安全责任意识。

消毒是指采用物理或化学因素杀灭物体内外及环境中的部分微生物。灭菌是指采用物理或化学因素彻底杀灭物体表面和内部所有微生物的方法。消毒灭菌是排除杂菌污染，为食用菌创造洁净生长环境的重要保证，是食用菌生产中的一项基本技术，也是食用菌生产成败的关键环节。

一、常见消毒方法

1. 臭氧消毒

臭氧消毒是利用臭氧发生器将空气中的氧气转换成高浓度臭氧，臭氧是一种强氧化剂，具有较强的杀菌能力，可以破坏微生物的细胞壁和核酸，从而达到杀灭微生物的目的。使用臭氧进行空间消毒时，应关闭门窗，同时人员必须离开现场，消毒结束后应充分通风，待臭氧气体降解后方可进入消毒区域（图 3-1）。

图 3-1　移动式臭氧发生器

2. 紫外线消毒

紫外线消毒是一种电磁辐射，具有较高能量，可使微生物蛋白质发生变性，细胞内核酸和酶遭到破坏，导致微生物死亡。紫外线还可以使空气中的氧气部分变成具有杀菌作用的臭氧。紫外线杀菌的波长为 200～300 nm，波长 250～270 nm 时杀菌作用最强。紫外线的穿透能力较弱，只适用于空气和物体表面消毒。在接种室、接种箱、接种帐、超净工作台、培养室等接种和培养场所均可利用紫外线灯消毒(图 3-2)。

紫外线杀菌消毒效果主要取决于照射剂量(照射剂量＝照射强度×照射时间)，因此，照射时间、紫外灯功率及空间距离直接影响紫外线杀菌消毒效果；一般 10 m^2 的空间，用 30 W 紫外灯照射 30 min 即可，关灯 30 min 之后，待臭氧散去，即可进入房间工作。紫外线具有一定的辐射性，对眼睛和皮肤有损伤作用，照射过程中产生的臭氧对人体亦有危害，因此，在进行紫外线消毒时，需要采取安全措施，如佩戴防护眼镜、避免直接接触紫外线等。

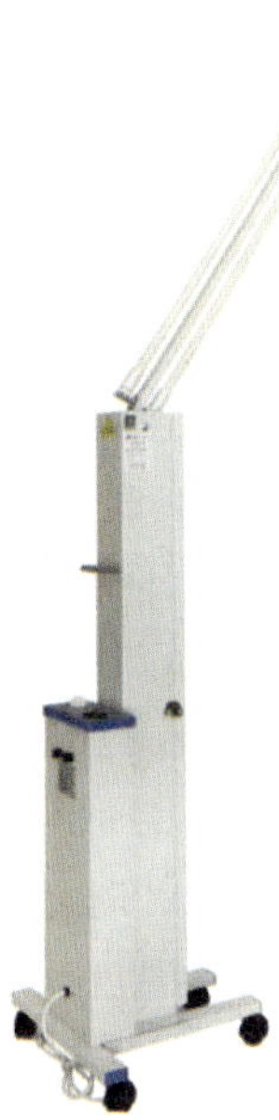

图 3-2 移动式紫外线灯

3. 生物消毒

生物消毒法又称发酵灭菌或巴氏灭菌，是利用低于 100 ℃的温度杀灭有害微生物的方法，通常用于培养料或覆土的消毒。一般微生物的营养体在 50～70 ℃均可被杀死。培养料堆制发酵时，利用微生物代谢产生的生物热可使料温上升，培养料发酵腐熟，进而杀死杂菌的营养体和虫卵。用此法消毒的培养料，也叫半熟料，虽未经蒸煮，但却达到了一定蒸煮的目的。

4. 化学消毒

化学消毒是指利用化学药物作用于微生物，使其蛋白质变性失去正常生理功能而死亡，常用化学消毒方式有熏蒸消毒、喷雾消毒、擦拭消毒等。使用化学消毒剂时，应选择符合国家标准和相关规定的消毒产品，并严格遵循使用说明和建议。此外，任何一种消毒剂的杀菌能力都具有局限性，需要几种消毒剂交替使用或与其他消毒方法综合使用，减少杂菌的抗药性或耐药性，提高消毒效果和可靠性。

二、常见灭菌方法

1. 高压蒸汽灭菌

高压灭菌锅产生的高温、高压水蒸气，能破坏微生物细胞结构和代谢功能，进而导致微生物死亡。高压灭菌所需要的蒸汽压力和灭菌时间，应根据灭菌对象、灭菌量以及生产季节等确定。母种培养基及玻璃器皿等灭菌时，一般采用 0.11～0.12 MPa 的压力，温度约 121 ℃，灭菌 30～40 min；一般原种和栽培种培养基灭菌时，通常采用 0.14 MPa 的压力，温度约 126 ℃，灭菌 1.5～2.0 h；若培养基为谷粒、木屑、棉籽壳等，采用 0.14～0.15 MPa 的压力，温度约 128 ℃，灭菌时间增加至 2.5～3.0 h；高温季节栽培原料中杂菌较多，灭菌时间应长于低温季节。

高压灭菌前，灭菌锅内需加水至水位标记高度，不能过多或过少。将培养基等物品装入灭菌锅时，物品必须排放有序，且不可过密，也不可过于靠近灭菌锅内壁，避免热蒸汽流通不畅，影响灭菌效果。试管、菌种瓶或栽培袋上应覆盖报纸或防水油纸，防止冷凝水打湿棉塞。拧紧锅盖，开始加热，先排出锅内的冷空气（灭菌成功的关键）。可以采用缓慢放气或集中放气的方法，之后再开始升压。使用高压蒸汽灭菌时，应遵循正确的操作规程，并对设备进行定期维护和校正，以确保操作人员安全及灭菌效果。

2. 常压蒸汽灭菌

常压蒸汽灭菌是将待灭菌物品放在常压灭菌灶内，以自然压力的蒸汽进行灭菌的方法，广泛用于原种、栽培种培养基和栽培袋的灭菌。常压蒸汽灭菌的缺点是时间较长，培养料养分损失较多，热效率低，能源消耗量大。常压蒸汽灭菌通常灭菌温度在 97～105 ℃，灭菌时间在 10 h 以上。常压蒸汽灭菌所需的时间因灭菌材料和容量不同等而存在较大差异。常压灭菌灶装量适中、热蒸汽畅通时，冬天需要灭菌 8～10 h ，夏天需要灭菌 10～12 h；装量较多或菌袋较大时，需要灭菌 12 h 以上。

刚开始灭菌时，火力要猛，使物料尽快升温，并随时观察仓内温度；当温度上升到接近 100 ℃ 时开始计时，之后始终保持火力和温度稳定。及时向蒸汽锅或炉内加热水，切勿加冷水。维持蒸汽温度到所需时间，停火后闷 6～8 h，待温度自然下降到 50 ℃左右时取出灭菌物品，放入预先消毒的冷却室中。

3. 火焰灭菌

火焰灭菌是将能耐高温的器物直接在火焰上烧灼，使附着在物体表面的微生物死亡。在食用菌制种中，最好先将接种针、接种钩、接种铲等待灭菌的部分先用酒精擦洗，再放在酒精灯火焰上灼烧数秒钟，即可达到灭菌目的。

4. 热空气灭菌

热空气灭菌是利用加热的高温空气进行灭菌的方法。少量物品的热空气灭菌通常在电热鼓风干燥箱内进行，先将事先洗涤晾干或烘干的培养皿、移液管等器皿用纸包好，放入干燥箱内；然后关门，接通电源，调节温度旋钮，开始加热，使温度逐渐上升至 160～170 ℃，恒温保持 2 h，切断电源；待温度降至 70 ℃以下时，方可打开箱门。注意干燥箱内物品之间应留有空隙，以便于箱内空气流通。切勿在高温时开门，以免因氧气突然进入箱内而引起明火，或因突然降温导致玻璃器皿破裂。干热灭菌仅适用于制种中能耐高温的玻璃器皿、瓷器及金属器械等灭菌，不适用于含液体的培养基等材料。如果灭菌物品用纸包裹或带有棉塞时，必须严格控制温度不超过 170 ℃，以免烤焦纸包裹和棉塞而引起火灾。

三、消毒灭菌效果检查

（一）培养基灭菌效果检查

当采用一种新培养基，或使用新灭菌设备，或对灭菌压力变更时，要通过试验对培养基灭菌效果进行严格检验。具体方法如下。

1. 斜面试管

灭菌结束，随机抽取若干只斜面试管，贴上标签，置于 25～30 ℃温度条件下空白培养 6 d。如果斜面仍然保持光亮、无杂菌的菌落出现、即表示培养基已彻底灭菌。

2. 固体培养基

灭菌结束，在无菌条件下，从灭菌锅内各角落菌瓶或菌袋，取出菌种瓶（袋）内中部少许培养基质，移接入斜面培养基（含有冷凝水）上，置于 36 ℃温度条件下，培养 2～3 d 之后取出。如果斜面出现细菌菌落，则说明灭菌不彻底，应及时查找原因并改进灭菌方法。

灭菌效果检验这一环节不可忽视，对于大批量连续性生产，灭菌效果的检验应时常进行。经多批次灭菌和检验后，培养基基本都能达到彻底灭菌要求，以后在采用同样培养基和同样灭菌方法时，就不用每批都进行检验了。

（二）接种室或接种箱灭菌效果检查

接种室（箱）应定期对消毒灭菌效果和空气污染程度进行检验，常用检验方法有平板法和斜面法两种。

1. 平板法

配制 PDA 培养基，按无菌操作规程分别将培养基倒入培养皿中制成平板，放入接种室（箱）内。检验时，按无菌操作法打开 3 个皿盖，暴露一定时间后再重新盖上；另取 3 个不打开皿盖做对照。然后将两组一起置于 30 ℃温度条件下进行培养，48 h 后取出观察。根据有无菌落、菌落个数和形态，来判断接种室（箱）被污染程度和杂菌种类。

2. 斜面法

取 PDA 培养基斜面试管各 6 支，放入接种室（箱）内，按无菌操作法各打开其中 3 管试管棉塞（拔下的棉塞置于无菌培养皿中），暴露一定时间后，再重新塞上棉塞，另 3 管不打开棉塞做对照，然后将两组一起置于 30 ℃温度条件下，培养 48 h 后取出观察。根据有无菌落、菌落个数和形态，来判断接种室（箱）被污染程度和杂菌种类。

合格标准：平皿打开盖 5 min 不超过 3 个菌落；斜面打开棉塞 30 min 不长菌落。若生长菌落超过此数值，则要采取措施提高消毒灭菌效果。

思考与练习

1. 消毒与灭菌有何区别？
2. 如何进行高压灭菌？
3. 分析常压灭菌不彻底的原因。
4. 接种工具如何进行火焰灭菌？
5. 如何检查培养基灭菌效果？
6. 如何检查接种室消毒效果？

模块二

食用菌菌种生产技术

项目四　菌种概述

知识目标

1. 了解菌种概念及分类。
2. 了解培养基的概念及类型。
3. 掌握菌种场的科学规划与布局。
4. 掌握菌种制作的基本流程。

能力目标

1. 能根据菌种特征、辨识不同类型的菌种。
2. 能根据生产需要、制定菌种生产计划。
3. 能根据实地情况、科学规划布局菌种场地。

素质目标

1. 认知菌种的重要性，树立科技兴农、种业强农意识。
2. 熟知菌种生产过程，培养学生敬业、精益求精、专注的工匠精神。

一、菌种

(一)菌种的概念

菌种是具有繁衍能力、遗传特性相对稳定的繁殖材料，包括孢子、组织或菌丝体。通常生产上所用的菌种是以适宜的营养培养基为载体进行纯培养的菌丝体，也就是菌丝体及其所生长的培养基的混合物。菌种是食用菌生产中的“种子”，菌种质量的好坏直接影响食用菌生产的成败和效益的高低，因此生产优良的菌种是食用菌栽培极其重要的环节。

(二)菌种的分类

菌种因分类标准不同可进行多种分类。根据物理性状分为液体菌种、固体菌种及固化菌种；按照使用目的分为保藏用菌种、试验用菌种及生产用菌种；依据培养对象和培养料分为木质菌种(灵芝、香菇、木耳等)和草质菌种(草菇、双孢蘑菇、大肥菇等)；针对培养基的不同分为谷粒菌种、粪草菌种、木块菌种等。在实际生产中，应用最广泛的分类是根据菌株来源、生产目的、繁殖代数等把菌种分为母种、原种和栽培种。

1. 母种

自然界首次通过分离获得的纯菌丝体称为母种，包括继代培养的菌种（图 4-1）。母种是菌种生产的第一程序，菌丝体的代谢能力较弱，对培养基的要求比较高，一般采用试管培养基进行培养，因此又被称为一级菌种或试管种。母种主要是用于繁殖原种和菌种保藏。一支母种可扩繁原种 6～8 瓶。

图 4-1　母种(试管)

2. 原种

由母种转接在固体培养基上，经扩大培养后形成的菌丝体纯培养物即为原种（图 4-2）。一般是将母种扩接到装有麦粒、木屑、棉籽皮、稻草等培养基的菌种瓶（袋）中进行培养，因此原种又被称二级菌种或瓶装种。原种主要用于栽培种的繁殖或小规模的生产。一瓶原种可扩繁 30～50 袋栽培种。

图 4-2　原种(二级种)

3. 栽培种

由原种接种到相同或相似固体培养基质上，进一步扩大繁殖而成的菌丝体纯培养物即为栽培种（图 4-3）。栽培种培养基常以塑料袋或塑料瓶为容器，因此栽培种也被称为三级种或袋装种。栽培种具有菌丝强壮、纯度低、数量多、成本低等特点，直接应用于生产或可作为菌种接种到菌床、段木、栽培袋等，但一般不能用于扩大繁殖菌种，否则将会导致菌种退化，甚至减产。一袋栽培种可接 30～50 袋栽培袋。

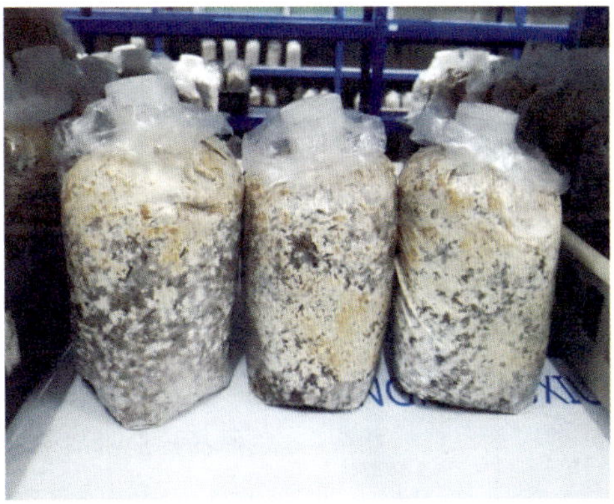

图 4-3　栽培种(三级种)

二、菌种培养基

（一）菌种培养基概念

菌种培养基是人工按照食用菌生长发育所需要的各种营养成分，以一定的比例配成，它是菌丝体无性繁殖的基础。菌种培养基与常规培养基配制原理和理化性状基本相同，又因培养对象不同，存在一定的区别。

培养基必须具备以下 3 个条件。

第一，含有该菌生长发育所需的营养物质。

第二，具有一定的生长环境。

第三，必须经过严格的灭菌，保持无菌状态。

（二）菌种培养基类型

根据营养来源培养基分为天然培养基、合成培养基和半合成培养基；针对培养基主料的不同分为小麦粒培养基、甘蔗渣培养基、马铃薯培养基等；根据培养基制成后的物理状态分为液体培养基（不加凝固剂）、固体培养基（1.5%～2%的琼脂）和半固体培养基（0.2%～0.5%的琼脂）（图 4-4、图 4-5）；按照培养基表面形状分为斜面培养基、平板培养基和高层培养基；根据试验的特殊需求分为基础培养基、鉴别培养基、加富培养基、选择性培养基等；在实际生产中，依据食用菌菌种的生产流程可分为母种培养基、原种培养基和栽培种培养基。

图 4-4　液体培养基

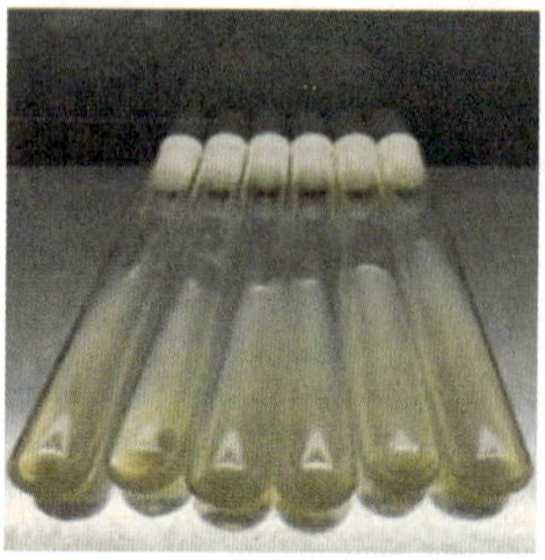

图 4-5　固体培养基

三、菌种场规划布局

无论新建或改建菌种场所都必须根据当地的资源、投资能力、技术力量及产品销售等情况全面考虑，来确定其规模与生产品种。

场址最好选择在交通方便、有水有电、地势干燥、四周空旷、环境清洁、空气新鲜、无污染、杂菌少、远离畜禽棚舍与饲料仓库的地方。

菌种场的布局，既要符合科学要求，又要因地制宜，讲求实用。要根据生产流程，对各个专用房间进行合理布局，以便于操作，减少杂菌污染，提高制种效率。

菌种场基本的生产用房与场地主要包括培养基的配制场所、灭菌室、接种室及培养室等，还要有一些摊晒、堆积原材料的空旷地。

菌种场设计应以当地较大型菌种制作工艺流程来安排生产线的走向，防止交错，以提高生产效率，并保证菌种质量（图 4-6）。

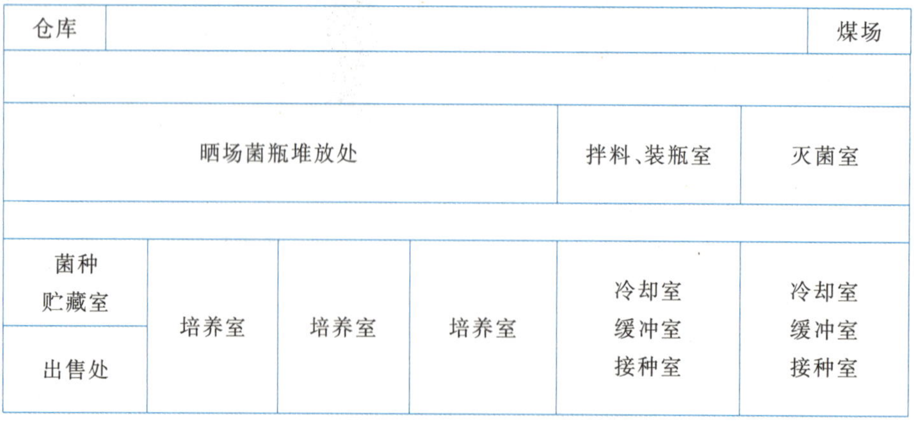

图 4-6　简易菌种场平面布局示意图

四、菌种制作流程

菌种制作是保留菌种优良种性、扩大菌种繁殖量的菌种生产过程。食用菌菌种制作流程通常是经母种、原种和栽培种三级转接培养的过程(图 4-7)。

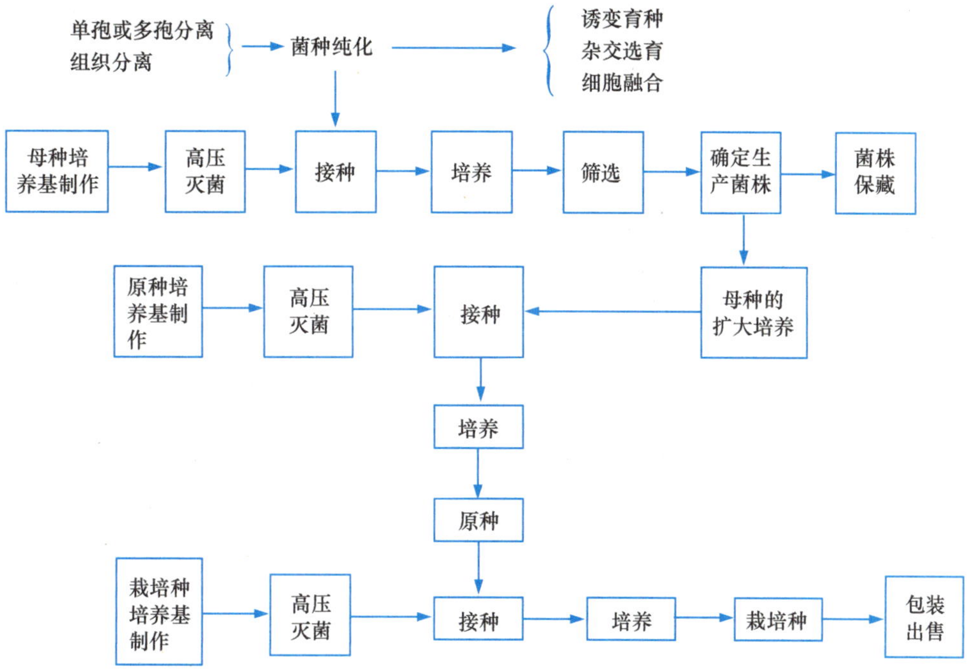

图 4-7　食用菌菌种生产工艺流程

思考与练习

1. 简述食用菌菌种的概念及类型。
2. 简述菌种培养基的概念及类型。
3. 绘制一个简易的食用菌菌种场布局图。
4. 绘制食用菌菌种制作流程图。

项目五 母种生产

知识目标

1. 了解母种生产的重要性及菌种的常见分离方法。
2. 掌握母种常用培养基的制备流程及方法。
3. 掌握子实体组织分离的流程及方法。
4. 掌握母种扩繁的流程及方法。

能力目标

1. 能根据食用菌特性、选择适合的培养基和菌种分离方法。
2. 能正确使用高压锅、制作母种培养基。
3. 能正确选择种菇、进行组织分离。
4. 能使用超净工作台、进行菌种扩繁。

素质目标

1. 从自然分离、保藏菌种过程中，树立资源保护意识，促进人与自然和谐共处。
2. 结合母种生产，认知菌种的重要性，培养学生创新、敬业的科研精神。

母种生产是食用菌生产的基础，母种质量的优劣，直接关系到二级菌种和三级菌种质量的好坏，对食用菌生产产生根本的影响。因此，母种生产要严格按照无菌操作规程进行，从培养基制备、菌种分离、转管扩繁到培养保藏等步骤都要严格把关，才能确保母种质量，保证食用菌生产的安全顺利进行。

母种分离是在无菌条件下，将所需要的食用菌与其他微生物分离，在适宜条件下培养以获得纯培养物的过程。食用菌菌种分离方法主要有组织分离法、基内菌丝分离法和孢子分离法。其中组织分离和基内菌丝分离属于无性繁殖，孢子分离属于有性繁殖。无论采用哪种分离法获得的菌种，都需通过出菇试验，筛选出优良菌种才可用于生产。

一、组织分离法

组织分离法是指在食用菌子实体或组织体上切取一小块组织，使其在培养基上萌发而获得可育的纯菌丝体的方法，属于无性繁殖，简单易行。食用菌子实体、菌核和菌索都是由双核菌丝体扭结形成的，具有较强的再生能力，并基本保持了亲本的种性。不同类型的食用菌其组织分离方法也不同。

(一)子实体组织分离方法

1. 伞菌类组织分离

将种菇在无菌条件下以 0.1% 的升汞水浸 0.5～1 min，再用无菌水冲洗并用无菌纸吸干水分或用 75%酒精棉球擦拭菌盖与菌柄 2 次，进行表面消毒。接种时，将种菇撕(切)开，在菌柄与菌盖交接处，挑取一小块组织，移接到母种培养基上，置于 25 ℃温度条件下培养(图 5-1)。

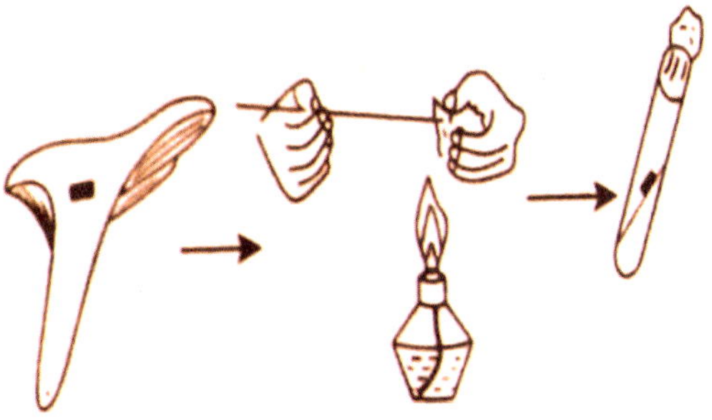

图 5-1　伞菌类组织分离操作

2. 胶质菌组织分离

胶质菌类耳片较薄，具有一定的韧性，不易进行组织分离。一种方法是将耳片用无菌水反复冲洗，用无菌纱布吸干水分，再用酒精棉球擦拭消毒，然后用解剖刀将耳片切成 0.5 cm^2 小块，移入培养基，适温培养；另一种方法是剖取尚未展开耳片的耳基团内的组织块进行分离。

(二)菌核组织分离方法

茯苓、猪苓、雷丸等菌的子实体不易采集，而常见的是它贮藏营养的菌核。用菌核分离，同样可以获得菌种。方法是选择幼嫩、未分化、表面无虫斑、无杂菌的新鲜个体。将菌核表面洗净，用 75%酒精或 0.1%升汞消毒后，在无菌条件下，将菌核剖开，于菌核皮附近取蚕豆大小的菌核组织，接种在 PDA 培养基斜面上，适温培养。应注意的是，菌核是贮藏器官，大部分是多糖类物质，只含有少量的菌丝，因此挑取的组织块要大一些，如果组织块过小，则不易分出菌种。

(三)菌索分离方法

有些食用菌子实体不易找到，也没有菌核，可以用菌索进行分离。如蜜环菌、假蜜环菌。其操作方法是先选取粗壮、无虫蛀的菌索数根，将表面的泥土、杂物冲洗干净，吸干水分后带入无菌接种箱。用 75%酒精棉球消毒菌索表面，再用无菌解剖刀将菌鞘割破后小心剥去，注意不要割断，抽出白色菌髓部分；用无菌剪刀剪取小段菌髓，移接到培养基上，适温培养。也可将菌索生长点切断，用无菌水冲洗数次，然后用尖头镊子夹住并插入含氮较高的培养基内，利用菌索厌氧生长习性，穿入培养基内。当菌索大量繁殖后，将试管底击破，取含有菌索的培养基琼脂块移入新的培养基。

二、基内菌丝分离法

从食用菌生长基质中将菌丝分离出来的一种无性繁殖方法即为基内菌丝分离法，根据基质的不同又可分为菇木分离法、土中菌丝分离法、袋栽基质分离等。因生长基质微生物群落的复杂性，该方法比组织分离与孢子分离污染率高，只针对菇体小而薄、有胶质或孢子不易获得的菇类。

(一)菇(耳)木分离法

菇木或耳木的采集必须在子实体生长盛期进行。在已经长过子实体的菇木或耳木上，选择菌丝生长旺盛且周围无杂菌的部分，用钢锯截取一小段。先将菇木或耳木表面的杂物洗净，然后风干或充分晾干，使菇木或耳木干燥。在菌种分离之前，先将菇木或耳木通过酒精灯火焰，重复多次，通过灼烧消灭表面杂菌，再用 75%酒精表面消毒。用无菌刀挑取表皮下的小块

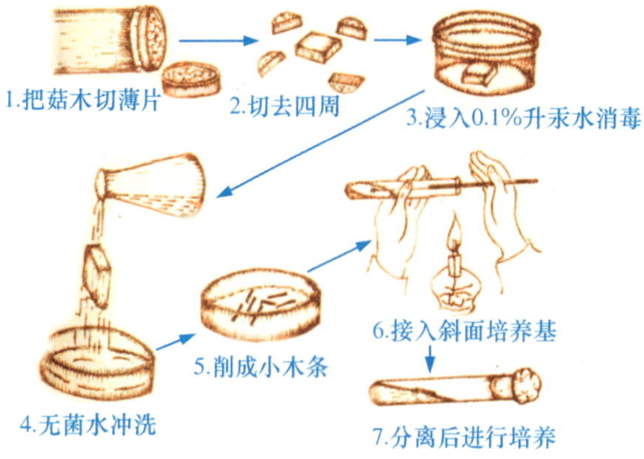

图 5-2　菇木分离法操作过程

菇木组织，接入母种培养基上进行适温培养（图 5-2）。

（二）袋栽基质分离法

选择子实体发生较早、产量高、无病虫害的栽培袋，待子实体长至七八成熟时，去掉子实体，用 75%酒精对整个栽培袋进行消毒。在无菌条件下进行基质分离，用接种针挑取小块长有菌丝的培养料，接入母种培养基中进行适温培养。

（三）土中菌丝分离法

本法是利用分离腐生菌的地下菌丝体得到纯菌种的方法。该方法是在取不到子实体而又需要子实体时才采用。具体方法是取腐烂菇体下与菇根相连的菌丝体（尽可能选择粗壮的菌丝束），拿回后用流水轻轻反复冲洗，最后用无菌纱布吸干，取菌丝束的尖端部分，接入加有抗生素的培养基中，适温培养。

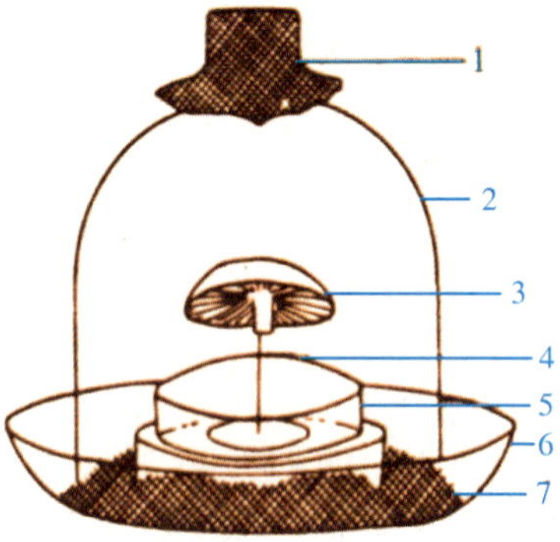

1. 纱布　2. 玻璃钟罩　3. 种菇　4. 支架
5. 培养皿　6. 搪瓷盆　7. 纱布

图 5-3　孢子采集器

（引自常明昌《食用菌栽培》，2002）

三、孢子分离法

利用子实体上产生的成熟有性孢子（担孢子或子囊孢子）在适宜的培养基上萌发而获得纯菌种的一种有性繁殖方法即为孢子分离法（图 5-3）。因有性孢子具备亲本的基本遗传特性，生命力强且突变概率大而成为选育优良品种或杂交育种的好材料，孢子分离法有多孢分离与单孢分离之分。性遗传模式为同宗结合的菌类可采用单孢子分离法（如双孢蘑菇、草菇），而无论采用哪种方法都要经过种菇选择、种菇消毒、采集孢子、接种、培养、挑选菌落、纯化菌种的过程，最终才能获得母种。

（一）多孢分离

多孢分离法是将多个孢子接种在同一培养基上，使其萌发，随机自由交配，从而获得纯菌种的方法，包括斜面划线法和涂布分离法。

1. 斜面划线法

在无菌条件下，用接种环蘸取少量孢子，在斜面培养基上自下而上轻轻划线，避免划破培养基表面；接种完毕，灼烧试管口，塞上棉塞，适温培养；待孢子萌发出菌丝，并自由配对结合后，挑取长势旺的菌落，转接于新的试管斜面上继续培养，即可得到纯菌种。

2. 涂布分离法

按照无菌操作要求，用接种环蘸取少量孢子，放入装有无菌水的三角瓶中充分摇匀，制成孢子悬浮液；吸取孢子悬浮液，滴 1～2 滴于斜面或平板培养基上，转动试管或培养皿使悬浮液均匀分布于培养基表面，或用接种环将培养基上的悬浮液涂布均匀。适温培养，挑选长势健壮、生长较快的菌落，移接于斜面培养基上培养即可得到纯菌种。

异宗结合的菌类可采用多孢子分离法（平菇、大肥菇、香菇等），否则单亲菌丝会因没有经过两性细胞的结合而不育。

（二）单孢分离

单孢分离是在采集到大量孢子的基础上，经过稀释，使孢子之间互相分开，各个孢子单独萌发出菌丝。单孢分离法包括玻片稀释分离法和平板稀释分离法。

1. 玻片稀释分离法

在孢子悬液中加入适量的无菌水，逐步稀释到每一小滴悬液中，大致只有 1 个孢子。将孢子悬液滴在已灭菌的载玻片上，每一滴悬液的体积为 5～10 μL。在显微镜下仔细观察，将只有 1 个孢子的小滴悬液移植到适当的培养基上，待其萌发成单核体菌丝，再转移至其他斜面或平板培养基上继续扩大培养，获得纯菌种。

2. 平板稀释分离法

用接种针挑取孢子 1～2 环，移入装有 10 mL 无菌水和数十粒玻璃珠的三角瓶中。充分摇匀后，取 1 mL 孢子悬液移至装有 9 mL 无菌水的试管中，即得浓度为 10^{-} 的孢子稀释液。如此重复稀释，分别获得浓度 10^{-1}、10^{-2} 和 10^{-3} 的孢子稀释液。从 3 种浓度的稀释液中各取 50 μL 孢子液，分别移至平板培养基上，涂抹均匀，适温下培养，定时用解剖镜检查平板上的菌落，将单孢子萌发的菌落移至其他平板或斜面培养基上培养，获得纯菌种（图 5-4）。

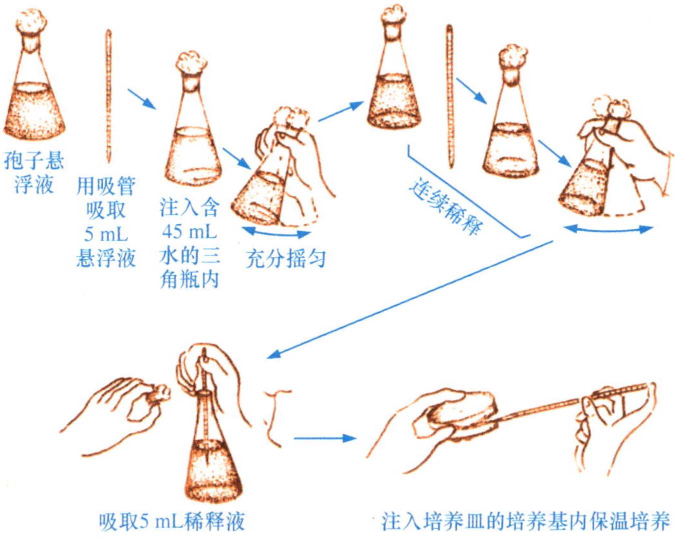

图 5-4　平板稀释分离法

对同宗结合的食用菌而言，单孢分离获得的纯菌种具有结实性，但单孢菌株群体性状分化较大；对异宗结合的食用菌而言，由单个孢子发育而来的单核菌丝仅能作为杂交育种的试验材料，绝对不能制备菌种用于栽培生产。

任务一　母种培养基制备

食用菌母种培养基主要用于母种的提纯、扩大、转管、分离及菌种保藏，一般用试管作为容器，又称试管培养基。

一、母种培养基的制作工艺流程

母种培养基制作工艺流程为：选取配方→称量→配制→装管→灭菌→摆斜面→无菌检查→备用。

二、母种培养基配方

用于制作母种的培养基配方很多，生产者可根据要培养的食用菌种类，选择最佳的培养基配方。

1. PDA 培养基

在生产中常用的配方是 PDA 培养基，即马铃薯葡萄糖琼脂培养基。具体配比是：马铃薯 200 g，葡萄糖 20 g，琼脂 20 g，水 1 000 mL，pH 自然。

2. 马铃薯琼脂综合培养基

马铃薯 200 g，葡萄糖 20 g，磷酸二氢钾 3 g，硫酸镁 1.5 g，琼脂 20 g，水 1 000 mL，pH 自然。

3. 葡萄糖蛋白胨琼脂培养基

葡萄糖 20 g，蛋白胨 20 g，琼脂 20 g，水 1 000 mL，pH 自然。

三、母种培养基的制作

下面以制取 1 000 mL PDA 培养基为例，简述母种培养基的制作过程。

1. 称量

根据所选取的培养基配方，准确称取各种培养基的原料，如马铃薯 200 g，葡萄糖 20 g，琼脂 20 g。

2. 配制

将马铃薯去皮，去芽眼，称量后切成薄片，放入锅中，加入 1 000 mL 水，加热煮沸 20～30 min，要求马铃薯熟而不烂。用 4～6 层纱布过滤，取滤液重新加入锅中，补水至 1 000 mL，继续加热，直至加入琼脂熔化，再加入糖搅拌均匀即可。

3. 装管

制母种用的试管现多用 18 mm×180 mm 或 20 mm×200 mm 两种。把配制好的培养液趁热倒入漏斗中，打开弹簧夹，让培养液顺橡皮管流入试管内，装入量为试管总长的 1/5。一般每 1 000 mL 培养液可装 100～150 支试管，后将分装的试管塞上大小均匀、松紧适中的棉塞。棉塞总长 4～5 cm，要求 3/5 留在管内，2/5 露在管外。每 7～10 支试管扎成一把，并用牛皮纸包住皮筋扎紧，防止打湿棉塞（图 5-5）。

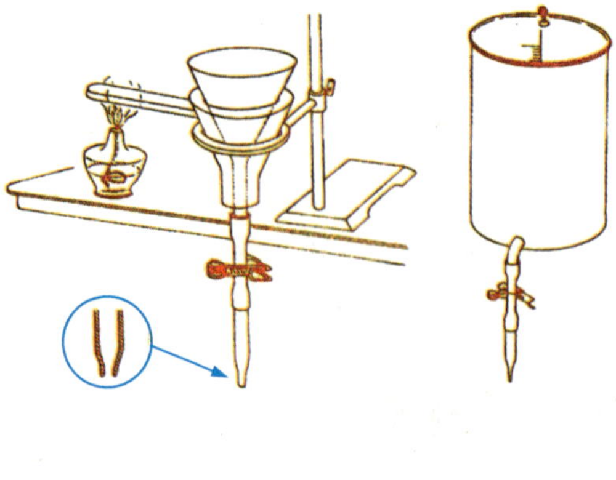

左为保温装置；右为医用灌肠杯改装的装置

图 5-5　分装装置及保温装置

4.灭菌

母种培养基因营养全且丰富，因此装好的试管要立即进行高压灭菌，绝不能久放。母种培养基灭菌一般在 1.1 kg/cm² 的压力下，灭菌 20～30 min 即可。

母种培养基的具体灭菌方法如下。

(1)加水：首先要在高压锅中加足够的水，加水量应至水线为止，如放水过少，易引起烧干锅发生危险；如放水过多，棉塞易潮湿感染杂菌。然后将要灭菌的试管直立放入锅内，将锅盖螺丝对角拧紧。

(2)放冷气：加热高压锅，当压力表升至 0.5 kg/cm² 时，打开排气阀，指针降到零后，再关闭排气阀，继续加热至所需灭菌压力。注意锅内的冷空气必须排除干净，否则达不到灭菌温度，易导致整批培养基因杀菌不彻底而感染杂菌。

(3)灭菌：当压力上升至灭菌压力 1.1 kg/cm² 时，开始计算灭菌时间，并调节火力，维持灭菌时间 20～30 min。注意灭菌压力不能忽高忽低，灭菌时间不宜过长或过短。灭菌时间过长养分易被破坏，培养基颜色发黄，对菌丝生长不利；灭菌时间过短则达不到灭菌效果。

(4)冷却：灭菌结束后，如需快速冷却，应注意放气速度不能太快，宜逐渐进行，缓慢打开放气阀，使压力表的指针慢慢下降到零后，才能打开锅盖。否则棉塞易冲出试管。

使用高压灭菌锅时应注意如下事项：锅内应加足水分；螺丝一定要对角拧紧；排放冷空气一定要彻底；灭菌压力和灭菌时间要准确；如需快速冷却，放气速度一定要缓慢。

5.摆斜面

当灭菌后的母种培养基冷却至 60～70 ℃时，把试管从高压锅内取出，趁热摆成斜面，一般斜面长应为试管的 1/2 为宜，不宜过长或过短，斜面过长，不但影响菌丝生长，而且易导致杂菌污染(图 5-6)。

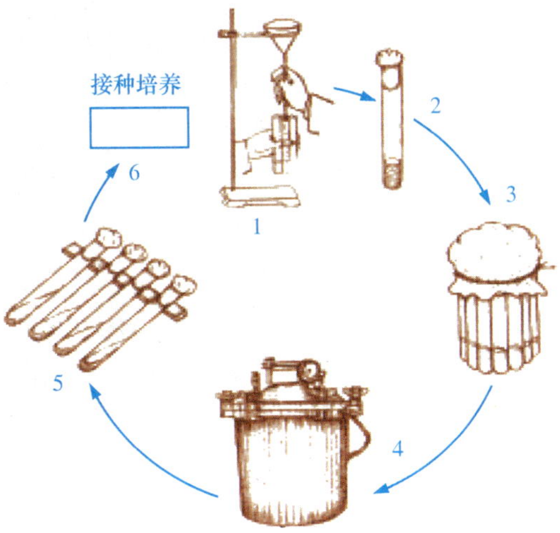

1.分装试管　2.塞棉塞　3.打捆
4.灭菌　5.排成斜面　6.接种培养

图 5-6　斜面培养基制作流程图

6.无菌检查

为检验杀菌是否彻底，应把制好的斜面培养基放在 30 ℃的恒温箱中，空白培养 1～3 d，经检查无杂菌感染后，即可做母种培养基用。

任务二　子实体组织分离

子实体组织分离法是利用子实体组织分离而直接获得菌种的方法。此种方法操作简便，取材广泛，分离成功率高，品种遗传稳定，是食用菌生产最常用的一种分离方法。

一、种菇的选择

用作组织分离的种菇，应选择出菇早，朵型好，个体肥大，生长健壮，无病虫害，八成熟的菇体。选择种菇要慎重，一般从出菇开始就应注意观察选择，选取具有本菇种特征的种菇作分离材料。不同的食用菌对种菇的要求不同，生产上应注意区分。

二、种菇的消毒

种菇子实体采后要及时切去基部并进行表面消毒。分离时，将采好的种菇用清水洗净表面，然后带入接种箱内，放入0.2%升汞水或75%的酒精内浸泡1 min，取出后用无菌水冲洗1～2次，用无菌纱布吸干水渍，放入培养皿内备用。

三、组织块的挑取

用消毒的小刀把菇蕾纵剖为二，在菇盖与菇柄的交接处，用无菌刀切取绿豆大小的菌肉，移接到斜面培养基中央。注意整个分离过程要严格执行无菌操作，尤其是解剖刀要彻底消毒杀菌，试管口要始终处于酒精灯的无菌区(图5-7)。

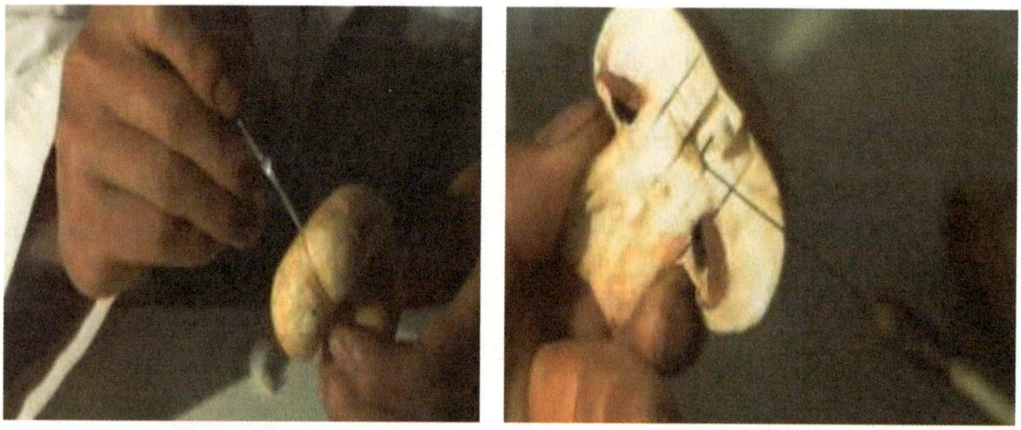

图5-7　组织块挑取

四、贴标签

标签上注明菌种名称、编号、来源和日期。

五、培养

每10支1捆，置于25 ℃左右的恒温培养箱中培养。2～4 d后可看到组织块上长出白色绒毛状菌丝体，周围无杂菌污染，表明分离成功。

六、转管与纯化

组织分离得到菌种后，再转到新的斜面培养基上，并认真观察菌丝萌发情况。在菌丝团直径接近1 cm时，挑选色泽纯正、菌丝健壮、长势正常、无间断的菌丝，在接种箱或超净工作台内，用接种针将菌丝的前端移接到新的试管培养基上。在23～25 ℃的恒温条件下，培养7～10 d，待菌丝长满管后，再进行观察，从中择优取用。

母种制取工艺流程见图5-8。

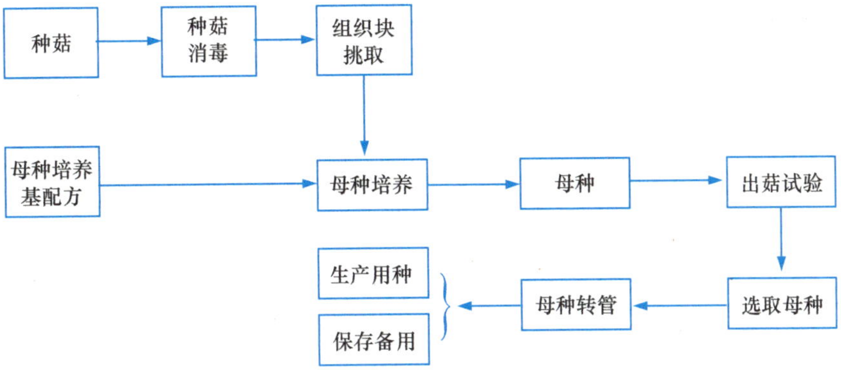

图 5-8　母种制取工艺流程图

任务三　母种的扩繁

母种扩繁是将一支长满母种的斜面培养基试管在无菌操作下，分别接入多只试管斜面中培养，一般每支母种试管可转接 20～30 支试管。母种扩繁的目的在于增加母种的数量，满足生产的需要。接种是食用菌制种工作中的一项最基本的操作，无论是菌种的转代、分离、鉴定，还是进行食用菌形态、生理、生化等方面的研究都离不开接种操作。为了保证菌种纯净无污染，必须在无菌接种箱内或超净工作台上操作。

母种扩繁工艺流程为：接种物品准备→接种设备预处理→接种前表面消毒、烧灼灭菌→移接菌种→贴标签→培养。

一、接种物品准备

将试管母种（用报纸包好，避免紫外线照射）、空白斜面培养基、酒精灯、火柴、75%酒精棉球、口取纸、记号笔、接种用具等先放入接种箱中或超净工作台上。

二、接种设备预处理

接种前将接种箱用气雾消毒剂熏蒸 30 min，超净工作台在接种操作前 30 min 开启紫外线灯（在进入操作之前 10 min 应先关掉紫外线灯），20 min 前开启风机，保证无菌操作。

三、接种前表面消毒、烧灼灭菌

（1）将手用 75%的酒精棉球擦拭后伸入接种箱或超净工作台，再擦净菌种试管外壁和接种工具，进行表面消毒后，点燃酒精灯，使火焰周围的空间成为无菌区，接种操作在火焰旁进行，避免杂菌污染。

（2）右手拿接种钩，在火焰上将接种钩顶端烧红灭菌，凡在接种过程中可能进入试管的部分，全部用火灼烧。

四、移接菌种

(1)先将棉塞用右手拧转松动,以便接种时拔出(图 5-9)。

(2)将母种和空白斜面培养基用大拇指和其他四指握在左手中,斜面向上,并使它们与桌面接近水平,试管口略向下倾斜。

(3)用右手同时拔掉 2 个试管的棉塞,不得乱放。

(4)以火焰烧灼管口,烧灼时应不断转动试管口(靠手腕动作),以杀灭试管口可能沾染的杂菌。

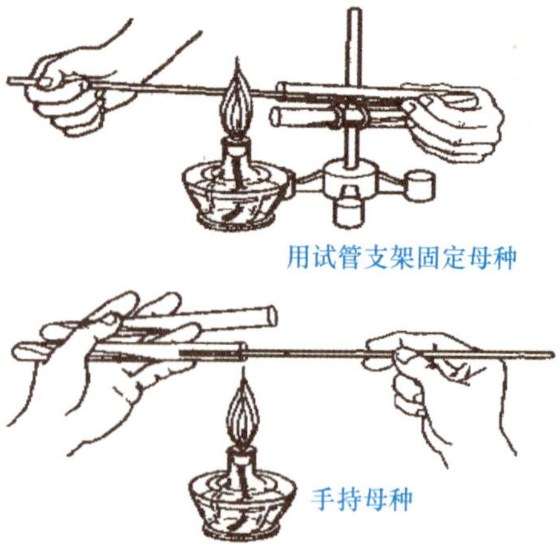

图 5-9 移接一级菌种

(5)将烧灼过的接种钩伸入母种试管内,停留片刻让其冷却,以免烫伤菌丝。然后轻轻挑取少许菌丝,迅速将接种钩抽出试管(注意:不要使接种钩碰到管壁),移接到空白斜面培养基中央,气生菌丝朝上。注意不要把培养基划破,也不要使菌种沾在管壁上,抽出接种钩,烧灼管口,棉塞燎烤至微焦,在火焰旁塞上棉塞。再换接另 1 支空白斜面培养基。

重复上述操作,直至原始种用完。一般 1 支试管母种可转接 30～40 支试管。

五、贴标签

标签应贴在试管前端,既不遮住棉塞,又不遮住培养基斜面的部位,菌种名多写在标签的第一行,字体较大;菌株号一般要求用较小号的字符写在菌种之后;接种者或接种单位,多写在第二行开头,字体宜小。接种日期写在第二行接种者或单位之后,字体同样宜小。

六、培养

结束接种后,盖灭酒精灯,清理接种箱或超净工作台,将接种铲及一切用具摆放整齐。用纸包扎试管上部,10 支 1 捆,放入培养箱内培养。母种培养的常用设备为电热恒温培养箱,或在可调温的培养室内进行。培养温度等条件应根据生产的品种具体设定和调控,一般平菇、鸡腿菇、金针菇、白灵菇等品种应调至 25 ℃左右,草菇应调至 28 ℃以上。空气相对湿度应保持在 60%左右,同时避光并保持空气新鲜,从而使菌丝生长健壮。

母种培养过程中,要经常进行菌种的检查,对已污染的菌种要严格淘汰,对菌丝长势弱的菌种也应及时去除。

思考与练习

1. 食用菌常用母种培养基有哪几种配方?
2. 简述 PDA 培养基的制作步骤。
3. 简述子实体的组织分离法及注意事项。
4. 以母种扩繁为例,阐述无菌操作的具体步骤。

项目六 固体菌种生产

知识目标

1. 了解常见食用菌的原种、栽培种培养基配方及类型。
2. 了解固体菌种的生产工艺流程及注意事项。
3. 掌握固体菌种生产用品、用具的用途及使用方法。
4. 掌握固体菌种培养基的配制、接种及培养方法。

能力目标

1. 能根据菌种和原料特性确定固体菌种培养基配方。
2. 能使用生产用品、用具完成固体菌种的生产。
3. 能应用无菌操作技能完成固体菌种的接种工作。
4. 能完成木屑、谷粒原种及枝条栽培种的生产。

素质目标

1. 结合食用菌生产理论与技能，培养学生综合应用能力。
2. 通过固体菌种生产的学习，培养学生吃苦耐劳、爱岗敬业精神。

用固体原料作培养基，以玻璃瓶或塑料袋作容器制作而成的菌种称为固体菌种。固体菌种生产技术比较简单，不需要复杂的设备，投资相对较少，因此至今仍是菌种生产的主要手段；但固体菌种也存在菌龄长、菌龄不一致、发酵率低等问题。

一、食用菌原种和栽培种培养基

食用菌原种和栽培种的营养要求基本相似，因此可以采用相同的培养基配方，一般都是以天然有机物质外加一定比例的无机盐类配制成半合成的固体培养基。但是从菌丝的发育进程和分解养料能力上来说，原种对培养基的要求比栽培种更精细，营养成分也更丰富一些。栽培种培养基则更粗放、广泛些。

常用的培养基有以下几种。

1. 木屑麸皮培养基

木屑(阔叶林)78%，麸皮(或米糠)20%，石膏粉 1%，蔗糖 1%，料水比 1:(1.2～1.5)，pH 为 6～6.5。适用于香菇、平菇、木耳、银耳等木腐菌原种、栽培种的培养。

2. 棉籽壳培养基

棉籽壳 78%，麸皮(或米糠)20%，石膏粉 1%，蔗糖 1%，料水比 1∶(1.2～1.5)，pH 为 6～6.5。适用于平菇、金针菇、木耳、猴头菇、灵芝等一般食用菌原种、栽培种的培养。

3. 稻草麦麸培养基

干稻草 80%，麸皮(或米糠)18%，石膏粉 1%，蔗糖 1%，水适量，pH 为 6～6.5。适用于草菇、平菇等原种、栽培种的培养。

4. 玉米芯培养基

玉米芯(粉碎)80%，麸皮(或米糠)18%，石膏粉 1%，过磷酸钙 1%，料水比 1∶(1.2～1.5)，适用于猴头菇、平菇、金针菇、木耳等原种、栽培种的培养。

5. 粪草培养基

粪草(粪草比 3∶2发酵)90%，麸皮(或米糠)8%，石膏粉 1%，蔗糖 1%，料水比 1∶(1.2～1.5)，pH 为 7～7.2。适用于双孢菇、草菇原种、栽培种的培养。

6. 甘蔗渣培养基

甘蔗渣 79%，麸皮(或米糠)20%，石膏粉 1%，料水比 1∶(1.2～2)，pH 为 6～6.5。适用于木耳、金针菇、猴头菇等原种、栽培种的培养。

7. 谷粒培养基

麦粒(小麦、大麦、谷子、高粱粒等煮熟)98%、石膏粉 2%，pH 为 6～6.5。适用于多种食用菌原种、栽培种的培养。

8. 草粉培养基

稻草粉(或麦草粉)97%，石膏粉 1%，蔗糖 1%，过磷酸钙 1%，适用于草菇原种、栽培种的培养。

9. 枝条培养基

阔叶树的木块、木签及枝条等 10 kg，麸皮(或米糠)2 kg，红糖 0.4 kg，碳酸钙 0.2 kg ，水适量。适用于香菇、侧耳类食用菌原种、栽培种的培养。

二、固体菌种根据培养基不同分类

1. 代料菌种

代料菌种是由木屑、麸皮、玉米粉、红(白)糖、石膏等培养基按一定的比例复合而成的，成本低廉、容易贮藏和运输。代料菌种是目前应用最为广泛的菌种类型，其优点是材料来源广泛、生产和使用方便、成本低(图 6-1)。

图 6-1　代料菌种

2. 谷粒菌种

谷粒菌种根据菌种的来源和繁殖的代数，可分为原种和栽培种，是由农作物的穗粒作为培养基的菌种，主要有麦粒种、小米种、玉米种、谷粒种等，有些籽粒菌种还拌有一些其他添加材料，甚至化学成分。谷粒菌种的菌丝洁白、粗壮有力、操作方便、发菌快、封面早，能提高菌种的成活率和质量（图 6-2）。

3. 枝条菌种

枝条菌种是指利用阔叶树枝条为主要基质生产的菌种。通常枝条菌种可用来制作三级种，也叫竹签菌种、小棒菌种。具有接种速度快、接种后恢复快、在栽培包内呈立体辐射状蔓延、缩短培养时间、提高出菇同步性等诸多优点，在多种菌类菌种制作中得到应用（图 6-3）。

图 6-2 谷粒菌种

图 6-3 枝条菌种

4. 塑钉菌种

塑钉菌种是用一定的模具，做成钉子状，中空填以代料培养基的培养方式，其优点是形状可控，外壳坚硬，使用方面，可多次利用；缺点是单次使用成本较高，回收不方便（图 6-4）。

塑钉

接入塑钉菌种

图 6-4 塑钉菌种

任务一　原种(棉籽壳型)生产

一、生产准备

(一)设施设备

高压灭菌锅、接种箱或超净工作台、恒温培养箱、培养室。

(二)工具

拌料工具、接种工具、酒精灯等。

(三)原材料

菌种瓶、封口材料、按配方准备的原料。

棉籽壳培养基配方:棉籽壳 78%,麸皮(或米糠)20%,石膏粉 1%,蔗糖 1%。

(四)母种

健康、适龄、无污染的母种,冰箱保存母种使用时要提前取出,活化 1～2 d 备用。

二、培养基制作

(一)培养基的配制

按配比称取各个原料,把棉籽壳、麸皮、石膏粉搅拌均匀,再把糖溶于水与主料搅拌均匀,控制料水比为 1∶(1.2～1.5)即可。

(二)装瓶

菌种瓶口径大小适宜,既利于通气,又不易污染,是食用菌二级种的最佳容器。但是因其口径小,分装操作不便,最好使用漏斗分装,既可以提高工作效率,又可以避免培养料接触瓶口,减少菌种污染,装好培养基后,用捣木在瓶中央打通气孔,擦净瓶内外,在瓶口加上棉塞。

如没有菌种瓶,也可用罐头瓶代替。罐头瓶瓶口大,装料快,透性好,菌丝旺,但缺点是易导致菌种污染,制种时应注意。罐头瓶装料要装至瓶肩处,不宜过多或过少,封口要用聚丙烯薄膜封口,装好后立即进行灭菌处理。

(三)灭菌

原种培养基既可用高压灭菌也可用常压灭菌。使用高压灭菌必须用高压锅,高压锅的使用方法与母种培养基灭菌方法一致,但灭菌压力应提高到 1.4 个大气压。灭菌时间应延长到 2 h,以保证菌种瓶彻底杀菌。

采用常压灭菌必须有常压灭菌灶。目前菇农采用的灭菌灶种类很多,有的用砖砌成,有的用铁桶,也有的用塑料包。不管采用哪种方法都必须保证如下几点。

一是密封性好,保证所产蒸气不外逸;二是蒸气来源充足,蒸气不间断,这是保证杀菌成功的关键,因此常压灭菌灶必须留有加水孔,随时补充锅内热水,保证不干锅,蒸气不间断。灭菌时间要从瓶内料温达到 100 ℃时开始计算,而不是点火时间,这一点要特别注意。灭菌时间要在 100 ℃,连续维持 10 h 以上,切忌中途断火断气。在使用常压灭菌灶时还应注意调节火力,在开始点火时,要急火猛攻,使灶内温度在短时间内迅速达到 100 ℃。否则升温时间过长,易使培养基酸化。灭菌结束后不要急于开锅，要焖 4～6 h 后开锅，以提高杀菌效果，待瓶内料温降至 30 ℃以下时，即可进行无菌操作。

三、接种

将待接种的菌种瓶移入接种箱后进行种箱消毒，种箱消毒的具体方法同母种制作，接种时应严格执行无菌操作程序。一人接种时，将一级种夹在固定架上，二人接种时，一人持二级种瓶，负责开盖和盖盖，另一人持一级母种和接种钩，负责接种，二人要密切配合，严格遵守操作流程。一般每支一级母种试管可扩接 6～8 瓶原种，然后用无菌接种钩迅速将母种块移到菌种瓶的中央，以利菌种生长并迅速封住瓶口(图 6-5)。

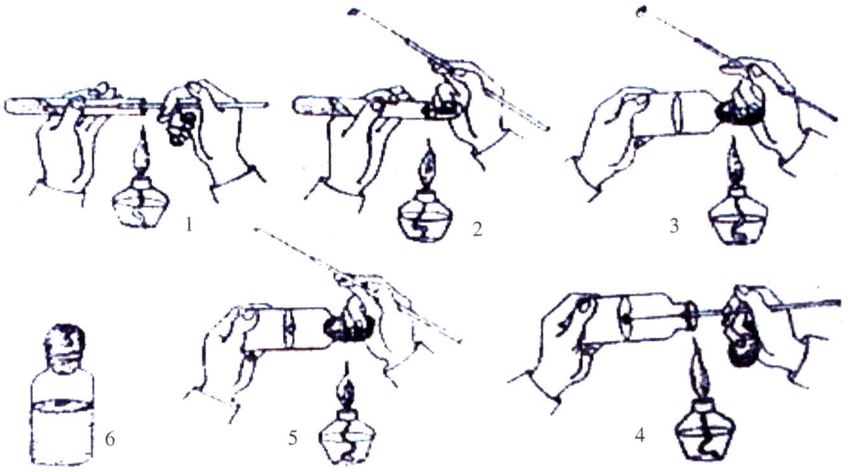

图 6-5　母种转接为原种过程示意图

四、培养

原种接种完毕后，要放于适宜的环境条件下培养。培养室要求洁净，使用杀虫剂和杀菌剂进行熏蒸消毒，防止病菌和害虫滋生。进出培养室需更衣和换鞋。培养期间，每周需用来苏尔等喷洒消毒 1 次，或用活动紫外线灯进行空气消毒。

培养架及地面需常擦抹拖洗，要求做好如下几点。

(一)控制好温度、湿度

将培养室的温度，调整为菌丝生长的最适宜温度，一般料瓶、料袋在菌丝生长过程中会放出热量，使菌温比室温高 2～3 ℃，因此室内温度应比菌丝最适生长温度低 2～3 ℃。随着菌丝量的增殖，发热程度逐步加剧，室内培养温度应相应降低。冬天要注意加热保温，同时在培养架上应尽量将瓶袋放满。夏季应注意散热降温，可利用排风扇排除室内热空气，瓶袋应尽量利用地面散开摆放，以降低菌温。如有必要和可能，应安装空调降温。培养室的相对湿度应控制在 70%以下，切忌出现高湿环境，以免引起菌种的大面积污染。

(二)注意通风换气

在菌丝生长阶段，空气需要量虽然没有子实体发生阶段多，但因培养室内种瓶、种袋量大，菌丝生长过程中不断呼吸,致使氧气减少,二氧化碳浓度越来越高,会影响菌丝正常生长,严重时则会抑制菌丝生长,因此应注意加强培养室的通风换气,特别是利用火炉加温时,应做好通气工作,并谨防一氧化碳中毒。要求进入培养室无闷气感觉,更无酸败的气味。

(三)保持培养室黑暗

光线对菌丝生长有抑制作用,同时能诱导原基和菌蕾的发生。因此,培养室的窗、门需设外黑内红的窗帘。检查菌种生长情况和除杂时,最好采用可移动的安全灯。

(四)经常检查

在整个菌种培养期间要经常进行检查。接种后 3～5 d 进行第一次检查,在菌丝封口前进行第二次检查,当菌丝长到瓶深 1/2～1/3 处时进行第三次检查,当多数菌种接近长满时进行第四次检查。检查内容主要有以下几方面。

1. 萌发是否正常

在进行第一次检查时,发现萌发缓慢或菌丝萌发细弱的菌种瓶,要及早捡出另作处理。

2. 有无污染

在菌丝长满料面之前的两次检查中,都要仔细观察,是否有污染。污染的种瓶要及时捡出。如果检查不及时,有些污染菌的菌落可能被食用菌菌丝遮盖,到菌种长好后肉眼不易鉴别,造成以后三级种的大量污染,因此对二级种的去杂要慎之又慎,不可粗心大意,否则将造成生产上的巨大损失。

3. 活力和生长势

这两方面的检查要贯穿整个培养期间的各次检查中。活力和生长势的表现有菌丝的粗细、浓密度、饱满与否、洁白度、整齐度等,这些现象都要仔细观察,发现有可疑现象应坚决捡出,以切实保证菌种的纯度和质量。

在适宜环境条件下培养的菌种,经过上述 4 次认真检查,当菌丝长到瓶底后即为合格的二级菌种,二级菌种的培养时间一般为 30～40 d,菌种长满后原则上要立即使用,不能马上使用的菌种,要在阴凉干燥的黑暗条件下进行短时保存。

任务二　原种(谷粒型)生产

一、生产准备

1. 设施设备

高压灭菌锅、接种箱或超净工作台、恒温培养箱、培养室。

2. 工具

电磁炉、煮锅、漏勺、大盆、拌料工具、接种工具、酒精灯等。

3. 原材料

菌种瓶、封口材料、按配方准备的原料。

麦粒—木屑培养基:麦粒 78%、木屑 20%、石膏 1%、糖 0.5%、磷酸二氢钾 0.3%、硫酸镁 0.2%。

4. 母种

健康、适龄、无污染的母种，冰箱保存的母种使用时要提前取出，活化 1～2 d 备用。

二、谷粒培养基的制作

（一）浸泡

常规麦粒培养基的制作，首先将小麦过筛，除去杂物，再放入清水浸泡，使其吸足水分，浸泡的时间因气温而定，一般 4—5 月浸泡 24 h，6—9 月浸泡 16 h，一般以麦粒内无夹白心为宜（图 6-6）。

（二）预煮

将浸泡好的麦粒捞出并用清水冲洗数次，沥干后置沸水锅中煮沸 10～15 min 捞出，此时麦粒膨大而无破裂，手压有弹性，一捏就破，而且有麦粒煮熟后的香味。一般以麦粒熟而不烂，无白芯，透明发亮为好（图 6-7）。

图 6-6 小麦浸泡

图 6-7 小麦预煮

（三）拌料

将煮好的麦粒捞出，放入清水冷却至常温，沥去多余水分，稍凉干除去多余的水分，再按照所选取的配方拌入木屑等其他辅料，搅拌均匀，保持含水量在 60%。操作时应先把木屑和石膏等辅料干拌均匀，再按照 1∶1的料水比例，加水拌匀后与麦粒混合均匀，否则含水量较低，不适宜菌丝的生长发育（图 6-8）。

麦粒培养基制作也可稍加改进，具体方法是先把洗净的麦粒置于 0.2% 多菌灵水溶液中浸泡 16～24 h，捞出后在水泥地上摊至约 10 cm 厚，待麦粒底层无积水时，收成一堆，加入木粉调匀后再与碳酸钙等其他辅料拌匀。

图 6-8 拌料

（四）装瓶

制作谷粒菌种一般多选用 500 mL 或 750 mL 的菌种瓶作容器。装量为瓶高的

3/4，一般在装瓶时让麦粒培养基自然落下，稍加敦实即可。瓶装好后，擦净瓶壁和瓶口，塞上棉塞即可。盐水瓶制种，瓶口小，接种时染菌机会少，玻璃透明度高，易识别杂菌和观察菌丝生长状况，因此盐水瓶也是理想的制种容器(图 6-9)。

(五)灭菌

由于麦粒-木屑培养基营养丰富，质地坚实，空隙小，故灭菌时间应适当延长。一般进行高压灭菌时，应比普通培养基的高压灭菌时间延长 20～30 min；进行常压灭菌时，应比普通培养基的延长 1～2 h。灭菌结束后，要及时取出，以免留在灶内被余热烘干培养料(图 6-10)。

图 6-9　装瓶

图 6-10　灭菌

(六)接种培养

经灭菌后的麦粒-木屑培养基，应立即搬入接种室或接种箱内，按常规方法进行消毒和接种。麦粒菌种接种完毕后，要放于适宜的环境条件下培养。培养室要求洁净，使用前应打扫洗刷，分别喷洒杀虫剂和杀菌剂或进行熏蒸消毒，防止病菌和害虫滋生。进出培养室需更衣和换鞋。培养期间，每周需用来苏尔等喷洒消毒 1 次，或用紫外线灯进行空气消毒。

培养期间主要有两项工作：一是环境条件的调控，二是检查菌种生长情况。培养期间环境条件的调控主要是温度，另外还有大气相对湿度、光线和通风情况。不同的菌种，菌丝体生长适宜的温度不同，要通过不同的调温措施，使菌种处于一个最适宜的温度环境中，当培养温度低于适宜温度时，生长速度明显减慢。当培养温度高于其适宜温度时，菌丝生长稀疏、纤细、长势减弱，活力也受到削弱，因此培养温度切忌过高。

培养期间大气相对湿度最好控制在 65%以下，在高湿季节，更应尽可能地降低大气相对湿度，可以在培养室的地面及培养架上撒一层石灰，吸收空气中的湿气。石灰也是良好的杀菌剂，在吸湿的同时，还能有效地预防菌种污染。由于多数食用菌菌丝生长阶段不需要光，因此菌种培养室要尽可能避光，保持室内黑暗，促使菌丝健壮生长。食用菌类多为好氧性菌类。培养期间氧气不足则菌丝生长缓慢。因此，培养室摆放菌种瓶密度不可过大，也不可多层叠放，应保持适当通风。

三、制作谷粒菌种要注意的问题

用于制作培养基的谷粒不可霉变、虫蛀；谷粒的浸泡时间要掌握适度，不宜过长或过短；为提高杀菌效果，还可用 0.2%多菌灵浸泡；谷粒切忌煮破，有破裂的谷粒通气不良，易污染；谷粒菌种的容器多采用玻璃瓶，不宜用塑料袋；灭菌时间要长，一般要用高压灭菌法，即在 1.5 个大气压下灭菌 2.5～3 h。

任务三 栽培种(木屑型)生产

一、生产准备

1. 设施设备

高压灭菌锅、接种箱或超净工作台、恒温培养箱、培养室。

2. 工具

拌料工具、接种工具、酒精灯等。

3. 原材料

聚丙烯折角菌种袋、菌环、菌盖、按配方准备的原料。

木屑培养基配方：木屑（阔叶林）78%，麸皮（或米糠）20%，石膏粉 1%，蔗糖 1%。

4. 原种

健康、适龄、无污染的原种，冰箱保存的原种使用时要提前取出，活化 1～2 d 备用。

二、栽培种培养基的制作

（一）培养基的配制

按配比称取各个原料，把过筛后的木屑与麸皮、石膏粉搅拌均匀，再把糖溶于水与主料搅拌均匀，控制料水比为 1∶(1.2～1.5)即可。

（二）装袋

塑料袋规格和质量要符合要求，栽培种使用的塑料袋长 30～40 cm，宽 16～18 cm，厚 3～4 丝，不可过薄，也不可使用老化劣质产品，以免灭菌时出现破裂，增加污染率，低压聚乙烯虽然也耐高温，但由于透明度较差，培养期间出现污染不易观察，故不宜使用。装料量要适中，即塑料袋内装料不可过多，否则会造成通气不良，菌丝生长缓慢，上下菌龄相差太大，袋口菌种老化现象严重，一般每袋装湿料 0.5～0.75 kg 为宜。装好的料袋上口收紧套上菌环、盖上菌盖后，将菌包轻轻放入周转框内准备灭菌（图 6-11）。

图 6-11 装袋

（三）灭菌

栽培种和原种的灭菌方法相同，由于使用塑料袋作容器，其保形效果不及玻璃瓶，每袋装料时也大大超过玻璃瓶，因此灭菌时要注意以下两点（图 6-12）。

图 6-12　灭菌

1. 装锅不可过挤

如果装锅时过挤，多层叠放，使料间的孔隙变小，达不到灭菌温度，灭菌效果差。

2. 灭菌时间要适当延长

袋装的培养料由于量大，袋子不易保持原有形状，袋与袋之间相互挤压，蒸气不易流通，因此，要适当延长灭菌时间。

（四）冷却

由于塑料袋灭菌后出现皱褶，易藏纳尘埃杂物，因此冷却时要比用玻璃瓶制作原种更加注意卫生。

三、接种

栽培种的接种操作程序同原种，但塑料袋接种要注意以下几点。

（1）注意与酒精灯的距离，避免火焰灼烧融化袋口。

（2）接种量要适当加大，一般每瓶原种可扩接 20～40 袋栽培种。

（3）袋底有皱褶要用浓石灰水浸泡。接种后袋底有皱褶的地方，要用浓石灰水浸泡片刻自然风干，使有可能出现又不容易被发现的裂缝被石灰浆密封，这样能有效地防止杂菌侵染，提高菌种成品率。

四、培养

栽培种接种后，要及时将菌袋移置适宜的发菌室内进行培养。在整个栽培菌种培养过程中，发菌室的环境调控及菌种生长的检查方法与原种相同。但要特别注意以下几点。

1. 菌种袋不可码放过挤

由于塑料袋无固定的形状，灭菌时会相互叠压而孔隙变小，造成袋内氧气不足。菌种在生长过程中，需要从外界补充大量的氧气。培养期间码放不可过挤，以防通气不良，影响菌丝生长。

2. 菌袋要轻拿轻放

由于菌袋不宜定型，因此检查菌袋时，要双手托住菌袋，检查完毕后，轻轻放回原处，否则易使塑料袋破损，增加污染，还有可能因菌袋变形，造成菌袋“呼吸”污染，切忌将菌袋随意取放。

3. 观察温度

在栽培种的培养过程中，要特别注意观察温度，尽可能使菌种处在适宜温度范围内生长，特别要注意室温和料温之间的温差。若发现料温较室温高出许多，要及时倒袋，疏散。使料温保持正常。在正常的环境条件下，料温较室温高 2～3 ℃。

4. 注意观察空气相对湿度

栽培种的用量大大多于原种，生产中常出现空间紧张的问题，培养室内码放密度过大。由于菌丝生长过程中呼吸作用产生大量的水分，散发到空气中，会使培养室空气湿度增高，空气湿度高时，一方面易造成杂菌污染，另一方面空气对流减缓，会减少袋内氧气供应，造成发菌不良。因此菌种培养室要注意经常通风，控制大气湿度在65%以下为宜。

5. 去杂

栽培种的培养过程中，同样要注意菌种的去杂工作，去杂方法与原种制作方法基本相同。栽培种的培养时间一般为30～40 d，栽培种培养结束后即可选取优良菌种进行生产。

任务四　栽培种(枝条型)生产

一、生产准备

(一)设备设施

高压灭菌锅、接种箱或超净工作台、恒温培养箱或培养室。

(二)工具

锅、漏勺、大盆、拌料工具、接种铲、酒精灯等。

(三)原材料

聚丙烯折角菌种袋、菌环、菌盖、按配方准备的原料。

1. 枝条

阔叶树加工而成的枝条，长度一般12～15 cm，宽0.5～0.7 cm，厚0.5～0.7 cm，枝条的规格要根据栽培袋的大小进行选择(图6-13)。

图6-13　菌种枝条

2. 辅料

木屑50%、麦麸48%、石膏1%、石灰1%，用来填充枝条之间的空隙。

3. 营养液

糖1%、磷酸二氢钾2%、硫酸镁0.1%，用来配置浸泡枝条的营养液。

(四)菌种

健康、适龄、无污染的原种，冰箱保存的原种使用时要提前取出，活化1～2 d备用。

二、培养基制作

(一)浸泡枝条

将整包枝条浸泡在石灰水池中，时间不少于24 h。将白糖1%、磷酸二氢钾2%、硫酸镁0.1%加水，按照比例配置适量营养液。将用石灰水浸泡过枝条整捆放入营养液中，浸泡15 h左右捞出备用。注意浸泡时间要根据枝条的规格、气温进行调整，要求枝条泡透。

检查方法是将枝条敲碎，观察是否有白芯，如果有白芯说明没有泡透。

按比例配置辅料，均匀倒入搅拌盒内，搅拌均匀，检查 pH 为 8～9，水分为 60%～65%。

图 6-14　装袋

（二）装袋

将浸泡好的枝条和配置好的辅料混合，每根枝条表面都沾上辅料，袋底部先装入少量的辅料，以栽培料覆盖袋底为准，取适量枝条，整齐竖直放入塑料袋中，撒上栽培料，震动，尽量使栽培料的木屑能够充满枝条间，面上再覆盖一层栽培料，以覆盖枝条为准，也称之"过桥"。随后套紧塑料项圈，袋子中央插入打孔棒，以便于接入母种，但不必装得过紧。最后塞上塑料塞，同栽培包一起灭菌(图 6-14)。

装袋要求松紧适度，不能装得过于松散，每根枝条之间缝隙都要夹料，装好袋以后还要保证菌种袋与袋内枝条贴严，尽量不出现"袋料分离"的现象，否则菌种长好后，在袋内枝条菌种与菌种袋之间的气生菌比较容易老化、死亡，造成细胞破裂，出现白水、黄水、红水现象，影响菌种品质。但也不能装得太紧，否则容易撑破菌种袋，枝条与枝条之间没有空隙，贴得太紧密，菌丝不易萌发，不能深入枝条木质内部，接种使用时不易成活。

（三）灭菌冷却

高压灭菌在 0.15 MPa 压下，灭菌 2 h 左右。常压灭菌 100 ℃，持续 12 h 左右，灭菌时做到"攻头、促尾、保中间"。在冷却室或者相对干净的房间冷却，当温度降至 20 ℃时，准备接种。

（四）接种

料温降到 20 ℃左右时，按常规接种。每袋木屑菌种接 20～30 个枝条料袋。

（五）培养

由于枝条培养基的通透性好，在 23～25 ℃及以下培养，菌丝生长迅速，要注意通风换气，发菌中后期堆温和室温不超过 23 ℃，25 d 左右即可长满袋，再将室温降 3～5 ℃，促进枝条内部菌丝生长，后熟时间因品种而异，一般 7～20 d。

枝条浸泡时间不足，未充分浸透，会影响菌种生长，菌种量少。如果后熟时间不足，会导致仅枝条表面长有菌丝，内部菌丝较少，甚至没有。接种量不足，使枝条菌种与栽培料间形成间隙，不利于发菌。

思考与练习

1. 食用菌原种、栽培种常用固体培养基配方有哪些？
2. 简述不同培养基类型的固体菌种特点。
3. 简述棉籽壳原种的生产流程及注意事项。
4. 简述谷粒种制作过程及注意事项。
5. 简述枝条栽培种制作过程及注意事项。

项目七 液体菌种生产

知识目标

1. 了解液体菌种的概念及特点。
2. 了解液体菌种培养基的常见配方。
3. 掌握液体菌种的生产流程及方法。
4. 掌握液体菌种质量检测指标及方法。

能力目标

1. 能根据菌种和原料特性确定液体菌种培养基配方。
2. 能应用无菌操作技能完成液体菌种的接种工作。
3. 能完成摇瓶液体菌种、发酵罐液体菌种的生产。
4. 能使用仪器设备完成液体菌种质量鉴定。

素质目标

1. 融合食用菌生产理论与技能，培养学生综合应用能力。
2. 通过液体菌种的生产，培养学生敬业、精益求精、专注的工匠精神。

液体菌种，是相对于固体菌种而言的，将食用菌菌种接种于液体培基中，经无性繁殖而成的菌丝球即为液体菌种（图 7-1）。液体菌种可作母种、原种及栽培种，具有生产周期短、接种方便、发菌快、菌龄较一致、易于机械化操作等优点。液体菌种也存在设备复杂、投资大、技术要求高、菌种运输复杂及保存周期短等不足；但随着科学技术的不断进步，该技术作为食用菌菌种制作与生物发酵技术的有机结合，将成为食用菌菌种制作的发展方向。

图 7-1 液体菌种

一、液体菌种培养基常用原料

制作液体菌种培养基常用原料有玉米粉（面）、黄豆粉、豆饼粉、马铃薯、葡萄糖、蛋白胨、麸皮、白砂糖、磷酸二氢钾、硫酸镁、氯化钾、维生素、酵母膏、牛肉膏、碳酸钙、消泡剂等。

二、液体菌种培养基常用配方

配方 1:马铃薯 20%,麸皮 4%,葡萄糖 2%,蛋白胨 0.3%,磷酸二氢钾 0.2%,硫酸镁 0.1%,pH 自然(适宜多种食用菌摇瓶液体菌种培养);

配方 2:玉米粉 1%,黄豆粉 2%,葡萄糖 30%,酵母膏 0.5%,磷酸二氢钾 0.1%,碳酸钙 0.2%,硫酸镁 0.05%,消泡剂 0.5%～1%,pH 自然,(适宜多种食用菌发酵罐液体菌种培养);

配方 3:可溶性淀粉 3%,蔗糖 1%,酵母膏 0.1%,磷酸二氢钾 0.1%,硫酸镁 0.05%,pH 自然(适宜多种食用菌液体菌种培养,特别适合平菇);

配方 4:玉米粉 5%,麸皮 1%,酵母粉 0.5%,葡萄糖 2%,磷酸二氢钾 0.1%,硫酸镁 0.05%,碳酸钙 0.2%,维生素 B_1 1 mg ,pH 自然(适宜多种食用菌液体菌种培养,特别适合金针菇);

配方 5:黄豆粉 1%,淀粉 0.5%,葡萄糖 1%,蔗糖 2%,蛋白胨 0.15%,磷酸二氢钾 0.15%,硫酸镁 0.075%,消泡剂 0.15%,pH 自然(适宜多种食用菌发酵罐液体菌种培养,特别适合杏鲍菇)。

三、液体菌种制作流程

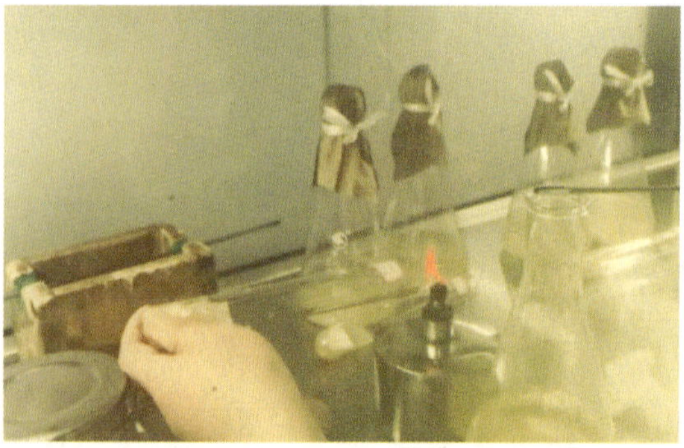

图 7-2　摇瓶液体菌种接种

除不加琼脂外,液体菌种培养基制作过程与固体培养基类似。制作完成后,一般要经历摇瓶液体菌种、一级液体菌种和二级液体菌种的培养与检测后才能应用于生产(图 7-2)。

(一)摇瓶液体菌种培养基配制

按配方称取培养基各原料,熬煮提取营养成分,过滤制备培养液,并分装于三角瓶中,最后用透气的耐高温塑料膜封口、捆扎,在高压灭菌锅内 121 ℃条件下灭菌 20～30 min,冷却后趁热(30 ℃左右)接入菌种,1 个三角瓶一般接入直径为 5 mm 的菌落 3 块。

(二)摇瓶液体菌种菌球培养

液体培养基接种后一般先静置培养 24 h 左右(增强菌丝的适应能力和成活率),置于摇床后,根据不同菌株特性,选择适宜的温度和转速进行遮光培养,一般采取 25 ℃条件下转速 120 r/min。

(三)一级液体菌种培养基制作及培养

一级液体菌种培养基的制作过程与摇床培养基相同,但不用分装,将培养液倒入小型发酵罐(20L 左右的小型发酵罐一般倒入 15L 培养基)后直接灭菌,121 ℃下灭菌 20～30 min,冷却后趁热(28 ℃左右)接种,接种量为 5%～10%,一般每 20L 的小型发酵罐要接种 15 瓶摇床培养菌球(250 mL 三角瓶装有 100 mL 菌球)。接种后,选择适宜的温度和转速进行遮光培养,培养过程中应及时检查污染情况。

(四)二级液体菌种培养基的制作及培养

二级液体菌种培养基的制作、灭菌、接菌及培养与一级液体菌种制备方法相同,只是培养液体菌种时的容积不同。

四、液体菌种质量检测

各级液体菌种发酵结束后,需要对其发酵质量进行检测。

(一)检测内容及方法

1. 菌液颜色和气味的检测

正常情况下,菌液初期略显混浊,而随着发酵的进行逐渐变为清澈,菌液颜色越来越淡,若有污染发生,菌液始终处于浑浊状态,菌球与菌液的界限不明显,且发酵液颜色有异常变化。培养初期菌液有培养基的香味,随着培养时间的延长会越来越淡,后期为菌丝的气味,若染菌或菌种质量不好,会有酸、臭、酒味或其他异常的气味。所以,在液体菌种培养过程中,生产人员要经常闻一闻排气口排出的气味是否异常。

2. 菌种纯度和状态的检测

(1)显微镜检测法:用接种环取 2～3 环发酵液涂片,制成临时玻片,显微镜观察或涂片染色镜检。检查有无杂菌,并通过颜色的深浅判断菌丝体的活力,正常的菌丝成团状,比较密集,边缘有树根状分枝。染有霉菌的菌丝相对粗壮,且往往不成团,染有细菌的菌丝较短且纤细。

(2)肉汤培养检测法:取发酵液 1 环接种于酚红肉汤试管中,置 28～20 ℃温度条件培养,若溶液由红变黄,表明发酵液中染有细菌;若溶液红色不变,则无细菌生长。

细菌酚红肉汤培养基配方:蛋白 1%;葡萄糖 3%;牛肉膏 30%;氯化钠 0.5%;酚红 0.003%(酚红先配成 1%的酒精溶液备用) pH 7.4～7.05;120 ℃灭菌 30 min。

(3)划线培养检测法:一般是将样品直接在培养基上划线,置 28～30 ℃温度条件培养;也可先经肉汤培养基增值之后再进行划线培养。划线法反应结果较慢,操作复杂,但能检查出少量污染菌。

(二)污染的预防

液体菌种培养产生污染的原因有:种子带菌、罐体或管件渗漏、罐或管路中存在灭菌死角、空气净化系统染菌、蒸汽压力不足而灭菌不彻底、操作不慎、环境污染等。以设备渗透和过滤系统的染菌为主,其他次之。

在菌种发酵培养中,为预防杂菌污染,要做到:保证种子不带杂菌;严格进行设备及培养基的灭菌,尤其是对设备死角的灭菌;对设备要勤检查,杜绝设备、管件的渗透;对空气系统进行定期检查,防止过滤介质受潮及培养液浸透结块,保证空气过滤器处于良好的工作状态;严格操作规程,避免由于操作不慎引起的污染;保持罐体正压运行,防止搅拌器轴封、闸阀泄露等。

任务一　摇瓶液体菌种生产

一、生产准备

1. 设施设备

高压灭菌锅、接种箱或超净工作台、摇床。

2. 工具

电磁炉、煮锅、称量工具、接种工具、酒精灯等。

3. 原材料

三角瓶、封口材料、按配方准备的原料。

液体培养基配方：马铃薯 20%，麸皮 4%，葡萄糖 2%，蛋白胨 0.3%，磷酸二氢钾 0.2%，硫酸镁 0.1%。

4. 母种

健康、适龄、无污染的母种，冰箱保存的母种使用时要提前取出，活化 1～2 d 备用。

二、液体培养基制作

1. 计算

按照选定的培养基配方，计算各种成分的用量。

2. 称量

按配方称取各种物质。

3. 熬制

将削皮称好的马铃薯切片，加入总量 2/3 的水中，煮至“酥而不烂”，用 4 层纱布过滤。

4. 定容

滤液继续小火加热，准确称量其余药品，加到滤液中搅匀，使其完全溶解，再补足水量。

5. 分装

分装三角瓶时，避免培养液黏住瓶壁口，三角瓶装料系数 60%。并在每瓶培养基内加入 10～13 粒小玻璃珠或直径在 0.8 cm 内的玻璃碎片。

6. 包扎

棉塞塞入瓶口 3～4 cm，用牛皮纸包扎或以 8 cm×8 cm 的 8 层纱布封口。

7. 灭菌

在 0.12～0.15 MPa 压力条件下，灭菌 30 min，取出冷却，放入无菌室中备用。

三、接种

将试管母种(用报纸包好，避免紫外线照射)、液体培养基、瓶架、接种工具、酒精灯、打火机等用品放入接种箱内或超净工作台上。接种前必须对接种室、接种箱或超净工作台进行消毒，以保证接种操作在严格无菌的条件下的。待试管母种温度冷却至 28 ℃左右时在无菌条件下接种。接种方法如下。

选取试管母种，松动三角瓶的棉塞，用接种钩挑取 5 mm×5 mm×0.2 mm 的菌种 5～6 块，迅速放入三角瓶中。每支母种可接 2～3 瓶，棉塞过火两圈后再塞上，取双层报纸包扎好瓶口，在三角瓶上贴好标签，注明菌种名称、培养基配方、接种日期。

四、培养

接好种后，将三角瓶放到 25～26 ℃的环境中避光培养 48～72 h(因品种不同而培养时间不同)。待接种块在培养液面上长到 1 cm(单个菌种块)时，置摇床上培养。复式床振荡频率为 80～100 次/min，振幅 6～10 cm；如果用旋转式摇床，菌种不同回旋速度也不同，一般控制在 160～200 次/min。回旋式摇床摇出来的菌球均匀，便于检查杂菌(图 7-3)。

在实际生产中应本着先慢后快的原则进行培养。根据不同菌种的生长速度确定回旋速度。摇床室温控制在 24～25 ℃，培养时间因菌类不同而异，一般是在 7 d 左右。以放置 20 min 后菌丝沉淀量达到 80%以上才可接种发酵罐。

图 7-3 摇瓶液体菌种振荡培养

优质的液体菌种菌球直径约为 1 mm，菌球大小均匀，静止一段时间后仍均匀悬浮于培养液中不沉淀，黏稠，并伴有各种菇类特有的香味。

菌种不同，培养液出现不同的色泽，菌球的形态不同，气味也不同。金针菇的培养液呈浅黄色、清澈透明、液体中悬浮着大量小圈丝球，并伴有芳香气味；香菇的培养液呈褐色，清澈透明，并伴有清香气味；木耳的培养液呈青褐色，黏稠有甜香味，即可判断培养结束。如果培养液混浊，大多是细菌污染所致。

将培养好的液体菌种进行综合检测，合格后供给发酵罐进行接种培养。

任务二 发酵罐液体菌种生产

一、生产准备

1. 设施设备

发酵罐(带控制柜)、高压灭菌锅、空压机等。

2. 工具

电磁炉、煮锅、称量工具、接种枪、软管、酒精及酒精棉等。

3. 原材料

聚丙烯袋、按配方准备的原料。

液体培养基配方：玉米粉 1%，黄豆粉 2%，葡萄糖 30%，酵母膏 0.5%，磷酸二氢钾 0.1%，碳酸钙 0.2%，硫酸镁 0.05%，消泡剂 0.5%～1%，pH 自然。

4. 摇瓶液体菌种

合格的摇瓶液体菌种，冰箱保存的液体菌种需提前取出，活化 1 d 备用。

二、罐体清洗、检查

发酵罐生产前必须对其进行彻底清洗，除去黏附在罐壁的菌球、菌块、料液等污物。待罐内壁无悬挂物，无残留菌球，排放的水清澈无污物时加水，加水量以超过加热管为宜。

启动设备，观察和检查控制柜、加热管工作是否正常，各阀门有无渗漏，压力表、安全阀是否正常工作，是否有不安全因素，检查水、电是否正常使用，检查合格方能开始工作。

三、煮罐

新罐初次使用、罐长时间不用、上一罐染菌、更换生产品种等，需要煮罐。煮罐的具体方法是关闭罐底部的接种阀和进气阀，把水从进料口加入至视镜中线，盖上进料口盖，拧紧，关闭排气口。启动加热器，当温度达到 100 ℃时排放冷气，微微打开排气阀，当温度达到 123 ℃、压力 0.12 MPa 时，维持 35 min 后，关闭排气阀，闷 20 min 后，打开排气阀、接种口、进气口，把罐内的水放掉即可。

四、液体培养基制作

根据液体发酵罐的容积按配方计算各个原料所需用量。其中，玉米粉与黄豆粉需加水，煮沸腾后计时 20 min ，用 6～8 层纱布过滤，其他化学制剂加水溶解后直接加入过滤液，搅拌均匀备用。

五、配件灭菌

在煮罐的同时进行液体培养基制作，并对滤芯及接种枪等配件进行灭菌。拆下滤芯外壳灭菌，也可整体灭菌。进气管口、接种枪及软管口分别用 8～10 层医用脱脂纱布包好，用绳捆扎后放入高压灭菌锅。

装锅时，滤芯向下，滤芯上盖接口处的出气管无折角，盘管无折角，口向上，瓶上盖一层聚丙烯塑料膜。温度 121 ℃，压力 0.11～0.15 MPa ，保持 40 min。

六、配料、上料

关闭发酵罐下端进气阀和接种阀，通过接种口将煮好的液体培养基倒入发酵罐中，加泡敌约 12 mL，用水冲洗煮料锅，装料量为罐体总容积的 60%～80%，即加料高度以高于视镜边缘 10 cm 为宜。拧紧进料口盖。

七、灭菌

关闭所有阀门，按控制柜灭菌键，在培养基温度达到 100 ℃前，用未过滤的空气直接通入搅拌培养料，防止发酵罐底部料液黏附于加热棒上变糊。当温度达 100 ℃时微微打开排气阀，直至灭菌结束。当控制柜显示屏上的温度 123 ℃、压力 0.12MPa 时，控制柜自动计时。在灭菌 35 min 的前、中、后期(0 min 、17 min 、30 min)排 3 次料,排料方法是微开进气口和接种口阀门,有少量气、料排出即可,每次排料 3～5 min,3 次共排料 3～5 L,排出阀门处生料并对阀门管路进行杀菌。

需要注意的是:滤芯需要在使用前 0.5 h 灭菌装好,装好后要一直开启气泵,以便将滤芯吹干,必须在灭菌计时就开泵通气。

八、冷却

培养基冷却是把培养基温度由 123 ℃降至 25～28 ℃的过程。排净夹层内的热水,打开气泵吹一级滤芯,再吹二级滤芯,同时向夹层内注入冷水,使罐内温度下降,待罐盖压力表的压力降到 0.05 MPa 以下时,在确定一、二级滤芯已经干了的前提下,打开经过一、二级滤芯进入罐内的进气管道,给罐盖上的滤芯吹气,搅动培养液,使培养液快速降温。

图 7-4　液体发酵罐接种

九、接种

准备好菌种、浸泡 75%酒精的纱布圈、火机、95%酒精、湿手套、湿毛巾等用品,逐渐开大排气阀,待发酵罐压力降至"0"时,关闭排气阀,打开气泵,把火圈套在进料口上方点燃,快速打开进料口盖,在火焰的中部将菌种瓶塞拔下,转动菌种瓶使其上部和瓶口部位在火圈上灼烧灭菌后,迅速将菌种倒入罐内,进料口盖经火焰灼烧后盖好,拧紧,移走火圈,完成接种(图 7-4)。

十、培养与检测

启动设备控制柜进入培养状态,微开排气阀,使罐压降至 0.02～0.04 MPa,并检查培养温度和空气流量,1.2 m^3/h 以上时即可进入培养阶段。根据不同品种设置不同的培养温度,常规品种选择 24～26 ℃培养档,高温品种选择 28～31 ℃培养档。空气流量调至 1.2 m^3/h 以上,罐压在 0.02～0.04 MPa ,培养时间为 72～96 h。

接种 24 h 以后,每隔 12 h 可从接种管取样 1 次,观察记载菌种生长和萌发情况。取样方法:打开阀门,排尽蒸汽管中的冷凝水后,排气阀门转为微开,使其只有少量蒸汽流出,对取样口进行灭菌。取样时,弃去最初流出的一段培养液后关闭取样阀门,用火焰封口,再次打开阀门,用经灭菌的三角瓶收集菌种至所需取样量。随后关闭取样阀,盖上瓶塞。

观察菌种生长和萌发情况一般采用"三看一闻"的方法。

一看菌液颜色,正常菌液颜色纯正,虽有淡黄、橙黄、浅棕色等颜色,但不浑浊,大多越来越淡(蜜环菌、鸡腿菇、木耳变深);

二看菌液澄清度,大多澄清透明(木耳、灵芝有些乱菌丝),培养前期略显浑浊,培养后期菌液中没有细小颗粒及絮状物,因而菌液会越来越澄清透明,否则为不正常;

三看菌球周围毛刺,是否明显及菌球数量的增长情况,食用菌菌球都有小毛刺,或长或短,或软或硬(白金针菇硬刺);

一闻是闻菌液气味，料液的香甜味随着培养时间的延长会越来越淡，后期只有一种淡淡的菌液清香味。木耳、金针菇菌液香味淡，白灵菇菌液香味浓，灵芝菌液有药味，香菇菌液有淡酒糟味。

在 48～72 h 菌球浓度增长较快，体积百分比浓度≥80％即可接袋。

取样后，将三角瓶放在桌面上，静置 5 min，菌球既不漂浮，也不沉淀，菌球占菌液 80％（体积百分比）以上，菌液颜色变淡，澄清透明，菌球与菌液界限分明，表明菌丝已经成熟，可以使用。若变浑浊，出现霉味、酒味，颜色深，说明已坏。

十一、料包接菌

液体菌种培养好后，在火焰的保护下接好经灭菌的接种管及接种枪，不停泵，关小排气阀。待压力稳定在 0.03～0.05 MPa 时，打开接种阀，接种枪口在酒精灯火焰上灭菌后，在无菌条件下接种。接种量以菌种接入瓶或袋内覆盖表面为宜，通常接 15～18 mL。菌种用量少，菌种局部萌发，易造成污染。

思考与练习

1. 食用菌液体菌种常用培养基配方有哪些？
2. 什么是液体菌种？它有何特点？
3. 简述液体菌种的生产流程及注意事项。
4. 简述摇瓶液体菌种的制作过程及注意事项。
5. 简述发酵罐液体菌种的制作过程及注意事项。
6. 如何进行液体菌种的检查？

项目八　菌种质量鉴定与保藏

知识目标

1. 了解菌种质量鉴定及保藏常见方法。
2. 了解菌种质退化的原因及表现。
3. 掌握菌种量鉴定的常见方法。
4. 掌握菌种保藏及复壮的常见方法。

能力目标

1. 能根据菌种质量鉴定方法，鉴定菌种质量的好坏。
2. 能结合生产有效防控菌种过早衰退。
3. 能应用相关仪器设备开展菌种保藏与复壮工作。

素质目标

1. 通过讲解菌种退化原因及防控举措，培养学生综合应用能力。
2. 通过菌种鉴定与保藏，培养学生敬业、精益求精、专注的工匠精神。

一、菌种的鉴定

菌种质量鉴定主要是通过肉眼观察、显微菌丝检查、生活力检测、栽培试验来衡量未知或已知菌种质量的好坏，其中栽培试验是目前最有效、最直接、最可靠的方法。

（一）肉眼观察法

利用肉眼直接观察待检测的菌种，首先要看其标签上菌株名称是否正确，容器（试管、培养皿、玻璃瓶等）是否破损，硅胶塞或棉花塞是否松动，容器内污染与老化情况，菌丝是否粗壮、均匀整齐、长势好、连接成块、有弹性及无吐黄水现象等，培养基是否湿润、无原基或幼菇形成及与容器壁紧贴，菌种色泽、有无斑块及抑制线，菌种是否有特有的香味，手捏原种或栽培种料块检查其含水量是否达标等。

（二）显微菌丝检查法

利用显微镜观察菌丝结构，优质的菌种其菌丝一般透明、有横隔、粗壮、分支多、细胞质浓度高且颗粒多等，若有锁状联合现象的菇类，可观察到明显的锁状联合结构。

（三）生活力检测法

以供鉴菌种为测试对象，在无菌操作下取直径 5 mm 左右的菌落接入新培养基上，在最适的培养条件下培养一段时间，测定菌丝是否具备萌发和吃料快、生长迅速、长势健壮、整齐且浓密等优良菌种的特点。

（四）栽培试验法

栽培试验是检测菌种的主要方法，将待检测的菌种通过母种、原种及栽培种的制作流程来评价其实际生产能力，在最适的培养条件下观察是否达到菌丝生长速度快、长势好、吃料能力强、出菇周期短且出菇整齐、子实体形态正常且抗逆性强、产量和品质好、转茬快且出菇茬次多等优质菌种的标准。

二、菌种的保藏

根据不同菌种的遗传和生化特性，通过低温、干燥、缺氧等手段，人为创造不利于菌种新陈代谢的环境，使其生命处于休眠及代谢活动处于较低的状态，从而达到延长寿命并保持原有的性状，最终防止死亡、污染和退化的技术即为菌种保存。食用菌菌种保存的方法很多，但原理大同小异，如低温斜面保藏法、液体石蜡保藏法、冷冻真空干燥保藏法、液氮超低温保藏法、无菌水或生理盐水保藏法、孢子滤纸片保藏法、自然基质保藏法等。

图 8-1　低温斜面保藏法

（一）低温斜面保藏法

低温斜面保藏法是最简单、最常用的保藏方法，适于大多数食用菌菌种保藏（图 8-1）。保藏菌种一般使用 PDA 斜面培养基。菌种转接后，放于适温下培养，要勤检查，及时去除劣质菌种、保留优质菌种，当菌丝长满试管后将菌种包裹好，放入 1～4 ℃低温冰箱保藏。低温斜面保藏时，菌丝新陈代谢并未完全停止，且试管培养基易失水干裂，因此保藏时间较短，不适于长期保藏，应间隔 3～5 个月转管 1 次。有些食用菌菌种需在特定温度条件下保藏，如草菇菌种在 5 ℃下易发生自融死亡，保藏适宜温度为 10～15 ℃。

（二）液体石蜡保藏法

液体石蜡保藏法是将无菌液体石蜡灌注到菌种斜面上，实现中长期保藏菌种的一种方法（图 8-2）。其原理是液体石蜡使菌种与空气隔绝，抑制细胞代谢，同时防止培养基中水分的蒸发，达到延长保藏时间的效果。其方法为取化学纯液体石蜡装于三角瓶中加棉塞并包纸，在 0.1 MPa 压力下灭菌 1 h，再放入 40 ℃恒温箱中，以蒸发其中水分，至液体石蜡完全透明为止。将处理好的液体石蜡移接在空白斜面上，28～30 ℃培养 2～3 d，证明无杂菌生长方可使用。然后用无菌操作的方法把液体石蜡注入待保藏的斜面试管中。注入量以高出培养基斜面 1～1.5 cm 为宜，塞上橡皮塞，用固体石蜡封口，直立于低温干燥处保藏。本法可有效保藏 5～7 年，每 1～2 年注意移植 1 次。由于菌丝沾有石蜡必须再转接 1 次试管才能很好生长。使用时只要用接种针从斜面上少量挑取菌丝，移植在新鲜的斜面培养基上即可。

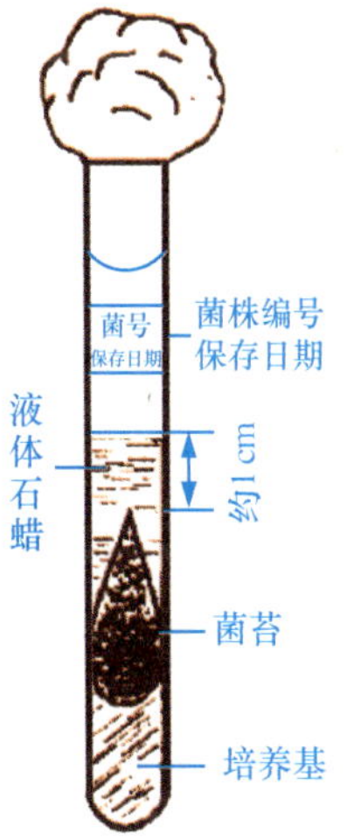

图 8-2　液体石蜡保藏法示意图

（三）滤纸保藏法

滤纸保藏法是一种以无毒滤纸作为食用菌孢子吸附载体长期保藏菌种的方法。该法保藏时间长、菌种不易衰老退化、操作简单、易贮运。方法是将食用菌孢子吸附在滤纸上，干燥后再行低温保藏。本法操作简便，效果也较理想。取白色（收集深色孢子）或黑色（收集白色孢子）滤纸，剪成 4 cm×0.8 cm 的小纸条，平铺在培养皿中用纸包裹在 0.1 MPa 压力下灭菌 30 min。采用钩悬法收集孢子，让孢子落在滤纸条上。将载有孢子的滤纸条放入保藏试管中，再将保藏试管放入干燥器中 1～2 d，除去滤纸水分，使滤纸水分含量达 2%左右，然后低温保藏。

使用时按无菌操作方法摄取滤纸条，将有孢子的一面贴在培养基上，于适温下培养 1 周左右，即可观察到孢子萌发和菌丝生长状况。这种方法可有效保藏 2～4 年，长的可达 30 年以上。

（四）木屑保藏法

木屑保藏法多使用阔叶树木屑培养基（阔叶树木屑 78%、麦麸 20%、石膏粉 1%、糖 1%、水适量）。培养基配好后，装入 18 mm×180 mm 或更大的试管中，装入量为管长的 3/4 左右，0.14 MPa 、126 ℃高温灭菌 1.5 h。冷却后接入菌种，25 ℃培养 10～15 d。待菌丝接近于长满木屑时取出，在无菌条件下更换无菌橡皮塞，置于 1～4 ℃冰箱中低温贮藏。只要木屑不过分干，可保藏 3 年以上。使用时将试管从冰箱内取出，置于 8 ℃温度条件下活化 12～24 h，去掉表面老菌丝后挑取木屑内菌丝接种。本法适于木生菌的菌种保藏。

（五）无菌水保藏法

在无菌条件下，将无菌蒸馏水注入长满菌丝的斜面试管中，水面高出斜面 1 cm 左右，将试管竖立在 4 ℃冰箱中保藏。此法可使大部分菌种保藏约 4 年。使用时按无菌操作转接活化后使用。

（六）液氮超低温保藏法

液氮超低温保藏法是将菌种装在含有冷冻保护剂的安瓿瓶（硼硅玻璃质）内，之后放入液氮（－196 ℃）中进行保藏的方法。菌丝体处于超低温条件下，代谢完全停止，不需定期移植。液氮超低温保藏法是菌种长期保藏最有效、最可靠的方法。试验证明，液氮超低温保藏法能保存所有的食用菌菌种，包括一些不能用冷冻干燥法保藏的菌种。液氮超低温保藏法需要液氮罐等特殊设备，但操作简单，保藏效果好（图 8-3）。

图 8-3　液氮罐保藏菌种

1. 菌丝培养

将 PDA 培养基倒入无菌培养皿内，制成平板培养基，然后将食用菌菌种接种在培养基中心，在适宜温度下培养至菌丝基本长满平板。

2. 冰冻保护剂准备

安瓿瓶（硼硅玻璃质），口径约 10 mm，大小为 75 mm×10 mm 或能容 1.2 mL 液体，内盛经高压灭菌的冰冻保护剂 0.8 mL。冰冻保护剂常用 10%甘油或 10%的二甲亚砜（DMSO），经高压灭菌后使用。

3. 移入菌丝块

取直径 5 mm 的打孔器，在培养好的菌落边缘切割琼脂块，或用手术刀片将长有菌丝的琼脂块切成 2 mm×4 mm 的小块。将带有菌丝体的琼脂块用无菌镊子移入已灭菌的装有保护剂的安瓿瓶中，在保藏菌种的安瓿瓶上做永久标记，也可直接用无菌保护剂制备菌悬液。

4. 安瓿瓶封口

用火熔方法将安瓿瓶的瓶口封上。

5. 降温处理

将封好口的安瓿瓶放在慢速冷冻器内，以每分钟下降 1 ℃的速度缓慢降温至－35 ℃左右，使瓶内的保护剂和菌丝块冻结。然后不再控制冻结速度，直到降至－150 ℃以下。立即将冻结的安瓿瓶置于液氮罐中保藏。液氮罐内气相温度为－150 ℃，液相温度为－196 ℃。

此外，还可将装有菌种的安瓿瓶放入具有孔洞的小塑料瓶中，盖好瓶盖。在塑料瓶的底部放一块铁片，使塑料瓶连同安瓿瓶一起沉入液氮罐中。在瓶盖上连接一根细绳并做记号，以便随时提出所需的菌种。将装有安瓿瓶的塑料瓶吊在液氮罐口上，使安瓿瓶缓慢地降温，大约 30 min 后，安瓿瓶浸入液氮中，长期保存。

6. 菌种复苏

用液氮超低温保藏的菌种复苏时，应先将安瓿瓶置于 35～40 ℃的温水中来回振荡，使瓶内冰块迅速融化，然后在无菌条件下开启安瓿瓶，取悬浮的菌丝块移植于适宜的培养基上活化，进行复苏培养。

使用液氮超低温保藏菌种时，操作者要戴皮手套或棉手套，严防液氮飞溅伤人。取菌种时需垂直轻取盖塞，提起提筒，轻轻移到容器中再取出。取毕，立即将提筒与盖塞复位，以防空气中氮气过浓引起事故。

三、菌种的退化

菌种退化是指在食用菌生产中，由于各种原因导致的菌种遗传物质发生变异，进而出现优良种性能减退或消失、产量降低、质量下降等现象。

（一）菌种退化表现及原因

菌种退化的原因较多，主要有交叉感染、自体杂交、基因突变、培养条件不适、病毒感染等原因引起菌种退化。食用菌菌种感染病毒后，病毒数量不仅会随着菌丝体繁殖面的扩大而增加，而且还会通过带毒的孢子传给下一代。当菌种携带一定浓度的病毒粒子时，在栽培中就会表现出产量降低、质量下降等退化现象。菌种退化除了与其自身的遗传特性和所处的环境密切相关外，还受转管次数、机械创伤等外界因素影响。

菌种退化的主要表现为优良种性逐渐丧失，继而出现菌丝生长势减弱、代谢能力下降、出菇不整齐、产量品质降低、抗性变差等现象，给食用菌生产带来巨大损失。

(二)防止菌种退化的措施

从生物学角度分析，菌种退化是一种普遍发生的现象，但可以采取多种措施防止菌种的过早衰退。

1. 控制母种转管次数

从理论上讲，菌种可以进行多次转接，但由于在操作中菌丝受机械创伤等影响，会促进菌种产生突变，而突变对菌种多数不利。因此在可能的情况下，应尽量减少转管次数。实践证明，生产用的菌种转接控制在 5 代范围内较为合适。

2. 防止菌种混杂

在菌种转接、出菇管理等过程中，应加强品种隔离管理，减少品种间相互混杂的机会，防止不同品种的孢子四处传播混合，以保证优良品种遗传特性的相对稳定。

3. 变换培养基配方

各种食用菌对培养基的营养成分大多数都有“喜新厌旧”的特点，多次连续使用同一配方的培养基，会使菌丝营养不良，引起菌种的退化。生长中需根据不同菌种特性变更培养基营养成分，增强菌种生活能力，防止菌种退化。

4. 采取适宜的保藏菌种法

保藏菌种时应将短期、中期和长期保藏方法相结合，根据不同需求选取不同保藏方法，尽量避免菌种在保藏期间出现衰退。

5. 创造适宜的环境条件

菌种在培养过程中，应尽量为其创造适宜的条件，如营养、温度、湿度、空气、光线等，使其在良好的条件下生长，保证菌丝健壮、稳定性状。

6. 防止病毒感染

病毒感染也会造成菌种退化，应及时淘汰可能感染病毒的菌株，尤其是淘汰病毒含量高、菌丝体及子实体性状已受到严重影响的菌株。

7. 择优劣汰

不管是选育还是移植的菌种，在保藏或使用时，一定要精心挑选。对于生活力、菌丝特点有明显改变或有杂菌污染的菌种，宁弃勿用，这是获得优良菌种的重要保证。

四、菌种的复壮

食用菌菌种本质上是个群体，所以尽管个体的变异可能是一个瞬时的过程，但菌种退化却需要较长的时间，因此，在退化的菌种中会始终保留少数尚未退化的个体，这是菌种复壮的基础。从衰退的群体中寻找尚未衰退的个体，进行分离培养，达到恢复菌种优良种性的过程，称为菌种复壮。在实际生产中，常在菌种尚未退化之前进行菌种复壮。

1. 菌丝尖端分离法

在显微镜下应用显微操作器把菌丝尖端切下转移至新的 PDA 培养基上培养，这样可以保证该菌种的纯度，并且可以起到脱病毒的作用，使菌种保持原有品种的遗传物质，恢复原来的生活力和优良种性，达到复壮的目的。

2.组织分离法

转管多次的菌种改用组织分离，可有明显复壮作用。在生产中选择具有本品种典型性状、生长健壮、无病虫害的幼嫩子实体进行组织分离，重新获得生长旺盛、活力强的纯菌丝，并妥善保藏。

3.孢子分离法

反复进行无性繁殖，也会造成菌种衰退。在原有优良菌株中，通过栽培出菇对不同系的菌株进行对照，挑选性状稳定，没有变异的，再次进行孢子分离、提纯，使之继代。重新获得优良菌株后再进行转管使用。

4.适当更换培养基

长期使用同一培养基继代培养菌种，会使菌种生活力逐渐下降。在菌种继代培养中，要经常改变培养基成分，在培养基中适当添加酵母膏、维生素等物质，刺激菌丝生长，提高菌种活力。

在菌种分离培养和保藏中，要密切观察、记录菌丝体和子实体的生物学特性，不管采用何种方法，得到的菌种只有经过出菇检验证明其性状优良后，才能在生产上应用。

任务一　菌种质量的鉴定

一、工作准备

1.材料

平菇、香菇、木耳、金针菇、草菇、银耳、猴头菇、灵芝等母种、原种及栽培种。

2.用品工具

PDA 平板培养基、苯酚复红液、镊子、刀片、放大镜、显微镜等。

二、菌种鉴定

（一）鉴定方法

1.直观法

直接观察菌种表面性状，称为直观法。优良菌种一般共有的特征是：纯度高、无杂菌；色泽正、有光泽；菌丝健壮、浓密有力；具有其特有的香味，无异味。

2.镜检法

选取各种食用菌少量菌丝制片，在显微镜下观察分枝、分隔、锁状联合（图 8-4）及孢子等特征，对细胞结构进行鉴定。

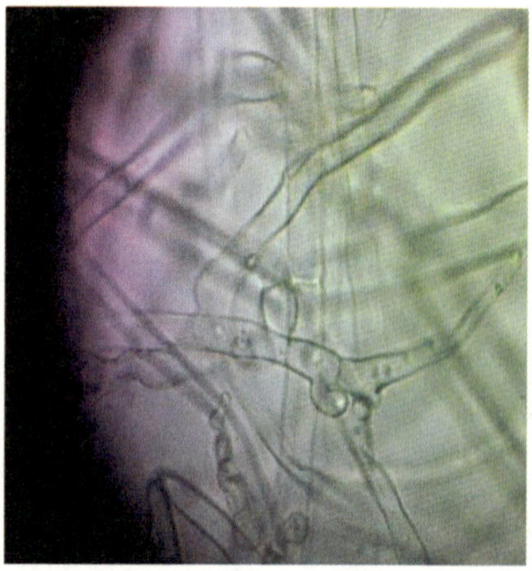

图 8-4　镜检观察锁状联合

3. 培养观察法

对各种食用菌菌种通过培养菌丝，观察其对水分、湿度、温度、pH 的耐受性，以确定菌种生活力和环境适应能力。

4. 出菇(耳)试验法

对各种食用菌菌种做出菇(耳)试验，根据条件采用瓶栽、袋栽、压块栽培，观察出菇(耳)能力，做好记录，分析产量和质量。

(二)母种鉴定

母种的鉴别主要是根据菌丝微观结构的镜检和外观形态的肉眼观察加以鉴别。

1. 香菇

菌丝体白色，粗壮，呈棉毛状，平伏生长。满管后，略有爬壁现象，边缘不规则，老化时培养基变为淡黄色。早熟品种若存放时间长有的会形成原基或小菇蕾。

2. 平菇

菌丝体浓白，粗壮，爬壁力强，不产生色素，有锁状联合。

3. 木耳

菌丝体白色，密集，棉绒状，在培养基上匍匐生长、不爬壁，长满斜面后逐渐老化，出现米黄色斑点，同时在培养基内产生黑色素。久放见光，在斜面边缘或底部会出现胶质状琥珀色颗粒原基。

4. 金针菇

菌丝白色，有时稍带灰色，粗壮，呈绒毛状，初期蓬松，后期气生菌丝紧贴培养基，产生粉孢子，有锁状联合，斜面上易产生子实体。

(三)原种及栽培种鉴定

1. 平菇

菌丝洁白浓密，健壮有力，爬壁力强，发菌快，能广泛利用各种代料栽培。整个菌丝柱不干缩，不脱离瓶壁。瓶内无积水，无杂菌感染，菌种无异味。

如瓶内出现大量的子实体原基，说明菌种已过度老化；菌丝向下生长缓慢，可能是培养料过干或过紧；菌丝稀疏无力，发育不均，可能是培养料过湿，或配方不当，或装瓶过松；菌种瓶底有积水，属菌种老化现象；若有绿、黄等颜色，说明已被杂菌感染。凡有上述任何一种现象的菌种，应弃而不用。

2. 香菇

菌丝洁白、粗壮、生长迅速、浓密，后期见光后易分泌深黄色至棕褐色色素，菌种无异味。若菌丝柱与瓶壁脱离，开始萎缩，说明菌种已老化；若菌丝柱下端有液体，菌丝开始腐烂，可能是细菌污染；菌种开始出现小菇蕾，应去掉菇蕾，迅速使用。

3. 金针菇

菌丝洁白、健壮，长绒毛状，为生活力强的标志。若后期木屑培养基表面出现琥珀色液滴或丛状子实体，应尽快使用。若菌种瓶有一条明显的抑制线，则是培养基太湿所致。若菌丝生长稀疏，除了菌种生活力降低外，可能是使用木屑不当，或麸皮用量较少。

4. 木耳

菌丝洁白整齐，粗壮有力、细羊毛状，短而整齐，延伸瓶底，上下均匀，挖出成块，不易散碎，为合格菌种。若菌丝满瓶后出现浅黄色色素，或周围出现黄色黏液为老化标志，不宜采用。如菌丝长到一定深度，或只长一角落不再蔓延，则可能是培养基太湿或干湿不均引起的；若菌丝生长停止，并有明显的抑制线，可能混有杂菌。

任务二　菌种保藏与复壮

一、工作准备

（一）实施设备

高压锅、接种箱或超净工作台、恒温培养箱、冰箱等。

（二）用品用具

玻璃试管、三角瓶、培养皿、棉塞、胶塞、称量器具、接种工具、固体石蜡、坩埚、酒精灯、电磁炉、煮锅、试管架、牛皮纸、塑料薄膜、标签、记号笔、干燥器、镊子、火柴等。

（三）原材料

按培养基配方准备原料。

1. PDA 培养基

马铃薯（去皮）200 g，葡萄糖 20 g、琼脂粉 20 g、水 1 000 mL、pH 自然。

2. 马铃薯培养基

马铃薯（去皮）200 g，葡萄糖 20 g、硫酸镁 0.5 g、磷酸二氢钾 2 g、维生素 B_1 10 mg、琼脂粉 20 g、水 1 000 mL、pH 自然。

3. 木屑培养基

阔叶树木屑 78%、米糠 20%、石膏 1%、蔗糖 1%、水 120%。

4. 母种

健康、适龄、无污染的母种，冰箱保存的母种使用时要提前取出，活化 1～2 d。

二、菌种保藏

（一）菌种保藏培养基制备

（1）PDA 、马铃薯培养基制作方法同斜面培养基的制作。

（2）木屑培养基将配方中各物质按比例混匀，装入 18 mm×180 mm 试管中，0.15 MPa 灭菌 2 h。

(二)接种

1. 接种环境及用具的消毒

将斜面培养基、木屑培养基、接种工具、酒精灯、火柴等用品放入接种箱内或超净工作台上。接种前必须对接种室、接种箱或超净工作台进行消毒,保证接种操作是在严格无菌的条件下进行。

2. 接种

方法同前母种扩繁技术。

(三)培养

在菌种适宜的温度和湿度下,避光培养。培养过程中注意检查污染情况,及时清除并处理污染菌种。

(四)保藏

1. 斜面低温保藏法

菌丝长至斜面 2/3 时,选择菌丝生长粗壮整齐的母种试管,将试管口的棉塞用剪刀剪平,利用酒精灯在坩埚里熔化固体石蜡,用以密封试管口。也可在外扎一层塑料薄膜,或在无菌条件下换胶塞。最后将试管斜面朝下,置于 4 ℃冰箱中保存。

2. 木屑保藏法

菌丝长至 1/2 时,剪平试管口棉塞,用石蜡密封,包扎牛皮纸,置于 4 ℃冰箱中保存。

3. 液体石蜡保存法

选用化学纯液体石蜡,分装于三角瓶中,塞好棉塞并包纸,于 0.1 MPa 下灭菌 1 h。放于 40 ℃ 恒温箱中,蒸发其中水分,至液体石蜡完全透明为止。杂菌检测合格后方可使用。按照无菌操作的方法把液体石蜡注入待保藏的试管菌种中,注入量以高出培养基斜面顶端 1～1.5 cm 为宜,塞上胶塞,用石蜡密封,直立于低温干燥处保藏。

三、菌种复壮

1. 制备菌丝悬浮液

将待复壮菌种的菌丝体刮下,置入 100 mL 有玻璃珠的无菌水三角瓶中,充分摇荡,使菌丝分散。吸取 10 mL 菌丝液注入盛有 90 mL 无菌水的小瓶中,摇匀备用。

2. 制混合平板

将融化的 PDA 培养基倒入无菌培养皿中,凝固后滴入 2～3 滴菌丝液,用无菌棒涂抹,使菌丝均匀分散于平板上。

3. 培养

适温下培养,使菌丝萌发生长。挑取健壮尖端菌丝转管。

4. 检测

进行菌丝形态特征的检查及出菇试验等项目测定,符合原菌种性状即可用于生产。

思考与练习

1. 菌种保藏的方法有哪些?
2. 菌种退化的原因及表现有哪些?
3. 什么是菌种复壮?为何要进行菌种复壮?
4. 菌种复壮的方法有哪些?

模块三

食用菌栽培技术

项目九　平菇栽培

知识目标

1. 了解平菇的分类学地位及食药用价值。
2. 掌握平菇的形态特征、生长发育条件。
3. 掌握平菇的常见栽培方式。

能力目标

1. 能根据当地气候或生产情况制订平菇生产计划。
2. 能根据平菇生物学特性，采取适当措施，创造平菇正常生长发育的条件。
3. 能运用发酵料、熟料及生料的栽培技术获得平菇栽培的高产优质。

素质目标

1. 合理利用当地自然资源栽培平菇，增强学生保护环境、节约资源意识，践行“绿水青山就是金山银山”理念。
2. 通过平菇生产的学习，培养学生吃苦耐劳、爱岗敬业精神。

图 9-1　野生平菇

平菇（*Pleurotus ostreatus* Fr.），在分类学上属于真菌门担子菌亚门层菌纲伞菌目侧耳科侧耳属，又称蚝菇、冻菌、北风菌等，通常所说的平菇泛指侧耳属里的众多品种，如糙皮侧耳、金顶侧耳、桃红侧耳、美味侧耳、紫孢侧耳等。

平菇肉质肥嫩，味道鲜美，营养丰富，是一种高蛋白、低脂肪的菌类，含有 18 种氨基酸、多种维生素和矿物质，其中含有 8 种人体必需氨基酸（图 9-1）。平菇还含有平菇多糖，对癌细胞有强烈的抑制作用。因此，经常食用平菇，不仅有改善人体新陈代谢、增强体质和调节自主神经的功效，而且对降低人体胆固醇，防治高血压、心血管疾病、糖尿病、肝炎等有显著效果，被誉为理想的健康食品。

一、平菇的生物学特性

(一)形态特征

1. 菌丝体

菌丝体白色,粗壮有力,气生菌丝发达,爬壁性强,略分泌淡黄色素。菌丝密集,生长速度快,耐高温。25 ℃左右 6～7 d 可长满试管斜面。有的品种在试管中易形成子实体。显微镜下菌丝粗细不匀,分支性强,有锁状联合结构。

2. 子实体

菌盖是子实体的主要部分。肉质厚嫩,宽 5～15 cm 或更大。初为圆形、扁平,成熟后依品种不同,可发育耳状、漏斗状、贝壳状等多种形态。衰老时盖缘反卷,并有龟裂。菌盖表面色泽因品种不同而不同,有白色、乳白色、鼠灰色、蓝灰色、桃红色、金黄色等。菌盖较脆嫩,易破损,故鲜菇不耐贮运。菌褶形似长柳叶刀片,不等长。菌柄实心或半实心,起支撑菇体的作用,是营养和水分输送的通道。菌柄长短、粗细及基部的附属物依品种而定。一般菌柄长 1～5 cm,粗 0.5～2 cm。

(二)生活史

平菇子实体在七八成成熟后,会在菌褶处开始弹射出大量担孢子(图 9-2)。孢子遇到适宜条件开始萌生出芽管,初期多核、很快产生隔膜,每个细胞有一个核。芽管不断分支伸长,形成一团单核菌丝体。由平菇孢子产生单核菌丝 AB、Ab、aB、ab 4 种基因型。当 2 种不同基因型菌丝结合后(质配)形成双核菌丝细胞。每个细胞都含有遗传物质不同的两个核,在形态上这 2 个核保持相对独立,各自保持其特有的核膜。双核细胞菌丝尖端借助锁状联合,不断进行细胞分裂,产生分支,进行营养生长。

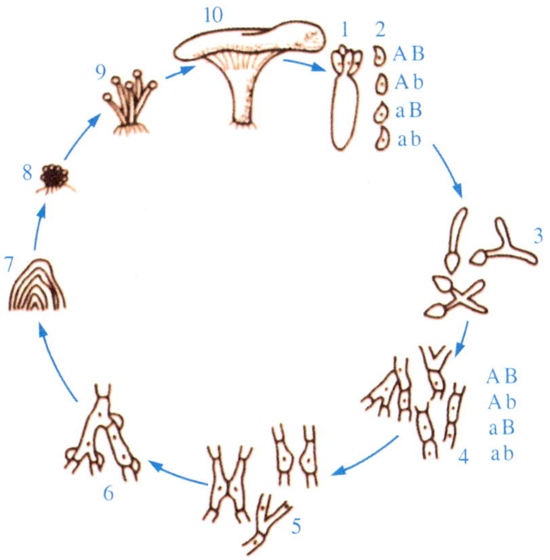

1. 担子和担孢子　2 不同极性的担孢子　3. 担孢子萌发
4. 不同极性的单核菌丝　5. 质配　6. 双核菌丝及锁状联合
7. 菌丝扭结　8. 桑葚期　9. 珊瑚期　10. 子实体

图 9-2　平菇生活史示意图(引自杨曙湘,1996)

(三)生长发育条件

1. 营养条件

平菇分解木质素、纤维素和半纤维素能力较强,也能利用葡萄糖、蔗糖等简单糖类。平菇栽培中碳源主要来自如棉籽壳、玉米芯、大豆秸、稻草、木屑、甘蔗渣等植物性原材料。平菇优先利用有机氮源,其次是利用无机氮源,栽培中使用的有机氮源包括豆饼、豆粕、麦麸、米糠、棉籽粕、尿素等,无机氮源包括磷酸二铵等。碳氮比对平菇生长具有重要作用,配制培养料时碳氮比以 23∶1为宜。平菇生长发育需要适量的矿质元素,但多数矿质元素浓度过高会抑制平菇生长。在培养料中,加入钙镁磷肥、轻质碳酸钙、石灰等可以提供大量生长元素,而培养料中微量元素基本可以满足平菇营养需要,也可加入适量的硫酸锌、硫酸锰。麦麸等原料中含有丰富的维生素，栽培时不需要单独添加。

2.环境条件

(1)温度：平菇菌丝萌动起始温度为2 ℃，生长极限温度为36 ℃，适宜温度为22～26 ℃。若菌丝体培养阶段温度超过33 ℃，则菌丝生长缓慢，易变黄、老化，影响产量。除少数品种外，大多数品种均具有较强的抗寒能力，即使是在－15 ℃的低温环境下，培养基内的菌丝也不会被冻死。总之，平菇不同菌株的菌丝在营养阶段对温度的要求基本一致，但在生殖阶段有所差异。

不同平菇菌株的子实体发生对温度要求不同。一般根据子实体发生所需温度范围划分为3个温型：低温型(10～15 ℃)，中温型(16～20 ℃)，高温型(21～26 ℃)。

当栽培筒(袋)内菌丝生理成熟后，在适宜温度范围内，昼夜温差越大，越易诱导侧耳类原基形成。原基形成后，需要一定温差刺激，但其所需的温差幅度较小。在子实体发育的适温范围内，温度偏低则菇质肥厚；温度过高，菇体虽成熟加快，但盖薄、质差。不同栽培菌株生殖阶段对温度的要求也不同。

(2)湿度：平菇属于喜湿性菌类。菌丝培养阶段和子实体发育阶段所需要的水分大多是从培养料中获得的。平菇菌丝发育需要一系列酶的协同，菌丝前端分泌的胞外酶在基质表面水膜上扩散，并对基质降解。如含水量偏高，菌丝呼吸强度增加，则不利于养分的积累。

平菇菌丝培养阶段因采用的培养基质材料不同，也存在着差异，故配制培养料时，应根据不同的培养基质，配制不同的含水量，以确保培养基质内水、气有一定的比例，使菌丝有适宜的生长环境。采用棉籽壳为培养料时，含水量为60%～65%；椴木栽培时含水量为28%～32%；稻草栽培时，含水量为65%～70%。平菇子实体形成阶段，空气相对湿度宜控制在85%～90%。湿度过低则易造成子实体干缩，影响产量；湿度过高则易由于菇体蒸腾作用受阻，影响营养物质向子实体的传送速度。

(3)空气：平菇属好氧型真菌。其需氧量，因生长发育阶段不同而有所不同。在菌丝培养阶段，平菇菌丝和其他栽培菌类相比，能忍耐较高浓度的二氧化碳，即使二氧化碳浓度超过1%时，仍然能刺激菌丝生长，这是其他菌类所不及的。

在子实体发育阶段，当空气中二氧化碳超过0.3%时，子实体生长会受到抑制(正常空气中二氧化碳含量为0.03%)。原基形成后，随着子实体发育，对氧的需求骤增。这是因为营养物质的积累、合成、运输都需要从呼吸作用中得到能量。若此时氧气不足，则平菇子实体易变成鼓槌形，菌盖小而薄，严重时原基不断分化，菌柄丛生并分叉，菌盖不发育，形成畸形菇。

(4)光线：在不同的发育阶段，平菇对光强和光质要求不同。与大部分菌类一样，平菇菌丝生长阶段不需要光线，但绿色光、黄色光、橙色光和红色光对菌丝无不良影响，出菇阶段必须要有弱散射光照射，原基才能发生。在全黑暗条件下不会形成子实体。在50～1 000 lx范围内，子实体均能够正常发育。当光强超过2 500 lx时，原基发生显著减少，甚至不能形成。光照太弱，易形成盖小柄长的畸形菇。光照度与通风状况有互补性，通风好，在弱光条件下便能诱导原基形成；通风差，则要增加光照度。蓝色光对原基的发生有诱导和促进作用。

(5)酸碱度：平菇菌丝适宜在偏酸性的环境中生长。菌丝在pH 4～8的范围内均能生长，其中以pH 5.8～6.2为最适范围。当pH超过8时，菌丝生长速度明显下降并趋于停止，当pH降至4以下时，菌丝生长也会受到明显的抑制。子实体发育适宜的pH为5.5～6.0。

二、平菇生产概述

（一）生产历程

平菇的人工栽培起源于德国（1900 年）。20 世纪初欧洲的一些国家和日本开始用锯木屑栽培平菇并获得成功。目前，世界上平菇生产面积较大的国家，除中国和韩国外，还有德国、意大利、法国和泰国等。我国栽培平菇始于 20 世纪 40 年代，1972 年河南省刘纯业用棉籽壳生料栽培成功后，栽培生产迅速发展。平菇现已成为我国栽培品种最多、栽培面积最大、温度适应范围最广的食用菌种类。

（二）生产品种

在世界各地分布的侧耳有 30 多种，绝大部分都可供食用。目前，栽培的品种主要有美味侧耳、糙皮侧耳、漏斗状侧耳、桃红侧耳、金顶侧耳、姬菇、鲍鱼菇等，其中糙皮侧耳最为广泛。平菇具有生命力强，抗逆性好，栽培方法简便，管理粗放，生长周期短，产量高，见效快的特点。

（三）生产方式

平菇栽培方式多样，可根据栽培场地不同，分为室外阳畦栽培、室内菌床栽培、人防工事栽培、日光温室栽培、塑料大棚栽培；根据栽培原料的处理方式不同，分为生料栽培、发酵料栽培和熟料栽培；根据栽培季节不同，分为正季节栽培（传统的主栽模式）和反季节栽培（与主栽模式相反的季节，地区差异很大）。

从生产实践来看，主要采用发酵料大袋栽培和熟料小袋栽培两种方式，栽培场所多利用大棚设施栽培（图 9-3）。

北方棚内堆垛栽培　林下栽培

南方墙式栽培　覆土栽培

图 9-3　平菇的 4 种栽培方式

任务一　平菇发酵料栽培

发酵料栽培是将培养料建堆发酵一段时间后，再接入菌种，进行菌丝培养和出菇管理。在保证料堆通气良好的条件下，堆制发酵会使料堆内嗜热微生物大量繁殖，将料温升至 60～70 ℃，运用巴氏消毒原理可杀死大量害虫和杂菌，同时将部分大分子营养物质降解为小分子物质，有利于平菇菌丝生长。

发酵料袋栽具有投资少、工艺简单、便于推广等优势，是目前应用较广的栽培方法。与熟料栽培相比，发酵料栽培需要菌种量较大，菌丝生长阶段易受高温威胁，管理难度相对较大，更适合北方干冷气候条件下平菇的规模化生产。与生料栽培相比，发酵栽培更容易获得高产。

发酵料栽培工艺流程为：培养料配制→建堆→翻堆→装料→接种→菌丝培养→催蕾→出菇管理→采收→间歇期管理→采收（图 9-4）。

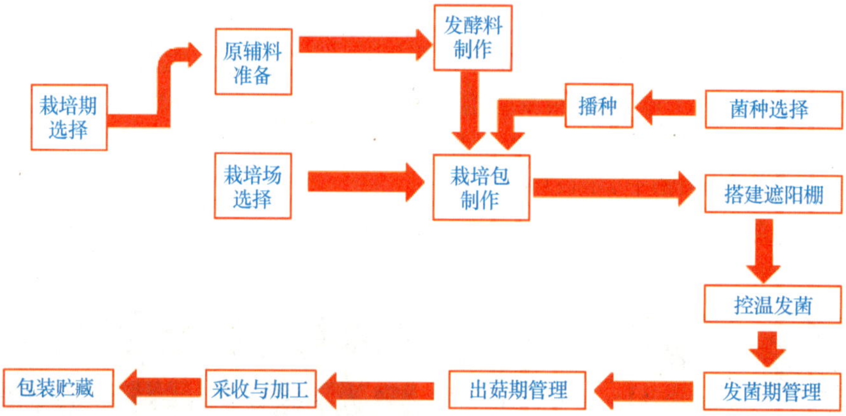

图 9-4　发酵料栽培流程图

一、栽培季节的选择

根据平菇生长发育对温度的要求，发酵料袋栽最好在秋季进行。秋季前期温度高、后期温度低，且气温缓慢下降，正好与平菇生长发育所需的温度变化趋势相同。一般在 8 月下旬至 10 月下旬进行堆料发酵，9 月至 10 月下旬制袋和接种，11 月至翌年 3 月出菇，冬季气温偏低时不出菇。

二、生产前的准备

（一）菌种的准备

平菇栽培品种较多，发酵料栽培宜选择中低温型、抗病能力强和色泽偏深的品种。同一品系的菌种要实行轮换栽培。有条件的最好自制菌种，以降低成本。为了得到适龄菌种，必须切实做好制种时间与栽培时间上的衔接。试管种提前 70 d 制作，原种提前 50～60 d 制作，栽培种提前 30～35 d 制作为宜。

在菌种培养过程中，由于平菇菌丝生长粗壮、速度快，如果不注意及时检查杂菌，就可能出现菌丝体将杂菌覆盖的现象，导致培养结束后，菌种从表面上看纯正健壮，其实已经污染了杂菌，最终给生产带来损失。

（二）原料的准备

平菇发酵栽培常用配方如下。

配方 1：棉籽壳 93.5%，尿素 0.5%，钙镁磷肥 2%，石灰 4%；

配方 2：玉米芯 90.5%，尿素 1.5%，钙镁磷肥 4%，石灰 4%；

配方 3：大豆秸 93.5%，钙镁磷肥 2%，尿素 0.5%，石灰 4%；

配方 4：稻草 60%、杂木屑 20%、麸皮 15%、石膏粉 2%、石灰粉 3%；

配方 5：木屑 75%、玉米粉 20%、过磷酸钙 2%、石膏粉 1%、石灰粉 2%。

上述主料均要求无霉变、无污染，晒干，防雨淋，玉米芯、豆秸需要粉碎；稻草、麦秆需铡成 5～10 cm 长小段；棉籽壳、木屑等主料使用前预湿 12～24 h，摊晾后使用。

（三）场所设施的准备

原料发酵场地选择避风遮阳、地面平坦、靠近水源的地方。菌丝培养和出菇可以在各种棚室内进行，要求通风良好，保温保湿，有散射光，水源较近。建造平菇栽培棚，只需将农村塑料大棚稍加改造即可用，改造后的棚长 20 m，宽 6～7 m，高 2.2～2.5 m。棚以钢架结构为主，棚上覆两层黑色薄膜，膜间夹一层浅色保温棉，最外面覆盖一层厚草帘。菌袋可堆码地面墙式出菇，也可增设床架摆袋出菇。同时棚内可增设增温、控湿、排风等设施。场所及设施应提前消杀、检修。

三、发酵料堆制

按配方将原料混合并充分搅拌均匀后建堆。初次栽培可使用水泥搅拌机，也可以使用装袋机空推几下，通过机械力量强制让棉籽壳充分湿透。要求每个料堆堆 500 kg 左右干料。建堆后四周用木板或铁锨拍实，使堆边呈墙式垂直状，或略有倾斜，且堆顶拱起呈龟背形。为了防止烧料、腐败，可先用直径 1.5 cm 的圆锥木棒在料堆顶部垂直向下打 1～2 行透气孔，再在料堆两侧的中部和下部各横向斜打 1 行透气孔，间距 30 cm 左右。孔道深度要分别达到料堆底部和中心部位。随后在料堆中插入长柄温度计，再用草苫、麻包、编织袋等透气覆盖物盖好料堆。根据气温高低，经 2～3 d 在料表层约 25 cm 深处温度升到 55～60 ℃时开始计时，维持 8～12 h 后开始第 1 次翻堆，将料堆外层（干燥冷却层）培养料与内层（好气发酵层）和底层（厌气发酵层）的培养料互换，重新建堆，打气孔、覆盖层。当料温再次升到 55～60 ℃时，保持 8～12 h 后第 2 次翻堆（图 9-5）。一般堆积发酵需翻堆 3 次。堆期因原料或气温不同而异，一般 5～7 d。当培养料色泽均匀转深，质地柔软，料内出现较多白色放线菌，闻不到氨、臭、酸味时，扒堆终止发酵。拆堆前一天要向堆表喷 1 000 倍敌敌畏，以杀死刚孵化出的害虫幼虫。棉籽壳培养料含水量 60%～65%，pH 6.2～7.2。气温低时最好在室内或棚内进行，以免延长堆制时间和影响发酵效果。

图 9-5 平菇发酵料的翻堆

有的地方种不好平菇，主要原因是：棉籽壳含有大量的棉绒，不容易吸水，采用手工搅拌，往往搅拌时间太短，棉籽壳没有充分湿透，造成发酵不均匀，杂菌和虫卵残留，影响产量。因此，搅拌时最好使用搅拌机或使用装袋机。

四、装袋接种

发酵料袋栽常用(22～26) cm×(45～55) cm 的低压高密度聚乙烯袋，厚度 0.010～0.015 mm。培养料发酵结束后，及时散堆降温。当料温降至近常温后，装袋接种，一般采用人工层播法装袋。先将料袋一端扎口，从另一端放入菌种和培养料；先放一层菌种，再放培养料，在装料至菌袋长度 1/2 处时，再撒一圈菌种，继续装至快满时，最后撒一层菌种，整平压实，用绳子扎口即可。菌种用量以培养料干重的 10%～15%为宜。装袋后用直径 1.5 cm 左右的锥形木棒，在培养料中心打两端相通的通气孔。

五、管理

(一)菌丝培养

菌丝定植后尽早封面是栽培成功的关键。菌丝生长的优劣直接影响出菇的时间和效果。栽培筒在棚内“非”字形排列(南方)或单侧排列(北方)。接种后到菌丝长满袋，应保持室内黑暗，并保持适温 22～24 ℃，相对湿度 70%。光线过强，易使菌丝体表面形成菌膜，消耗养分，影响菇的质量和产量。一般接种后 10 d 左右，菌袋内温度可基本稳定下来，空气相对湿度超过 80%时，应加大通风量。接种后 15 d，菌丝快速蔓延，同时产生生物热，应注意避免高温“烧菌”；每隔 5～7 d 翻一次堆，第一次翻堆时用大头针在接种层部位扎透气孔，菌丝不吃料时应查明原因，采取相应措施妥善处理。但菌丝满袋后 1 周内，需让菌袋接受阳光(逐渐增强)，使菌袋逐渐适应，也利于整齐现蕾(图 9-6)。

图 9-6　发菌培养

培养后期管理：促进菌丝向培养料深层蔓延，加快菌丝生理成熟。菌丝生理成熟的标准是菌丝发透整个培养料，拍打富有弹性。

(二)出菇期管理

当见到袋口有子实体原基出现时，立即排袋出菇。两头播种的菌袋，一般垒成墙式两头出菇，即在地面铺一层砖，将袋子在砖上逐层堆放 4～5 层，揭去袋口的报纸。根据子实体发育的 5 个时期，抓住管理要点。

1. 原基形成期

播种 30 d 以后，即菌丝发满袋 3～5 d，要求通风良好，有充足的散射光。这时关键是创造一个较大的温差环境，昼夜温差最好在 10 ℃以上，经 3～5 d 袋口可见子实体原基(图 9-7)。

2. 桑葚期

此期不能把水直接浇在菌蕾上，可向空间喷水，空气相对湿度控制在 85%～90%为宜；在温度适宜条件下维持 2～3 d(图 9-8)。

图 9-7　原基形成期

图 9-8　桑葚期

3. 珊瑚期

加强通风换气,温度控制在 7～18 ℃,空气相对湿度控制在 85%～95%。

4. 成形期

此期可根据培养料和空气相对湿度进行喷水,每天喷 2～3 次,以培养料不积水为宜,温度控制在 7～18 ℃,空气相对湿度为 90%～95%,并保持空气新鲜。

5. 成熟期

当平菇的菌盖直径达到 8 cm 左右,颜色由深变浅时就可采收(图 9-9)。

图 9-9　成熟的平菇

六、采收与后茬管理

平菇在菌盖边缘尚未完全展开,孢子未弹射时采收。当菇柄长达 3～5 cm,菇盖直径 7～10 cm 时即可采收。采收前 1～2 d 喷 1 次水。采收时一只手按住菇柄基部培养料,另一只手握住整丛菇轻轻拧下,不要硬掰,以免带起培养料。采收时应小心细致,轻拿轻放。采收后,将平菇菌褶朝上,放入垫有塑料薄膜的筐内或塑料周转筐中,切忌挤压,以免菇体破裂。子实体的形成和生长较集中,采收期较短,既有利于节省时间,提高功效,也有利于转茬管理。

采收后,清理残留的菇柄和杂物。停止加湿,保持恒温养菌 5～7 d。然后按照第一潮菇的管理方式进入第二潮菇的管理。第三潮菇时将塑料袋口割去,敞口以全面出菇,此时出菇质量稍差。前两茬菇的品质较好,产量也占总产量的 70%～80%及以上。一般出完三潮菇约需 60 d。

任务二　平菇熟料栽培

熟料栽培是指培养料经高温灭菌的栽培方式,其优点是杂菌污染少,菌丝生长快,产量大,成功率高。

平菇熟料袋栽的主要生产过程可概括为:生产前准备→栽培季节和品种的选择→拌料→

装袋→灭菌→播种→发菌管理→出菇管理→采收→转潮期管理。

一、生产前的准备

平菇熟料栽培在菌种制备、栽培原料、培养基配方、场所设施等方面与发酵料栽培方法基本一致，但在品种选择、栽培季节选择、灭菌、接种和出菇管理方面有所不同。

二、栽培季节和品种的选择

平菇熟料栽培的制袋季节可以从8月延至翌年1月。栽培品种选择范围比较广，一般秋季栽培可以选择低温或中低温品种，春季栽培可以选择高温或中高温品种。如果栽培设施较好，平菇熟料栽培一年四季均可进行。

三、拌料

按配方比例称取物料，棉籽壳、木屑等主料应提前预湿，摊晾后使用。拌料前将溶于水的物质如石膏、石灰、钙镁磷肥等先溶于水，不溶于水的物质如麸皮等与主料先混合均匀，再分批加入水分，调节pH为8左右，含水量至65%左右（用手抓一把培养料紧握，指缝间有2～3滴水滴下即为适宜）。

四、装袋

根据灭菌方式不同，可选用不同材质的塑料袋：高压灭菌宜选用聚丙烯塑料袋；常压灭菌宜选用聚乙烯塑料袋。

早秋栽培，栽培袋为(22～24) cm ×(50～55) cm ×(0.04～0.05) cm；

春季栽培，栽培袋为(18～20) cm×(45～50) cm ×(0.04～0.05) cm。

装袋时，可采用机械装袋或手工装袋。手工装袋时先将袋的一头在离袋口8～10 cm处用绳子（活扣）扎紧，然后装料，边装边压，使料松紧一致，装到离袋口8～10 cm处压平表面，再用绳子（活扣）扎紧，最后用干净布料擦去沾在袋上的培养料。

五、灭菌

灭菌无论采用常压灭菌或高压灭菌，装锅时均要留有一定的空隙或者呈“井”字形排垒在灭菌锅里，这样便于空气流通，灭菌时不易出现死角。如采用高压蒸汽灭菌，加热升温后，当压力表指向0.05 MPa时，排出锅内的冷空气；压力表指向0.15 MPa时，维持压力，开始计时，2 h后停止加热，自然降温，让压力表指针慢慢回落到“0”位，先打开放气阀，再开盖出锅。采用常压蒸汽灭菌，开始加热升温时，火要旺、要猛，从生火到炉内温度达到100 ℃的时间最好不超过4 h，否则会把料蒸酸蒸臭；当温度到100 ℃后，要用中火维持8～10 h，中间不能降温；最后用旺火猛烧一阵，再停火焖一夜后出锅。

六、播种

一般采用两头播种：解开一头的袋口，用锥形木棒捣一个洞，洞尽量深一点，放一勺菌种在洞内，再在料表放一薄层菌种，播后袋口套上颈圈，袋口向下翻，使形状像玻璃瓶口一样，再用2～3层报纸盖住颈圈封口。再解开另一头的袋口，重复以上操作过程。为降低成本，颈圈可以自制，即用 1 cm 宽的编织带，剪成长 15～18 cm 的小段，在火上灼烧接成直径为 3～4 cm 的圈。早秋气温高，空气中杂菌活动频繁，播种时稍有疏忽极易造成杂菌污染（图 9-10）。

图 9-10　平菇开放式播种

播种时应注意以下几点：①播种要严格按照无菌操作程序进行；②料袋温度在 28 ℃左右播种较好；③灭菌出锅的菌袋要在 1～2 d 内及时播种，菌袋久置不播种会增加杂菌感染率，成品率显著下降；④高温期，接种箱内采用酒精灯火焰杀菌，箱温可达 40～50 ℃，极易灼伤和烫死菌种，因此播种要尽量安排在早晚或夜间进行，有条件可以安装空调降低接种室温度，能有效地减少杂菌感染；⑤适当加大播种量，使平菇菌丝在 1 周内迅速封住袋口的料面，阻止杂菌入侵，提高播种成功率。

七、发菌管理

平菇播种后，温度条件适宜才能萌发菌丝，进行营养生长。菌袋堆积的层数应根据播种时的气温而定：气温在 10 ℃时，可堆 3～4 层高；18～20 ℃时，可堆 2 层；20 ℃以上时，可将袋以“井”字形排列 6～10 层或平放于地面上，以防袋内培养料温度过高而烧死菌丝。大约 15 d 后，袋内料温基本稳定后，再堆放 6～7 层或更多层。这个阶段要注意杂菌与病虫害的发生，促使菌丝旺盛生长，应根据发菌生长的不同时期进行有针对性的管理。

八、出菇管理

菌丝满袋后，袋口出现黄色水珠，即为出菇先兆，这时需要增加光照、拉大温差、加大通风、及时开袋，并科学合理利用设施设备，协调好各出菇阶段光照度、温度、湿度、二氧化碳浓度的关系，进行常规管理（参考本项目任务一）。

九、采收

气温高的天气平菇生长快，子实体从现蕾到成熟只需 5～7 d，当菇盖展开度达八成，菌盖边缘没有完全平展时，就要及时采收。采收方法是：用左手按住培养料，右手握住菌柄，轻轻旋转扭下；也可用刀在菌柄基部紧贴斜面处割下。一般隔天采收 1 次，采收前 3～4 h 不要喷水，使菇盖保持新鲜干净，采收时连基部整丛割下。注意轻拿轻放，防止损伤菇体。

十、转潮期管理

转潮期是指从一潮菇采摘结束到下一潮菇子实体原基出现的时间。每批菇采收后，要将袋口残菇碎片清扫干净，除去老根，停止喷水 3～4 d，待菌丝恢复生长后，再进行水分、通气管理，经 7～10 d，菌袋表面长出再生菌丝，然后恢复常规管理。

任务三　平菇生料栽培

生料栽培是我国北方地区栽培平菇的主要方式，是指培养料不经过热力灭菌，也不经过发酵处理，采用拌药消毒栽培食用菌的方法。生料栽培具有投资少、见效快、操作简单、便于推广等优点，但也存在基质中杂质多、易污染、发菌期易烧菌、用种量大、易受不良环境和气候影响等缺点，尤其是高温季节和多年栽培的场地易导致栽培失败。所以生料栽培一般用于菌丝生命力强的平菇、草菇和大球盖菇等。

生料栽培的方式很多，应用最为广泛的是袋式栽培，平菇生料袋栽的主要生产过程可概括为：生产前准备→栽培季节和品种选择→拌料→装袋播种→发菌管理→出菇管理→采收→转潮期管理。

一、生产前的准备

平菇生料栽培在菌种制备、栽培原料、培养基配方、场所设施等方面与前面任务的发酵料和熟料栽培方法基本一致，但在品种选择、栽培季节选择、灭菌、接种和出菇管理方面有所不同。

二、栽培季节和品种选择

平菇生料栽培应选择当地气温较低、湿度较小的时期进行。南方一般在 11 月底至翌年 3 月初；北方一般在 10 月上旬至翌年 4 月。栽培种选择中低温型、抗病能力强和色泽偏深的品种。同一品系的菌种要实行轮换栽培。

三、拌料

选择当地新鲜、干燥、无霉变的原材料，具体配方参考本项目任务一和任务二。原料使用前阳光下曝晒 3～5 d，再按配方比例称取物料，并参考熟料栽培（任务二）的方法拌料，在培养料中加入干料重的 3%～5%的生石灰，将 pH 调至 8～10，含水量达 65%左右，装袋前再加入 0.1% 的多菌灵可较好的防治杂菌污染。

四、装袋播种

秋冬季栽培选用(25～30) cm×(45～50) cm ×0.04～0.05) cm 聚乙烯塑料菌袋，夏季采用(18～20) cm×(40～45) cm×0.03 cm 聚乙烯塑料菌袋。生料栽培应选择生长快、健壮、菌龄合适、无污染、抗逆性强的菌种，采取边装料边放菌种的装袋方式。操作人员用 75%的酒精棉球擦手，在清洁环境中将菌种掰成枣核大小，在菌袋的一端塞透气塞，播入菌种，接着放 10 cm 左右厚的培养料，用手沿四周按实，四周铺 1 薄层菌种，再装料，装 5 层菌种 4 层料或 4 层菌种 3 层料。接种量为干料重的 15%～25%（低温期播种量可适当增加，以缩短发菌时间；高温期适当减少播种量，避免高温烧菌），菌袋两端菌种撒在整个料面上，中部菌种分散摆放在四周。装袋要求外紧内松，袋壁光滑、饱满充实。菌袋装满料后，在中间塞上透气塞，将袋口扎牢。在低温季节播种时，也可以不用透气塞，播种后在菌种部位用针刺孔 8～10 个，以利于透气。

五、发菌管理

首先清理、消毒菇棚，再将菌袋搬入进行发菌管理。栽培袋可直接摆放在地面上，也可摆放在室内床架上，根据气温决定菌袋袋层高度。发菌温度的管理原则为“前高后低”，料温不超30 ℃。前期适宜温度为22～26 ℃，利于菌种快速萌发；后期菌丝快速生长后，温度应降至18～20 ℃，有利于发菌整齐，并抑制杂菌生长。菌丝萌发生长封面后应及时通风，并逐渐加大通风量。温度低于15 ℃时应减少通风，加强保温。温度高于28 ℃时应加大通风量，倒袋翻堆，适当减少摆放层数，防止高温烧菌。检查菌袋有无杂菌污染，及时发现并清除。

六、出菇管理

菌丝满袋后，袋口出现黄色水珠，即为出菇先兆，这时需要增加光照、拉大温差、加大通风、及时开袋，并科学合理利用设施设备，协调好各出菇阶段光照、温度、湿度、二氧化碳浓度的关系，进行常规管理（参考本项目任务一）。

七、采收

当菇盖展开度达八成，菌盖边缘没有完全平展时，就要及时采收。采收方法是：用左手按住培养料，右手握住菌柄，轻轻旋转扭下；也可用刀在菌柄基部紧贴斜面处割下。采收前3～4 h不要喷水，使菇盖保持新鲜干净，采收时连基部整丛割下。轻拿轻放，防止损伤菇体。

八、转潮期管理

每批菇采收后，要将袋口残菇碎片清扫干净，除去老根，停止喷水3～4 d，待菌丝恢复生长后，再进行水分、通气管理，经7～10 d，菌袋表面长出再生菌丝，后恢复常规管理。

思考与练习

1. 简述平菇生长发育的条件。
2. 简述平菇发酵栽培的发酵料制备过程。
3. 平菇熟料栽培发菌期如何管理？
4. 比较平菇发酵料栽培、熟料栽培和生料栽培的优缺点。
5. 结合当地资源和气候条件制订平菇生产计划。

项目十　黑木耳栽培

知识目标

1. 了解黑木耳的分类学地位及栽培品种。
2. 掌握黑木耳的形态特征和生活史。
3. 掌握黑木耳的生长发育条件。

能力目标

1. 能根据当地气候或生产情况合理制订黑木耳生产计划。
2. 能根据黑木耳生物学特征和黑木耳生长发育条件，结合当地资源，合理制作黑木耳代料。
3. 能熟练把黑木耳栽培知识运用到实践中，并掌握黑木耳栽培全程管理技术。

素质目标

1. 合理利用当地自然资源栽培黑木耳，美化环境，增加经济效益。
2. 培养学生通过实际行动践行科技兴农，在生产实际情况中发现并解决问题的能力。

黑木耳(*Auricularia auricula*)又称木耳、光木耳、细木耳、云木耳、木菌、黑菜等，在分类学上隶属于担子菌门伞菌纲木耳目木耳属。

黑木耳营养丰富，是一种高蛋白、低脂肪的菌类，含人体必需的8种氨基酸、木耳多糖、杂多糖及各种矿物质、维生素等营养物质，被誉为“素中之荤”和“菌中瑰宝”。中医认为黑木耳性平味甘，有排毒解毒、清胃涤肠的功效，并能补气血，舒筋活络，缓解气血亏虚、腰部麻痛。木耳中的多糖体具有显著的抗肿瘤活性，还能降低胆固醇、血压、血脂，预防心脑血管、糖尿病、佝偻病等疾病发生(图10-1)。黑木耳中所含的胶质成分有较强的吸附力，可将残留在人体呼吸系统的灰尘杂质吸附，并排出体外，是纺织工人、理发工人和矿山工人的重要保健食品。

图10-1　野生黑木耳子实体

一、黑木耳的生物学特性

(一)形态特征

1. 菌丝体

黑木耳由菌丝体、子实体、担孢子构成。菌丝体为营养器官,子实体为繁殖器官。菌丝体是由孢子萌发而成的,无色透明。在显微镜下观察,可见许多具有横隔和分枝的管状菌丝组成,菌丝的细胞中除细胞壁、细胞膜和细胞核外,还有线粒体、内质网和液泡等。在段木内生长蔓延后会使木质变成疏松白色,在培养基斜面上菌苔呈灰白色、绒毛状帖生或气生。

2. 子实体

子实体又称担子果,由许多菌丝交织钮结成交织状,子实体单生呈耳状,群生为菊花状,胶质、半透明。有背腹之分,背面有毛,腹面中凹光滑,干后强烈紧缩,浸泡率 8～12 倍。黑木耳内部结构无髓而有中层,这是区分毛木耳的主要特征。

(二)生活史

黑木耳由担孢子→菌丝体→子实体→担孢子构成一个生活周期(图 10-2)。

黑木耳的生活史从担孢子萌发开始,在适宜的环境下担孢子可直接萌发成菌丝体,也可先形成分生孢子,再萌发成菌丝体。担孢子直接萌发通常是孢子薄壁处长芽管,可以是一个方向或多个方向生长,而在肾形孢子的凹陷部分不能萌发出芽管。一般在营养较差、菌丝过于密集的情况下,容易先形成分生孢子。

分生孢子的形成过程是:担孢子萌发、分隔,然后长出小梗,并由小梗产生分生孢子;也有的担孢子先伸出芽管,然后在芽管的顶端或两侧长出小梗,产生分身孢子,有时担孢子萌发后形成菌丝也能产生分生孢子。黑木耳的菌丝体在完成生活史前,要经过初生菌丝、次生菌丝和三次菌丝 3 个明显不同的发育阶段。

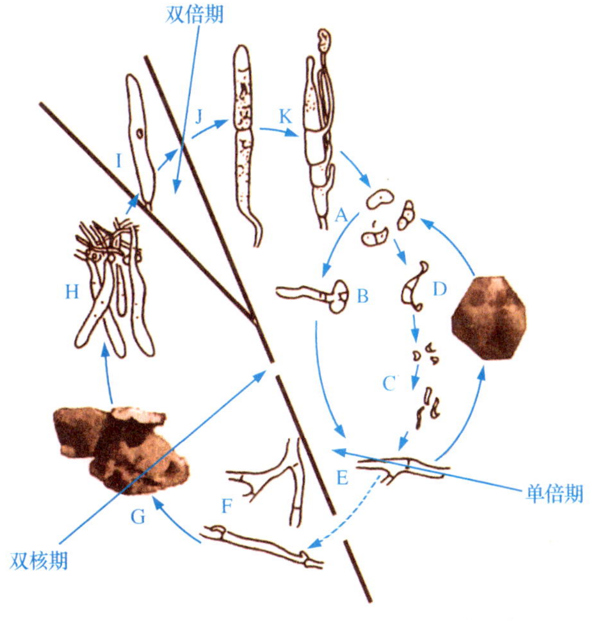

A. 担孢子　B. 担孢子(直接萌发)　C. 担子间接萌发产生分生孢子　D. 单孢子结实的子实体　E. 单核菌丝　F. 双核菌丝　G. 子实体　H. 幼小双核担子　I. 核配后担子　J. 减数分裂担子　K. 着生在小梗上的担孢子

图 10-2　黑木耳生活史

黑木耳的有性繁殖是以异宗结合方式进行的,异宗结合是一种“雌雄异体”、自身不孕的有性繁殖方式,即必须由不同类型的孢子结合才能完成其生活史。它是异宗结合的二级性交配系统,单因子控制,由两种不同类型的孢子结合。

(三)生长发育条件

1.营养条件

黑木耳生存需要的营养,完全依靠其菌丝体从基质中吸取,纤维素和木质素是其主要营养来源。据木材化学分析资料,一般栎属植物的树干中,其纤维素含量为40%,木质素含量约为24%。黑木耳菌丝体在分解、摄取养料时,能不断分泌出多种酶,通过酶的作用分解纤维素、木质素以及淀粉,使它们成为黑木耳菌丝体易于吸收的营养物质。此外,黑木耳生长发育还需要微量的钙、磷、铁、钾、镁等无机盐类。黑木耳的这些养分是很丰富的,尤其是边材发达和生长在土质肥沃、向阳山坡的耳木,养分特别充足,在这种地方生长的栓皮栎生长较快,木质部比较疏松的树皮裂缝处呈红褐色,在这种耳木上生长的黑木耳,耳大、肉厚、产量高。

耳木里含有的营养物质基本上可以满足黑木耳发育的需要,将酸碱度调到pH 5.5~6.5,并增加钙及五氧化二磷,更易于满足黑木耳的营养要求。

在用锯木屑代料栽培时,要添加一定量的麦麸或米糠,其目的除了增加一些氮源外,更主要的是把锯木屑颗粒连接起来,以满足菌丝生长的繁殖需要,而用棉籽壳代料栽培时,只需要加入石膏即可。

2.环境条件

(1)温度:黑木耳属于中温型菌类,菌丝在6~36 ℃均能生长,但以22~28 ℃最适宜,在5 ℃以下,38 ℃以上受到抑制。黑木耳菌丝对于短期的高温和低温都有较强的抵抗力,在15~27 ℃的条件下均能分化为子实体,但以20~24 ℃为最适宜。担孢子22~32 ℃均能萌发。

黑木耳在其能够生长发育的温度范围内,温度低时,生长发育慢,菌丝体健壮,子实体色深、肉厚;温度越高,生长发育速度越快,菌丝徒长,易衰老,子实体色淡、质薄。在高温、高湿情况下,常易出现流耳。

(2)湿度:水分是黑木耳生长发育的主要条件之一。在不同的发育阶段,黑木耳对水分的要求是不同的。在菌丝体的定殖、蔓延生长时期,耳木和栽培料的含水量应为60%~70%,水分过少,会影响菌丝对营养物质的吸收和利用,生活力降低;水分过多,会导致透气性不良,氧气不足,使菌丝体的生长发育受到抑制,甚至可能窒息死亡。子实体形成的时期对湿度要求比较严格,除耳木中含水量应有70%以外。还要求空气湿度保持在90%~95%,这样可以促进子实体生长迅速、耳丛大、耳肉厚,水分低于80%,子实体形成迟缓。因此,在黑木耳生长过程中对水分的要求是“干干湿湿”不断更替,即在菌丝体生长发育阶段(包括采耳之后),要调节空气中的湿度,使其较干,促使菌丝生长蔓延。同时,树皮表面无水膜,也可以减少杂菌的滋生。当菌丝生长发育到一定阶段,分化为耳芽时,就要保证空气中的湿度,使其较湿,利于促进子实体生长和发育,保证黑木耳高产优质。

一般年降水量在800~1 000 mm的地区,都能生产黑木耳。我国南方,每年5—8月水分充足,有利于黑木耳子实体的生长发育。但水分管理仍起着决定性的作用。栽培黑木耳的栓栎,其木质层有吸水、隔热、保温、保湿的作用。所以,在它的木质部里黑木耳菌丝不容易晒死或干死。黑木耳子实体含有丰富的胶质,有强大的吸水能力。新鲜木耳,往往含水量高达90%以上。其干鲜比约为1:10。子实体在一次吸收水分之后,在相对湿度为85%~95%的条件下,可以保持2~3 d的柔软状态,并且能在它的腹面产生大量的担孢子;同时,也保证它在继续干旱和日晒的短暂日子里,不致于干死或晒死。

风干或晒干后的黑木耳，其含水量约为10%。这时其物质变成角质状，比较坚韧。据观察，在春、秋季节，强壮的黑木耳子实体可以反复地干、湿5～7次，每次均能产生担孢子，当子实体失去弹性后，也就失去了产生担孢子的能力。

(3)空气：黑木耳是好气性真菌。如果空气不新鲜，缺乏氧气，就会使菌丝的生长发育和子实体的形成受到影响。因此，在制作菌种时，培养料的水分不可太多，装瓶不能太满，保证可以供给菌丝体充足的氧气。另外，空气流通清新还可以避免烂耳，减少病菌的滋生。

(4)光线：黑木耳各个发育阶段对光照的要求不同。在黑暗环境中菌丝能正常生长，但散射光对菌丝的发育有促进作用。子实体在黑暗环境中很难形成，它不仅需要大量的散射光，而且需要一定的直射光才能正常生长出色黑、肉厚的健壮子实体。据报道，黑木耳只有在光照强度为250～1 000 lx时，才有正常的深褐色。在微弱的光照条件下，耳片呈淡褐色，甚至白色，又小又薄，产量低，因为黑木耳是胶生质菌，所以强烈的阳光甚至短时间的曝晒也不会使黑木耳子实体干枯致死。但烈日曝晒会引起水分的大量蒸发，使段木和栽培环境干燥、子实体干缩、生长缓慢，影响产量。因此，在光照强烈的情况下，应采取搭阴棚和增加喷水的办法，以适应黑木耳的生长需要。

(5)酸碱度：黑木耳喜在微酸性的环境生活。菌丝体在pH 4～7范围内都能正常生长，以pH 5～6.5为最适宜。在段木栽培中，除了要注意喷洒的水具有一定的酸碱度外，一般不需要考虑这个问题。但是，在配置培养基时，应将其pH调为6。

上述各种条件综合地对黑木耳的生长发育起作用，因此人们在栽培黑木耳的过程中，应根据其生活习性，进行综合性的科学管理，以便获得黑木耳的高产、稳产。

二、黑木耳生产概述

(一)生产历程

我国生产黑木耳已有1 400多年的历史，由自然接种法到培育出纯菌种，改变了长期以来的半人工栽培状态，不仅缩短了生产周期，产量和质量也得到极大提高。栽培方式最先采用原木木段栽培，到20世纪八九十年代木段栽培达到顶峰。20世纪90年代初，塑料袋代用料地栽黑木耳研发推广成功，结束了我国原木木段栽培黑木耳的历史，以木材加工的锯末、枝丫树头、藤条灌木、果蔬修剪枝条等粉碎的木屑为主栽培黑木耳，大大节省了木材资源。

(二)生产品种

国内黑木耳优质高产品种较多，主推品种有黑29、延明1号、黑916、延农11、长白山7号等。黑木耳品种按其形状可分菊花型和多片型，地栽黑木耳一般要选择多片型，按其成熟过程所需积温不同，可分早、中、晚熟3个品种。早熟品种一般菌丝快长满袋或刚长满袋时划口，就可以出耳，此时产量也最高，如果划口不及时，产量就会受影响；晚熟品种菌丝长满袋后还需要后熟过程，所需积温需达500 ℃以上，如果后熟过程所需积温未达到之前就划口，划的口里不仅不长木耳，还容易被污染，长出杂菌；早熟和晚熟之间的品种叫中熟品种。

(三)生产方式

黑木耳栽培方式多样，可根据栽培场地不同，分为室外阳畦栽培、室内菌床栽培、人防工事栽培、日光温室栽培、塑料大棚栽培；根据栽培原料的处理方式不同，分为生料栽培、发酵料栽培和熟料栽培；根据栽培季节不同，分为正季节栽培(传统的主栽模式)和反季节栽培(与主栽模式相反的季节，地区差异很大）。

从生产实践来看，主要有段木栽培和代料栽培两种方式（图 10-3、图 10-4），栽培场所多利用大棚设施栽培（图 10-5）。

图 10-3 木耳段木栽培

图 10-4 木耳代料栽培

图 10-5 木耳设施栽培

任务一 黑木耳段木栽培

黑木耳段木栽培是根据当地的树木资源状况选择适宜的树种，砍伐后截成 1～1.2 m 的段木，接上黑木耳菌种后进行培养出耳管理。其优点是投资小，不需要大型的设备及设施投入，技术简单，黑木耳口感好、品质佳，但生产周期长，产量较低。

黑木耳段木栽培的最大缺点是不能大规模栽培，因为对树木的砍伐必须取得林业部门的批复同意，在不影响森林植被的前提下进行树木的间伐才行，否则，将对林地造成破坏性的影响。因此，如大规模生产黑木耳，不宜采用段木栽培。

黑木耳段木栽培作为一种栽培模式主要是为了帮助欠发达地区山区的农户在资金不足和森林资源相对丰富的情况下，进行一些小规模的黑木耳段木栽培。一方面农户通过黑木耳段木栽培能获得一定的收益；另一方面在林业部门的批复同意下进行树木的间伐也有利于森林生态系统的更新。

一、栽培季节的选择

黑木耳栽培季节一般安排在春季。过去一般是在 3—4 月接种，此时虽温度、湿度适宜，容易成活，但正值春耕农忙季节；且南方梅雨季节来得早，而 4—5 月气温逐渐回升，各种杂菌大量繁殖。因此，多提前在 2—3 月接种，此时气温虽较低，但不利于杂菌生长，而且木耳菌丝定植较快，还可提早出耳。

黑木耳是典型的腐生菌，菌丝只能在死亡的段木内定植蔓延，不能在活树或半死亡的段木内蔓延，故砍树后还需 20～30 d 的段木干燥抽水期，促使段木组织死亡。所以段木的伐树季节最好在 12 月上旬至 1 月底进行。

二、生产前的准备

(一)菌种的准备

黑木耳段木栽培品种选择，选用商品质量好、产量高、抗逆性强的品种。同一品系的菌种要实行轮换栽培。有条件的最好自制菌种，可以降低成本。为了得到适龄菌种，必须切实做好制种时间与栽培时间上的衔接。原种一般在 9 月下旬至 10 月下旬生产，栽培种可在 11 月中旬至翌年 1 月末生产。

(二)原料(段木)的准备

1. 耳树的选择

耳树的选择包括树种、树龄、直径、材质、个体生长状况和立地条件等内容。耳树的种类很多，但不同的树种或同一树种在不同环境中生长，由于质地和养分不同，产耳量也有很大的差距。耳树一般选用树皮厚度适中，不易剥落，边材发达，树木和黑木耳亲和力强，不但能出耳，且能获得高产的树种为宜。常用的有麻栎、栓皮栎、青杠栎、朴树、枫香、白杨、枫扬、榆树、椴、赤杨。干树皮薄、平滑、保湿和吸水性差，木质中养分少产量低。反之，树龄过大，皮层厚，心材大，产量也低。

在选择树种的同时，还需要注意耳树生长的环境条件和树龄等因素。选择耳树地点宜土层肥沃、向阳。因为这种地带生长的耳树，营养丰富，生长快，木质疏松。树龄以 8～10 年为宜。耳木直径以 8～12 cm 为好。

2. 砍树

段木砍伐时间在冬至到立春之间为好，这段时间树木进入“休眠”阶段，树中汁液处于凝滞状态，营养丰富，含水量少，皮层与木质之间结合紧密不易脱皮，病虫害少。砍伐时为了使营养集中于树干，伐树时尽可能使树梢倒向上坡。为了使树干内水分加速蒸发，砍后应保留枝叶一段时间再剃枝，一般保留 10～15 d。大树、含水率高的树种留枝时间宜长一点，反之则短一些。剃枝时要适当留一点凸出的杈子，也不要留得太长。剃枝时，粗一点的枝干仍可作耳木用。

剃枝后将树干锯成 1～1.2 m 的段木，然后按“井”字形堆叠在地势高、通风向阳的地方干燥。堆叠时，应将粗细不同的段木分开堆叠。堆与堆之间要留有空隙以利于通风架晒。在架晒过程中每隔 10～15 d 翻堆一次，将段木上下，内外对调，以利于均匀干燥。架晒时不能让阳光曝晒和淋雨，所以应遮盖。待段木两端变色，敲击声音变脆时接种栽培。初学者经验不足，不易掌握时，可采用称重法，先将湿木称重，每百斤湿木干到只有 35～40 kg 时适宜接种。段木干燥过度，接种后菌种水分很快被段木吸收，会影响段木透气性，阻碍菌丝向内伸展，但段木太湿又容易产生霉菌。

(三)场所设施的准备

耳场是人工栽培木耳的场地，其条件应以满足木耳的生活条件为标准。只有满足木耳生长发育所需要的温度、水分、光照条件才能获得丰收。

耳场要选在耳树资源丰富、温暖、潮湿的地方，位置应坐北朝南，海拔高度以 500～1 000 m 的半高山地区为宜，地面有短草，选择空气流通和靠近水源的缓坡地，这样的场地比较暖和，云雾多、湿度大，冬暖夏凉，有利于黑木耳的生长发育，管理也省工方便。有回头山的地方，阴沟

图 10-6 段木打孔

边或山岗上下不宜选作耳场。前者日照不足，通气条件差；后者风力过大不利于保湿。

耳场上方要有树木遮阳。耳场确定后，要割去刺藤杂草，保留地皮草、浅草和苔藓等，这样既有利于通风透光又利于耳场保湿，还可以避免泥土污染木耳。郁闭度过大的要剃掉部分树枝，创造合理的透光条件。上方和两边要挖排水沟，以防耳场积水。场地清理结束后应撒些石灰和杀虫剂，进行耳场消毒。

在接种前，选用钻头直径 1.6 cm 的电钻或打孔器在段木上打孔，深度达到木质部的 1.5～2 cm，孔的纵向距离 8～10 cm，横向距离 4～6 cm，按行列分布或相邻行的孔交错，相互构成“品”字形（图 10-6）。

三、接种

（一）菌种质量的鉴别

接种前严格检查菌种，确保菌种质量。黑木耳合格菌种的菌丝洁白、粗壮、均匀，生活力旺盛，菌龄 45 d 左右。瓶壁间出现极少量菊花状或梅花形胶质原基（耳芽），颜色为褐色至黑褐色。接种前双手洗净消毒，木耳菌种瓶用消毒液消毒。

（二）接种方法

用镊子将菌种表面的菌皮及小耳基挖出弃去，用已消毒的钩子将菌种从瓶内挖出，菌种尽量成块状。接种时，应一边打孔穴一边接种，或一组人先后进行。以免接种穴内壁干燥或被污染，影响菌丝成活。每个孔穴接入一块菌种，以填满接种穴为度，轻轻按紧，使菌种与洞穴的内壁紧密接触，然后用事先准备好的小木块或玉米芯封口，并用小锤轻轻敲紧。遮盖孔穴的玉米芯或小木块需经过高温消毒，一般用沸水煮 4 h 即可。

四、上堆定植及管理

图 10-7 上堆定植

（一）上堆定植

选择向阳、干燥、避风的地方堆码，上堆前应将场地清理干净，撒上石灰消毒，垫上枕木，然后按“井”字形堆码，5～7 层即可，耳木（接种后的段木）之间留有一定空隙，上堆后及时盖上塑料膜（图 10-7）。上堆后 10 d 内不浇水，中午前后可掀开薄膜进行通风，2 周左右开始翻堆。翻堆时，耳木要轻拿轻放，不要损伤树皮或碰掉玉米芯，上堆期间翻堆 3～4 次，7 d 左右翻堆 1 次。根据菌丝生长情况，灵活调节温度、湿度，及时通风，以达到菌丝生长发育的要求。

(二)散堆排场

耳木内菌丝生长1个月左右，即可进行散堆排场(图10-8)。5—6月为最佳时间。选择向阳、潮湿，地面有短草，有适当的遮蔽物的场地进行挖沟，沟深6 cm、宽8 cm，沟挖好后即可进行排场。排场的方法是用一根长段木作枕木，其他耳木大的一头靠枕木，另一头着地，耳木间隔5 cm左右。

图10-8　散堆排场

耳木排场散堆后需要适宜的温度、良好的通风条件和干湿交替的环境条件，此时应以提高湿度管理为主。排场开始2～3 d浇水1次，以后逐渐加大浇水量，温度较高时，1 d可浇水2～3次，阴天少浇水，雨天不浇水。耳木排场7～10 d翻面1次。散堆后经过一段时间管理，耳木接种穴处会有小耳基发生，此时，菌丝尚未完全伸入耳木深处，菌丝养分未能充分积累，无法满足出耳要求，因此，不能过早起架出耳。

(三)起架与出耳管理

当多数耳木部分孔穴有小耳基出现，并且菌丝已伸入段木深处，横向菌丝已连接时，即可起架，进入出耳管理(图10-9)。起架前应将出耳场地撒上石灰进行消毒，然后打桩、立“人”字形耳架，耳架高度50～80 cm，耳架由东向西排列，以利于光照和通风，架与架之间留走道。耳木间距一般7～8 cm，起架时应将不同直径大小的段木分别排架，以方便出耳管理。

起架前期以养菌为主，1～2 d浇水1次。出耳期间，温度和湿度是影响黑木耳生长的主要因素，喷水时间、次数、水量，应根据气候条件灵活掌握。喷水时应尽量将耳木多翻面，使耳木均匀吸水、受光，在高温干旱天气要特别防止耳木脱皮，做好遮阳工作，补水、喷水一定要在耳木表面温度下降后进行(图10-10)。

图10-9　起架

图10-10　出耳管理

图 10-11　成熟

五、采收与后茬管理

当黑木耳的耳片充分展开，边缘开始收缩，颜色由深变浅，腹面产生白色的孢子粉，肉质肥厚，耳根收缩、变细时，说明木耳已经成熟，要及时采收(图 10-11)。

采摘时应将整丛子实体，连同耳根一起摘下，如采摘不尽，容易发生烂耳，进而滋生杂菌。采摘过程中注意保护耳芽，以利于继续生长。

采摘后，需将耳木翻面，使之均匀吸收水分与阳光，增加出耳量，并将耳木上下倒转，使下端接受光照，较少腐烂、感染杂菌。

任务二　黑木耳代料栽培

黑木耳代料栽培是以塑料袋为外包装，以木屑为主要原材料，经过灭菌、接种、菌丝体培养后成为成熟的菌棒摆在田间、林地、玉米行间、菜园、果园等进行出耳的技术。该项技术改变了以往段木栽培生产黑木耳的历史，使黑木耳栽培从依靠间伐树木转变为利用废弃的林木等农林副产品作栽培原料，从主要在林区栽培转变为在大田、空闲地等栽培，丰富了黑木耳栽培的基质，拓宽了栽培区域，缩短了生产周期，有利于实现黑木耳栽培的标准化、规模化、机械化生产，极大地提升了黑木耳的产业化水平。

一、生产季节的选择

黑木耳是一种中温型食用菌，菌丝生长适宜温度为 22～28 ℃，子实体生长以 18～25 ℃为好。在季节安排时，要尽量避开 30 ℃以上高温和 18 ℃以下低温。在南方，一般可进行春秋两季栽培。春季栽培 2—3 月制袋接种，4—5 月出耳；秋季栽培 8—9 月制袋接种，10—11 月出耳。北方气温较低，一般进行春夏季一季栽培，3—5 月制袋，5—9 月出耳。栽培者必须根据当地气温和所选用的黑木耳品种及采用的栽培方式，合理安排具体的制袋时间。

二、生产前的准备

(一)菌种的准备

黑木耳代料栽培的菌种准备与前面段木栽培所需相同。准备方法详见本项目任务一。

(二)菌袋选择与质量要求

黑木耳代料栽培，无论南方和北方要实现成功率高，杂菌污染率低，小口打眼出耳齐，均应选用高密度低压聚乙烯菌袋(乌袋，不透明)。菌袋规格以 16 cm×35 cm×厚度(3.5 丝)或 16 cm×36 cm×厚度(3.5 丝)为宜(要求越薄越好，每千袋重 2.7～52.9 kg)。

高密度低压聚乙烯菌袋的优点：从装料灭菌到菌丝培养满袋后，菌袋急剧收缩紧贴培养料，不脱袋。在割口育耳和栽培管理期原基形成快而齐，产量高，杂菌污染率低，该菌袋耐阳光照射不风化。因此，黑木耳代料栽培用高密度低压聚乙烯菌袋是最理想的选择。

聚丙烯菌袋(亮袋，菌袋透明)不宜用于代料栽培黑木耳，它虽然耐高温、高压，但是它最大的缺点是蒸锅灭菌并发菌后，菌袋易和培养料脱离，在割口育耳时，原基形成少或不齐，会使产量大幅度下降而且易污染杂菌，导致栽培失败。

菌袋质量要求。应选择横竖拉力强的菌袋，北方短袋袋底必须封严不漏气。检验方法为：把菌袋吹足气，袋底部放入水盆中并用力压塑料袋，观察袋底是否漏气，如袋底漏气盆中水会冒泡，该菌袋禁止选用。

选购菌袋时用手拿起菌袋用力搓数下观察，如菌袋褶纹呈白色的即为不合格产品，多为原料里含有再生料。如果菌袋褶纹呈菌袋原色的即为合格产品。

(三)原料的准备

代料栽培黑木耳的原料很多，主要有杂木屑、玉米芯等，各地可因地制宜选用。常见配方有以下几种。

配方 1：杂木屑 89%，麸皮 10%，石膏 0.5%，石灰 0.5%。

配方 2：杂木屑 55%，玉米芯 30%，麸皮 13%，石膏 1%，石灰 1%。

配方 3：杂木屑 30%，玉米芯 60%，麸皮 8%，石膏 1%，石灰 1%。

(四)场所设施的准备

1. 栽培场地选择

选择背风向阳，没有遮阳物，地势平坦开阔，土壤湿润，不积水、排水方便；地下水源丰富，干净无污染，空气新鲜的稻田。

2. 整地做床

首先顺流水方向挖排水沟，然后做床，方向不限，视地形而定，排水方便，床面不积水即可。床宽 150 cm，床面呈龟背形，高 15 cm 左右，两床之间留 50 cm 作业道。床面铺 3 cm 厚的干净稻草。在黑木耳栽培床面上，铺设黑色塑料微喷水管，设置半自动喷水浇灌设备，进行水分管理。栽培场架设 90%遮阳网，遮阳网距耳床 3 m 左右，减少阳光直射。

3. 场地清理和消毒

代料黑木耳生产多在秋季，要注意发菌场所的清理和消毒，特别是香菇、黑木耳生产的老场地。一是要彻底清理培养室的四壁和地面上前季食用菌生产留下的废菌袋、废菌渣和其他杂物，包括培养室外围的排水沟、杂草和杂物等，再撒上一层生石灰进行杀虫杀菌，砖结构的培养室可用石灰水重新涂抹一遍培养室的四壁；二是先用清水在培养室的空间喷雾 2 次，使空气中的尘埃、杂菌、害虫等附着在水滴上，掉落在地面；三是水泥地面的培养室先用清水冲洗一遍，再用石灰水或漂白粉拖洗一遍，泥土地面可先在地面上垫一层塑料薄膜或彩条布，再在上面撒一层生石灰消毒。

三、拌料装袋与灭菌

1. 拌料

拌料是指采用人工或机械方法，将培养基中的培养料按照一定比例加水搅拌均匀。拌料要

图 10-12　拌料

达到“两匀一适”的标准:“两匀”是指营养分布均匀、水分分布均匀,“一适”是指 pH 适宜,拌料前要灭菌彻底,菌丝细弱无力,产量低、耳质差;含水量偏高,灭菌后易出现“水袋”,袋内氧气不足,菌丝生长后期停止生长,杂菌趁机滋生。所以严格按照配方要求采用科学的方法进行拌料是栽培成功的基础(图 10-12)。

目前拌料的方法有两种:一是手工拌料,二是机械拌料。

(1)手工拌料:拌料时,按照配方将各种培养料进行称量,然后将各种辅料混合,干拌 2～3 遍,使各种营养物质分布均匀。然后按比例加水,再拌 2～3 遍,直至水分分布均匀。

不同配方由于主料的颗粒度、持水性、透气性有差异,料水也有所不同。

(2)机械拌料:采用拌料机拌料可降低劳动强度,提高工作效率,拌料更均匀。也应将主、辅料先干拌均匀,再定量加水后搅拌 5～50 min。采用自走型搅拌机搅拌,每次可拌 50～75 kg 干料,拌料前应根据人力情况、灭菌锅容量进行周密计划,做到“日料日清”,防止栽培料发酸变质。

图 10-13　长桶装袋

2. 装袋

拌料后应堆闷 0.5～1 h 使水分平衡,翻堆后及时装袋。

(1)塑料袋的选择:采用高压灭菌时应使用耐高温的聚丙烯折角袋(不推荐),采用常压灭菌时可采用低压聚乙烯折角袋。

(2)塑料袋的规格:地栽木耳宜选用 17 cm×33 cm×0.004 cm 的塑料袋。

(3)装袋方法:装袋分为手工装袋和机械装袋,机械装袋一般 5 人 1 组,1 人向料仓中添料,1 人向出料筒上套袋,1 人装袋,2 人封口。一般每小时可装 300～400 袋(图 10-13)。机械装袋时,用左手手掌按住塑料袋中上部,将袋底撑紧后,用右手手掌托住袋底,使料均匀进入料袋。右手应适当用力,使培养料紧实,装至 18～20 cm 时松手,将袋口疏松的培养料用力甩出,及时套颈圈,用锥形棒打孔后,塞上棉塞或套上无棉盖,每袋湿重 0.9～1.1 kg,装好的菌袋应适当紧实,有弹性,培养料与袋壁间不可有间隔。同时也不可用力过大,以免造成塑料袋变形或破袋,装好的料袋应堆放在阴凉处。

手工装袋时,应边装袋边压实,做到袋内培养料上紧下松,外紧内松,菌袋表面光滑无皱褶。

3. 灭菌

装好的菌袋应置于特制的灭菌筐内进行常压灭菌。

常压灭菌：常压灭菌锅建造方便，容量大，是目前农村大面积栽培木耳常用的灭菌方法。常压灭菌灶的建造方式同前。灭菌时将袋装入铁制灭菌筐（44 cm×33 cm×26 cm）内，这样可以避免菌袋相互挤压，造成空气流通不畅，导致灭菌效果差。同时也方便运输，减少菌袋破损。常压灭菌温度可达到 100～105 ℃，保持 8～10 h，闷一夜再打开，袋温降至 60～70 ℃出锅。

目前采用蒸汽发生器进行常压灭菌也是较好的灭菌方法之一。

方法：在干净的地面上用砖垫高 20 cm 左右，然后将装满菌袋的灭菌筐整齐地摆放在砖上，每次可灭菌 2 000～3 000 袋，然后用薄膜及遮雨布盖好，四周用沙袋压紧实，利用蒸汽发生器输入蒸汽，料温升至 100 ℃保持 10～12 h 即可。

四、接种

小规模栽培时（5 000 袋/年以下），可以在接种箱内接种，大规模栽培时可以在接种室或接种帐内接种，但都要料温降至 30 ℃左右时方可接种（图 10-14）。将料袋移至接种箱（室、帐），按每立方米用甲醛 10 mL、高锰酸钾 5 g 进行混合熏蒸 1～2 h 后开始接种。也可以采用气雾消毒剂进行熏蒸，熏蒸 30 min 后马上接种。

图 10-14　接种

接种是木耳生产的一个关键环节，要树立无菌观念，严格按照无菌操作规程进行，减少杂菌侵染的机会。一端接种每瓶菌种时可接 30～40 袋，两端接种时可接 15～20 袋。

五、管理

1. 菌丝培养

黑木耳发菌管理是栽培技术的关键，菌丝生长的好坏与质量和产量密切相关。温度、光照、氧气是影响菌丝生长的最主要因素（图 10-15）。

（1）菌袋的摆放：冬、春季节气温较低，所以摆放密度要适当大些，但也要求每行之间留有空隙，利于通气。一般堆高 8～10 层，每两排留一个管理通道。

图 10-15　木耳菌丝培养与菌袋摆放

（2）避光培养：木耳菌丝对光的反应不很灵敏，但在有光的条件下，培养菌丝易在接种处先形成原基，所以要使培养室保持黑暗，在菌丝长满或即将长满时才允许给予适当的散射光。

（3）温度管理：菌丝生长以 25～28 ℃为宜，前期特别是接种的前三天，要创造有利于菌丝萌发的最适宜温度，促使菌丝早恢复，早定植，使杂菌无生存的空间，减少污染，提高成活率。早秋要采用降温措施，早晚打开门窗通风降温，9:00～16:00关闭门窗遮阳降温，防止中午热空气进入培养室，同时门窗还应挂遮阳网等遮阳物，防止太阳直射。在气温高的天气，培养室还可以采取喷水的措施进行降温，但要注意及时通风，否则高温高湿的环境极易引起杂菌感染。

(4)湿度管理：菌丝培养前期空气湿度宜控制在65%～70%，培养期间遇上连续阴雨天气，空间湿度大，可采取在培养室地面撒生石灰的方法，即降低温度，又可以杀菌；湿度高不仅有利于杂菌的滋生繁殖，而且会影响空气中的含氧量进而影响菌丝的生长，后期空气湿度应控制在70%～80%。

(5)通风管理：黑木耳为好氧性真菌，它是目前人工栽培对氧气较敏感的菌类之一，在整个培养过程中要确保周围空气流通，一方面要加强房间通风换气；另一方面要结合翻堆，调整堆内小气候。一般每隔15 d左右翻堆1次，如发现有杂菌污染的菌袋要及时处理。

(6)光照控制：木耳在菌丝体的生长阶段时，基本上是不需要光照的。不过在子实体生长期间是需要一定的光照的，但是要注意不可让太阳直射，以散射光为主。在子实体阶段时如果完全处于黑暗的环境，木耳不宜形成子实体原基，光照不足的话也会抑制子实体的生长。因此，在种植过程中要保证有充足的散射光促进木耳的生长。

图10-16　地摆出耳

2. 出耳管理及采收

当菌丝长满菌袋并有少量耳芽出现时，标志着其生理成熟，要及时转入出耳的管理阶段，以防菌丝老化，产量降低。注意根据各地气候，选择栽培袋下地的时间。

(1)地摆出耳：此种出耳方法是将耳袋置于地面，将黑木耳喜欢低温的生理特点与早春地表面湿度大、温度低，且比较恒定的自然条件相结合而取得的高产(图10-16)效果。目前应用较广。

首先将栽培场地地面平整后，铺一层细沙，然后用石灰消毒。菌袋消毒开孔后，5～6个一横排，袋间距约10 cm。上盖高约70 cm的草帘拱棚，耳芽生长阶段向草帘及地面喷少量的雾状水，相对湿度不宜超过80%，耳片长至直径3 cm以上后，早晚可向菌袋喷水，使耳片吸足水分。白天向草帘及地面喷水3～4次保持相对湿度85%～95%，并给予一定量的通风和光照。雨天、无风的夜晚，可掀开草帘，如棚内温度降不下来，可掀开草帘通风。

图10-17　全光地摆出耳

(2)全光地摆出耳：先将培育好的菌袋搬出培养室，脱掉棉塞及套环，将袋口拆开，用线或橡皮筋扎好，或用订书机封口，然后用0.2%的高锰酸钾溶液或5%的石灰水溶液进行菌袋表面消毒1 min，待药液晾干后，用消过毒的锋利刀片在菌袋表面开孔，以“V”形较好(对于朵大且不易展开的品种开斜长口较好)。要求孔口斜线长度2 cm，角度呈45°～60°。“V”形过小，耳片着力点不够，容易掉耳，过大则外界水分容易进入袋内造成污染。孔距 5～6 cm、行距 6～8 cm，以“品”字形布局。室外催耳棚温度应控制在 16 ℃以上，相对湿度控制在 75%以上(图 10-17)。

气候干燥时可以将开孔后的菌袋置于潮湿地面或采用覆盖草帘的方法，增加催耳棚内空气相对湿度，利于耳芽形成。此时，待开孔处形成耳基，再发育成耳芽，当耳芽形成时，封住割口，大致达核桃大小后停水 1 d 左右，使耳芽健壮。将菌袋移入大田，12 个一横排(中间留步道)，每 2 个菌袋间距离 10 cm 左右，排在平整好的凹畦内。出耳场地设有喷水带等喷灌设施(放于步道上)，晴天早上少喷水，傍晚多喷水，中午视情况而定，雨天不喷水，对水分的管理要做到干湿交替，喷喷停停，不能一味地追求湿度，一直加湿。每次用喷水带喷水仅几分钟就可以了，若用微喷时间就长些。

干湿交替是袋栽木耳成功的关键。袋栽木耳一般只适合采收一茬，第二茬往往就会出现绿色木霉污染。从近年生产情况来看，袋栽黑木耳数量和规模有减少的趋势，究其原因主要的是市场对黑木耳品质的要求提高了。段木栽培木耳是在成熟的段木上不定点出耳，所以大部分耳片呈单片，而袋栽木耳呈朵状，蹄头比较大，相比两者泡涨率相差比较大，消费者倾向购买段木栽培木耳。

六、采收及后茬管理

适时采收，对木耳的产量及品质影响很大。当耳片充分展开，开始收边，颜色由黑变褐，耳根收缩，刚要释放孢子还未释放时，即可采收。如采收过晚，耳片释放大量孢子，会降低木耳的产量和品质，还易造成烂耳。另外，采收前 1～2 d 停止喷水，使耳片稍干。

采收时，可用小刀靠近袋壁削下，采收后应将耳片洗净。代料栽培的黑木耳朵大肉厚，不易晒干，可撕开或在耳根处割几条口再晾晒，使其加速干燥。木耳晒架要架空，以利于上下空气对流(图 10-18)。

采收第一茬耳后，应停止喷水 4～5 d，使菌丝恢复，并在日光下晾晒，然后集中催芽准备出第二茬耳，黑木耳一般可采收 1～2 次，产量以第一茬采收为主，第二茬耳往往由于气候条件和栽培袋容易感染绿色木霉而无法采收。因此，在管理上应将主要精力放在第一茬耳上，使第一茬的耳出好出齐(图 10-19)。

图 10-18　适时采收

图 10-19　木耳采摘

思考与练习

1. 简述黑木耳生长发育的条件。
2. 简述黑木耳段木栽培的主要技术措施。
3. 比较黑木耳代料栽培和香菇代料栽培的相同点与不同点。
4. 结合当地资源和气候条件制订黑木耳生产计划书。

项目十一　香菇栽培

知识目标

1. 了解香菇的分类学地位及生活史。
2. 掌握香菇的形态特征、生长发育条件。
3. 掌握香菇的常见栽培方式。

能力目标

1. 能根据当地气候或生产情况制订香菇生产计划。
2. 能根据香菇生物学特性，采取适当措施，创造香菇正常生长发育的条件。
3. 能运用发酵料、熟料及生料的栽培技术获得香菇栽培的高产优质。

素质目标

1. 合理利用当地自然资源栽培平菇，增强学生保护环境、节约资源意识，践行“绿水青山就是金山银山”理念。
2. 通过香菇生产的学习，培养学生吃苦耐劳、爱岗敬业的精神。

香菇(*Lentinus edodes*)俗称香蕈、冬菇、香菌，属于真菌门担子菌亚门伞菌目口蘑科香菇属，是世界上最著名的食用菌之一。

香菇素有“山珍之王”之称，是高蛋白、低脂肪的营养保健食品(图 11-1)。《本草纲目》认为香菇“性平、味甘、无毒”,《日用本草》认为香菇“益气、不饥、治风破血”,《医林纂要》认为香菇“大益胃气”。

图 11-1　野生香菇

研究结果显示，每 100 g 干香菇中，含有蛋白质 16 g，脂肪 2.2 g，碳水化合物 66.2 g，粗纤维 9.6 g，灰分 5.56 g，此外，还含有十分丰富的维生素和矿物质。香菇所含的氨基酸中具有活性 L-型氨基酸，容易被人体吸收和利用。香菇含有六大酶类的 40 多种酶，可以补充人体多种酶的缺乏。香菇所含脂肪酸的不饱和度甚高，对降低血脂有益，所含的纤维素和半纤维素，能加强胃肠的蠕动，吸附血液中多余的胆固醇。因此，经常食用香菇，对预防便秘和高血压有益。香菇中麦角甾醇含量很高，它是维生素 D_2 的前体物质，经紫外线或日光照射；可转化为维生素 D_2，可预防佝偻病。香菇中含有矿质元素，以钾、磷、钠、铁含量尤多，对预防缺铁性贫血、促进血液循环有重要作用。

香菇中提取的香菇多糖（β-1,3-葡聚糖）可诱导体内产生干扰素，增强机体免疫力，从而抑制癌细胞的生长，对预防肠癌和直肠癌有效。此外，香菇还对糖尿病及诱发的动脉硬化、视网膜炎、坐骨神经痛均有一定的食疗作用。

一、香菇的生物学特性

（一）形态特征

香菇有 2 个不同的发育阶段：营养阶段（菌丝体）和繁殖阶段（子实体）。

1. 菌丝体

菌丝由孢子萌发而成，白色绒毛状，在斜面培养基上平铺生长。在试管内略有爬壁现象，边缘呈不规则弯曲。老化时略有淡黄色分泌物，会使培养基变成淡黄色。早熟品种在冰箱内存放时间稍长，有的会形成原基。

2. 子实体

子实体是香菇的繁殖器官，由菌盖、菌褶、菌柄三部分构成，单生、丛生或群生。

(1)菌盖：位于子实体上部，圆形，直径 5～10 cm，幼蕾时菌盖内卷，呈半球形。随着生长逐渐平展，趋于成熟。老熟后盖缘反卷、开裂。菌盖表皮色泽为淡褐色或茶褐色，盖面披有丛状纤毛，有的出现菊花样纹斑，甚至龟裂。菌肉肥厚，洁白。幼蕾时菌盖与菌柄间有一内菌膜，破裂后会残留在菌盖外缘，易消失。在缺水、干燥、通风的环境条件下，菌盖表面易形成菊花状或龟甲状裂纹，称为花菇。菌盖干后有特殊的香味，是食用的主要部分。

(2)菌褶：菌褶是孕育孢子的场所。着生于菌盖下方，辐射状排列呈刀片状，不等长，弯生。在显微镜下，可以清楚地看到菌褶纵切面中的子实层基、担子、担孢子。孢子印为白色。

(3)菌柄：菌柄中生或偏生于菌盖下方，呈圆柱形或近圆形，起支撑作用。表面附着细毛，内实，纤维质。长 3～10 cm，直径 0.5～2.0 cm，是支撑菌盖、菌褶和输送养料的器官。

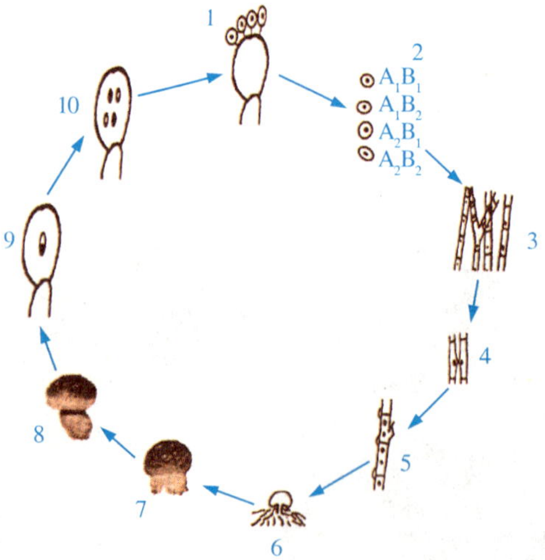

1. 担子和担孢子　2. 不同交配型担孢子　3. 担孢子萌发的单核菌丝　4. 不同交配型的单核菌丝　5. 异核体菌丝及锁状联合　6. 原基　7. 菇蕾　8. 子实体　9. 核配　10. 减数分裂

图 11-2　香菇生活史示意图（仿杨曙湘，有改动）

（二）生活史

香菇的生活史和典型的担孢子菌的生活史基本相似，首先由担孢子萌发产生 4 种不同交配型的单核菌丝，两条可亲和的单核菌丝通过接合发生质配，使每个细胞中有两个细胞核，并形成有锁状联合的双核菌丝。在适宜条件下，双核菌丝形成子实体；在菌褶上，双核菌丝的顶端细胞发育成担子，担子排列成子实层（图 11-2）。

在成熟的担孢子中，两个单元核融合发生核配，形成一个双元核；双元核减数分裂，形成4个担孢子。担孢子弹射后，在萌发过程中进行有丝分裂，表明生活史重新开始。

（三）生长发育条件

1. 营养条件

（1）碳源：碳源是在香菇菌丝生长发育中所必需的营养物质，主要的碳源包括单糖类（葡萄糖、果糖）和双糖类（如蔗糖、麦芽糖），淀粉次之。这些物质主要靠菌丝顶端分泌的水解酶对培养代料中的木质素进行降解后获得。

（2）氮源：香菇菌丝能利用有机氮和铵态氮，不能利用硝态氮和亚硝态氮。段木中所含氮源主要集中在树皮下的韧皮部，木质部较少。所以在代料栽培中，大多数菇农喜欢使用由枝丫柴粉碎成的木屑。因此，在代料栽培中人为地加入麦麸，可提高含氮量，有利于缩短菌丝培养期，提早出菇，但过量增加麸皮的用量，反而不利于菌丝从营养生长转入生殖生长。在段木栽培中，较低的含氮条件下，菌丝仍能顺利生长，但生长时间较长。这主要是由于木腐生菌类具有较强的同化作用和节约氮源的能力，它一方面能用大量的糖类换取足够的氮素，另一方面也能通过自身老菌丝的溶解，重新利用菌丝中的氮素等。

（3）矿质元素及维生素：香菇和大多数农作物一样，离不开微量矿质元素，如钾、硫、磷、镁等，据报告，铁、锌、镁同时存在能促进香菇菌丝的生长。菌丝具有很强的富集金属离子的能力，因而一般无须人为地添加微量元素。

经过大量试验证实：B族维生素是香菇菌丝生长发育不可缺少的。在代料栽培中主要是从麸皮或米糠中获得。

2. 环境条件

（1）温度：香菇是一种低温型变温结实性的食用菌。温度是影响香菇生长发育的一个最活跃、最重要的因子。香菇孢子萌发的适宜温度为22～26 ℃，菌丝在5～34 ℃温度条件下都能生长，以25 ℃为宜。如果在10 ℃以下或30 ℃以上，菌丝生长很差。当温度在5 ℃以下或34 ℃以上时，菌丝生长停止，超过40 ℃则死亡。香菇对低温的忍耐力较强，一般不会冻死。

香菇子实体分化的温度一般为5～25 ℃，以10～17 ℃最为适宜，昼夜温差越大，子实体原基越易分化，并且分化形成的子实体原基的数目也越多。所需温差的大小由香菇的品种决定，一般温差为5～10 ℃时为好。在恒温条件下，不能产生子实体的分化。

香菇子实体生长要求的温度是7～20 ℃，以15 ℃为宜。一般在较高的温度下，香菇生长迅速，肉薄柄长，菌盖易开伞，且肉质比较粗糙，质量差；在低温条件下，菇体发育缓慢，菌盖肥厚，菌柄粗短，质地密，品质优良。在子实体发育阶段，短时间的低温、风吹干燥会使子实体表面细胞停止分裂生长，而内部细胞仍在发育，使菌盖表皮膨胀裂开，愈合后形成龟状花纹，为花菇。

（2）湿度：香菇菌丝只有在水分适宜的培养基中才能很好地生长。香菇的孢子在培养料中萌发。培养料的含水量以40％～50％为宜，在20％以下菌丝停止生长，空气相对湿度以65％～75％为宜。出菇阶段，空气相对湿度以85％为宜，超过90％，香菇易腐烂，低于60％，香菇停止发育。一般形成花菇的空气相对湿度为65％～75％，机械刺激、干湿交替等，都会促进菌丝分化和菇蕾的快速形成。

(3)空气:香菇是好气性菌类。在生长发育过程中,氧气不足对菌丝的生长和子实体形成有抑制作用。因此,菇场内必须通风良好。

(4)光线:强度适宜的散射光可以促进菌丝发育,直射光对菌丝有抑制和致死作用。子实体分化时期,没有光线子实体则不能形成,即使形成子实体,也会产生徒长的现象,颜色浅、肉薄、柄长、质量低劣。一般露地栽培场地要有适当的遮阳树,遮蔽度应在70%~80%。

(5)酸碱度:香菇菌丝生长要求偏酸性环境。菌丝在pH 2.5~7.5都能生长,但以pH 5.0~6.5为宜,因此,一般含单宁酸较高的段木栽培香菇生长最好。在喷洒用水或菌浸水时要注意水质,切忌偏碱。

二、香菇生产概述

(一)生产历程

野生香菇在我国分布范围较广,浙江、福建、安徽、江西、湖南、湖北、广东、广西、云南、四川等省都有分布。世界上香菇主要以中国、日本、朝鲜、越南等国生产较多。香菇是我国山区传统土特产品和出口商品。传统的人工砍花栽培技术早在800多年前就已基本定型,并一直沿用至20世纪初。在20世纪60年代中期开始推广纯菌种接种生产技术,20世纪70年代中期开始用木屑代替段木生产香菇,20世纪80年代福建创立了"古田模式"香菇生产技术,仿天然条件栽培香菇,从而缩短了生产周期,提高了产量。之后"香菇半熟料开放式栽培技术""马尾松有害物质简易除去法香菇生产技术"等新技术不断产生,使我国香菇产量不断提高。

我国是世界上最大的香菇生产国和出口国,据中国食用菌商务网对全国香菇主产区的不完全统计,2018年全国香菇总产量达到961.51万t,从2014年到2018年,我国香菇出口量增长幅度达65.77%,创汇额增长了81.1%。

(二)生产品种

香菇因栽培历史悠久,自然分布广泛,已形成了众多的品种。香菇品种繁多,按出菇温度划分:高温型品种有931、武香1号等,子实体分化发育温度范围为15~25 ℃;中温型品种有L26、1363、867、939、937、Cr04、L868、沈农63、Cr66等,子实体分化发育的温度范围为10~20 ℃;低温型品种有135、241-4等,子实体分化发育的温度范围为5~15 ℃。按出菇周期长短划分:早生型品种有辽抚4号(0912)、武香1号等,接种后70~80 d出菇,出菇温度较高;迟生型品种有241-4、135等,接种后120 d以上出菇,出菇温度较低。

(三)生产方式

香菇有原木"砍花"栽培、段木栽培、人造菇木(代料菌棒)栽培和地栽等基本方式(图11-3、图11-4)。随着代料栽培技术的不断完善和人们环境保护意识的增强,近几年段木栽培已经很少,我国香菇生产主要来自代料栽培。

图 11-3 代料栽培香菇

图 11-4 段木栽培香菇

任务一 香菇段木栽培

段木栽培是利用一定长度的阔叶树段木进行人工接种、栽培食用菌的方法。香菇的段木栽培生产步骤如下。

一、栽培积季节的选择

接种季节的确定，人工栽培香菇在气温 5～20 ℃均可接种，其中，以月平均气温 10 ℃ 左右最为适宜。如长江流域接种季节一般在春季，2 月下旬至 4 月底(最好在清明节前)定植。华南地区冬季气温常在 3 ℃以上，可选择在 12 月至第二年的 3 月接种。华东地区最适接种季节为 11 月下旬至 12 月上旬。

二、生产前的准备

(一)菌种的准备

选菌龄适宜、生命力强、无杂菌、具有优良的遗传性状、适合本地区气候和菇场小气候特点的优质菌种，可用木屑菌种、枝条菌种或木块菌种等。菌种要求菌龄在 35～40 d，菌丝洁白，健壮大小均匀一致，无褐色菌膜，无杂菌，培养基无萎缩、干枯、衰老现象。

(二)原料的准备

1. 菇树的选择

段木栽培选用的树木以桦树、杨树、柳树、枫树、栋树等阔叶树木较好，松、柏、杉等针叶树因含有酚类等芳香性物质，对菌丝的生长有一定的抑制作用，通常不用。选用时应选取树皮厚薄适中(0.5～1 cm)，不易脱皮，具有很好的保温保湿、隔热、透气性能，具有一定弹性，木质比较坚实、边材发达、心材较少的木材，以直径 10～20 cm 粗的树木为好。

2. 适时砍树

休眠期是砍树的最佳季节。在休眠期，树叶中的营养物质转移至树干和根部贮存，形成层停止活动，砍下的树木营养物质含量高，有利于种菇。休眠期在立冬至惊蛰之间。黄叶凋落时节，为休眠期中树木形成层养分最多和树皮最紧的时期，此时砍树为最好。

3. 适当干燥

通常将砍伐后的菇树称为原木，将去枝截断后的原木称为段木。进行原木干燥，实质上就是为了调节段木含水量，以利于香菇菌丝在段木中定植生长，段木含水量在40%～50%时接种较易成活。段木含水量太高霉菌易侵入；含水量太低，接种后菌种易失水干缩，难以成活。干燥的时间不能一概而论，常以干燥后没有萌发力为度，或以接种打孔时不渗出树液为宜。一般宁可湿些，也不可太干，因此一定要适当干燥。

4. 剃枝截断

原木干燥后，应及时剃枝截断。这项工作应在晴天进行。把原木截成1～1.2 m长的段木。截断后段木两端及枝丫切面要用5%石灰水或0.1%高锰酸钾溶液浸涂，以防杂菌感染。

(三)场所设施的准备

选择菇场场所需要兼顾林木资源、水源、地形、海拔等条件。菇场周围应有水源、菇木资源以及高大树木遮阳。菇场应坐北朝南(因日照不足，易受寒风袭击)。菇场一般采用两场制，即将“发菌场”和“出菇场”分开。出菇场的选择应根据香菇的生物学特性，选择适合香菇生长发育的环境条件。

图 11-5　段木打眼

三、打眼

打眼工具一般用电钻或打孔器，钻头直径一般为1.2～1.3 cm，用工具在段木上打孔，接种穴多呈梅花状排列，行距5～6 cm，穴距10～15 cm，穴深1.5～1.8 cm(图 11-5)。

图 11-6　段木接种

四、接种

打好孔后，取一小块菌种塞进穴内，装量不宜过多，以装满孔穴为止，切忌用木棒等物捣塞。菌种装完后，在孔穴上立即盖上树皮，用锤子轻轻敲打严实，使树皮最好和段木表面相平，不能凸出也不能凹陷。树皮盖的厚度以0.5 cm为宜，若太薄易被晒裂或脱落。条件好的，还可用石蜡封口(图 11-6)。石蜡封口材料的配方是：石蜡75%，松香20%，猪油5%，加热熔化调和，待其稍冷却后，用毛笔蘸取涂抹于盖口，冷却后即黏着牢固。

五、管理

(一)发菌期管理

接种后的段木叫菇木或菌材。发菌是根据菇场的地理条件和气候条件，对堆积的菇木采取调温、保湿、遮阳和通风等措施，为菌丝的定植和生长创造适宜的生活条件。接种好的菌木应立即进行发菌期的管理，一般分两个阶段，前一阶段叫假困山或伏场，后一阶段叫困山。

1. 假困山

从段木接种后至菇木表层菌丝化或基本长满菌丝的这段管理过程，称为伏场或假因山。需将接种好的菇木立即在菇场堆放。堆放的方法有多种，但一般以覆瓦式和“井”字形堆放较好（图 11-7）。

图 11-7　段木“井”字形排放

2. 困山

经过一段假困山后，菌丝就已在菇木中生长蔓延，因气温回升，如再继续假困山，会使堆内温湿度太高，杂菌过量繁殖。此时一般把假闲山的菇木堆拆散，将菇木移至更通风、更适于菌丝生长的场所，继续培养，这一过程叫困山。困山是养菌之意，即培养成熟菇木，是按照干干湿湿、干湿交替的管理方法，培养菌丝向木质内部延伸，以达到生理成熟的管理过程。重在以遮阳、通风、防杂菌、促进菌丝进一步生长为主。

当气温稳定在 15 ℃时，即进入困山阶段。此时应去掉菇木堆上的塑料薄膜，搭棚遮阳或用遮阳黑网在菇木上遮阳。困山场地以三分阳、七分阴为宜，或采用 70%～85%的遮阳黑网搭棚。每月翻堆一次，把菇木上下左右的位置调头换位、相互调整，从而使菌丝生长一致。雨后天晴时要及时翻堆，旱季或高温季节必须进行喷水保湿。应根据菇木的干燥程度给菇木喷水保湿。在困山过程中还要防止病虫害的发生。一般经过 8～10 个月的培养逐步发育成熟，在适宜的条件下即可出菇。

（二）出菇期管理

1. 补水催蕾

成熟的菇木经过数月的困山管理，往往会大量失水，同时菇木上子实体原基开始形成，进入出菇阶段，对水分和湿度的需求也随之增大（图 11-8）。菇木中水分若不足，会影响出菇，因此一定要先补水，再架木出菇。补水的方法主要有浸水和喷水两种。浸水就是将菇木浸于水中 12～24 h，一次补足水分。喷水则首先将菇木倒地集中在一起，然后连续 4～5 d 进行喷水，须做到勤喷、轻喷、细喷，要喷洒均匀，补水之后将菇木“井”字形堆放，一般在 12～18 ℃下，2～5 d 后就可陆续看到“爆蕾”。

图 11-8　段木栽培补水催蕾

2. 架木出菇

补水后，菇木内菌丝活动达到高峰，在适宜的温差刺激下，菌丝很快转向生殖生长，菌丝体在菇木表层相互扭结，形成菇蕾。为了有利于子实体的生长，多出菇，出好菇，并便于采收，菇木应及时地摆放在适宜出菇的场地，并摆放为一定的形式，即架木出菇（图 11-9）。架木出菇主要有“人”字形架木出菇和覆瓦状架木出菇两种方式。生产时应因地制宜，选择适宜的架木出菇方式。

在出菇过程中，尽可能创造条件使其多出花菇。花菇是指菇盖表皮有花纹的香菇。花菇是香菇个体在生长过程中，受温差、干湿差等不良环境刺激，菇体表皮细胞增生不同步，导致的表皮开裂，菌盖形成纹理的一种现象。花菇是香菇中的上品，肉质肥厚，柄短，菌盖半球形，表面龟裂成明显的白色花纹，食用细嫩鲜美，有浓郁的香味。

图 11-9　架木出菇

湿度、温度和光照是影响花菇形成的主要因素。花菇形成应具备的条件为：菇木内菌丝发育良好，积累了足够的营养；菇木中含有刚好能供给子实体生长所需的水分，以 10%～50%最合适；菇蕾形成后，环境较干燥，空气相对湿度在 70%以下，干湿差在 15%左右；温度能够保证其子实体缓慢生长，温差持续在 10 ℃左右；光照充足，有 30%以上的直射光。

在南方香菇产区花菇多在春季产生，北方花菇产期较长，春秋季花菇率均较高。

六、采收与后茬管理

1. 采收

当香菇子实体长到七八成熟时，菌盖尚未完全展开，边缘稍内卷呈铜锣状，菌幕刚刚破裂，菌褶已全部伸直时，就应适时采摘。如果采摘过早，就会影响产量，采摘过迟采摘又会影响品质。

采摘香菇的方法为：用手指捏住菇柄基部，轻轻旋转拧下来即可。注意不要砸伤未成熟的菇蕾。菇柄最好要完整地摘下来，以免残留部分在菇木上腐烂，引起病菌和虫害，影响今后的出菇。

2. 越冬管理

在较温暖的地区，段木栽培香菇的越冬管理较简单，即采完最后一潮菇后，将菇木倒地、吸湿、保暖越冬，待来年开春后再进行出菇管理。在北方寒冷的地区，一般都要把菇木“井”字形堆放，再加盖塑料薄膜、草帘等保温保湿措施以利于安全越冬。

任务二　香菇代料栽培

图 11-10　代料栽培香菇

近年来，我国香菇段木栽培受到较大限制。因此，代料栽培香菇已在全国各地推广，获得了较好的经济效益（图 11-10）。香菇代料栽培原料来源广，资源充足，方法简单，成本低，并可缩短生产周期，有利于工厂化生产，提高产量，达到收效快、效益好的目的，是一种很有前途的栽培技术，代料栽培主要有袋装栽培、压块菌砖栽培、菌棒栽培、陆地栽培等，此处以袋栽方式为例讲述。

香菇袋栽的主要生产过程可概括为：确

定栽培季节→菌种制备→菇棚建造→培养料选择→原料处理→拌料→调 pH→装袋→扎口→装锅灭菌→出锅→打穴→接种→封口→上堆发菌→脱袋排场→转色→催蕾→出菇管理→采收→后期管理。

一、栽培季节的选择

选择栽培季节是香菇栽培的重要技术环节之一，它直接关系到香菇的产量与品质，根据香菇菌丝生长不耐高温，子实体分化阶段又要求较大温差的特点，选择栽培季节。根据生产上所用菌种不同温型及当地气候条件确定接种时间，通常以当地气温能适合菌丝生长的最适温度为依据，即接种时间的温度为 25～27 ℃，以 25 ℃为最宜。长江流域地区通常选择在 8—9 月，气温稳定在 25～28 ℃时开始接种，经 2 个月的室内培育菌丝，10 月出菇，争取下霜前多出菇，冬季出少量花菇，翌年 3—6 月大量出春菇。

二、生产前的准备

（一）菌种的准备

选择适合于当地栽培的优良代料栽培香菇品种。引种时一定要考虑菌种的出菇特性以及对培养料的适应性，同时根据市场的需要和当地的气候等自然条件而定。按照常规方法用小袋子或瓶子制成栽培种。播种时菌龄在 35～40 d，菌丝洁白，健壮，均匀一致，无褐色菌膜，无杂菌，培养基无萎缩干枯和衰老现象。

（二）原料的准备

可用于栽培香菇的代料有很多，如棉籽壳、玉米芯、树木屑、豆秸粉、麦秸粉、花生壳、甘蔗渣、稻草、多种杂草等，其中以棉籽壳、木屑作为培养料栽培的香菇产量较高。辅料主要是麦麸、米糠、石膏粉、过磷酸钙、蔗糖、尿素等。由于各种原料营养成分不同，配方也多种多样。

配方 1：木屑 100 kg，麸皮或米糠 20 kg，糖 1.5 kg，石膏 2 kg，过磷酸钙 1 kg，硫酸镁 0.1 kg，维生素 B_1 10 片，pH 5.5～6；

配方 2：木屑 100 kg，麸皮 20 kg，玉米粉 2 kg，糖 1.5 kg，石膏 2.5 kg，尿素 0.3 kg，过磷酸钙 6.6 kg，pH 5.5～6；

配方 3：木屑 70 kg，麦麸 25 kg，石膏 3 kg，KH_2PO_4，0.2 kg，过磷酸钙 0.4 kg，pH 5.5～6；

配方 4：棉籽壳 100 kg，麦麸 20 kg，石膏 3 kg，石灰 0.6 kg，pH 5.5～6。

（三）场所设施的准备

1. 发菌室

发菌室要求干净、保温、便于通风，室内地面光滑，便于排放菌袋，栽培量大时可在室内设置床架。发菌室可利用闲置旧房，也可搭简易棚，还可利用塑料大棚、山洞、地下室等，使用前应进行杀菌、杀虫和防鼠处理。

2. 出菇场

出菇场应选阳光充足、温差大、近水源、地势平坦、环境卫生、交通方便、冬暖夏凉、土质微酸性和通风良好的地方。也可利用房前屋后、瓜棚、果树下的空地、菜棚作为出菇场。

3. 栽培容器

常压灭菌可选用低压聚乙烯塑料袋，若高压灭菌则选用聚丙烯专用塑料袋。袋的规格为15 cm×55 cm×0.04 cm。

三、原料装袋

（一）称料拌料

按配方要求选择新鲜、无霉变的各种原料，称好后在干净的水泥地上拌料。将不溶性的料干混均匀，将可溶性的料在容器中配成母液，边泼浇边混拌，待料混拌均匀后使含水量达到55%～60%，pH 5.5～6.5 时即可装袋。

（二）装袋灭菌

培养料配制好后，要当天进行装袋。装袋分为机械装袋或人工装袋，要求松紧均匀适度。若采用两头接种的，先用棉线把袋口捆扎两道，再把袋口薄膜反折回捆扎牢固，使之密封。为了避免培养料变酸或感染杂菌，从拌料装袋到灭菌，要求在当天进行，应在 6～8 h 之内燃火、上温。常压灭菌是在 100 ℃条件下维持 12～16 h。待料温降到 30 ℃以下时接种。

四、接种

采用封闭式或半开放式接种，多在接种室进行，接种场所在使用前应严格消毒。接种人员戴上经 75%酒精消毒的乳胶手套，或在缓冲室换上专用的工作服，再进入接种室，同时各种用具都要消毒。接种时，把菌种表层的老菌膜去除，并挖除上层老菌丝 2～3 cm。采用两头接种的，解开料袋封口绳，先将菌种块接入袋口，然后再重新封好口。若采用打穴接种，应在无菌条件下，用 75%的酒精棉球擦拭料袋外壁，再用打洞器在袋面按等距离打 2～3 个接种穴，在另一面错开打 2 个接种穴（口径 1.5 cm，深 2 cm），快速接入菌种，使菌种略高于袋表面（图 11-11）。然后用 16 cm×55 cm×0.02 cm 的乙烯袋迅速将菌袋套上、封口，或在穴口上贴胶布封口。每瓶 750 g 的菌种，可接 20～25 个栽培袋。

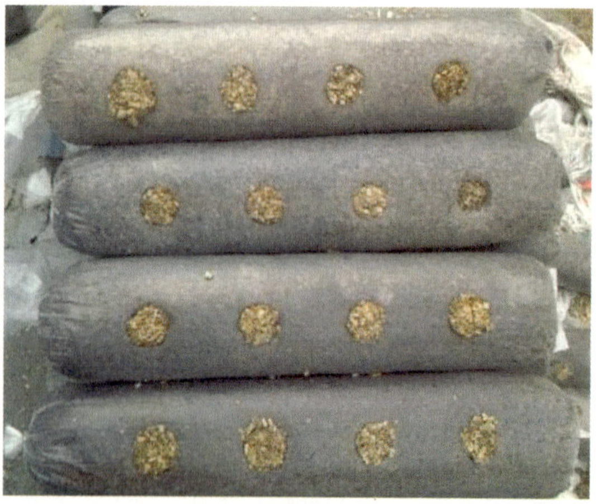

图 11-11　菌袋打孔接种

五、管理

（一）发菌

接种后，将料袋放入培养室内的控温上堆发菌，发菌时多采用“井”字形堆放。

（二）上堆

每层排 4 袋，依次堆叠 5～10 层，堆高 1 m 左右，接种穴置于两边，以利于通风换气，菌种萌发定植。要注意堆放时若遇温度高堆放的层数要少。发菌时一定要注意防湿遮阳、通风换气和及时翻堆检查(图 11-12)。

图 11-12　香菇“井”字堆放发菌

1. 通风换气

接种后的菌袋培养时，前 3 d 应关闭门窗，保持室内空气稳定。48 h 后，菌种开始萌发，慢慢吃料，菌丝呼吸代谢微弱，对环境变化抵抗力差，此时维持空气相对稳定，有利于菌丝萌发生长，减少杂菌污染。第 4 天起，打开门窗通风，前 10 d，早晚通风，每次 1～2 h，随着菌龄的增长，通风时间应适当加长。遇外界气温超过 28 ℃时应改在凌晨至清晨通风。气温低于 25 ℃时，白天通风。通风的目的在于保持室内空气新鲜，氧气充足，降低室温。外界气温较低时，要注意培养室保温，室温控制在 20～26 ℃。

2. 翻堆

培养至第 7 天时，菌丝已定植，开始第一次翻堆，以后每隔 7～10 d 翻堆一次。翻堆的目的是使菌袋发菌均匀，同时有利于捡出杂菌污染的菌袋，翻堆时尽量做到上下、内外、左右翻匀，并且轻拿轻放，不要擦掉封口胶布或胶片。

3. 撕掉胶布或胶片

接种 15 d 后接种穴菌丝呈放射状蔓延，直径达 4～6 cm，可将胶布对角撕开一角或在周围刺孔透气，以增加供氧量满足菌丝生长。20～25 d 后菌丝圈可达 8 cm 左右。接种 30 d 后，菌丝生长进入旺盛期，新陈代谢旺盛，此时菌袋温度比室温高 3～4 ℃，应及时把穴口的胶布撕掉，并加强通风管理，把室温降到 22～23 ℃。经过 50～60 d 的培养，即可长满菌袋，在接种穴周围出现菌丝扭结形成的瘤状物。菌袋内出现色素积水时，菌丝已生理成熟，准备脱袋出菇。

(三)脱袋排场

脱袋后的菌袋称为菌棒。经 60～70 d 的发菌培养，菌丝达到生理成熟，便可脱袋。

菌丝生理成熟的标志：①菌丝长透培养料，培养料与塑料袋交界处出现空隙；②袋壁四周菌丝体膨胀、皱褶；③隆起的肿瘤状占整个袋面的 2/3，手握菌袋，有弹性松软感，而不是很硬的感觉；④在接种穴四周出现棕褐色，这时可将菌袋搬到野外菇场进行脱袋排场。

脱袋必须掌握好时期，若脱袋过早，菌丝没有达到生理成熟，转色困难，不利于子实体发生；若脱袋过迟，过于成熟，造成菌膜增厚，影响原基发育和正常出菇。脱袋最好选择晴天或阴天的上午进行，气温以 22 ℃以下为宜。

为防止菌棒污染，菇场应事先进行杀虫、杀菌处理。脱袋时，把菌袋运到菇场内，用刀片沿料袋将薄膜纵向割破，及时排放菌棒。排放时，要边开袋取菌棒，边排菌棒于菇床上并覆盖薄膜，以保湿保温。菌棒排在菇床的竹木横架上与地面成 70°，每行排 8～10 棒，棒间距 3～5 cm，呈鱼鳞状，并小心操作，防止菌棒折断。

(四)转色

脱袋后进入菌棒转色期，也就是菌棒“人造树皮”形成的关键时期(图 11-13)。脱袋排场后 3～5 d 内，尽量不掀动薄膜，保温保湿，以利于菌丝恢复生长。5～6 d 后，菌棒表面长出一

图 11-13　香菇脱袋转色

层浓白的香菇绒毛状菌丝，开始每天通风 1～2 次，每次 20 min，促使菌丝逐渐倒伏形成一层薄薄的菌膜，同时开始分泌色素，吐出黄水。此时掀膜，往菌棒上喷水，每天 1～2 次，连续 2 d，冲洗菌柱上的黄水。喷完后再覆膜。菌棒开始由白色略转为粉红色。通过人工管理，逐步变为棕褐色。正常情况下，脱袋后 12 d 左右，菌棒表面会形成棕褐色的像树皮状的菌被，即转色，也就是"人造树皮"的形成。影响菌棒转色的因素很多，科学地处理好温度、湿度、通风、光照之间的关系，是菌棒转色早、转色好的关键。转色后的菌被就相当于菇木的树皮，具有调温保湿的作用，有利于菌棒出菇。转色过程中常因气候的变化和管理不善，出现转色太淡或不转色，或转色太深、菌膜增厚，这些都会影响正常出菇。

（五）出菇管理

菌棒经转色催蕾后，进入子实体发育阶段，人为创造最适宜出菇的环境，通过温差、干湿差、光照差及通风的刺激使菇蕾不断发生，子实体健康生长。由于菌棒栽培是一次接种，秋冬春三季长菇，各季节的气温不同，在管理上也有区别（图 11-14）。

1. 秋菇

秋菇是指在当年 12 月之前生长的香菇。一般接种后 65～80 d 内出菇，可连续出 3～5 潮菇。秋菇期菌棒营养最丰富，菌丝生长势也最强盛，棒内水分充足，自然温度较高，出菇集中，菇潮猛，生长快，产量高，应抓好以下几个方面的管理工作（图 11-15）。

图 11-14　香菇出菇管理

图 11-15　秋菇管理

（1）控制湿度：出菇期间湿度以 90% 为好。通常以薄膜内呈雾状并有水珠为标志。若无水珠，说明偏干，应喷水加湿；水珠下滴，则湿度偏大，应通风降湿，避免过湿造成霉菌污染。

（2）控制温度：秋天气温高低不稳，若温度一直处于 20 ℃以上，不易形成子实体，且消耗营养，可在晚上或凌晨气温低时揭开薄膜散热，如气温低于 12 ℃，应把阳棚拉开一些距离接受阳光，增加热源，使菇床达到适宜温度。

(3)干湿、冷热刺激:第一茬菇采完后,需揭膜通风 3～4 h,降低菇床湿度,使菌棒干燥,养菌 5～7 d。当采菇后留下的凹处发白时,说明菌丝已经复壮,此时白天可盖紧薄膜,提高冷热刺激,如此管理,二茬菇可迅速形成。采收后继续按上述方法管理,2～3 d 后可出三茬菇。

2. 冬菇

冬菇是在 1—2 月长出的香菇。由于这个季节气温低,菌丝生长慢,出菇少,产量仅占全年总产量的 10%左右,但菌肉厚、品质好。因春节前市场需求量大,冬菇价值高,应采取合理的管理措施,促其增产,提高经济效益。具体措施如下。

(1)控制湿度:冬季不宜喷水,菇床只要保持湿润,不干枯即可。湿度大,容易结冰造成幼菇死亡。只要气温适宜,冬季仍可出 2～4 茬菇,只是菇潮间隔较长,一般要 10～15 d。

(2)提高床温:冬季可把薄膜放低、罩密,增加地温;晴天时把阳棚拉稀,让阳光透进场内,增加热源;每天中午通风 1～2 次,每次 10～20 min,避免北风袭击。

(3)培育花菇:花菇是香菇中的上品,肉厚、质嫩、柄短,菌盖常有花纹,露出白色菌肉,市场价值高。促进花菇形成主要是要掌握菌棒的干湿差,当菇蕾在偏干的环境中,勉强生长到 2～3 cm 时,夜间掀开薄膜,让冷空气进入菇场,人为制造干冷气温。平均气温在 6～10 ℃是花菇形成的最适温度,由于温度低,香菇子实体发育缓慢,菌肉自然增厚,此时若遇干燥气候,同时有“四阳六阴”的光照,很容易形成花菇。只要温差在 15 ℃左右,正确处理好湿度、温度和光照三者的关系,就可多产花菇。

3. 春菇

春菇是指 3—6 月上旬长出的香菇。此时气温由低变高,是中、高温型品种出菇的高峰期,其产量占总产量的 60%左右。此时,菌棒含水量降低,菌丝不及秋季旺盛,在管理上应采取以下措施。

(1)注水补液:菌棒经过秋、冬多次出菇后,其含水量降为原有的 30%,子实体的形成受到抑制。为使菌丝迅速恢复生长和积累营养,应浸水补液(图 11-16)。

图 11-16　香菇菌棒注水补液

(2)通风降温:每天需揭膜通风 2～3 次,薄膜不宜覆盖过严,两头要揭开通风。

(3)防止污染:春季霉菌活跃,每次采收均要清理菌棒,用刀把感染霉菌的部分剥除后再重新盖膜管理。

六、采收

花菇子实体长大后,八分熟时应及时采摘。采摘过早,影响产量,采摘过迟则质量不好。边熟边采,采大留小,采收后及时加工处理。采摘时用拇指和食指捏住菇柄基部,左右旋转,轻轻拧下,不要把菇脚残留在出菇处,以防腐烂后感染病虫,影响下茬出菇。香菇采下后,要轻拿轻放,防止挤压、变形、变色,影响质量。

任务三　花菇栽培

花菇是香菇中的极品，以菇体圆整、厚实、香味浓郁、菇盖表面出现不规则龟裂而得名。同时，花菇具有较强的市场竞争力，其售价是普通香菇的几倍。

一、花菇形成机理

一般香菇菌丝在栽培袋内完成营养生长并达到生理成熟，随后在温、湿、氧、光、pH 的刺激诱导之下转入生殖生长，即菌棒表层的菌丝开始扭结，随之发育成菇蕾。当幼蕾直径达到 1.5～2.0 cm 时，遇到寒冷干燥的气候，菇蕾表面蒸腾速率会加快，使菇盖表皮层处于近干燥状态，表皮层细胞较难进行扩展，与此同时，菌肉组织依然能从菇棒内获取营养物质与水分，进行缓慢的细胞分裂，但两者分裂处于严重的不同步状态。此时，只有表皮层开裂，才能满足香菇菌肉组织体积的扩张，在菌盖上出现龟裂，露出雪白的菌肉，成为花菇。所以说，花菇是香菇个体发育过程对恶劣环境的一种自我调控，以求完成菇体的个体发育，繁衍后代的过程(图 11-17)。

图 11-17　花菇

二、生产前准备

花菇栽培工艺流程与前述香菇代料栽培相似，所不同的仅是栽培设施、菌棒制作时期以及栽培管理上的差异。

三、栽培季节的选择

花菇主要是其菇蕾在低温干燥下缓慢发育形成的。温度并非形成花菇的先决条件。在适宜香菇发育的温度下，只要有较低的空气相对湿度(40%～70%)，均有形成花菇的可能，但在 8～16 ℃(依菌株而定)温度条件下，形成的花菇质量较好。又由于栽培花菇所用的菌株为低温型和中低温型，而且要求栽培环境较为干燥，其出菇期一般为 10 月下旬至翌年 2 月。据数年生产实践证实，花菇接种后，随着菌龄增加，第一茬菇的畸形率会大幅度降低。因此，接种日期应根据菌株习性所需要的出菇期，相应提前数月制筒，并注意菌筒过夏的管理工作。

四、接种

1. 菌种的选择

适宜培育花菇的菌株，主要是低温型和中温型。高海拔(600～800 m)地区，以低温型为主；中海拔地区，以中低温型为主。

2. 接种期的确定

为了尽量减少畸形菇发生，大多采用延长菌筒菌龄的方法培育花菇。一般发菌期长达 140～190 d(视使用菌株的温型而定)。根据当地历年气象资料，找出气温稳定在 20 ℃的具体日期，向前推140～190 d，即为栽培筒制作日期。必须特别指出的是，阴雨连绵，则不宜接种，宁可推迟数日。谨防因空气相对湿度偏大，导致喜湿性杂菌（毛霉、根霉）的发生。

4—5月接种期内，一般气温尚低，因而无须像夏季菌筒制作那样在晚上或凌晨接种。

五、发菌管理

1. 菇房消毒

菇房初次使用时要严格消毒，将硫黄装在素烧盆内点燃进行熏烟消毒，密闭3 d，之后打开门窗换气1 d。

2. 菌袋堆放

接种后，将菌袋移入发菌室内发菌，堆放方式因气温和发菌情况而定。低温季节，室温低于20 ℃时，为提高堆温菌袋可呈顺码式排放，堆高1～1.5 m，排与排间留人行通道，利于空气流通。气温高，室温达25 ℃以上时，可改为“井”字形堆或“△”堆，每堆4～6层（图11-18）。注意搬运及摆放菌棒时应轻拿轻放，以免损伤菌丝。

图 11-18　“井”字堆

接种完的菌棒上架，均匀摆放，棒之间保留4～5 cm空隙。

3. 发菌条件控制

发菌的管理应根据菌种的特性灵活调节温度、湿度、空气、光照，促使菌丝正常生长，最后达到生理成熟，菌棒变为棕褐色。

（1）温度：调节室温在22～26 ℃，料温不超过28 ℃。尽量做到恒温养菌，一般温差不宜超过3～5 ℃。发菌期间一般每隔7～10 d翻堆1次，防止“烧菌”。

（2）湿度：保持室内干燥，空气相对湿度控制在60%～70%。

（3）通风：注意通风换气，保持室内空气新鲜。发菌期间一般进行4次刺孔增氧：第一次在菌丝吃料8～10 cm时进行，在菌丝蔓延末端2 cm内，每个接种孔刺4个孔，孔深1 cm；第二次在菌丝圈相连时进行，每个接种孔刺8～10个孔；第三次在菌棒发白时进行，在菌丝发透的部位均匀刺20～40个孔；第四次在菌棒上架前7 d、气温20 ℃左右时进行，每个菌棒全面刺80个孔左右，孔深1.3～1.5 cm。

（4）光照：发菌期间应保持室内黑暗，不要光线为最佳，光照强度在100 lx以下。

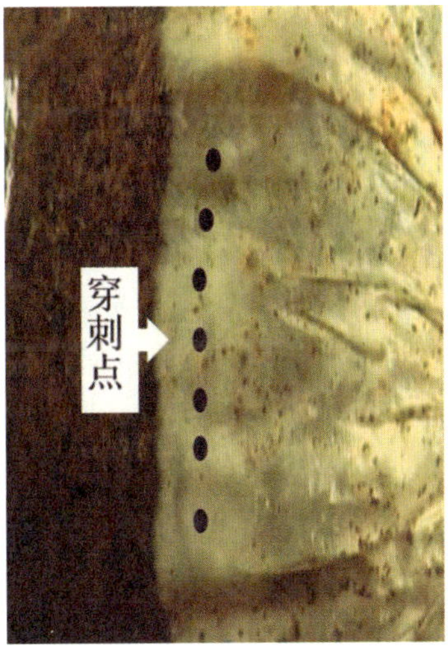

图 11-19　刺孔增氧

4. 刺孔增氧

待白色的环状菌丝长到直径5 cm时，开始脱掉菌棒的第一层袋，以利于菌丝呼吸（图11-19）。待菌丝布满整个菌棒的2/3时还要进行刺孔增氧，以改善培养料的通气条件，给菌丝提供更充足的氧气，有利于菌丝生长和积累养分，同时降低料温，导出黄水，促进转色。

刺孔的次数和刺孔的数量要根据具体情况确定。此时期刺小孔。刺孔工具为自制的经消毒处理的细铁针，位置在菌丝生长前端 2 cm 处手感较硬实的部位，孔径 2～3 mm，孔深 1 mm 左右，每个接种穴周围刺 4～6 孔，刺孔在早晚气温低时进行。第二次刺小孔是在菌丝直径 8～10 cm 时进行，每穴周围刺 8 孔。

菌棒上菌丝布满全袋后 5～10 d，当菌袋培养料表面出现部分白色瘤状物突起时刺大孔，孔直径 0.8～1 cm，深度 4～5 cm，每棒刺 30～40 个孔，水分大的菌棒可刺 40～60 个孔。刺孔时应注意温度不超过 30 ℃，下大雨的时候不能刺，防止高温、高湿条件下病菌的产生。

5. 转色管理

菌丝发满袋后继续培养，待菌袋内壁四周菌丝体出现膨胀，有皱褶和隆起的瘤状物，且逐渐增加，占整个袋面的 2/3，手捏菌袋瘤状物有弹性松软感，接种穴周围稍微有些棕褐色时，表明香菇菌丝已达到生理成熟，可进菇场转色出菇。菌丝生长发育进入生理成熟期，表面白色菌丝在一定条件下，逐渐变成棕褐色的一层菌膜，叫作菌丝转色。完成转色需 10～15 d。

转色的最适条件是：室温控制在 20～24 ℃，空气相对湿度 80％～95％，菌丝块内含水量 50％～55％，适当通风，给予一定的散射光照。

6. 越夏管理

春季栽培香菇时，为了更好地培育花菇，要经过越夏管理。采用室内越夏和室外遮阳越夏均可。越夏要在遮阳、通风的条件下进行，室温控制在 33 ℃以下，空气相对湿度 70％～80％，不能过多翻动菌袋。后期菌袋出现吐黄水时，要及时刺孔，放出黄水，但刺孔时不要刺伤原基。

六、出菇管理

（一）幼菇期管理

1. 催蕾

（1）催蕾条件：将转色正常的菌袋搬到菇棚架上排放，菇棚内温度白天控制在 15～20 ℃，夜间控制在 8～10 ℃，造成 10 ℃以上的昼夜温差；菇棚内保持空气新鲜，有充足的氧气，需散射光照，空气相对湿度 80％～90％，培养料内有充足的水分，以含水量 50％～55％为宜。

（2）催蕾方法：常用的催蕾方法有以下几种。

①震动：对于含水量适宜的菌袋，可采用此法，将 2 个菌袋拿起用力碰几下，经 4～7 d，便可发生菇蕾。

②补水：对于含水量不足的菌袋，可采用注水或浸水的方法，使培养料含水量达到 50％～55％，形成干湿差，刺激菇蕾形成。

③温差刺激：通过揭盖覆盖物、通风等手段，使昼夜温差达到 10 ℃以上，连续 4～5 d 便会有大量菇蕾发生。

④软化菌皮：对于转色较深或翻动次数过多，形成硬、厚菌皮的菌袋，可通过增加菇棚内湿度和提高温度，软化菌皮。湿度达 95％、堆温不超过 25 ℃，连续重复 4～6 d，待大部分菌袋出现菇蕾后，上架进行正常管理。

2. 护蕾和疏蕾

催蕾 3 d 后，当菇蕾直径达 0.5～1 cm、微微将菌袋顶起时，要沿菇蕾柄的周围用刀片将袋膜割一“人”字形孔，让菇蕾自由从割口长出，割袋时不可伤及菇蕾和菌丝，现一朵扩一朵。划口过早幼蕾太小，对外界环境抵抗力差，易冻死或易受高温为害；划口过晚幼菇被薄膜挤压，易形成畸形菇，因此适时划口十分重要。菇蕾过多或过密时应进行疏蕾，每袋留 6～8 个菇形好、距离均匀、大小一致的菇蕾，并适当通风、透光，但应避免大风。

3. 育蕾

幼菇生长初期 5～7 d 内，不可掀起菇棚的薄膜，以免大风和阳光直射，需通风时，可选晴朗无风的天气，酌情掀膜。保持菇棚内温度控制在 8～16 ℃，空气相对湿度 80%～90%，需要一定的散射光和新鲜空气。当气温降到 5 ℃以下时，及时盖膜，遇大风天气应盖紧薄膜，只留一端通风。

4. 蹲菇

当菇蕾长到 1 cm 时，棚温温度应保持在 8～10 ℃，空气相对湿度 65%～70%，培养 4～7 d，进行蹲菇，使菇蕾缓慢生长，形成菇柄短、菌盖圆、结实的壮蕾。

(二)花菇培育期

1. 花菇培育期的环境控制

(1)温度控制：保持菇棚内温度在 8～16 ℃，同时应有 10 ℃以上的昼夜温差。菇棚内温度超过 20 ℃时，白天应遮阳；低于 8 ℃时，可将遮阳物拉开。如温度达不到要求可进行辅助加温。

(2)湿度控制：空气相对湿度保持在 50%～70%，可通过揭盖棚膜来调节湿度。如遇雨天、雾天，应盖严薄膜，天晴后揭膜通风。

(3)通风调节：育菇期间若有 1～2 级的微风利于花菇形成，要充分利用。菇蕾长至 2 cm 后对环境的适应与抵抗力增强，晴天可将菇棚四周的薄膜全部揭起加大通风，促使花菇形成，直到采收结束，均在白天揭膜，夜晚盖膜。

(4)光照调节：花菇生长期内光照强度 2 000 lx 可有效增加花菇白度，提高花菇等级。阳光辐射不强时，可把菇棚薄膜全部揭掉，让阳光直射。

2. 催花

菇盖直径达到 2～2.5 cm，菇体质密坚实，用手抚摸菇盖表面感觉柔软有弹性，可适时催花。若菇盖直径小于 2 cm 催花，易形成花菇丁；大于 2.5 cm 催花易形成条状裂纹，培育不出优质花菇(图 11-20)。

3. 催花的方法

(1)常温催花：若气温在 8～15 ℃，空气相对湿度为 70%左右，则不需要加温，可利用自然温度进行催花，白天盖膜增加温度，夜晚掀膜降温，促使菌盖开裂。

(2)加温催花：冬春季节，气温在 0～12 ℃，可在夜晚加温促花。天气晴朗时上午 10 点钟以后将棚上塑料薄膜掀去，让太阳光直接照射幼菇，微风吹拂幼菇，此时幼菇菌盖表面呈干燥状态。下午 3 时左右盖上薄膜，晚上查看棚内小环境的温度和幼菇表面湿黏程度，当手摸菌盖有潮湿感时，可先不加湿。如干燥则应加湿，如发黏说明湿度大，一般在晚上 11～12 时开始加温排湿。

加温时一定要留通风口，以防棚温超过 35 ℃，以达到加温排湿的目的。3～5 h 后停止加热，日出后及时掀去棚膜，让风刮日晒，经 4～6 d 的连续刺激，菇盖表面就会迅速开裂。白色菌肉裸露，刺激一次裂纹加深一些，形成优质的花菇。

(3)蒸汽催花：在低温、干燥、久旱无雨的季节，温度在 12 ℃以下，空气相对湿度在 50%以下，可用蒸汽催花。密闭菇棚可将蒸汽直接导入棚内或直接在火上放盆水加热，加温加水同时进行。当湿度增至 80%时立即停止通蒸汽，袋温一般在 25 ℃保持 8～10 h。

图 11-20　花菇催花管理

七、间歇养菌与补水

1. 养菌

每一潮花菇采摘结束后，都必须进行养菌，要清除菌棒上的菇脚及残留的污染点，停止喷水，减少光照及温差，恒温培养菌丝，直至被采过菇的穴里又长满白色菌丝或轻微转色。间歇养菌能积累养分，有利于下一潮菇的萌发。养菌时，遮阳、不翻动菌袋，温度提高到 24～26 ℃，相对湿度保持在 75%～85%。养菌的时间一般为 7～10 d，气温低时需要 15 d。

2. 补水

养好菌的菌袋应及时补水后再催菇。当看到采菇处菌丝发白，并有黄水冒出时，要及时浸袋补充水分，在每次浸袋前都要在菌袋上刺 8～12 个孔，要使菌袋的含水量达到 50%左右，不可过量，含水量在 65%以上、温度高时会使菌丝霉变、死亡。对已经出了 2～3 茬菇的菌袋，在浸水时可以加入菌类营养素以补充营养，有利于提高产量。

补水的方法有注水和浸水两种。注水法有用小水泵带多条注水针注水或利用高位水自然压力注水。浸水则用铁棒在菌棒中间穿洞或用铁钉在菌棒上刺孔，然后放入水池内摆好，用重物压住补水。

注水或浸水时水温要低，时间的长短应根据菌棒的质量而定，第一次补水可补到制袋时的原重，以后逐次降低，防止补水过多造成烂筒。补水后的出菇管理同上。

思考与练习

1. 简述香菇生长发育的条件。
2. 简述香菇发酵栽培的发酵料制备过程。
3. 香菇熟料栽培发菌期应如何管理？
4. 比较香菇段木栽培、代料栽培的优缺点。
5. 结合当地资源和气候条件制订香菇生产计划。

项目十二　鸡腿菇栽培

知识目标

1. 了解鸡腿菇的分类学地位及食药用价值。
2. 掌握鸡腿菇的形态特征、生长发育条件。
3. 掌握鸡腿菇的常见栽培方式。

能力目标

1. 能根据当地气候或生产情况制订鸡腿菇生产计划。
2. 能根据鸡腿菇生物学特性，采取适当措施，创造鸡腿菇正常生长发育的条件。
3. 能运用发酵料畦床、熟料脱袋覆土栽培技术栽培鸡腿菇。

素质目标

1. 培养健康的审美情趣和积极进取的人生态度；树立求真、务实、创新的科学态度；培养吃苦耐劳、团结协作的精神。
2. 通过鸡腿菇栽培学习和实践活动，能分析和发现自己的优势和不足，具备发现问题、分析问题、解决问题的综合能力。

鸡腿菇(学名：毛头鬼伞)在分类学上属于真菌担子菌门伞菌亚门伞菌纲伞菌目鬼伞科鬼伞属，又称鸡腿蘑、刺蘑菇。

图 12-1　野生鸡腿菇

鸡腿菇因其菇大，形如鸡腿，味如鸡丝而得名，鸡腿菇菌肉细嫩、味道鲜美、营养丰富，是一种高蛋白、低脂肪的美味食用菌(图 12-1)。鸡腿菇的药用价值也很高，中医研究认为鸡腿菇性平、味甘，有益脾胃、清心安神、帮助消化、降低血压的功效，经常食用有增加食欲、降低血糖浓度和治疗痔疮的作用，是“天然、营养、保健”三种机能为一体珍稀食用菌。

一、鸡腿菇的生物学特性

(一)鸡腿菇的形态特征

1.菌丝体

鸡腿菇菌丝白色,粗壮,有的菌丝起初是棉絮状,后来逐渐变成线状,生长速度快,色泽为白色或灰白色。

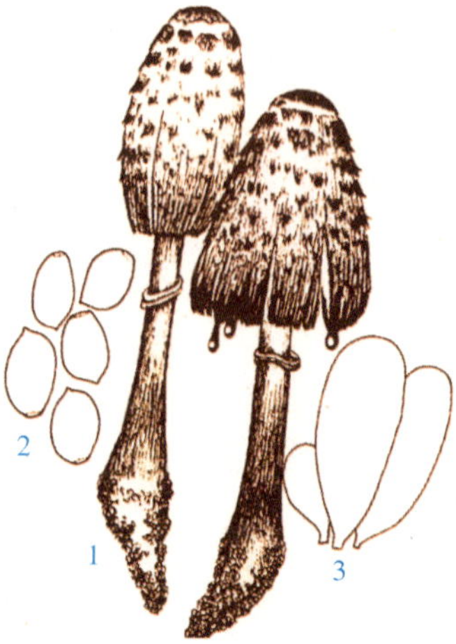

1.子实体 2.担孢子 3.侧囊状体

图 12-2 鸡腿菇幼嫩子实体形态

(引自卯晓岚等,1993)

2.子实体

子实体群生,此类菇菌盖圆柱形,连同菌柄状似鸡腿,鸡腿菇由此得名。后期菌盖呈钟形,高 9～15 cm,最后平展。菌盖表面初期光滑,后期表皮裂开,有平状黄褐色的鳞片,初期白色,中期淡锈;菌肉白色,薄;菌柄白色丝状有光泽,纤维质,菌环乳白色,脆薄易脱落;菌褶密集,与菌柄离生,宽 5～10 mm,白色,后变黑色,很快出现墨汁样液体(图 12-2)。

(二)鸡腿菇的生活史

鸡腿菇是一种适应力非常强的草腐粪生土生菌,在适宜条件下,担孢子吸水膨胀,萌发出芽管,菌丝逐渐分支,形成单核菌丝。可亲和的单核菌丝之间相互交配结合,形成双核菌丝。双核菌丝体发育到一定时期,形成线状的菌丝束,菌丝束顶端扭结膨大,形成原基,进一步发育形成菇蕾和子实体。鸡腿菇子实体成熟后,弹射出担孢子,完成生活史。

(三)鸡腿菇的生长发育条件

1.温度

鸡腿菇的菌丝生长,适宜温度为 20～28 ℃,以 24～27 ℃生长最好。子实体的生长形成,需要低温的刺激,当培养温度至 20 ℃以后,子实体很快形成;出菇时的温度范围多在 9～28 ℃,但以 12～18 ℃最好,20 ℃以上菌柄很快伸长,并开伞。16～22 ℃下子实体发生数量最多,产量最高。鸡腿菇菌丝抗寒能力较强,在－30 ℃条件下,土中的菌丝可安全越冬,而在 35 ℃以上菌丝会自融。一般低于 8 ℃,高于 30 ℃,子实体均难以形成。

2.湿度

培养鸡腿菇,湿度也是非常重要的。当培养料的含水量在 65%～70%的时候,适合菌丝生长;而出菇阶段的湿度则要求在 85%～95%是适宜的。

3.光照和通风

鸡腿菇属于好氧性真菌,无论是菌丝蔓延还是子实体生长阶段,都需要新鲜空气。菇蕾在分化的时候,需要比较强的光照,而且还需要充足的氧气,这样才可以使其顺利生长。

4.酸碱度(pH)

鸡腿菇较喜中性偏碱的基质,培养料和覆土 pH 以 7.0～7.5 为宜。

5. 土壤

鸡腿菇出菇的时候，需要土壤中维生素和矿物质的刺激，才可以形成数量大的树木；如果土壤中的微生物和矿物质比较少，那么鸡腿菇的产量也会因此大大地减少。

二、鸡腿菇生产概述

（一）生产历程

从 20 世纪 60 年代起，欧洲采用发酵堆肥进行野生鸡腿菇驯化栽培并获得成功，而后相继进行了大规模商业化栽培。我国从 20 世纪 80 年代开始栽培，目前已得到大面积推广，通常采用发酵料或熟料进行覆土栽培。由于鸡腿菇袋生长周期短，生物转化率较高，易于栽培，因此特别适合农村地区种植。

（二）生产品种

我国鸡腿菇栽培的品种较多，大多是自然发生的鸡腿菇子实体经过组织分离和进一步选育而获得的，也有从国外引进的优良品种，分为单生种和丛生种两类。单生种个体肥大，但总产量略低，单株菇重一般在 30～150 g，大的可达 200 g，如 Cc123、Cc125、Cc168 等。丛生种个体较小，但总产量较高，一般丛重 500～1500 g。市场鲜销多为丛生品种。

（三）生产方式

鸡腿菇栽培分为季节性自然栽培和工厂化周年设施栽培。生产上大多采用脱袋覆土栽培和畦床式栽培，栽培场所可以选择简易的荫棚、塑料大棚、空闲的房间或者防空洞等场所。这里主要介绍发酵料畦床栽培和熟料脱袋覆土栽培技术，自然季节性栽培也可以参考。

任务一　鸡腿菇发酵料畦床栽培

一、栽培季节的选择

鸡腿菇属于中温偏高型菌类，应根据当地气候特点，选择适宜的栽培季节。北方地区春季栽培在 4—6 月出菇，秋季栽培在 9—11 月出菇。长江以南地区春季栽培在 2—5 月出菇，秋季栽培在 11 月至翌年 3 月出菇。春季栽培宜早不宜迟，以防后期气温偏高，使子实体产量偏低，品质差；秋季栽培宜迟不宜早，防止前期温度高，杂菌污染严重。

二、生产前的准备

（一）菌种的准备

通常根据鸡腿菇生长发育所需温度以及当地气候条件确定栽培时间。一般选择当地平均温度 20 ℃左右为覆土期，提前 30～40 d 播种。母种在播种前 70 d 制作，原种在播种前 50～60 d 制作，栽培种在播种前 30～35 d 制作。

（二）原料的准备

鸡腿菇发酵料栽培常用配方有以下几种。

配方 1：食用菌废菌料 50％，棉籽壳 38％，玉米粉 10％，尿素 0.5％，石灰 1.5％。

配方 2：玉米芯 85%，麸皮 10%，过磷酸钙 1.5%，尿素 1%，石灰 2.5%。

配方 3：稻草或麦草 80%，粪肥 15%，过磷酸钙 1.5%，尿素 1%，石灰 2.5%。

根据当地实际情况，选择适宜的栽培原料，降低成本，实现优质高产栽培。按照配方要求，先将原辅材料称量，秸秆切成 3～5 cm 长的小段，玉米芯粉碎成 0.5～1 cm 大小的颗粒。建堆前将秸秆、玉米芯、棉籽壳等主料预湿，畜禽粪晒干粉碎。

（三）场所设施的准备

场地环境条件应符合无公害产品生产的要求，周边地区无污染源，土壤、空气、水源均符合无害化标准。选择靠近水源、村庄且交通便利的农田建棚，坐北朝南，长度根据农田大小设定，为提高大棚的利用率棚内还应设置栽培层架，一般 2～3 层，每层高 60 cm 左右，既能充分利用空间，又能满足鸡腿菇好气性这一特点。棚四周用黑色塑料布或者遮阳网覆盖，使棚内尽可能保持黑暗环境；保温与通风设施不宜过于简陋；棚内安装电灯，便于操作。

三、发酵料堆制

将预湿过的秸秆、棉籽壳、玉米芯、菌渣等与畜禽粪便拌匀，再将尿素、磷肥、石灰等辅料拌入。将 pH 调至约 8.0，含水量至 75% 左右。将配制好的原料建堆，堆宽约 1.5 m，高约 1.2 m，长度不限。当气温较低时，可适当加大料堆宽度和高度，并加盖覆盖物。采用直径 10～15 cm 的尖木棒或竹棒，在料堆上打若干个通气孔，从料堆顶部直插至底部，尽量让料堆底部通氧透气。

当料堆中心温度达到 65 ℃以上时，保持 24 h，即可开始翻堆。翻堆时应上下翻动，将培养料的位置内外交换，上下交换。每次翻堆时，应加入适量石灰，调节 pH 至 8 左右。待料温再次达到 65 ℃，保持 24 h 后，再进行第 2 次翻堆。第 3 次翻堆之后，料温 65 ℃保持 24 h，发酵即可结束，此时培养料应调节含水量至 65%左右。加生石灰调节至 pH 为 8 左右，即可接种。

四、接种与菌丝培养

图 12-3　接种后菌丝培养

发酵结束后，当料温降至 30 ℃以下时，即可制畦（畦宽 1 m，长度不限）、下料（15～20 cm）、播种。播种可采用层播、点播和撒播等方法，播种前应将菌种掰成 1～1.5 cm 大小。层播法是先铺 1 层 5～7 cm 厚的发酵料，再撒上 1 层菌种，如此反复，总厚度 15～20 cm。最上面 1 层菌种适当多一些，最后用木板拍实拍平。接种量以每平方米播种 1 500～2 000 g 为宜，覆盖报纸或塑料薄膜进行保湿，3～5 d 后撤掉报纸或薄膜（图 12-3）。

播种后 3 d 内可紧闭门窗，保持空气相对湿度在 85%～90%。随着菌丝生长，通风量适当加大。菌丝培养以 22～25 ℃为宜，温度高于 25 ℃时应加强通风，及时降温，防止高温烧菌。

五、覆土

鸡腿菇具有覆土才出菇的特性，菌丝长满培养料后 5 d 左右进行覆土。

（一）覆土选择与处理

选择没有被污染的地块，若出菇场地以前没有栽培过鸡腿菇，则可以直接取土。将土层表面的杂物清除干净，挖出净土，每立方米土加入生石灰 1 kg、石膏 1 kg，并加入适量食用菌生产中允许使用的杀虫剂和杀菌剂，然后加入少量清水堆闷 24 h 以上，杀死土壤中的有害微生物和害虫。

（二）覆土

覆土以 3～5 cm 为宜，覆土层太厚，会影响通气性，出菇慢，数目少，但子实体肥大；如覆土太薄，则子实体较小，数目多，产量低（图 12-4）。分两次覆土效果较好，即先在料面上覆一层厚 2～3 cm 的土壤，5～7 d 后待菌丝长出覆土层，再覆 1～2 cm 厚的土壤。覆土后向畦内浇水，以一次性浇透覆土层为宜，盖上塑料薄膜保湿。

图 12-4　覆土

六、出菇期管理

（一）覆土后菌丝生长期管理

覆土后暂不通风，保持温度 22～26 ℃，空气相对湿度约 85%，避光，促进菌丝向覆土层生长。3 d 后逐渐揭膜通风，并向料面喷雾状水，保持畦面湿润，通常覆土后 7～10 d，菌丝即可长满覆土层。此时宜将菇房温度降至 18～20 ℃，适当增加光照，空气相对湿度控制在 85%～90%，菌丝逐渐扭结成幼蕾。当覆土层表面有大量米粒状原基出现时，揭去塑料薄膜，进入出菇期管理。

（二）出菇期管理

去掉塑料薄膜后，菇房温度控制在 12～24 ℃，空气相对湿度控制在 85%～90%。在原基和菇蕾期，不可直接向菇床喷水，但可以向空气中喷雾，或在地面喷水保湿。待幼菇形成后，才可直接向菇床喷雾状水，以喷湿菇床，但不形成积水为宜，避免病害发生。

幼蕾形成后，应加强通风。随着子实体生长发育，通风量也应逐渐加大，但不能让强风直接吹进菇房。通风管理应与温度、湿度管理相结合。气温高或湿度大时，加大通风量；气温低时，可在中午进行通风。气温低于 12 ℃时，应关闭门窗和通风口。

子实体生长需要适当的散射光。光照过强易使子实体色泽加深；光照过早易产生鳞片，并出现鳞片翻卷现象（图 12-5）。

图 12-5　强光导致过早产生鳞片

七、采收

当鸡腿菇子实体菌柄伸长至 20～30 cm，菌盖紧包菌柄，菌环刚刚松动、未撑开的雨伞状时采收，谨防菌盖边缘脱离菌柄开伞自溶或变黑而失去营养价值。采收时用手轻握菇体旋转式拔起，用利刃削除菇脚泥土即可上市鲜销或加工成干品出售。此时采收，子实体品质好，商品价值高，保鲜期长，耐运输。

采收完一潮菇后，要将床面的菇根和杂物清理干净，整个畦面再覆一层 1 cm 厚的细土，大水浇灌 1 次，用地膜或报纸覆盖床面，促进菌丝恢复生长，当气温适宜时，10 d 左右就会形成第 2 潮菇蕾。每次采菇后采用以上方法管理，可连续采菇 4～5 潮。

任务二　鸡腿菇熟料脱袋覆土栽培

鸡腿菇熟料脱袋覆土栽培，杂菌污染少，菌丝生长快，产量大，成功率高，可调控脱袋覆土出菇时间。

一、生产季节的选择

一般以春秋两个季节栽培为主，在高海拔地区也可以进行反季节栽培。春季栽培一般从 3 月气温回升开始栽培，有的地方可推迟到 5 月份。秋季栽培一般在 8—9 月份开始，国庆节后开始出菇。栽培时，各地气候差异大，要依据鸡腿菇生物学特性选择适宜的栽培季节。若采用设施化栽培，并通过调控脱袋覆土时间可实现鸡腿菇的周年化生产，且效益较好。

二、生产前准备

（一）菌种准备

鸡腿菇熟料脱袋覆土栽培的菌种制备与发酵料畦床栽培相同。

（二）原料准备

鸡腿菇熟料栽培常用配方主要有以下几种。

配方 1：稻草 3%，杂木屑 15%，棉籽壳 20%，麸皮 18%，石灰 2%；

配方 2：平菇菌种料 45%，棉籽壳（发酵）45%，玉米粉 9%，石灰 1%；

配方 3：棉籽壳 40%、玉米芯 48%、麸皮 8%、玉米粉 3%、石膏 1%。

上述原料要求无霉变、无污染，晒干，防雨淋。玉米芯需要粉碎；稻草需铡成 5～10 cm 长小段。

（三）场所设施准备

自然季节栽培所需场所设施与发酵料畦床栽培相似，若采用周年设施化栽培，厂房应坐北朝南，培养室和出菇房分布在走道的两侧，呈“非”字形排列，或“一”字形排列更有利于通风。每间面积 50 m^2 左右，不宜过大或过小。太大，层架间的风速难以均匀；过小，则利用率不高，单位栽培袋平均建筑成本上升。室内设置栽培架，两侧栽培架离墙壁 50 cm。栽培架高 2 m，层间距离 50 cm，宽 110 cm，走道 75 cm，正对走道设可开关的对流窗。

三、培养料配制

棉籽壳、木屑使用前预湿 12～24 h，摊晾后使用。稻草用 1% 石灰水预湿，浸泡 12 h 左右，沥干，再配合其他辅料常规拌均匀，闷堆 2 h 以上，使栽培材料充分吸湿，不造成“假湿”现象，最后再用搅拌机拌匀装袋(图 12-6 至图 12-9)。

图 12-6　稻草切段

图 12-7　稻草段石灰水浸泡

图 12-8　翻料

图 12-9　装袋

四、栽培袋制备

(一)填料

用聚乙烯菌袋，一端用塑料绳扎结，将配制好的培养料装入袋中，扎紧，装入周转筐，送入常压灭菌房灭菌。

(二)灭菌、冷却

将装袋的鸡腿菇菌包送入灭菌房，关好门，在 4 h 左右使温度快速上升到 100 ℃，保温维持 14 h。灭菌结束，待温度自然冷却至 35 ℃再出锅。温度太高时，取出菌包，会导致菌包内形成冷凝水，增加菌包的湿度，抑制后期菌丝的生长。

五、接种

(一)菌种质量的鉴定

在 28 ℃适温条件下，鸡腿菇菌丝在 PDA 培养基上生长迅速，长势旺，菌丝洁白，一级种培养 10 d 左右即可长满斜面；再转接成二级菌种，培养 25～30 d 满瓶后再转接三级菌种，培养满袋后立即接种出菇菌袋。

(二)接种方法

将灭菌好的菌包搬入已提前消毒的接种室内，待菌包不烫手后，用消毒水或是 75%的酒精喷雾消毒，接种器具、菌种用 75%的酒精擦拭后，按常规操作进行接种，为了使菌丝快速长满菌袋，多采用两头接种法。

六、管理

(一)菌丝培养阶段的管理

栽培袋菌丝培养：接种后的鸡腿菇菌包送入培养室，“井”字形排放。屋内温度控制在 27 ℃，湿度 70%，暗光培养。接种后一周检查污染并翻袋，通风，防止烧菌。一般 28 d 左右菌丝长满菌袋，菌丝长满菌袋后再经过 10 d 左右生理成熟后可转入出菇房出菇。

(二)菌床的制作

将培养好的菌袋脱袋筑床，称为菌床制作(图 12-10)。菌袋在进入出菇房前，应先对整个栽培场所的环境进行消毒处理。将掰成手掌大小的菌块倒在床面上，铺成起伏不平的波峰谷，形似波浪，高 20 cm ，宽 12 cm，压实保湿，报纸覆盖或是薄膜覆盖，待受伤的菌丝恢复，菌丝变白后再覆 5 cm 左右消毒后的土壤。土层覆得太厚，不利于菌丝萌发以及鸡腿菇原基形成，子实体长得稀疏(图 12-11)。覆土太薄，子实体长得太小、脆弱。5 cm 厚度的土层，鸡腿菇菇体肥大，菌柄粗短，开伞迟，产量高。另外，也可以将生理成熟的菌包搬入室内大棚，不脱袋，将菌包摆放整齐后，打开袋口，覆上消毒后的土壤，出菇。为提高菌包经济价值，待采收一茬菇后，再将菌包对调，重新覆土，此法可防止病菌扩散，但是比较麻烦。

图 12-10　菌床的制作

图 12-11　菌丝长满床面

(三)子实体发育管理

1. 温度控制

自然温度低于 10 ℃或高于 29 ℃时，子实体不利于形成，在 18～22 ℃时子实体生长发育最快，产量最高。根据气候的变化，结合菇体发育状态，可通过通风、喷水调温等方法对菇房内温度进行调控，使温度尽可能控制在子实体生长最适范围内。

2. 湿度控制

鸡腿菇要获得优质高产，除了温度控制好外，湿度也是出菇的关键因素。床面覆土后，在 2～3 d 内分多次将土层逐步调湿，使土壤湿度达到 20%左右，让菌丝快速伸入土层生长。标准是土壤无白芯，手握成团，手松即散。随后则结合温度、土层含水量和菌丝生长情况，采用喷灌的方法使土壤保湿。经过 10～15 d，床面子实体原基大量形成以后，喷水量逐渐加大。随着子实体的长大，喷水要及时并够量。在一茬菇采收后，停水 3～4 d，利于菌丝恢复生长，第二茬菇体原基长出后，随着菇体的长大增加喷水量，周而复始。若空气湿度小，子实体鳞片增多，菇体无光泽，菇体组织疏松，严重影响产量和品质。

水分管理的原则可概括为：喷结菇水要多，出菇水要稳，转茬水要重，维持水要补，空气水要勤。

3. 通风控制

鸡腿菇出菇阶段的通风管理与其他菇类有所不同，通风量太强，易导致菇体鳞片增多，影响外观品质。故每次喷水后，不急于关门窗，待 1 h 左右后再关闭。若遇温度较高时，菇房的门窗、棚内两头要挂湿草帘进行通风；阴雨天，空气湿度高，可适当延长通风时间。原则是既要保持菇房内空气新鲜，氧气充足，又要防止菇房内短时间小气候环境发生剧烈变化，使环境保持相对稳定状态，有利于子实体正常发育。

4. 光照控制

除了必要的工作外，出菇期应尽量减少光照时间，利于菇体雪白。鸡腿菇出菇管理的核心是做好出菇房内温度、湿度、通风三者之间的协调工作。

七、采收

鸡腿菇从原基形成到转化成菇蕾仅需 15～16 h 即可成熟，故栽培过程中，菌环松动应立即采收，若在菌环松动后或脱落后采收，子实体在加工过程中会氧化褐变，很快自溶，失去商品价值。所以，出菇阶段每天应多次采收，将采收的菇筐放置在冷藏室 4 ℃下冷藏 5 h 左右，让其“收水”，取出将表皮刮去，包装销售(图 12-12)。

图 12-12 刮皮后的鸡腿菇

思考与练习

1. 简述鸡腿菇的生长发育条件。
2. 简述鸡腿菇发酵畦床栽培技术。
3. 简述鸡腿菇熟料脱袋栽培技术。
4. 如何科学处理鸡腿菇覆土栽培的材料?
5. 结合当地资源和气候条件制订鸡腿菇的生产计划。

项目十三 草菇栽培

知识目标

1. 了解草菇的分类学地位及食药用价值。
2. 掌握草菇的形态特征、生长发育条件。
3. 掌握草菇的常见栽培方式。

能力目标

1. 能根据当地气候或生产情况制订草菇生产计划。
2. 能根据草菇生物学特性，采取适当措施，创造草菇正常生长发育的条件。
3. 能运用发酵料、熟料及生料的栽培技术进行高产优质的草菇栽培。

素质目标

1. 培养健康的审美情趣和积极进取的人生态度；树立求真、务实、创新的科学态度；培养吃苦耐劳、团结协作的精神。
2. 通过草菇栽培学习和实践活动，能分析和发现自己的优势和不足，具备发现问题、分析问题、解决问题的综合能力。

草菇[*Volvariella volvacea* (Bull.) Singer]在分类学上属于真菌担子菌门伞菌亚门伞菌纲伞菌目光柄菇科小包脚菇属，又称美味草菇、美味苞脚菇、兰花菇、秆菇、麻菇、中国菇及小包脚菇等。

草菇味甘，性寒，具有清热解暑，补益气血，降压之功效，用于暑热烦渴，体质虚弱，头晕乏力，高血压(图 13-1)。现代医学认为其具有抗氧化、调节免疫、抗肿瘤等药理作用。草菇含有丰富的蛋白质，而脂肪含量却很低。子实体可鲜食，也可直接晒干或烘干制作成干菇食用，还可制作成罐头或盐渍食用。

图 13-1 野生草菇

一、形态特征

(一)菌丝体

草菇菌丝无色透明,细胞长度不一,培养初期为灰白色或银灰色,老化时呈浅黄褐色。菌丝纤细而长,生长速度极快,4～5 d 即可长满试管。

细胞壁厚薄不一,含有多个核,无孢脐,可贮藏许多养分,可抵抗干旱、低温等不良环境,适宜条件下在细胞壁较薄的地方突起,形成芽管,由此产生的菌丝可发育成正常子实体。

(二)子实体

成熟的草菇子实体由菌盖、菌柄、菌褶、菌托等构成(图 13-2)。子实体原基初为白色,1～2 d 后发育成菇蕾,顶端黑色、鼠灰色或灰白色(因品种而异),向下颜色逐渐变淡,基部呈白色。幼蕾期至卵形期菌盖和菌柄被菌膜包裹,随着生长发育,菌盖、菌柄突破菌膜。残留在菇柄基部处的包被称为菌拖。

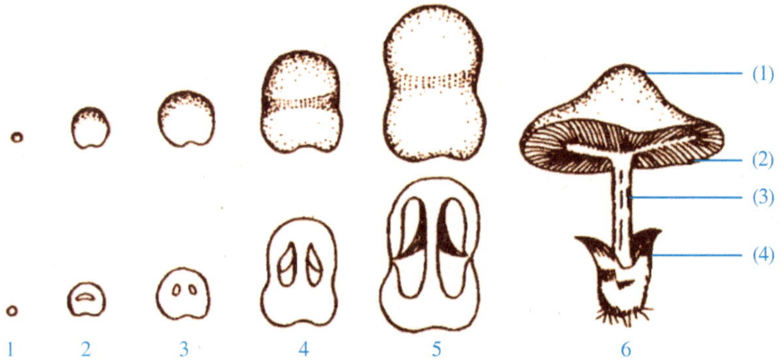

草菇子实体发育

上排:外部形态　下排:内部变化

1. 针头期　2. 细钮期　3. 钮期　4. 蛋期　5. 伸长期　6. 成熟期

(1)菌盖　(2)盖褶　(3)菌柄　(4)菌托

图 13-2　草菇子实体发育示意图

二、生活史

草菇的生活史和其他菇类一样,从担孢子萌发开始,经过菌丝体的生长发育,形成子实体,并产生新一代的担孢子。

草菇属初级同宗结合的菌类。担孢子萌发的菌丝或是自身发育,或与其他菌丝结合,就可发生双核化,形成子实体。当双核菌丝纽结形成子实体时,经历了针头期、小钮期、钮期、卵形期、伸长期、成熟期 6 个发育阶段。子实体成熟时弹射出无数担孢子,担孢子在适宜条件下萌发又开始一个新的生活周期。

草菇完成一个生活周期所需的时间为 4～6 周。除有性生活周期外,还有一个无性的小生活周期,即草菇的菌丝上经常产生大量的厚垣孢子,厚垣孢子在条件适宜时萌发成菌丝进入上述有性生活周期。

三、生长发育条件

(一)营养条件

在栽培中,作为碳素营养源多是各种天然纤维素材料,如稻草、米糠、麦秆、甘蔗渣、废棉等。总之,含纤维素的材料原则上均可以作为草菇的培养料。草菇菌丝体通过渗透作用,从培养料中吸入分子量较小的单糖,再转化为菌丝体的组成成分或转换为能量。对结构复杂的纤维素是通过菌丝体所分泌的一系列酶将复杂的材料逐步分解成简单的结构,再吸入菌丝体内。为了诱导纤维素酶的产生,加速纤维素的分解,可在培养料内加些米糠、麸皮。

碳、氮养分对食用菌正常发育不仅需有充足的数量,而且要求其比例合理,菌丝体生长阶段碳氮比以 20:1,子实体发育阶段以(30～40):1为宜。生产中因培养料种类不同,有时加麦麸、玉米粉、豆饼粉、硝酸铵、尿素等,调节其碳氨比。

除了碳、氮和无机盐以外,钾、镁、硫、磷、钙等也是草菇生长发育所必需的。在一些天然的纤维材料中已有足够的含量,一般不必再添加。

(二)环境条件

1. 温度

草菇属高温(30～32 ℃)、稳温结实性菌类,对温度的要求因品种、生长发育时期而有所不同。

(1)担孢子萌发:萌芽温度为 30～40 ℃,40 ℃时萌发率最高,35 ℃次之,30 ℃以下发芽率最低,高于 45 ℃或低于 25 ℃均不发芽。

(2)菌丝生长:在 10～40 ℃温度下均可生长,但低于 20 ℃时生长缓慢,15 ℃时生长极微,至 10 ℃时几乎停止生长,5 ℃以下或 45 ℃以上导致菌丝死亡。所以草菇的菌种不能放在冰箱中保存,而应放在 15～20 ℃的环境中保存。

(3)子实体发育:子实体发育温度为 22～32 ℃,以 28～32 ℃适宜,低于 22 ℃或高于 32 ℃时,难于形成子实体原基。

2. 湿度

草菇既喜高温又喜高湿。只有具备高温、高湿的条件,草菇才能获得高产。培养料的含水量直接影响草菇的生长发育,培养料含水量在 70%左右,空气相对湿度以 90%～95%适宜。空气湿度低于 80%时,子实体生长缓慢,表面粗糙无光泽,高于 96%时菇体容易坏死和发病。

3. 光照

草菇孢子萌发和菌丝生长不需要光线,但子实体的形成和生长需要一定的光。散射光对子实体的生长发育有促进作用,使子实体组织结实、色泽加深。如光线不足,则菇体组织松软,颜色较浅。强烈的直射光对子实体生长有抑制作用,易灼伤幼菇,而且易加快培养料的蒸发量。故露天栽培应覆盖草被,搭遮阳棚或挂草帘,避免阳光直射,同时有利于提高相对湿度。

4. 空气

草菇为好氧性菌类,呼吸量为蘑菇的 6 倍。足够的氧气是草菇正常生长发育的重要条件。氧气不足,则二氧化碳积累过多,子实体受抑制,生长缓慢,甚至停止生长。在菇蕾形成时,二氧化碳的含量逐渐增高,这时尤其要注意通风换气。但通风换气不可过急,以免使温度、湿度变化过大，不利于草菇发育。

5. 酸碱度(pH)

草菇喜欢偏碱性环境，这是草生菌类共同的特性。草菇菌丝生长的最适 pH 为 8～9，子实体发生的最适 pH 为 7.5～8。为了满足草菇对 pH 的要求，可在配制培养料时加入一定量的石灰粉或用石灰水浸泡原料，以调整 pH，这样有利于草菇的生长，同时还能对培养料表面的蜡质层和部分纤维降解，以便被菌丝利用。

四、草菇生产概述

(一)生产历程

草菇起源于中国，距今已有几百年的历史。草菇最早也叫南华菇，原本是生长在南方腐烂禾草上的一种野生食用菌，由南华寺僧人首先采摘食用。传统草菇栽培方法是在适宜气候条件下，在室外，捆草把堆垛方式进行栽培，一直延续至今。

1932—1935 年，一些华侨把栽培草菇的技术传入东南亚国家。日本、朝鲜以及非洲的尼日利亚和马达加斯加也有栽培。20 世纪 80 年代以来，美国和欧洲有些地区也开始栽培草菇。因此，草菇素有“中国蘑菇”(Chinese Mushroom)之称。

(二)生产品种

草菇菌株按个体大小分大、中、小 3 个类型，单个重在 20 g 以下属小型，20～30 g 属中型，30 g 以上为大型，色泽有鼠灰、淡灰、灰白等，因菌株而不同。采用哪个类型菌株视栽培季节和用途而定，干制用的适宜选用大、中型，鲜食和罐藏用的适宜采用中、小型。草菇的品种主要有：V20、V23、V37、V35、V844、V733、V16、V2、Vt、GV34、川草 53 等。

(三)生产方式

草菇的栽培方式，按其栽培场所可分为室外和室内栽培；按其培养料的排放方式有堆式、床式和块式栽培；按其栽培容器可分为箱式和袋式栽培；按培养料的不同处理方法则可分为生料、半熟料和熟料栽培(图 13-3 至图 13-5)。

传统的方法是室外捆把栽培。这种方法可以充分利用野外场所，原料处理方法简单，设备和成本投资少；但受自然条件和气候变化的影响明显，所以单产很不稳定。

室内栽培法的特点是：温湿度容易控制，受外界气候变化影响较小，产量比室外栽培更高更稳。

图 13-3　草菇生料栽培

图 13-4　草菇熟料栽培

图 13-5　草菇半熟料栽培

草菇室内栽培可在专门搭建的草菇房进行，也可利用闲置的农舍、猪舍等改建而成的菇房进行，改建的菇房可搭床架，也可直接在地面栽培。砖块式栽培主要在塑料大棚内、果树林下、屋前屋后空地及稻田等。

任务一　草菇发酵料栽培

一、栽培季节的选择

长江以南如武汉、上海一带 6—8 月较适，长江以北如石家庄、北京一带 6 月下旬至 7 月上旬较适。广东地处热带亚热带，在自然条件下，春末夏初到秋末均可栽培，即 4—10 月，而以春末时节 4—6 月最适宜，此期间气温回升较慢，波动不大，雨水较多，湿度较恒定。夏季易受高温暴雨影响，产量不如春、秋两季，应特别注意通风降温和控湿，如料温高于 35 ℃，子实体难以形成；空气湿度过大(常大于 90%)，会影响菇蕾吸收与输送营养，从而生长受抑制；秋后栽培气温下降较缓慢，但秋高气爽，湿度不易控制，产量比春末低。

一般而言，月平均温度 22 ℃以上，日夜温差变化不大，空气相对湿度较大的气候条件下均可栽培。

二、栽培前的准备

(一)菌种的准备

草菇菌种和其他商业化菌类所使用的菌种有很大不同。草菇三级菌种的菌龄直接关系到草菇的产量和质量。无论是引进还是自己分离的菌种都必须先做出菇实验，才能够用于生产，草菇菌种银灰色，十分纤细，透明状，一旦长满瓶或袋就要尽快使用。在瓶壁上可以看到深红色的厚恒孢子出现，出现厚恒孢子是草菇菌种固有的特性。

从经验判断：厚恒孢子多的是小粒种，反之是大粒种。菌种生产稀拉，厚恒孢子结团，菌丝呈黄白色，则不能使用。栽培前 20～25 d 生产栽培种，40～50 d 生产原种，50～60 d 生产母种。

(二)原料的准备

草菇发酵料栽培以废棉、蔗渣、稻草为主要原料，常用的培养料配方如下 。

配方 1：废棉 69%～79%，稻草 10%，麸皮 5%～15%，石灰 6%～8%，

配方 2：废棉 100 kg，稻草粉 12.5～25 kg，麸皮 25 kg，干牛粪 12.5 kg，过磷酸钙 2.5 kg，碳酸钙 2.5 kg，

配方 3：蔗渣 100 kg，麸皮 15～20 kg，石灰 3 kg，

配方 4：稻草 100 kg，稻草粉 30 kg，干牛粪 15 kg，石膏粉 1 kg。

以上原料要求无霉变、无污染，晒干，防雨淋。

(三)场所设施的准备

草菇属于典型的草腐生、高温结实型菌类，栽培环境喜湿、喜光。

1. 草菇室外畦式栽培模式

草菇室外畦式栽培场所选择有一定肥力的沙壤土做畦，畦宽 1.0～1.2 m，畦沟宽 0.3～0.4 m，畦长不等。畦面喷 1%茶子饼水和 0.1%敌百虫杀灭地下害虫。

2. 草菇室内床架式栽培模式

近年来借鉴蘑菇标准化栽培菇房的建造，菇房要求有足够的散射光(300～500 lx，能在菇房内看报纸)，每个走道设有上、中、下通风窗，通风窗大小为 0.4 m×0.6 m，底层床架离地 0.5～0.8 m，顶层离屋顶 1 m 以上，层间距 0.6 m，床架宽 0.7～1.2 m。前茬菇结束后，用 3%～5%漂白粉加入稀释的石灰乳或是 3%多菌灵喷洒墙壁、地面、床架，干燥后关闭菇房，进料前一天用 40%甲醛熏蒸消毒(15 g/m^3)，消毒后进行通风换气，甲醛气味消失后即可进料。

三、培养料的配制

夏季栽培废棉用量为 7～8 kg/m^3，麸皮用量为 5%；春秋两季废棉用量为 12～15 kg/m^3，麸皮用量为 10%；反季节栽培麸皮用量可达 15%。

培养料堆制时，先把原材料淋水湿透，加入 1/3 的石灰，拌匀，使多余水分沥出，含水量控制在 65%～70%(手握料有成串水滴滴下)，盖上薄膜，堆沤发酵 2 d，然后进行翻堆，再把麸皮等辅助料和 1/3 石灰撒入培养料中，拌匀，再起堆，覆膜发酵 2 d，如此进行翻堆 2～3 次后，把余下的 1/3 石灰撒入，拌匀即可。

四、培养料再发酵

将发酵好的培养料运放置菇房层架行，一般料厚 10～15 cm，用量为 7.5 kg(干料)/m^2。培养料进房后需再次发酵，即培养料进房后让其升温至 60 ℃，维持 2～4 h，然后降温至 50～52 ℃，保持 4～7 d。二次发酵结束后进行翻料 1 次，把培养料中的有毒气体排出后即可播种。

五、播种

待料温降至 35 ℃左右时即可播种。播种方法有点播、条播和撒播。但在实际操作中以点播加撒播效果较好，点播穴距离 10 cm 左右，深 3～5 cm，约 1/5 的菌种撒在料的表面上，用木板轻轻拍平。也可采用撒播，即进行分层播种，每铺料 5 cm 左右播种一层，最后用菌种封顶。一般 100 m^2 栽培面积需菌种 300～400 瓶(750 mL)。

图 13-6　盖膜

六、菇房管理

(一)盖膜及覆土

接种后在床面盖上塑料薄膜，2～3 d 后掀去薄膜，在床面均匀地盖上一层火烧土或细园土，厚约 1 cm，或一层事先预湿的长稻草，并喷洒 1%石灰水，保持土面湿润(图 13-6)。

(二)温度与湿度的管理

播种后,关闭门窗,在 4 d 内室温维持在 30 ℃左右,料温保持 35 ℃,如白天温度高,可掀开塑料薄膜,晚上温度降低时再重新盖上。如果室温太低,应通入蒸汽或采取其他措施加温。菌丝体阶段最适温度为 30～36 ℃,空气相对湿度通常在播种后前 3 d 要求达 95%以上,从第 4 d 开始降至 95%左右。

接种后 5～6 d,菌丝体开始扭结,产生子实体原基。子实体发育期,最适温度为 28～32 ℃,若高于 35 ℃,菇体长得快,易开伞,产量低,品质差;若低于 25 ℃则出菇困难。

子实体原基形成时要及时增加料面的湿度,打好出菇水,增加室内光照,加强通风换气,促进子实体形成。

子实体形成期间的空气湿度宜控制在 80%～90%。湿度过高,通气不良,容易烂菇,湿度过低,则子实体不易形成。

菇房及培养料的湿度控制可通过向地面或空中喷水来实施。如果培养料的酸碱度低于 8,可用 1%石灰水喷洒。

(三)通风换气

结菇期间,子实体的呼吸作用增强,释放大量的二氧化碳,二氧化碳积累过多会影响子实体的发育。尤其是高温、高湿环境下,通风不良,容易产生杂菌,所以在子实体形成期间应及时进行通风换气,以保持菇房有充足的新鲜空气。通风换气要根据气候变化进行,气温低时要在午前午后进行,气温高时要在早晚进行。同时,结合换气,在出菇期间应有一定的散射光,以促进子实体的形成,提高产量和品质。

(四)严格控制鬼伞发生

在草菇栽培过程中,最常见的竞争杂菌是黑汁鬼伞和膜鬼伞。鬼伞一般是在草菇播种后 7 d 左右出现,若不及时摘除,成熟后孢子会很快扩散。

防治方法:严格对培养料消毒,特别是后发酵要严格控制温度,同时培养料在播种后 5～6 d 和出菇后可喷 2.5%石灰澄清液,使培养料的 pH 保持在 8～9,如发现鬼伞应及时摘除。

七、采收

在适宜的温度、湿度条件下,一般播种后 6～7 d 可见少量幼菇,11～12 d 时开始采收。草菇生长迅速,必须及时采收。采收时一手按住生长处的培养料,另一手持菇体左右旋转,并轻轻摘下。如系丛生,应用小刀逐个割取,或一丛中大部分适合采收时一齐采摘。采菇时切忌拔取,以避免牵动菌丝,影响以后出菇。草菇的生物转化率因培养料而不同,一般以废棉为培养料转化率为 30%～40%,高的可达 45%以上。

任务二 草菇熟料栽培

一、栽培季节的选择

草菇属于恒温结实性菌类。子实体发育适宜温度为 22～32 ℃,以 30 ℃为最适宜。通常安排在 5 月中旬至 9 月下旬,气温稳定在 22 ℃以上开始栽培。一般三级种菌龄 18～22 d。根据栽培规模，各级菌种制作相应提前。若采用现代化温度调控系统，可进行草菇周年栽培。

二、栽培前的准备

1. 菌种的准备

同草菇发酵栽培的菌种准备。

2. 原料准备

袋栽草菇的原料以稻草为主，配方为：稻草 50 kg，麸皮（米糠）5 kg，石膏粉 0.75 kg，钙镁磷肥 0.5 kg。要求无霉变、无污染，晒干，防雨淋。

3. 场地设施准备

同草菇发酵室内床架式栽培。

三、栽培材料预处理

（一）浸草

将稻草放入预先准备好的石灰水池中，用重物加压浸没，石灰水浓度 4%（pH 14），一般浸泡 6～10 h。浸好的稻草捞起后，尽快晾干或施重压沥去多余水分。含水量控制在 70%～75%，用手握紧稻草，手缝间有 1～2 滴水，即为适宜含水量。而后用切草机将稻草切成长 15～20 cm 的短稻草（图 13-7）。

（二）拌料

将各种辅料搅拌均匀后撒入切好的稻草中，充分搅拌后，使辅料在草堆中均匀分布。

（三）装袋

选取对折径为 22～24 cm、质量好的聚乙烯塑料薄膜筒，切成长 55 cm，一头用粗棉线或塑料袋活结扎紧。往袋里装料时要边装边压紧，在离袋口 2～3 cm 处结活扣扎紧。一般每袋可装料 0.6 kg（图 13-8）。

图 13-7　浸草

图 13-8　稻草装袋

（四）常压灭菌

把装好的料袋放在常压或蒸汽灶进行灭菌，装袋灭菌一定要当天完成，灭菌时 2～3 h 内温度要升到 100 ℃，再继续保持 4～5 h。灭菌时间不宜太长，以免培养料酸化。熟料栽培的作用是经过高温使培养料中的营养物质热浸提取出来，马上就可以被草菇菌丝所利用，同时杀灭部分杂菌，不需要灭菌彻底，即可获得高产。

四、接种

接种室用气雾消毒盒进行消毒。选择经筛选适合袋栽模式的菌种做栽培种。料温下降到 38 ℃以下即可接种，接种时将料袋解开，进行开放式接种，二头接种，用种量以一瓶 750 mL 容量的菌种接 12～14 袋为宜。接种后袋口仍用塑料带活节扎紧。

五、发菌管理

将已接好种的菌袋搬入培养室，集中排列堆放培养，要创造条件使室温保持在 28～32 ℃，料温 33 ℃左右，空气相对湿度 70%左右。当袋内两端菌丝生长 3～5 cm 时，解开塑料带，将扎紧的袋口松开，使氧气进入，促进草菇菌丝生长，此阶段料温上升快，应注意防止料温过高而"烧菌"。一般 10 d 左右菌丝可满袋。

六、出菇管理

当菌丝基本走满菌袋、走透时，两端开始出现密集的灰白色小点，把袋子全部脱掉，排放在菇房地上，波浪形垄式堆叠 3～4 层，行间距离 40 cm 左右，盖上薄膜。2 d 后打开薄膜，加强室内通风透光，每天通风 3～4 次，每次 10～20 min。

七、采收

从现蕾至七分熟，一般需要 4～5 d，此时要及时采收。采收时，一手握住菇体，另一手按住周围的培养基，轻轻旋转，将菇摘下，采收后的草菇要及时削去菇脚。采完一茬菇后，应立即清除床面上的菇脚、死菇、老根，整理好料面，并喷施 1%石灰清水和 1%蔗糖水或 0.1%尿素液，继续下一茬菇管理。

任务三　草菇玉米芯生料栽培

草菇作为一种高温菇种，适合在高温高湿环境下生长，林下或蔬菜大棚是理想的生长环境。强碱性生料栽培草菇技术以玉米芯为主要原料，具有方法简单、生产周期短(30 d 左右)、成本低、见效快等优点，草菇栽培后菌渣还田还能改良土壤，增加下茬蔬菜产量。

一、栽培季节的选择

草菇菌丝体生长温度范围为 30～39 ℃，最适温度为 35 ℃；子实体生长温度范围为 24～33 ℃，适宜温度为 28～32 ℃，培养料温度以 32～38 ℃为宜。

二、栽培前准备

1. 菌种准备

选用适应性好、抗病能力强、转化率高、出菇稠密的品种。具体准备见草菇发酵料栽培的菌种准备工作。

2. 原料准备

草菇生料栽培配方为：以 100 m^2 棚为例，玉米芯 750～1 000 kg、鲜鸡粪 1.5～2 m^3、生石灰 400～500 kg。

3. 场所实施准备

选择通风良好、供排水方便、荫蔽度在 70%以上，富含有机质的林地或蔬菜大棚当作栽培场地，清除场地杂草并在场地四周挖 1 条较深的环场排水沟。林下采用 3～4 m 长的竹片搭建简易的草菇出菇棚，在棚上覆盖塑料薄膜，并将塑料薄膜的四周用土压住。

三、栽培原料处理

（一）鸡粪处理

以 100 m^2 棚为例，鲜鸡粪 1.5～2 m^3 经杀虫杀螨闷堆处理后均匀撒入棚内，扣膜密封高温晒棚，栽培前 2～3 d，犁翻 2 遍，棚内大水漫灌。

图 13-9　浸泡玉米芯

（二）玉米芯处理

按配方取料，玉米芯要求新鲜、无霉变，使用前曝晒 3～5 d，并翻晒几次，不用粉碎碾压处理，直接用整玉米芯栽培（图 13-9）。根据玉米芯的数量，挖好浸泡池，铺上塑料布，均匀撒 30 cm 厚的玉米芯，其上撒一层 1～3 cm 厚的石灰，之后铺一层玉米芯撒一层灰，最后在上面压上重物灌满水，使料完全浸入水中，石灰用量掌握下层少上层多，石灰要留 1/5，以后分次补充加入。根据气温高低和玉米芯材质不同，一般需要浸泡 6～9 d，水面下降漏料后加水和石灰，浸泡至玉米芯掰开后心发黄为宜。

图 13-10　栽培畦制作

四、栽培畦制作

在栽培棚内每平方米铺 9～10 kg 泡透的玉米芯，铺成底宽 80 cm、高 20 cm 的龟背形畦面，保证两边渐倾斜至与地面相平，畦面需要适当拍实，以防浇水后发生下陷现象；畦间距 70 cm 左右，这样方便后期的操作管理(图 13-10)。把麸皮（占总重量 2%）与 2%阿维菌素乳油 100 倍液拌匀后撒在畦面上，用来防止玉米芯霉变和草菇栽培中滋生杂菌及螨虫。

五、播种

在铺好玉米芯的畦面上以 1 瓶(500 mL)/m^2 的规格均匀地撒上麦粒菌种，然后在菌种上扣提前做好的约 2 cm 厚的泥皮(气温高时泥皮可适当加厚，温度低应该薄一些)。用清水在泥皮上浇一遍，并在泥皮上以每 5 m^2/瓶的标准撒麦粒菌种。最后在畦面上喷一遍菊酯类农药用来防虫，再盖上宽 1.5 m 的地膜进行发菌(图 13-11)。

图 13-11　播种

六、覆土

播种后可以立刻覆土，也可等 1～2 d 后覆土，如果覆土后土干，有裂缝，要用水泼一遍床面，覆土后也要覆盖塑料膜。

七、发菌管理

播种后密闭大棚，迅速把料温升到 32～38 ℃，密切注意料温及菌丝萌发情况(图 13-12)。料温达 37～38 ℃时要揭膜通风，使温度降低，谨防烧菌。播种后 5～7 d，上层有菌丝冒出，大棚开始适量通风，同时加强光照，刺激菇蕾形成，床面菌丝过旺时可喷打结菇重水，加大通风，促使菇蕾形成。

图 13-12　发菌催蕾

八、出菇管理

播种后 6～7 d，床面开始有菇蕾扭结，掌握棚内温度、湿度、光照、空气的全面平衡，促使子实体的发育和生长。棚温尽量保持在 28～33 ℃，料温保持在 33～37 ℃，高于 40 ℃易造成菇蕾死亡，低于 30 ℃则停止生长；空气湿度应保持在 90%～95%，出菇期间尽量不向菇床喷水，补水可向走道灌水。子实体生长发育阶段需要一定的散射光，以 500～1 000 lx 为宜。

九、采收

图 13-13　成菇

播种后 13～15 d，当草菇长至蛋形期且即将伸长时采摘最为合适(图 13-13)。采摘时，单生菇体只要用手捏住菇体轻轻扭转提起即可；丛生菇体则需要等大部分进入伸长期时连片采下，若只有个别菇体需采收，用刀轻轻采下，不要碰损其他小菇。一般每天采收 2 次。采收后及时削根整理、分级保鲜或加工处理。

采菇 10～15 d，头潮菇结束后不喷水，菇床覆盖薄膜间歇 3 d，使菌丝恢复生长，然后调棚温 30 ℃以上，喷一次重水，畦间蓄水沟浇 1%石灰水，保持棚内空气相对湿度 90%～95%，适当通风，刺激分化现蕾，进行转潮出菇管理。草菇一般可出 3 潮菇。

出菇后的菌渣直接翻入棚内，作为下茬轮作蔬菜的底肥。

思考与练习

1. 简述草菇的生物学特性。
2. 简述草菇的发酵栽培技术。
3. 简述草菇稻草熟料栽培技术。
4. 简述草菇玉米芯生料栽培技术。

项目十四　双孢菇栽培

知识目标

1. 了解双孢菇的分类学地位及食药用价值。
2. 掌握双孢菇的形态特征、生长发育条件。
3. 掌握双孢菇的室内层架栽培技术和室外大田栽培技术。

能力目标

1. 能根据当地气候或生产情况制订双孢菇生产计划。
2. 能根据双孢菇生物学特性，采取适当措施，创造双孢菇生长发育条件。
3. 能通过室内层架栽培技术和室外大田栽培技术两种方式生产出优质双孢菇。

素质目标

1. 通过对双孢菇栽培的学习，使学生形成利用所学知识指导生产实践的思维方式，并树立为农服务的基本观念。
2. 通过对双孢菇生产的学习，培养学生的安全意识和爱岗敬业精神。

双孢菇（*Agaricus bisporus*），在分类学上属于真菌门担子菌亚门担子菌纲伞菌目伞菌科蘑菇属，又称口蘑、洋蘑菇、白蘑菇等，因其担子上仅着生两个担孢子得名，是世界食用菌生产中最大的菇种。

图 14-1　野生双孢菇

双孢菇可食用，肉质鲜嫩肥厚，味道鲜美，营养丰富（图 14-1）。富含蛋白质、多种氨基酸、核苷酸、维生素和矿物质，其中蛋白质含量高达 42%（干重）。此外，双孢菇还含有多糖物质，具有防癌抗癌的作用。因此，经常食用双孢菇不仅可以提高人体免疫力，还能预防癌症、心血管疾病、肝炎、肝硬化、贫血等疾病。

一、双孢菇的生物学特性

(一)形态特征

1. 菌丝体

菌丝体白色或灰白色,长管状,细长,有分支和横隔,无锁状联合,其生长速度中等偏快,不易结菌被。

根据菌丝体的培养特征可以将双孢蘑菇品种分为 3 种类型:气生型、匍匐型和半气生型,生产上多使用半气生型菌株。

2. 子实体

双孢菇子实体中等大,呈伞形。子实体菌盖初期半球形,成熟后展开为伞状,边缘初期内卷,后平展。菌肉白色,厚,具蘑菇特有的气味。菌褶最初为白色转变为粉红色,后变色至黑褐色。菌柄白色,光滑,近圆柱形,基部粗。菌环单层,易脱落。担子上着生有 2 个担孢子,深褐色,孢子印暗紫色。

(二)生活史

双孢菇的生活史,通常属于次级同宗结合类型,绝大多数的担子只产生 2 个担孢子,孢子褐色,椭圆形,光滑,1 个担孢子萌发生成的双核菌丝自身即具有结实能力。在子实体形成过程中,2 个不同交配型的细胞核在原担子中进行核配,形成 1 个双倍体细胞核。双倍体核经减数分裂形成 4 个单倍体核,2 个不同交配型的细胞核在担子内配对,最后发育成 1 个异核性的双核担孢子,从而完成整个生活史(图 14-2)。

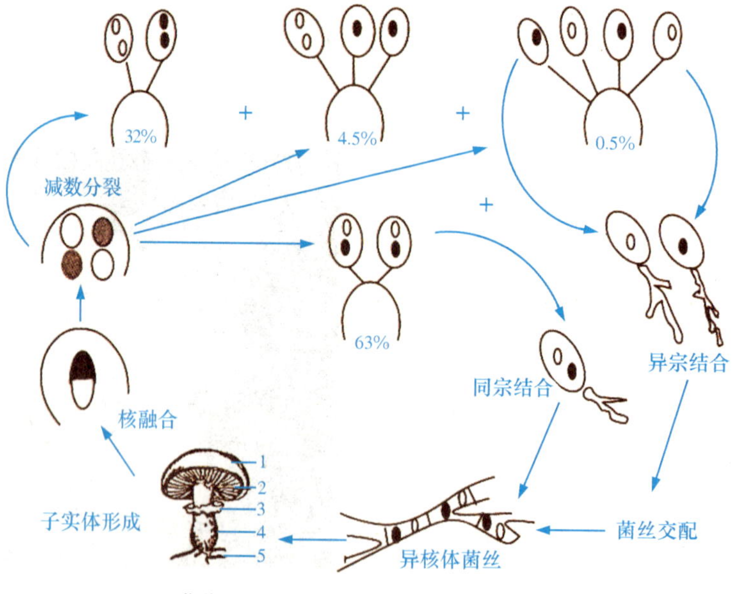

1. 菌盖 2. 菌褶 3. 菌环 4. 菌柄 5. 菌索

图 14-2 双孢蘑菇生活史(仿绘自 Ekliott,1985)

(三)生长发育条件

1.营养条件

双孢菇是草腐菌,能利用稻草、麦秸、玉米芯等富含纤维素、半纤维素、木质素等成分的作物秸秆为其提供碳源,但需要先将其发酵腐熟,不能直接利用。双孢菇只能利用铵态氮和有机氮,不能利用硝态氮,如尿素、硫酸铵、蛋白质和氨基酸。双孢菇培养料堆制前碳氮比以(30~35)∶1为宜,堆制发酵后,由于发酵过程中消耗了一定量的碳源和发酵过程中多种固氮菌的生长,培养料的碳氮比降至21∶1,子实体生长发育的适宜碳氮比为(17~18)∶1。双孢菇的生长需要一定量的钙、磷、钾、硫等矿质元素,因此培养料中常加有一定量的石膏、石灰、过磷酸钙、草木灰、硫酸铵等。

2.环境条件

(1)温度:双孢菇菌丝萌动起始温度为5 ℃,生长极限温度为33 ℃,适宜生长温度为22~26 ℃,高温致死温度为40 ℃以上。子实体生长发育的温度范围在4~24 ℃,适宜生长温度为14~18 ℃。高于19 ℃子实体生长快,菇柄细长,肉质疏松,伞小而薄,且易开伞。低于12 ℃时,子实体生长速度减慢,敦实,菇体大而厚,组织紧密,品质好,但出菇稀少,不易开伞。

(2)湿度:双孢菇整个生长发育阶段都离不开水,这些水分主要来自培养料、覆土层和空气中的水蒸气。在双孢菇营养生长阶段培养料含水量以60%~63%为宜,空气湿度保持在70%~75%;生殖生长阶段培养料含水量则以65%左右为好,空气湿度提高到90%左右;覆土含水量维持在20%左右,以保证子实体正常的生长发育,覆土含水量过高或过低都会影响双孢菇产量,如覆土含水量长时间高于95%,极易发生病原性病害和喜湿杂菌的为害。

(3)空气:双孢菇是好氧性菌类,发菌期、出菇期都需要充足的氧气,二氧化碳含量过高会抑制菌丝体和子实体的生长。环境中二氧化碳浓度一般为0.03%,当覆土层中二氧化碳浓度达到0.5%以上时,会抑制子实体的分化,当菇厂内二氧化碳浓度超过5%就不再形成子实体。

(4)光线:光线对双孢菇的生长无直接作用,菌丝能够在完全黑暗的条件下生长,微弱的光线有利于菇体的形成。若光线过强,会引起菇体表面发黄、硬化,使其品质下降,商品价值降低。

(5)酸碱度:双孢菇宜偏碱性,菌丝适宜pH是5.0~5.8,最适pH为7.5,子实体的适宜pH为6.5~6.8,偏酸对菌丝体和子实体的生长都不利,且易产生杂菌。因菌丝在生长过程中产生的一些酸性物质会使培养料和覆土层的pH下降,因此培养料的pH应调至7.5~8.0,覆土层材料的pH应调至7.0~8.0。

(6)土壤:双孢菇子实体的产生必须经过覆土这一环节,土粒中的微生物及其代谢产物能够有效刺激诱导子实体的产生,不覆土则不出菇或出菇很少,覆土是栽培双孢菇的重要措施之一。

菇床覆土有以下作用:覆土能降低料面水分蒸发,使之保持一定的湿度,并供给子实体生长所需水分;覆土的导热性差,对外界温度有缓冲作用;在覆土层内氧气减少,二氧化碳浓度较高,能抑制菌丝生长,促进菌丝扭结,在覆土层内形成一个相对稳定、有利出菇的小环境。覆土后,由于覆土中的某些微生物,如臭味单细胞杆菌的代谢产物,可诱导双孢菇子实体原基的形成;而蘑菇菌丝的某些代谢产物,如乙烯、丙酮类挥发性物质,不但能刺激原基的发生,又能激发覆土层中微生物的活动,形成有利于双孢菇生长的生态环境。

覆土层的营养比较贫乏，进入覆土层的菌丝生长会受到抑制，再加上覆土对菌丝的机械刺激，能促进双孢菇由营养生长转入生殖生长。出菇后，覆土层还具有支撑子实体生长的作用。

二、双孢菇生产概述

(一)生产历程

双孢菇的栽培起源于法国巴黎(1550 年)。18 世纪初，双孢菇栽培开始从法国传到世界各地。我国 1935 年开始双孢菇人工栽培，多在安徽、江苏、山东等地。双孢菇野生资源主要分布于欧洲、北美洲、北非和澳大利亚等地，在中国主要分布于新疆、四川、西藏等地。目前，我国已成为世界双孢菇的生产大国，总产量占世界第一位，出口量也占世界第一位。

(二)生产品种

目前，栽培的双孢菇品种按菇体大小可分为大粒型、中粒型和小粒型；按子实体发生温度可分为高温型、中温型和低温型；按子实体色泽可分为白色、棕色和奶油色。我国栽培的双孢菇按菌丝在琼脂培养基上的生长性状将其分为气生型、贴生型、半气生型菌株。目前，国际上常用的品种主要是 Sylvan、Amycel 和 Le Lion 三大菌种公司的品种，如 Sylvan 公司的 S15、S130/S516 等，Amycel 公司的 2200、2400、F56 等。我国目前常用的主要品种是福建轻工研究所育成的 As2796、As3003、闽 1 号，以及前几年使用的蘑菇 176、浙农 1 号等。

(三)生产方式

双孢菇栽培方式多样，根据栽培场地不同，分为室内层架栽培(图 14-3)、室外大田栽培、塑料大棚栽培(图 14-4)、半地下室菇房栽培。

从生产实践来看，主要采用室内层架栽培和室外大田栽培两种方式，栽培场所多利用大棚设施栽培。

图 14-3　双孢菇室内层架栽培

图 14-4　双孢菇塑料大棚栽培

任务一　双孢菇菇房层架栽培

双孢菇菇房层架式栽培是最常见的栽培方式，南方采用竹木稻草简易菇房、保温板式菇房，北方采用日光温室、塑料大棚式菇房。同时根据实际保暖和潮湿条件，可采用地上式、半地下式、地下式菇房。

双孢菇菇房层架式的栽培流程：栽培季节和菌种选择→菇房和菇床准备→配料→前发酵→后发酵→播种→发菌→覆土→出菇→采收。

一、栽培季节的选择

双孢菇菇房层架栽培为降低能耗成本，常采用顺季利用自然条件栽培。一般是以当地昼夜均温稳定在 20～24 ℃，约 35 d 后下降到 15～20 ℃为宜。播种期从北向南多安排在 8 月中旬至 11 月上旬。

二、栽培前的准备

(一)菌种的准备

应选择适销对路、高产优质、耐水肥、菌丝爬壁能力和扭结能力强的优良菌种，如 A737、As2796、英秀 1 号等。应在国家指定的食用菌品种生产单位购买，菌种菌丝洁白，呈羽毛状，爬壁能力强，无污染、无老化。有条件的用户可以自己生产菌种，一般播种前 5 个月制备母种、4 个月制备原种、2 个月开始制备栽培种。

(二)栽培原料准备

双孢菇培养料配方较多，但碳源主要有两类：一类是稻草、麦秆、玉米芯等作物秸秆；另一类是杏鲍菇、平菇等食用菌菌渣。氮源通常采用牛粪、鸡粪、饼肥等有机物，有时也采用尿素、磷肥等化学物质。适宜培养料碳氮比为 30∶1，堆积发酵后为(15～17)∶1。

常用配方有以下几种。

配方 1：麦秆 54 %，干牛粪 40%，饼肥 3%，过磷酸钙 1%，石灰 1%，石膏 1%；

配方 2：玉米芯 46%，干牛粪 44.5%，饼肥 5%，尿素 0.5%，过磷酸钙 1%，石灰 2%，石膏 1%；

配方 3：稻草 46%，猪牛混粪 46%，饼肥 3%，氮肥 1%(尿素 0.8%，硫酸铵 0.2%)，石膏粉 1%，过磷酸钙 1%，石灰 2%。

另外，在备料前应根据栽培面积估计好栽培料的用量。一般每平方米投干料 30～35 kg。原料要求新鲜、洁净、无霉变、无杂质。

(三)场所设施准备

菇房一般选择地势高、近水源、利排水、周围无污染源、场地开阔的地方。菇房以栽培面积在 150～200 m^2 为宜。双孢菇生产过程中易有氨气产生，要求菇房在具有保温、保湿的同时，还要通风性能好。在菇房上中下都要设通风口。目前北方采用日光温室，塑料大棚比较普遍，实际栽培过程中采用塑料薄膜分区管理。

菇床采用南北方向排列，摆放时要避开气窗风口，行间留出 50～70 cm 的通道。多采用竹木结构或钢架结构，既要坚固平稳，还要考虑方便拆卸冲洗消毒。两侧操作的床宽一般在 1.5 m 左右，单侧操作的床宽约 0.8 m，以能采到菇床中间的双孢菇为宜，菇床层数一般不超过 5 层，层距 60～70 cm，底层距地面 20 cm 以上。使用前菇房要严格消毒，方法同前层架排列与结构。

三、培养料堆制发酵

(一)发酵场所选择

选择地带开阔、排灌方便、靠近菇棚,远离鸡栏牛棚,最好是水泥地面的场所。如是泥土地面,应垒实,四周设排水沟,四角挖积水坑,使料内流出的肥水积聚在坑内,再浇回料内,以免流失。一般 100 m^2 的栽培面积,料堆长约 10 m,宽 2.2~2.5 m,高 1.6 m 左右。

(二)预湿

堆料前 2~3 d,将麦秸、稻草、棉籽壳等摊于地面,均匀喷水浸湿,以湿透为度,含水量 60%左右;干粪粉碎后,加入清水拌匀,湿度掌握在能捏成团,松手散得开为度,含水量 50%~55%。预湿越透、越匀越好,做到宁湿勿干。

具体方法有两种:一是在事先挖好的坑中用 0.5%石灰水浸泡,吸足水分后捞出与预堆的鸡粪按比例拌匀建堆;二是在硬质地面平铺麦草 40~60 cm 后,喷水让其充分吸收;第二天堆成高 1 m 的堆,在其周围喷 5%石灰水;第三天继续喷水,最终使麦草湿透,含水量达 60%左右(抽出几根麦草,用手绞拧,能见水渗出)。但应注意不要在预湿中直接撒石灰粉。同样与预堆鸡粪按比例充分拌匀。

(三)堆料

堆料前将场地打扫干净,先铺一层草,约 30 cm 厚,堆宽 2.5 m,长约 10 m,然后在上面铺一层粪,以盖没草层为度,粪上再铺 30 cm 厚的草,上面再撒一层粪。依此顺序堆叠,直到料堆高达 1.5~1.6 m 为止,最上面盖一层粪,如有人畜尿,可在上层浇入代替水。饼肥和尿素一般在堆料中间 3~6 层时加入,上下两头不加,以利充分发酵和吸收。铺料时如草料较干,可适当喷水调湿。

注意堆料四周垂直、整齐,以利于保持堆内温度,促进好热性微生物的繁殖。堆料顶部做成弧形,堆顶覆盖草帘,防日晒。堆中间每平方米应加 12~15 cm 木棒等物 3~5 根,利于通气和促进微生物的活动。下雨时要盖薄膜,防止雨水淋入料内,雨后及时揭膜,以利通气。

(四)前发酵

前发酵需要 3 次翻堆。第一次翻堆在建堆后 5~7 d,加 1/2 复合肥、过磷酸钙,并将麦秸的含水量控制在 65%~70%。翻堆结束后,在四周撒石灰粉。第二次翻堆在第一次翻堆后 4~6 d,加 1/2 石膏粉和过磷酸钙,将宽度扩大为 2 m,高度不变,长度自定,适当补水。如遇雨天应及时盖好薄膜,雨停后马上掀开。第三次翻堆在第二次翻堆后 3~4 d,翻堆时调节 pH 为 7.2~7.8,培养料含水量为 63%~65%。翻堆时可不受天数限制,当堆温达 70~75 ℃时,即可翻堆。

建堆前一天,在堆底撒一层石灰粉或喷洒一遍 10%的浓石灰水,第二日建堆时把尿素均匀加入拌好的麦草内,同时把局部没有湿透的麦草放在事先挖好的水坑内浸泡后放在堆顶,南北堆向,宽 1.6~1.8 m,高 2 m 左右,长度不限,四周垂直,堆顶呈龟背形,覆盖草苫。第二日开始测温,每 2~3 h 测 1 次,待温度升到 65 ℃时,保持 3~4 d,第一次翻堆,翻堆前堆底留好通风道或垫好木棍,结合翻堆,调节好水分,使含水量达 75%左右(用手紧握培养料,滴出 10 滴水左右),同时把石膏粉均匀加入。

翻堆时料偏酸,可用 2%~5%的石灰水调节 pH 至 8.0,堆高、宽不变,长度缩短。翻堆后将堆周围的杂物清扫干净。第二天开始测温，待温度升至 65 ℃，保持 3～4 d，再进行第二次翻堆。翻堆前，先把堆周围的培养料用喷雾器喷湿，也可先把堆外表的干料集中到一块喷水使其湿透，翻堆时放进堆的中上部，含水量调到 72%左右，pH 7.8。翻堆后仍然按照 65 ℃保持 2.5～3 d 后第三次翻堆。翻堆前同样留好通风道或垫好木棍，通气发酵，保持 2.5～3 d。一般调水适当，堆温正常，前发酵翻 3 次堆即可，若调水不当，或料温偏低，还要进行第四次翻堆。每次翻堆后，料堆表面要喷洒 0.5%的敌敌畏和 80%的溴氰菊酯 1 000 倍液。

(五)后发酵

第三次翻堆后 2～3 d，料温达到最高时，按计划用量趁热运进菇床集中堆放，堆高 50～55 cm，随即覆盖棚膜。当料温上升到 60～62 ℃、气温 55 ℃左右，保持 6～10 h，有利于嗜热微生物的生长，还可将病菌、杂菌、害虫杀死。然后降温至 50～52 ℃，维持 4～5 d，使有益的中温型嗜热微生物(主要是腐殖霉菌和放线菌)大量繁殖生长。随后撤膜降温，当降到 40 ℃左右时，将料摊放于菇床，厚 25～30 cm，打开门窗通风降温，排出有害气体。

发酵好的培养料质地柔软有弹性，草形完整，一拉即断，棕褐色至暗褐色，料表面有一层白色放线菌，料内可见灰白色嗜热性微生物菌落，无病虫杂菌，无酸臭味，无氨味，含水量 62%左右，手握料有 2～3 滴水，pH 7.0～7.5。麦草料二次发酵又分菇房外二次发酵和菇房内二次发酵两种。对菇房外二次发酵场地首先进行一次彻底清理。然后喷洒 80%的溴氰菊酯 1 000 倍液，并撒一薄层生石灰粉(以不露地表为准)。

用砖垒好通风道(砖与砖间隔 5～8 cm)和拔气筒(最好用砖垒成砖笼，四面通风)后，按南北方向堆料，堆高 1.5 m，宽 1.2 m，长 20 m 左右，顶部呈龟背形，四面垂直。料堆建好后，堵住拔气筒，第二天上午 9：00 前用塑料薄膜罩住堆料，薄膜与培养料间距 20～30 cm，为便于操作，间距可大些。待间距内气温升到 45 ℃左右时，用适量高锰酸钾加甲醛熏蒸。熏蒸后温度升到 57 ℃时，密闭 8～10 h。

培养料经严格消毒后，有计划地控制拔气筒与通风道，使培养料在 50～55 ℃发酵 5～7 d，然后拔开所有通风道与拔气筒，待培养料温度迅速降至 28 ℃以下时，进房铺料、播种。菇房内二次发酵，可将前发酵好的培养料均匀铺在床架上，密封菇房门窗后，向菇房内通入热蒸汽，温度达到 60 ℃左右，保持 8～10 h，然后缓慢降温到 45～55 ℃，保持 4～5 d，快速降温至 28 ℃，进房铺料、播种。

四、进料播种

(一)菇房消毒

进料前一天，菇房再进行消毒灭菌 1 次。按每立方米空间用甲醛 10 mL，高锰酸钾 5 g 进行熏蒸。

(二)铺料

第二天将温度降至 28 ℃以下的培养料均匀地堆放在栽培床架上，厚度为 20 cm 左右。播种前，若培养料偏干可进行调水，使培养料含水量达 65%～68%。

(三)播种

选择高产、抗杂能力强、适应性广的双孢菇菌株进行播种。播种前要检查一下，菌丝浓白粗壮的为优质菌种。将选好的菌种掰成颗粒状，接触菌种的工具及手需用 1%高锰酸钾水消毒。按每平方米1～1.5瓶的量，把总量的3/4先均匀撒到畦床上，用手或工具把菌种和培养料混匀(底部8 cm左右不播菌种)，然后用木板将料面整平，轻轻拍压，使料松紧适宜(厚度为25～30 cm)，料面成弧形，以利覆土。然后把剩余的1/4菌种撒到料床表面，并用手或耙子扒下，使菌种稍漏进表层，或在菌种层上再薄薄地盖一层麦草并压实，以利定植吃料，不致使菌种受到过干或过湿的伤害。即使用较多的“混播＋表播”法。

五、发菌管理

播后3 d，紧闭菇棚，稍微通风，以保湿为主。播后1～2 d菌种萌发出绒毛状菌丝，第3天开始吃料，遇高温(28～30 ℃或以上)天气，应加强通风换气，夜间将通风口全部打开，通风降温，防止菌丝闷热不萌发(图14-5)。3 d后随着菌丝生长，逐渐加大菇棚通风量，促使菌丝尽快在培养料中定植。一般播种后7～10 d，菌丝基本长满料面。此时，应加大通风，昼夜打开通风口，降低空气湿度，使料面较干，促使菌丝向湿度较大的料内生长，缩短发菌期，减少病虫害的侵染。

图14-5　菌丝生长

六、覆土

(一)覆土材料的准备

覆盖材料要求疏松柔软，持水力强，一般以壤土为好。我国目前栽培双孢菇采用的覆土分为粗土和细土两种，并且将粗、细土分开进行两次覆土；也有不分粗、细土而进行一次性覆土的。

粗土一般采用沙壤土，其优点是毛细管保水性能好，便于菌丝长入粗土内；细土一般取黏壤土，可使喷水后不易板结，水容易流入粗土中。国外多采用泥炭土为覆土材料，我国一般采用田园土，也有采用砻糠土(细土2 700 kg，砻糠125 kg，混合均匀，调水适度)做覆土材料的。

覆土的粗土要求直径为2～3 cm，细土直径以0.5 cm为宜。粗细土粒要分开存放。土粒用量是每20 m^2栽培面积用1 m^3，其中粗土占1/3，细土占2/3。取土时须弃去表层土，取地表10 cm以下土壤，以免带进虫卵和杂菌。

覆土材料应在播种后即着手准备。粗土宜选毛细孔多、团粒结构好的沙壤土，土质疏松，通气性好，吸水性和持水性良好，有利于贮藏水分和双孢菇菌丝穿土。细土宜选土质偏黏的黏壤土，土粒结构较紧密，喷水后不松散，土层不板结，水分容易渗到粗土层，能良好保持粗土中的水分。粗土粒过大、过僵，持水性差，水易流入料面，菌丝在土层内生长不良，易出畸形菇，甚至料面菌丝萎缩；粗土粒过细、过松，则透气性不良。细土粒过小、过松，喷水宜板结，土层通气差，菌丝板结，不易产菇，产量降低；细土粒过大、过僵，持水性差，水分易流入粗土层，使细土层偏干，粗土层偏湿，结菇部位深，影响双孢菇产量和质量。一般每平方米菇床用粗土22～25 kg，细土10～12 kg，100 m^2床面应具备土5.5 m^3。覆土使用前，先置阳光下晒1 d，然后用0.5%敌敌畏液或4%～5%浓度的甲醛液喷洒，每1 000 kg干土用药液5～6 kg。喷药液后将土粒堆成堆，加盖薄膜 15～20 h，以消灭土粒中的害虫。

（二）覆土的时间与方法

覆土时间要根据菌丝生长情况而定，当菌丝已布满料面，“吃料”到 2/3 深度时就可以覆土，一般在播种后 15 d 左右。覆土时，先将料面整平，稍压实，先覆粗土，将粗土均匀排列于料面，隔 5 d 后再覆细土或用粗、细土混合，一次性地覆盖在料面上。等大部分菌丝扭结，20%～30%原基形成，再薄薄撒一层消毒细土，直到看不见原基为止，以免喷水时水珠直接伤害双孢菇菌丝（图 14-6、图 14-7）。

覆土完毕，立即用稀泥浆将床架每层培养料四边封闭，2 d 后用细竹竿或其他工具将床四边扎一些小孔，让孔内能长出子实体。用泥浆封闭四边的好处：一是保温、保湿，防止培养料水分散失；二是增加出菇面积，提高单产。

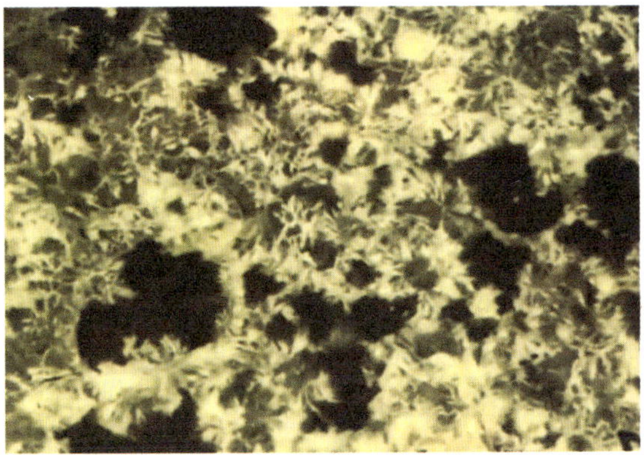

图 14-6　菌丝扭结

图 14-7　原基

（三）覆土后管理

覆粗土后 2 d 左右，按先湿后干原则进行调水。若粗土含水量在 18%～20%，可以不调水；如水分不足，应在 3 d 内分多次喷水。调水时要求轻喷、勤喷、按循环水方式进行，直至最后一次喷水结束，用手指捏土粒，以扁而不散并稍有裂口、不黏手、土粒内无白心为宜。

覆细土后的水分调节，应坚持先干后湿，并要求慢调水，防止因急于早出菇而调水太快（图 14-8）。一般覆细土后停水 1 d。第 2 天开始喷水，每天 1 次，每次用水量 0.9 kg/m^2 左右。这样前期细土比粗土稍干，促使菌丝继续在粗土层生长，充分长入粗土内部，以后逐渐调水增加细土湿度，使菌丝在粗细土之间生长。

图 14-8　水分调节

（四）出菇水的调节与通风管理

一般情况下，出菇前要喷 2 次结菇重水。覆细土 3 d 后，当气生菌丝普遍长到细土缝，有的已长上细土时，打开全部门窗进行大通风 2～3 次，以利于抑制菌丝生长，并促进绒毛菌丝扭结为线状菌丝，进而形成原基。这时要补盖一层细土，将看到的菌丝及原基覆盖保护好。每天喷水 2～3 次，每次喷水量为

0.9 kg/m^2。喷结菇重水后要进行大通风，气温适宜时可昼夜长期打开门窗；气温高时白天关闭门窗，晚上打开门窗。结菇重水调足后 3 d 左右，当大批子实体长至黄豆粒大小时，及时喷出菇重水，用水量 1.8 kg/m^2，要求 2 d 内调足，方法同结菇重水。本次喷重水主要是供给土层中已形成的子实体，使之迅速长大出土。用好结菇水和出菇水，是双孢菇水分管理的关键。但也要注意以下两点：一是高温情况下（室温在 23 ℃以上）不可喷重水；二是喷水时菇房一定要大通风，否则很容易引起死菇和滋生杂菌。

七、出菇管理

（一）秋菇管理

双孢菇的秋菇管理主要包括水分管理、通风换气、挑根和补土、增施追肥等措施，以提高秋季的出菇量。

1. 水分管理

双孢菇子实体生长所需的水分，主要是从粗土中吸收；其次是从细土、空气中吸收。出菇后土层喷水原则为看菇喷水：即菇多时多喷，菇少时少喷；前期多喷，后期少喷。

水分管理的具体做法是：在秋菇前期，即第一、第二、第三潮菇大批出土后，并长到黄豆大小时，都要喷 1 次重水，每次喷水量为 1.3 kg/m^2。每天 1～2 次，连喷 2 d，使细土能搓的圆、不黏手，含水量在 20%左右；粗土捏的扁，有裂口，含水量在 18%左右。采菇前土层不要喷水，以防采摘时菇盖变红。喷水时间最好在早、晚温度较低时进行。秋菇后期（即第四潮菇后），随着气温下降出菇密度减少，菇潮不明显，喷水要轻喷、勤喷并逐渐减少喷水量，每天喷水 0.5 kg/m^2 左右，使粗细土较前期略干些，保持细土松软潮湿。

总之，在水分管理上，除看菇喷水外，还必须结合气候、菇房保湿性能、菌丝生长情况、土层厚薄等进行灵活管理。双孢菇出土后，菇房内的空气相对湿度要保持在 90%～95%，尤其是秋菇前期气温较高、水分蒸发快的情况下更为重要，这样既可以满足子实体表面直接从空气中吸收水分，又能防止土面水分的大量蒸发，为此晴天时要在地面、走道的空间、四周墙壁和草帘上，每天喷水 2～3 次；阴雨天可开门窗让潮湿空气进入菇房，以增加菇房空间湿度。

2. 通风换气

一般气温在 18 ℃以上时，菇房通风以不提高室内温度为原则，同时又要尽量不降低菇房温度，所以通风多安排在夜间或雨天进行。到秋菇中期后，气温降至 14 ℃以下时，通风应安排在白天，开少量南面地窗以提高菇房温度。

3. 挑根与补土

每潮菇采收后，要及时挑除残留在床面上的发黄老根或死菇，否则会影响新生菌丝生长和阻碍子实体形成，还会腐烂发霉。每次挑除老根和死菇后，应立即补盖新鲜湿细土，然后喷水保湿。

4. 增施追肥

秋菇后期，即第三潮菇采收后，因培养料养分已大量消耗，为了提高双孢菇产量和品质，并促使菌丝生长健壮，可以进行追肥。常用的追肥方式有。

①0.1%～0.2%尿素，可结合喷水进行；

②1%葡萄糖，在菇蕾黄豆大小时喷施；

③培养料浸出液，这是碳、氮含量丰富的完全肥料，能满足双孢菇对各种营养元素的需要，成本低，效果好。一般用剩余培养料晒干配制，用5倍开水浸泡于缸中，闷3～5 h，过滤冷却后喷施。也可用剪切下来的菇脚加水煮开取滤汁冷却后喷施。

(二)冬菇管理

冬季管理的主要技术指标：恢复和保持好料内和土层中菌丝的生活力，为出好春菇打基础。为了达到这个目的，需采取以下技术措施。

1.收水打洞

秋菇后期，随着气温下降，出菇减少，土面蒸发降低，要及时减少床面喷水，以保持土层透气良好。同时在床架反面对培养料普遍进行1次打扦戳洞。打洞的方法是：用直径2 cm的尖头木棒，每隔13～15 cm打1洞，以增加料内的透气性，散发有害废气，使料内菌丝有养息复壮的机会。

2.通风保湿

秋菇基本结束后，进入寒冷冬季，菇房除加强保湿措施，尽量不要结冰外，每天还必须给予适当的通风。一般情况下中午可开南面窗通风1～2 h，天暖无风情况下，也可开南北的窗户通风1 h。气温特别低时应停止通风，尽量使室温保持在0 ℃以上。

3.适当喷水和松土除老根

冬季气候干燥床面仍有一定蒸发量。为了不使菌丝过干而影响菌丝正常的代谢活动，一般15 d左右喷1次水，用水量0.5 kg/m^{2}左右，保持细土不发白，捏得扁，搓得碎(含水量15%左右)即可。松土除老根应在雨水节前后(2月下旬)气温回升到5 ℃时进行。松土前菇房要通风1～2 d，可将细土刮到一边，用竹签插入土层至料内撬动粗土，拣掉干瘪的黄老菌丝，随后将细土重新铺平；若土层菌丝生长一般，无板结现象，直接用竹签插入土层与料内，松动粗土，挖去变黄的老根和死菇，再补盖一层新细土，若料内菌丝较差，冬天最好不要动土，到3月中旬春菇出土前，将粗细土轻轻松动一下。

4.喷好发菌水

松土除老根后，为了促进土层内断裂的菌丝重新萌发生长，需及时补充土层中水分，即喷好发菌水，发菌水应选择在低温以后，温度开始回升且稳定在6 ℃以上时进行，时间约在2月底。发菌水的用量应根据土层干湿而定，一般1 kg/m^{2}左右，使喷水后细土捏的扁，搓的圆；粗土捏的扁，无裂缝，含水量在18%～20%。喷发菌水最好在中午前后气温较高时进行，喷水时要打开南面上、下窗进行通风，喷水后待土面水珠消失后关闭上、下窗，然后挂好潮湿窗帘保温、保湿，促进菌丝早日萌发。

(三)春菇管理

1.水分管理

春季调水不可过早，以免低温损伤新发菌丝，但也不能过晚，否则会使出菇推迟而影响产量。春菇开始调水的时间以气温稳定在10 ℃以上时进行，一般在3月初左右。春菇前期调水应在中午进行，先少后多，轻喷、勤喷，遇到寒潮低温不喷，不能太快、太急，早期避免喷重水，否则土层中的菌丝受到损伤而影响出菇，同时喷水后应及时关闭门窗保温。后期调水应放在早、晚进行。4月上旬以后菇房内相对湿度应增加，要经常进行空间喷雾，并特别注意防止西南风吹进菇房，以免引起小菇死亡和菌丝萎缩。

2.防低温、抗高温

早春气温极不稳定，因此要特别注意前期防低温，后期抗高温。前期调水不可过早、过湿，否则遇到气温突然下降，会造成严重损失；通风放在中午气温较高时进行，以利于提高菇房温度。4 月中旬后春菇正处于旺盛期，此期间会出现 25 ℃以上高温，应提前做好抗高温准备，如墙面刷白，屋面盖草，高温时要采取白天少通风，夜间多通风。当室温在 18 ℃以上时，白天不喷水，傍晚或清晨喷水，避免高温、高湿造成不良后果。春菇旺产期间追肥与秋菇相同。

八、采后处理与销售

鲜销上市时，在菌幕不破裂、不开伞的情况下，大小均可采收；制罐及盐水菇，则在菌盖直径 1.5～4.0 cm，菇形圆正，色泽洁白，无空根白心，无虫蛀、破损时采收。采收前，床面不喷水。子实体生长快时，要求 1 d 采收 2～3 次。采收方法有两种：旋菇法和拔菇法。菇密时，采用旋菇法，即把菇轻轻旋转采下；菇稀时，采用拔菇法，即将菇直接拔起；当许多菇丛生成球菇时，则用小刀小心切下达标子实体，采大留小。采菇时应轻拿轻放，以免产生创面，导致褐变，降低产品级别。采下的双孢菇去掉根部，分装成 250～500 g 的小包装进行销售，可减少销售过程中的破损，延长销售时间。如果采后当天未能销售出去，可以放在 4 ℃条件下进行储存，其保鲜时间在 3 d 左右，如果采后用 0.01%焦亚硫酸钠漂洗后储存在 4 ℃条件下可保鲜 6 d 左右。

任务二　双孢菇室外大田栽培

双孢菇室外大田栽培模式，既降低了生产成本，又提高了种植效益，为农民发家致富提供了门路。利用各种农作物秸秆生产营养丰富的双孢菇，产后的废渣作为有机肥料返回田间改良土壤，这样废弃生物资源经多级多层次的循环利用，实现了无污染、零排放，构建循环经济模式，实现了农业可持续发展。

双孢菇室外大田栽培在季节安排、菌种准备及原料准备与双孢菇菇房层架式栽培相同，具体参照本项目任务一。只是在场所选择利用及栽培的具体流程中有所差异。

一、栽培场所

(1)选地与整地：选择灌水、排水方便、年内未种菇的稻田作为种菇田块，稻谷在 9 月上旬必须收获完毕。整地按 1.5 m 宽开厢，沟宽 0.7～0.8 m、沟深 0.3 m、围沟深 0.4 m，取沟土置一旁留作盖土用。

(2)草帘制作：用长约 1.5 m 的细竹竿作骨架，将适量整齐的稻草(长 1 m)垂直扎于竹竿上，做成长方形的草帘(又称草扇)，要求草帘长 1.5～1.8 m，每 667 m^2 400～500 个。

(3)厢面处理：用石灰粉划出 0.8 m 的种植厢，0.6 m 的人行道，将厢面整平，然后在厢面撒上石灰粉 750 kg/hm^2、害虫净 45 kg/hm^2，杀虫消毒。

(4)厢面撒料：将已发酵好的培养料铺在厢面上，要求宽度 0.8 m，厚度 0.2～0.25 m(中间不超过 25 cm，边缘不得低于 10 cm)，略呈瓦背形，同时将料抖松铺平。

二、培养料的堆制发酵

培养料发酵程度的好坏，关键是预湿，草料的预湿越透越好，越均匀越好。

（一）预湿

选地势平坦，水源方便的空地，提前 3 d 预湿，首先在坑中用 5%的石灰水浸泡，稻草竖放踩实灌水，每放一层灌一层，稻草踩实后的厚度为 1 m 左右，含水量 70%左右，手捏草有水流出但不成线。

（二）建堆

建堆场必须是平坦，排水通畅，水源充足的场所，堆料的前一天在地上撒一层石灰粉一层稻草，厚约 0.3 m、宽 1.8～2 m，长度 15 m 以上，然后均匀撒上已拌好的混合肥，并洒上水，注意切忌洒水过量，以防肥料流失。然后再在上面堆 30 cm 稻草，再均匀撒一层混合肥，以此类推，一般堆 6 层，把培养料堆至高 1.8 m 左右。料顶部堆成瓦背形，便于排水，四周用薄膜覆盖以保温、防雨，雨后要及时揭膜。

（三）翻堆

翻堆（图 14-9）的目的是使培养料各部位发酵均匀，并排出堆内废气，调节水分和 pH，要把料抖松、抖散，散发废气。每次翻堆前一天先用三氯杀螨醇 500 倍液均匀喷洒料堆，预防虫螨和杂菌，喷洒农药后用薄膜覆盖 24 h 即可。翻料间隔时间为 7 d、5 d、4 d、3 d。每一次翻料要提前 1 d 喷药和撒干石灰，第 2 天翻堆时边翻边抖松，抖散，把料堆翻均匀，翻堆必须当天完成，以免堆温散失。第 3 天翻堆调节好水分和做好杀虫处理，发酵好的料堆呈咖啡色，一拉即断有弹性，培养料疏松，不粘结成团，无臭味。

图 14-9　翻堆

三、播种

一般气温在 25 ℃左右，播种时间应选在阴天或晴天下午 5～6 时为宜。

播种要求培养料温度在 28 ℃以下，播前要先对菌种工具和手消毒。一般采用撒播，菌种不能搓，不能揉，只能用手拌成小粒先撒种 75%，然后用工具抖动料堆，让大部分菌种掉入料层下面，再撒种 25%，表面铺上剩余的草料，然后盖上草帘，预防气温过高干死菌种。不下雨不用盖薄膜，下雨时必须盖黑薄膜，菌种不喜光，黑薄膜可以挡光。

四、覆土

取沟土用铁筛分成粗土和细土，粗土直径 2～3 cm，细土直径 0.5 cm，按栽培面积每平方米备粗土 25 kg，细土 15 kg 作盖土，按土粒重量加入 1%～2%的石灰，用膜盖好备用。当菌丝吃料 2/3 以上时开始覆土。盖土时含水量应调至 18%～20%，做到手捏得扁，搓得圆、不黏手为度。粗土先盖 3～4 cm，然后盖细土 0.8～1 cm。

五、盖土后的管理

盖土后要保持氧气充足，无雨情况下只盖草帘，有雨时才盖膜，雨后及时揭膜。低棚栽培要加强棚内通风换气。

六、出菇管理

（一）冬菇管理

1. 水分管理

当菌丝大面积长至土层 1/2 时，要保持土层湿润；当菌丝长至土层 4/5 时喷结菇水，结菇水要猛，标准是土层表面发亮，并渗入土层 1 cm 左右为宜，当菇蕾长至米粒大时喷出菇水，出菇水要求土层表面发亮，以水不下渗为宜，喷水 5～10 min 后盖草帘。对于低棚地菇，喷结菇水和出菇水要通风，禁喷关门水。日常管理要勤喷水，原则是晴天多喷，阴天少喷，菇多多喷，菇少少喷，换潮停喷。

喷水方法：喷头呈 45°，忌直喷菇蕾；温度高时，早、晚喷水；温度低时，中午喷水。草帘栽培喷水时要揭开草帘，喷水后待土稍干后再盖好草帘。

2. 温度调节

如温度偏高，只盖草帘不盖膜，无风傍晚也可掀掉草帘通气，气温下降时，应盖好膜，防止寒气侵入。低棚地菇可通过开棚门控制通风，管理类似于大棚菇。

（二）越冬管理

气温降至 5 ℃以下时，双孢菇停止生长，进入越冬管理阶段。

1. 水分管理

越冬保持土粒不发白，菌丝不干瘪。菌丝生长发育好的，干过冬湿过冬都行，干过冬不喷水；湿过冬每周要喷一次水，用量 250～500 g/m^2，使床面略湿，一般在中午前后进行。

2. 保温调节

盖好农膜和草帘，并用土块压实。低棚栽培只需关好门就行了。

七、采收

双孢菇长至标准大小时应及时采收。如留的过大，会影响质量，过小采收则产量不高。鲜菇的收购一般分3个等级，但鲜销对规格要求不严，只要不是开伞菇，大小均可。凡是开伞菇、畸形菇、泥根菇、空心菇、薄皮菇以及有病虫杂斑菇都属于等外菇。因此，必须适时采收(图14-10)。

图14-10　双孢菇成熟采收

双孢菇的采收方法有两种：旋菇法和拔菇法。菇密时，将菇轻轻旋转采下，以免带动周围小菇；丛生在一起的球菇，采收时要用小刀小心切下，并采大留小；出菇稀的地方，可直接将菇拔起。

采下的双孢菇要及时修整，用小刀把菇柄下部带有泥土的根部削去。刀口与菇柄垂直、平整，柄的长短应符合商品要求。同时不要在风口处切削，防止吹风后引起菇色变红，影响加工色泽，降低商品价值。削菇时，要将不同等级的双孢菇分别盛放。另外，在存放及运输过程中，要轻拿、轻放，防止碰伤、挤压或变色。

思考与练习

1. 简述双孢菇的生物学特性。
2. 如何对双孢菇栽培原料进行堆制发酵？
3. 双孢菇栽培如何有效覆土？
4. 双孢菇大田栽培时如何进行出菇管理？

项目十五　灵芝栽培

知识目标

1. 了解灵芝的分类学地位及食药用价值。

2. 掌握灵芝的形态特征、生长发育条件。

3. 掌握灵芝的常见栽培方式。

能力目标

1. 能根据当地气候或生产情况制订灵芝生产计划。

2. 能根据灵芝生物学特性，采取适当措施，创造灵芝正常生长发育的条件。

3. 能运用发酵料、段木及覆土栽培技术获得灵芝栽培的高产优质。

素质目标

1. 合理利用当地自然资源栽培灵芝，增强学生保护环境、节约资源意识，践行“绿水青山就是金山银山”理念。

2. 通过灵芝生产的学习，培养学生吃苦耐劳、爱岗敬业精神；培养学生劳动致富理念，争做乡村振兴的兴农人才。

灵芝(*Ganoderma lucidum*)，在真菌分类中属于无隔担子菌亚纲多孔菌目多孔菌科灵芝属；灵芝约有百余种，常见的有赤芝、紫芝、红芝、中华灵芝、褐芝、黑芝等；野生灵芝多分布于热带和亚热带区域。

图 15-1　野生灵芝

灵芝是我国中医药学中一颗璀璨明珠，在古代被称为神草，在众多神话故事中具有起死回生的功效；据历代医书记载以及现代科学研究证明，灵芝在益气、安神、强筋骨、调节人体免疫力、防治高血压、抑制肿瘤、降低放疗或化疗毒副作用、保肝护肝、美容养颜、提高睡眠质量等方面均具有显著疗效(图 15-1)。

一、灵芝的生物学特性

(一)形态特征

1. 菌丝体

灵芝的菌丝体是菌丝的集合，呈白色绒毛状，纤细，整齐，有分枝，多弯曲，直径 5～6 μm，壁厚无隔膜，匍匐生长，生长速度快；菌落表面逐渐形成具有韧性的菌膜，分泌色素；显微镜下观察菌丝具有锁状联合，能够在木材等基质中蔓延生长，一边吸收基质，外界环境条件适宜，菌丝体就可形成一定的组织，这种组织常常分化为灵芝子实体原基，最终发育成灵芝繁殖器官——子实体。

2. 子实体

子实体是灵芝的繁殖器官，人们常常提到的灵芝实际上指的就是灵芝的子实体，相当于高等植物的花、果实或种子。灵芝的子实体只有在特定的营养和环境条件下才出现或发生，由菌盖(芝盖)和菌柄(芝柄)组成。

(1)菌盖(图 15-2)：灵芝的菌盖(芝盖)形状多为肾形，半圆形，少数近圆形，木质化，大小一般(3～12) cm×(4～20) cm，厚 0.5～2 cm；形成初期边缘为黄白色，后渐变为红褐色，上表面有同心环沟和辐射状条纹，并有皱褶，幼嫩时边缘淡黄色、缘薄；芝肉(菌肉)呈淡白色或木材色，接近菌管处常呈淡褐色或近褐色，厚约 1 cm；菌管初为白色，后变为淡褐色或褐色，长 1 cm，管口近圆形，平均 4～5 个/mm。芝盖背面管孔内着生有担孢子，孢子非常小，无法用肉眼直接观察到，在显微镜下可观察到孢子呈卵圆形或顶端平截，大小为(9～11) μm×(6～7) μm，双层壁，外壁无色透明，平滑，内壁淡褐色，顶端近褐色，有小刺，有时中央含有一个油滴。

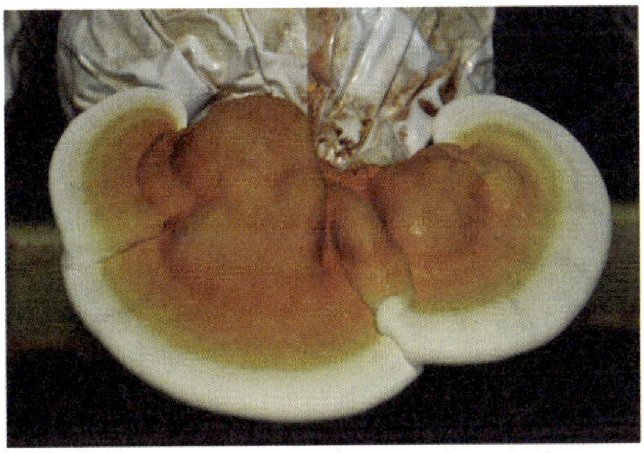

图 15-2　灵芝菌盖

(2)菌柄(图 15-3)：菌柄近圆柱状，侧生或偏生，少中生，长度一般为 10～20 cm，粗一般为 2～5 cm，呈紫褐色，表面似漆样光泽。中实，组织紧密，木质化。

图 15-3　灵芝菌柄

(二)生活史

1. 生活周期

灵芝的生活史就是灵芝一生所经历的生活周期：孢子→单核菌丝→质配→双核菌丝→原基分化→菌蕾→分化菌盖、菌柄→子实体→孢子的生活过程(图 15-4)。

从遗传学角度讲，灵芝的孢子是灵芝传种接代的“种子”。自然界的灵芝为了延续自身后代，当子实体发育成熟时，孢子会从菌孔中弹射出来，随风四处飘落或被昆虫带到别的地方，一

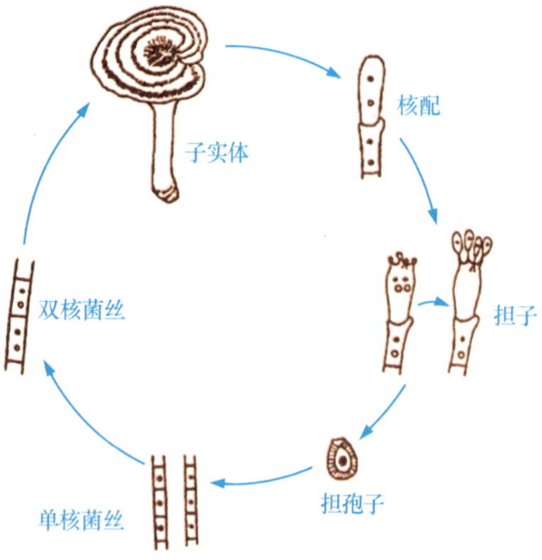

图 15-4 灵芝生活史示意

旦遇到有适宜生长发育的基质和环境条件时就会萌发成菌丝，以此保存自身种族的延续。

2. 子实体生长发育过程

当外界条件适宜时，灵芝的结实性菌丝体就会扭结成白色的团状原基，之后逐渐长大，纵向伸长生长，分化成为圆柱状的菌柄（芝柄），菌柄顶端幼嫩部分为黄白色，是其活跃的生长点；菌柄发育到一定程度，顶端的生长点横向生长，向四周扩展生长而逐渐分化成肾形或半圆形的菌盖，菌盖的边缘幼嫩，黄白色部位成了灵芝最活跃的生长点。随着菌盖的不断长大，菌盖表面不断产生褐色、粉末状细小颗粒，这就是灵芝孢子，大量聚集成孢子粉；当菌盖边缘生长点完全消失时，标志着灵芝子实体发育成熟。人工栽培的灵芝，从原基形成到子实体成熟需 30 d 左右。

根据灵芝子实体生长发育过程中的形态变化特点，可将其生长发育过程划分为 4 个阶段：瘤状芝蕾（原基）分化期、芝柄伸长期、芝盖形成期、子实体成熟期（图 15-5 至图 15-8）。

图 15-5 原基分化期

图 15-6 芝柄伸长期

图 15-7 芝盖形成期

图 15-8 子实体成熟期

(三)生长发育条件

1.营养条件

灵芝属木腐生菌类。野生灵芝一般生长在阔叶树的倒木、枯木树桩上。灵芝依靠菌丝前端分泌的多种酶分解木材中的纤维素、半纤维素、木质素等各种糖分,最后变成可吸收的单糖来营造自身。同样,氮素营养也可以通过各种蛋白水解酶的活动,分解木材中相应的物质而获得;矿物质营养可通过吸收木材中各种可溶性的无机盐来获得。

2.环境条件

(1)温度:灵芝菌丝体对温度的适应范围较宽,子实体阶段对温度适应范围相对较窄。试验结果表明,菌丝生长的适温范围为 10～38 ℃,以 28 ℃为最适;子实体原基分化温度为 18～28 ℃。子实体发育温度为 18～30 ℃,其中以 25 ℃为最适。若低于 18 ℃,原基会变黄、僵化,不能正常分化;若长期处于 30 ℃培养,虽然子实体生长较快,发育周期较短,但质地不紧密,皮壳的光泽也较差。

(2)湿度:灵芝的生长发育需要充足的水分和较高的空气相对湿度。人工栽培时,培养基的含水量控制在 60%,培养期间空气相对湿度为 60%～70%。子实体生长期间要求较高的空气相对湿度,一般为 80%～90%。

(3)空气:灵芝为好氧真菌。在子实体培养阶段,应特别注意加强通风换气,以利菌盖正常展开。二氧化碳浓度过高,将抑制菌盖展开,出现鹿角状的畸形芝。

(4)光线:灵芝菌丝体生长速度随光照强度的增加而减慢。子实体发育要求有较强的散射光,光照度为 700～800 lx,否则将影响灵芝的色泽。全黑暗条件下不形成子实体。

(5)酸碱度:灵芝属木腐生菌类。和其他木腐生菌类一样,喜欢在偏酸性的培养料中生长,pH 以 5～6 为宜。不适合在碱性环境下生长。

二、灵芝生产概述

(一)栽培起源

灵芝的人工栽培起源于中国。

(二)生产品种

在世界各地分布的灵芝有百余种。目前栽培的品种主要有中华灵芝、紫芝、赤芝、红芝、黑芝、GL215、圆芝等,其中赤芝生物学效果较好,产生的孢子粉比较多,适应能力、抗逆性比较好。

(三)生产方式

灵芝栽培方式多样,可根据栽培场地不同,分为室外阳畦栽培、室内菌床栽培、短段木栽培、日光温室栽培、塑料大棚栽培。

从生产实践来看,主要采用发酵料栽培、代料栽培(图 15-9)、段木栽培(图 15-10),栽培场所多利用大棚设施栽培。

图 15-9　灵芝代料栽培

图 15-10　灵芝段木栽培

任务一　灵芝代料栽培

发酵料栽培是将培养料按配比配好后，装入聚乙烯或者聚丙烯塑料袋中，灭菌后再接入菌种，进行菌丝培养和出芝管理。

采用植物有机物代替段木生产灵芝的方法，适合在我国林木资源缺乏的地区推广使用。现在广泛使用聚丙烯或高压聚乙烯塑料袋进行袋栽，生产成本较瓶栽低，产量和质量较好，管理方便，更适合商品化生产。

一、栽培季节的选择

栽培过程中，根据灵芝的生物学特性，适时选择栽培季节。灵芝袋料栽培可根据气候特点，一般在春末夏初接种，盛夏收获，秋季栽培结束。在自然气候条件下，灵芝属于变温结实菌类，原基分化时间安排在当地平均气温在 18～25 ℃时为宜。一般北方地区 4—5 月栽培袋接种，6—9 月出芝，10 月初生产结束。南方地区栽培袋接种时间可适当提前至 3—4 月。

二、生产前的准备

(一)菌种的准备

灵芝生产需要选择遗传性状好的品种，菌种繁育质量要好。目前生产上使用的品种较多，通常选择适应性广、稳定性好、抗杂能力强、子实体大、外形好、一级品比率高、产量高的品种。有些品种菌盖圆整、子实体大，菌盖厚，高产优质，适合短段木栽培；有些品种子实体菌盖厚实，边缘平滑，稍微内卷，成熟后有大量的孢子粉产生，适合专门生产灵芝孢子粉。

灵芝栽培品种较多，应选择抗病能力强、适应性广、孢子粉产量高的品种，同一品系的菌种要实行轮换栽培。有条件的最好自制菌种，以降低成本。为了得到适龄菌种，必须切实做好制种时间与栽培时间上的衔接。试管种提前 70 d 制作，原种提前 50～60 d 制作，栽培种提前 30～35 d 制作为宜。

(二)原料的准备

灵芝栽培原料非常广泛，阔叶树木屑、棉籽壳、玉米芯、稻草等可作为主料，麸皮、米糠、糖、石膏、石灰、过磷酸钙等可作为辅料。栽培料配方很多，各地可因地制宜。

灵芝发酵栽培常用配方如下。

配方 1：棉籽壳 93.5%，尿素 0.5%，钙镁磷肥 2%，石灰 4%；

配方 2：木屑 45%，棉籽壳 45%，麸皮 8%，糖 1%，石灰 1%；

配方 3：棉籽壳 93.5%，麸皮 2%，尿素糖 0.5%，石灰 4%；

配方 4：杂木屑 60%、棉籽壳 20%、麸皮 15%、石膏粉 2%、石灰粉 3%；

配方 5：杂木屑 75%、麸皮 20%、过磷酸钙 2%、石膏粉 1%、石灰粉 2%。

上述主料均要求无霉变，无污染，晒干，防雨淋，棉籽壳、木屑等主料使用前预湿 12～24 h，摊晾后使用。

（三）场所设施的准备

灵芝栽培场所分为菌丝培养场所和出芝场所。

1. 培养场所

培养场所要求清洁干燥，无杂菌。可利用民房、厂房、库房或其他空房，也可在专门的场所进行菌丝培养。选择适合的场所后，应提前做好消毒灭菌工作。为了提高空间利用率，在培养场所内可以设置床架，每个床架 6～7 层，层距 30 cm，高宽可依据具体场所的不同适度调节，以方便操作为宜。

2. 出芝场所

出芝场所可采用塑料拱棚或塑料日光节能温室，棚外常使用黑色遮阳网覆盖，以防阳光直射，在棚内维持较强的散射光。在雨水较多的区域，栽培棚四周应挖好排水沟，防止大量雨水浸入造成菌袋腐烂。在森林覆盖率较高的地区，还应预防白蚁及其他虫害发生。

三、栽培过程

1. 配料与装袋

尽量使用新鲜、无霉变的培养料。木屑使用前要过筛，生产菌种时培养料中粗木屑和细木屑搭配使用，栽培基质多使用粗木屑；若采用细木屑，最好与玉米芯、棉籽壳等原料混合配制，以增加栽培基质的通气性。木屑需筛选出较大的木块，否则装袋后容易扎袋穿孔，造成杂菌污染。培养料含水量控制在 60%～63%，拌好后常闷堆 5～6 h，使其充分吸水。

灵芝多采用聚丙烯或低压聚乙烯筒袋装料，规格为 60 cm×17 cm×0.005 cm，每袋装料 1 kg 左右，一般两端接种，两端出芝。装袋前应将已闷堆的培养料再搅拌一次。装袋时先将料袋一头用绳扎紧，然后再装入培养料。装料要求一边装料一边压实，当装料至离袋口 6～8 cm 时，将袋口扎紧。

2. 灭菌

聚丙烯料袋采用高压蒸汽灭菌或常压蒸汽灭菌均可，但低压聚乙烯料袋仅适用于常压蒸汽灭菌。高压灭菌时间为 2 h，常压蒸汽灭菌，待温度上升到 95 ℃时，保持 10～12 h，灭菌结束后待温度自然下降至室温后方可取出菌袋，便于减少冷凝水的发生，倒出接种后的污染。

3. 接种

为了减少杂菌污染，适当增大接种量，大多采用两头接种法，一瓶 500 mL 瓶装菌种可接

12～15袋。菌种必须与培养料紧密接触，并及时将袋口扎紧。为了防止杂菌污染，整个接种过程应在无菌条件下进行，接种场所和接种用具都应按要求严格消毒灭菌。

4. 发菌

菌丝培养过程中，春季接种时如遇气温偏低，菌袋宜集中堆放以增加袋温，加快菌丝定植，待气温升高后再分开摆放。培养场所温度控制在25～28 ℃，通常采用揭盖草帘通风换气、定时翻堆等措施控制温度。菌丝培养期间应及时通风，降低空气湿度。一般每天通风2～3次，每次0.5 h左右。培养场所通风应结合当时温度和湿度进行，低温低湿要少通风或不通风，高温高湿要加强通风换气。菌堆每隔10 d需翻堆1次，及时清理被污染或者破损的菌袋，防止造成大面积污染。菌丝长满整个菌袋需28～30 d。

图 15-11　菌袋出芝培养

5. 出芝培养

在灵芝栽培过程中，当菌袋长满菌丝或两端表面出现子实体原基时，应及时进行出芝管理(图15-11)。将菌袋单排一层层卧倒摆放成墙式，每排摆放10层左右。每层袋与袋间隔1～2 cm，层与层之间摆放2根粗细基本相同的细竹棍，既利于通风降温，还可防止子实体生长过程中挤碰变形。排与排间距60～80 cm，便于人工作业管理。

6. 催蕾与疏蕾

灵芝是变温结实性菌类，出芝场所内温度应尽量保持在25～28 ℃，避免出现较大的温差。长时间处于18 ℃以下或35 ℃以上，培养料表面菌丝会萎黄，原基不分化。子实体发生的适宜相对湿度为90%～95%，相对湿度太低，易导致原基枯死。当菌袋两端表面有白色子实体原基凸起形成时，剪掉袋口薄膜，将袋口撑开或挽起。每袋顶端保留1～2个原基，修剪其他原基，使养分集中，少数子实体菌盖变大而厚实。

7. 生长期环境控制

灵芝子实体生长发育阶段要控制好温度、湿度、空气和光照等。子实体生长阶段培养场所温度应控制在26～28 ℃，空气相对湿度保持在90%～95%。水分管理以勤喷、少喷、轻喷水为宜，并保持地面潮湿。通常应根据当地气候条件，每天喷水2～3次，喷水时应注意袋口处不宜有较多积水，不可直接向原基喷水；当菌盖表面产生孢子粉时，也不宜向菌盖喷水。加强通风换气管理，否则不易分化出菌盖或子实体脑状及鹿角状分枝，造成畸形。每天通风换气，通风次数和通风时间应灵活掌握，一般每天2～3次，每次1～2 h，但应注意避免干风直吹子实体。在通风良好的情况下，灵芝开片早、柄短、盖厚、产量高。子实体生长阶段应保持光线充足，此时菌盖分化快，菌柄短，菌盖大，颜色深，有光泽。

8. 采收

在适宜条件下，灵芝从原基形成到子实体成熟需30～40 d。袋栽灵芝可采芝1～2次，成熟后应及时采收。当菌盖边缘白色生长圈开始消失、颜色开始由浅变深、菌盖不再增大、孢子不断散发(图15-12)时，便可收集孢子粉或采收子实体。

采收灵芝子实体时，从菌柄基部剪下，应尽量不触摸或碰撞菌盖，以防孢子粉受到损失。菌盖不能用水冲洗，否则会降低商品价值。灵芝采收后，剪去过长的菌柄，单个摆放在竹筛等容器内，在阳光下晾晒，最好是先晒后烘，烘至恒重为止，干品含水量为12%～13%。如果是收集孢子粉，则应采取措施防止孢子散发，使灵芝孢子粉集中落在牛皮纸、报纸或塑料薄膜上，尽可能不要混入灰尘等杂物。孢子粉还应及时干燥、去杂、破壁和冷藏。

图 15-12　成熟灵芝弹射孢子

任务二　灵芝段木栽培

一、生产前的准备

灵芝短段木栽培，又称原木栽培，是将适合灵芝生长的树木截成一定长度的段木，接上菌种，菌丝长透段木成为菇木，菇木埋入土中，通过一定的管理措施，使菇木长出灵芝子实体的过程。

根据对段木是否作灭菌处理又可分为段木栽培（生料栽培）和熟料段木栽培（对段木进行高温蒸煮灭菌）。段木生料栽培灵芝产量不高且不稳定，现已不采用，目前主要采用短段木熟料栽培灵芝。

短段木熟料栽培灵芝具有3个优点：①品质好，合格率高，其子实体朵型大、菌盖厚实、色泽鲜亮，含多糖体及丰富的有机质；②生物转化率较高；③经济效益高。

栽培灵芝的段木，一般截成长度15 cm或30 cm的短段木，将短段木灭菌后进行灵芝的生产栽培就叫短段木熟料栽培灵芝。

二、栽培季节和树种的选择

1. 季节安排

灵芝属于高温型菌类。段木接种时间，根据不同地区的温度特点而有所不同，应因地制宜地合理安排栽培季节。

四川地区，一般适宜在11月下旬至12月下旬或2月中旬至3月上旬接种段木，4月上旬埋土，5月开始现蕾，7—9月采芝，当年可收获2～3批子实体。浙江龙泉地区，在11月下旬至翌年1月下旬，或2月中旬至3月上旬接种栽培，当年可收获2批子实体。

福建闽北地区，一般在10月下旬至翌年2月下旬均可接种段木，但以11月中旬至12月下旬为最佳接种时间，出芝时间在5月中旬至10月下旬。

东北地区，一般可在3月中旬接种段木，5月中旬埋土，7月高温季节利于灵芝子实体的生长发育。

2. 选择树种

栽培试验和生产实践表明，除松、杉、柏、樟、桉等含有芳香类物质的树木不能栽培灵芝外（漆树也不使用），一般的阔叶树均可作栽培灵芝的芝树。由于各类树木营养成分和质地不尽相同，在同一环境中进行同样的栽培管理，其菌丝生长快慢、出芝早迟、出芝延续时间长短、灵芝的产量和品质等有明显的差异。因此，为了获得灵芝优质高产，必须根据当地林木资源情况灵活选择适合灵芝段木栽培的树木。一般适合栽培香菇的树种，同样也适合栽培灵芝。栽培灵芝宜选用壳斗科树种为主，如栎、栲、榉等，其他树种，如枫、杜仲、苦栎等亦可，但产量与品质略差。四川地区的灵芝栽培者常常选择青杠树木（栎类）栽培灵芝，表现出产量高、子实体朵大等良好效果。

3. 适时砍伐

因各地气候差异，砍伐时间一般以物候期为准。通常以"叶黄砍树"为标准进行砍伐，当芝树的叶片三成黄的时候，便可以砍树，直到芝树将要萌芽为止，均为砍树的适宜时期。这期间，树干贮存的养分最丰富，树液流动不快，树皮与木质部结合较紧密，搬动时不易脱落，而且只要砍树的方法得当，"叶黄砍树"还有利于留下的树桩（如栎木类）萌芽再生，保持生态平衡。一般应选择在秋冬季生长在肥沃向阳山坡的芝树，选择段木的直径范围在6～20 cm。

图 15-13　段木砍伐截断

三、栽培过程

1. 截段与装袋

将原木截成15 cm左右长的短段木，段木截断后，要求断面平整，将毛刺削平，避免刺穿塑料袋（图15-13）。新砍伐的原木，截断后应晾晒1～3 d，一般当段木断面中心有1～2 cm长的微细裂痕时，段木的含水量较为适宜，为33%～45%。

选用与短段木直径相当的塑料袋进行装袋。一般采用4.5～6.0丝厚的聚丙烯或聚乙烯塑料袋，袋长25～30 cm。先用丝膜或棉线将袋口一端扎牢，然后装入段木扎紧另一端。对直径较小的枝丫或短段木，可以用铁丝或篾条将几根短段木捆扎在一起，捆扎的大小控制在与选用塑料袋能装下的程度为宜，若扎捆中空隙较大，可用小段木或劈开的段木插进扎捆中的空隙，尽量扎紧不留空隙，捆扎时断面平整，避免扎破塑料袋。

2. 灭菌与接种

段木装袋后，及时搬入灭菌锅（灶膛）内进行灭菌，搬袋轻拿轻放，避免弄破塑料袋。一般生产上常采用常压灭菌，要求在100 ℃维持12～14 h，灭菌结束后，待温度适当降低后将灭好菌的段木移入接种场所冷却至30 ℃以下备用。

先将接种室或接种箱清理干净，搬入灭菌后的段木袋及接种用具，用4 g/m³ 的烟雾消毒剂

图 15-14 装袋灭菌

作熏蒸消毒处理,待消毒完毕后,放入表面用消毒液擦拭过的菌种(图 15-14)。选用适龄栽培种,在接种室或接种箱内无菌接种。

接种方法:将菌种钩出适量放入段木表面,稍压,使之紧贴于段木表面。接种的同时检查菌袋有无破损,若有破损应及时用透明胶密封。

3. 发菌管理

将接有灵芝菌种的短段木,接种后及时搬入培养室进行菌丝增殖培养,这个过程叫做发菌。菌袋交叉摆放在室内,三行一列,堆高约 1.5 m,不可压住袋口。15 d 左右,袋壁附有大量水珠,结合翻堆改三行一列为二行一列。这期间的管理主要是控制温度和通风换气。在室温 20～25 ℃条件下进行遮光培养 5～10 d,发菌室每天中午通风 1 次,每次 1 h,以后随发菌时间延长而逐渐加大通风量。

当菌丝在断面长满并形成菌膜时,可微开袋口适当通气增氧,连续 3～4 次,必要时可将袋口一端解开,加大通气量,菌丝即可在段木内长透。大规模生产时,往往没有大量的房屋作为培养室,可以将薄膜大棚作为培养室,进行发菌。

图 15-15 菌丝培养

菌袋经 60～70 d 培养,菌丝进入生理成熟(图 15-15),其特征是菌木表层菌丝洁白粗壮,菌木之间菌丝紧密连接不易掰开,表皮指压有弹性,菌木断面有色草酸钙结晶物,兼有部分红褐色菌膜,少数菌木断面有豆粒大小原基发生。此时即可转入脱袋埋土环节。

4. 做畦建棚

菌袋脱袋埋土之前,应准备好栽培场地和出芝棚(图 15-16)。

(1)做畦开沟:栽培灵芝的场地宜选择在海拔 300～700 m、夏季最高气温 36 ℃以下,6—9 月平均气温在 25 ℃,水源方便、排水条件良好、地势平坦、土质疏松而略偏酸性(pH 5～6),朝东南坐西北的田地或疏林地。选定栽培场地后,先去除杂草、石块和瓦砾等杂物,在晴天翻土 20 cm 深,经日光曝晒数日后做畦、开沟,畦高 10～15 cm,畦宽 1.5～1.8 m,畦间留 30～45 cm 通道,畦长因地形而定,畦面四周挖好排水沟,沟深 30 cm,沟底撒少许灭蚁粉。

(2)搭建荫棚:按“人”字形屋架或拱形架设计,搭架后先盖上薄膜,然后上面覆盖茅草,棚架四周挂草帘,起防晒保湿作用。荫棚要既能遮强烈的阳光,又能通气保湿无雨淋,一般其遮盖程度达到“三分阳七分阴”为宜。荫棚高度一般为 1.9～2.1 m,若在阳光充足、气温高、湿度大的地方可增高至 2.3～2.5 m。

图 15-16　做畦建棚

高海拔地区一般搭建塑料中棚或塑料大棚，应增加高山区灵芝栽培的出芝潮数。塑料中棚既有草棚栽培易管理的优点又有塑料大棚保温的好处，其保温特性可保证第二潮灵芝的顺利开片与成熟，搭建塑料中棚的要点是：每两畦合为一个单元，每个单元上方用 6 m 宽的塑料膜盖成弓形，最高处高度为 2 m，在距离弓膜上方 20～50 cm 处再遮盖一层连成平面的遮阳网。如果在塑料中棚规模化栽培灵芝，应使用微喷喷头自动洒水设施，中棚的高度可降至 1.5 m 左右。在海拔 1 000 m 以上地区栽培灵芝，宜采用栽培蔬菜的塑料大棚加盖遮阳网进行设施栽培。

图 15-17　脱袋埋土

5. 脱袋与埋土

灵芝菌丝在段木中一般生长 60～70 d，菌丝不断繁殖，积累到一定数量，达到生理成熟，就由营养生长阶段转入生殖生长阶段，这时就可脱袋埋土，使其产生灵芝子实体（图 15-17）。土壤能够给灵芝提供无机盐及微量元素，有利于提高灵芝的产量和品质。脱袋埋土时间一般在 3—5 月，宜选择在晴天进行，脱袋时用利刃将塑料袋划破，用手剥掉塑料袋即可。

菌木埋土的方法：将剥去塑料袋的菌木平放横埋于畦床内，菌木断面相对排放、间距 3～5 cm，其间用干净的细沙土填塞；行间距 10～15 cm，排列要整齐，避免高低不平，然后铺厚 1～2 cm 细土，以菌木不露出为宜，并淋重水 1 次保持土壤湿润。覆土完成后通常还可以在覆土层上面铺一层地膜，保持土壤湿度，以减少地面浇水的次数。

6. 出芝管理

灵芝覆土后在环境温度适宜的情况下，15 d 左右即开始分化原基，这时就开始出芝阶段的管理。当原基大量分化时，首先要将土层上面的地膜揭掉，避免温度过高时原基被烧伤或湿度过大时原基易长霉。灵芝出芝的各个生长发育阶段对环境条件的要求有所不同，控制棚内温度、光照、水分、空气等措施，提供并满足其各个阶段对环境条件的最佳需求是获得灵芝优质高产的关键。

（1）瘤状芝蕾分化期管理：芝木埋土后，若遇连续晴天或土壤疏松干燥，则需洒水以保持土壤湿润。当菌木上因洒水导致覆土层被冲刷掉或下陷露出芝木时应及时补盖覆土。喷水时要求喷水均匀，使土壤保持湿而不黏的疏松状态。

芝木埋土后，应适当提高光照强度以增加畦床温度，为了促进灵芝子实体原基分化，应尽量使棚内温度不低于 22 ℃；棚内空气湿度保持在 80%左右；每隔 2～3 d，选晴天午后通风 1 h，通常埋土后经过 8～20 d，可见畦床上开始分化出瘤状的芝蕾，此时应控制棚温在 30 ℃以内，相对湿度保持在 85%～90%。

（2）芝柄伸长期管理：畦床上芝蕾大量发生后，为促使原基伸长形成菌柄，应减少通风次数，并适当调整光照强度保持在 300～1 000 lx。棚内空气相对湿度保持在 85%～90%，温度保持在 30 ℃以内。期间还可适当控制每段芝木上的灵芝朵数，让芝木上长出较大朵型的灵芝，以提高其品质，增加栽培效益。通常直径 15 cm 的芝木最多保留 2 朵，直径超过 15 cm 的芝木最多保留 3 朵为宜，人为选择去掉瘦小、细长的芝蕾。

（3）芝盖形成期：当菌柄长到 5 cm 左右时，要及时加大通风量，保持空气新鲜，棚内空气中的二氧化碳含量不宜过高，并适当增加光照强度（图 15-18）。

棚内空气湿度保持在 85%～95%，温度保持在 28～32 ℃，促使棒状芝柄顶端白黄生长点横向生长并分化成芝盖。期间因是灵芝生长旺盛期，需要大量的水分，所以管理时需要加大喷水量和喷水次数。若栽培棚或在配置内光线太暗或不足，加上通气不良，二氧化碳浓度过高，易造成灵芝菌柄细长，出现分枝，影响灵芝的商品化价值。

图 15-18　芝盖形成

（4）子实体成熟期：灵芝菌盖伸展开后就会在菌盖表面弹射孢子，表明灵芝子实体进入成熟期。这期间灵芝水分管理应注意尽量少喷水，保持土壤湿润状态即可。因为这时是孢子粉大量发生的时候，喷水会将孢子粉冲掉。棚内光照强度可继续增大，使芝柄和芝盖生长发育处于最佳状态（图 15-19）。

外界气温太高时，应加盖遮阳物，将大棚两侧薄膜向上卷，离畦床面 6～8 cm，以利通风，保持棚内温度在 28～32 ℃，并有充足的氧气供应，让芝盖朝增宽加厚方向生长，芝盖的外缘呈白黄色、芝盖表面中部呈褐色为产生的大量灵芝孢子的颜色，当芝盖长至不再增大、盖缘变成褐色并与中部一致、芝盖下面色泽鲜黄一致时，子实体完全发育成熟。

图 15-19　子实体成熟期

图 15-20 灵芝孢子粉与子实体收集

图 15-21 灵芝烘干

7. 子实体采收

灵芝子实体成熟的标志是灵芝菌盖不再增大而转为增厚；芝盖上有大量褐色孢子弹射并在表面覆盖 1.0～1.5 mm 厚的孢子粉；芝盖上表面完全为褐色，下表面鲜黄色或乳白色，且色泽一致（图 15-20）。

当灵芝子实体生长发育成熟时需及时采收，采收过迟子实体会产生霉变。时间大约是黄白色生长圈消失后的 10 d 左右，采收前 7 d 内应停止喷水。

采取留柄采收法采收灵芝子实体。用果树剪刀或园艺修枝剪，从芝柄基部剪下，留下约 1 cm 柄蒂，其目的是留下的柄蒂伤口愈合后，柄蒂上再形成芝蕾并发育成灵芝子实体。如果采摘整株灵芝，那么第二潮灵芝的生长又必须要从原基分化开始经历形成芝蕾、伸长芝柄、分化形成芝盖等过程，这就延迟了第二潮芝的生长时间，留柄采收方法可加快第二潮灵芝的出芝速度。采用留柄采收法，可以缩短转潮时间 10～15 d。

8. 灵芝采收后的管理

6—9 月为灵芝盛产季节，霜降后菌木停止出芝，当采完最后一批灵芝后应清理床面，清除菌木上残留的菌柄基部，菌木露出的地方补上细土，并在畦床上加盖稻草或其他覆盖物，使之安全过冬。翌年清明后，当气温稳定在 15 ℃以上时，清除畦面覆盖物，进行出芝管理。

灵芝子实体采收后，应及时进行干燥。通常选择晒干或烘干（图 15-21）。选择晴天将灵芝置于阳光下直接晒干，也可将灵芝置于烘房内进行干燥，将芝盖正面向上排列在烘筛上，保持 55～60 ℃烘烤至含水量 11%即可。

思考与练习

1. 简述灵芝生长发育的条件。
2. 简述灵芝袋料栽培的发酵料制备过程。
3. 灵芝发菌期应如何管理？
4. 比较灵芝代料栽培、短段木栽培的优缺点。
5. 结合当地资源和气候条件制订灵芝生产计划。

项目十六　猴头菇栽培

知识目标

1. 了解猴头菇的分类学地位及食药用价值。
2. 掌握猴头菇的形态特征、生长发育条件。
3. 掌握猴头菇的常见栽培方式。

能力目标

1. 能根据当地气候或生产情况制订猴头菇生产计划。
2. 能根据猴头菇生物学特性，采取适当措施，结合当地农业资源创造适合猴头菇正常生长发育的条件。

素质目标

1. 合理利用当地农业资源栽培猴头菇，增强学生热爱农业、发展农业，做新农人的情怀。
2. 通过猴头菇栽培的学习，培养学生吃苦耐劳、创新创业发展的精神；培养学生劳动致富理念，以及做乡村振兴的兴农人才。

猴头菇[*Herici μm erinaceus*(Bull.)pers]，因其子实体形状酷似猴子的头部而得名。隶属于担子菌门伞菌纲红菇目猴头菇科猴头菇属，是著名的食药用真菌。

猴头菇为木腐菌，夏、秋季常生长于阔叶林与混交林中活树的死亡部位。常见于栎树等壳斗科植物及胡桃、山毛榉等树种，少数生于松树及桦树上。

猴头菇野生种主要分布在北温带阔叶林和混交林中，以中国最多，其次为日本、俄罗斯和北美等地。猴头菇在我国分布较广，四川攀西地区、甘孜州和阿坝州均可见到野生猴头菇(图 16-1)。

图 16-1　野生猴头菇

猴头菇肉质细嫩，味道鲜美，食之柔软而清

淡，是与熊掌、海参、鱼翅齐名的“四大名菜”，素有“山珍猴头，海味燕窝”之称，有很好的滋补强身作用，有“多食猴头，返老还童”之说。

猴头菇营养价值极高，是高蛋白、低脂肪的食药用菌。每100 g猴头菇子实体干品中含有蛋白质2 g，脂肪1.2 g，碳水化合物1.9 g，粗纤维1.2 g，维生素C 4 mg，硫胺素1.01 mg，核黄素1.04 mg，磷37 mg。其子实体含有16种氨基酸，其中9种为人体必需氨基酸，所含的脂肪、磷、硫胺素等物质也居人工栽培的食用菌前列。

据《本草纲目》记载，猴头菇性平、味甘，助消化、利五脏。中医认为猴头菇具有扶正固本的作用，具有保肝、健脾、养胃和助消化等多种功效，能促进食欲、改善睡眠、减轻病痛。民间视猴头菇为医治神经衰弱的补品，能健脑清神，有许多流传至今疗效显著的猴头菇食疗方剂。

现代医学研究证明猴头菇含有多糖、寡糖、多肽、甾醇、萜类、酚类、腺苷等多种活性物质，有治疗十二指肠溃疡、胃窦炎、慢性胃炎、胃痛、胃胀等多种疾病的功能，对上腹饱胀、肠炎、胃泛酸、大便隐血、食欲不振等有较好疗效，有恢复肝功能的作用，对慢性乙型肝炎也有一定的疗效。研究发现，猴头菇多糖具有保护胃黏膜、增强免疫力、抗肿瘤、降血糖、抗疲劳、抗氧化等功效。猴头菌素能有效促进细胞神经生长因子(NGF)的合成，是治疗阿尔茨海默病等神经功能障碍疾病的潜在药物，猴头菌酮等活性物质对老年痴呆也有良好的治疗效果。

一、猴头菇的生物学特性

(一)形态特征

1. 菌丝体

猴头菇菌丝体洁白、乳白色或微黄色，菌丝生长初期稀疏，后期浓密粗壮，担孢子着生于菌刺表面子实层的担子上，在显微镜下无色透明、光滑，呈球形或近球形，大小为(5.5～7.5) μm×(5～6) μm，内含滴油，孢子印为白色。孢子在适宜条件下萌发为菌丝。子实体呈头状或团块状，无柄，直径为5～15 cm，有的可达30 cm。子实体菌刺幼嫩时为白色，之后变为淡黄色至黄褐色。菌刺长短因品种、环境条件而异。

图16-2　猴头菇子实体

2. 子实体

子实体因肉质、块状，似猴子的头部而得名。直径一般在5～20 cm，新鲜时呈白色，肉质松软细嫩。干时呈淡黄色或黄褐色。菌刺的长短与生长条件有关系，刺长1～5 cm，孢子印白色(图16-2)。

(二)生活史

猴头菇完整生活史可概括为，必须经过：担孢子→菌丝体→子实体→担孢子几个连续的发育阶段。猴头菇孢子萌发后产生单核菌丝，不同性别的单核菌丝相互融合，形成双核菌丝。双核菌丝从发育到生理成熟形成子实体。子实体上长出菌刺，在菌刺上形成担子，在担子中进行核配、减数分裂形成担孢子。一个猴头菇子实体上可产生数亿个担孢子。在干燥、高温等不良气候条件下，菌丝体产生厚垣孢子，在适宜条件下，厚垣孢子萌发成菌丝，继续生长繁殖。

(三)生长发育条件

1.营养

通常可以利用的碳源有阔叶木屑、麦麸、米糠、棉籽壳、甘蔗渣、葡萄糖、蔗糖等。氮源是合成蛋白质的主要成分，可利用木质部和树皮细胞中的原生质作氮源。此外还需添加尿素。菌丝生长阶段适宜的碳氮比为 30∶40。

2.温度

猴头菇属于中温发菌，低温和变温结实型的菌类。温度适宜时，生长旺盛，反之则会受到抑制，甚至死亡。具体温度要求见表 16-1。

表 16-1　猴头菇生长不同阶段对温度要求

不同阶段	生长范围	适宜温度	逆温反应
菌丝生长	10～33 ℃	25～28 ℃	高于 30 ℃时生长缓慢、易老化，35 ℃停止生长；0～4 ℃低温条件下，保存半年仍能生长。
子实体发育	12～24 ℃	16～20 ℃	高于 25 ℃生长缓慢，即使现蕾也难长大；低于 12 ℃变红色，随着温度下降颜色加深。

3.水分

培养基含水量要求以 60%～65%为宜。菌丝培养发育期空气相对湿度以 70%以下为宜，干燥发菌。子实体在空气相对湿度保持 85%～95%时才能迅速生长，颜色洁白；若低于 70%时，不仅子实体形成受到抑制，而且会萎缩，颜色变黄；如果高于 95%，则出现菌刺过长，且容易感染杂菌。

4.空气

猴头菇是好气性菌类，对二氧化碳反应敏感。当二氧化碳浓度超过 0.1%时，就会不断刺激菌柄分化形成珊瑚状，子实体难以形成。

5.光照

猴头菇对光照条件要求不严，菌丝能在完全黑暗中生长，子实体没有趋光性，也能在弱光和黑暗环境下形成。

6.酸碱度

猴头菇属喜酸性菇类，pH 为 3～7 可生长，但 pH 为 5～6 最佳，pH 大于 7.5 时菌丝难以生长。

二、猴头菇生产概述

(一)生产历程

猴头菇自 20 世纪 60 年代驯化成功以来，其人工栽培发展迅速，目前已成为我国人工栽培食用菌主要品种之一，其栽培广泛，已遍及大江南北，栽培形式由段木栽培发展至代料栽培。代料栽培以熟料为主，方式有瓶栽、袋栽等多种形式，出菇形式又分为室内立体式和室外保护地式等形式。

(二)生产品种

猴头菇栽培品种较多,但生产上常选用菌丝体活力强、发菌快、适用性广、抗逆性强,子实体出菇早、产量好、菇形大、形状好、颜色洁白的品种。目前,我国常见的猴头菇栽培品种有常山 99 号、猴头 11 号、猴头 8905、高侯 1 号、猴丰 1 号、苏猴 19 号 、猴杰 1 号、夏猴 1 号、川猴头 2 号等。

(三)生产方式

猴头菇栽培方式多样,可根据栽培场地不同,分为室内架式、室内菌床栽培、瓶栽、日光温室栽培、塑料大棚栽培。

从生产实践来看,主要采用发酵料袋栽和瓶栽,栽培场所多利用大棚设施栽培(图 16-3、图 16-4)。

图 16-3 猴头菇瓶栽

图 16-4 猴头菇袋栽

任务一 猴头菇袋栽

猴头菇袋栽是将培养料按一定的配比配好后,装入聚乙烯或者聚丙烯塑料袋中灭菌,再接入菌种,进行菌丝培养和出菇管理,具有生产成本较低,产量和质量较好,管理方便,更适合商品化生产的特点。

一、栽培季节的选择

猴头菇属于中、低温型真菌,其菌丝生长的环境温度应保持在 25 ℃,利用自然气温进行栽培时,一定要选择适宜的季节,才能保证栽培成功。我国地域广阔,南北气温差异大,栽培季节安排不能采取一种模式,生产上要因地制宜(表 16-2)。

表 16-2 我国南北各地猴头菇栽培季节

地区	春季		秋冬	
	播种	出菇	播种	出菇
东北地区	2 月	5 月	8 月	9—10 月
华北地区	2—3 月	5 月初	9 月	10 月
华中地区	3 月	4—5 月	9—10 月	11 月
华南地区	3—4 月	4 月	10 月	11 月至翌年春季

在南北各地春秋两季栽培，春季栽培时要适时早播种，以保证出菇时能赶上适宜的自然气温，保证猴头菇子实体品质好、产量高。因此，在前期发菌时要采取辅助加温措施，促使菌丝快速发满培养基，使出菇期能赶上自然气温。根据栽培的场所不同，栽培季节要有所区别，温室、塑料大棚等保护地内栽培时，要比室外栽培提前 1～2 个月。在气温比较恒定的场所可进行周年栽培。

二、生产前的准备

(一)菌种的准备

根据市场需求选择购买适合本地栽培的优良品种。应根据生产季节合理安排各级菌种的制备期。猴头菇栽培种制作应在播种前 25～30 d，原种制作提前 50～60 d，母种制作提前 60～75 d。制作猴头菌种时需要将培养基质的 pH 调节为酸性。

(二)原料的准备

猴头菇栽培原料非常广泛，阔叶树木屑、棉籽壳、玉米芯等可作为主料，麸皮、米糠、糖、石膏、石灰、过磷酸钙等可作为辅料。

栽培料配方很多，各地可因地制宜，猴头菇代料栽培常用配方如下。

配方 1：阔叶木屑 78%，米糠 20%，蔗糖 1%，石膏 1%；

配方 2：棉籽壳 60%，木屑 25%，麸皮 13%，石膏 1%，蔗糖 1%；

配方 3：玉米芯 50%，木屑 35%，麸皮 13%，石膏 1%，蔗糖 1%；

配方 4：酒糟 80%，豆饼 8%，麸皮 10%，蔗糖 1%，石膏 1%。

上述主料均要求无霉变、无污染，晒干，防雨淋，棉籽壳、木屑等主料使用前预湿 12～24 h，摊晾后使用。

(三)场所设施的准备

猴头菌的代料栽培场所一般分室内层架床栽和室内培菌野外荫棚畦床栽培两种，包括菌丝培育室、出菇房和人工荫棚 3 个场所。

菌丝培育室要求清洁、干燥、无杂菌。选择适宜的房间，提前做好消毒灭菌工作。出菇房为猴头菇子实体生长发育的场所，为了提高空间的利用率，在出菇房内应设置床架，每个床架 6～7 层，高 2.8 m，宽 90～130 cm，层距 30 cm。人工荫棚是猴头菌室外栽培出菇场所，一般选择冬闲田或林地，要求在水源方便、利于排水的地方搭建荫棚，光照以“七分阴、三分阳”为宜，荫棚周围环境应喷敌敌畏、虫之道等杀虫剂或石灰粉，以防害虫的入侵。

三、栽培过程

1. 配料

猴头菇为喜酸性菌类，适宜 pH 为 4.5～6.5，所以在培养料中添加钙质时要用石膏而不用石灰，通常可加入 0.2%的柠檬酸。拌料时要先把原材料混合干拌，再把蔗糖、石膏等溶于水中，倒入干料中拌匀。培养基含水量应在 65%左右。配料时应调至为手紧握料，指缝间有水但未成直线下流为宜。拌料后为了使料充分吸水，应在拌料 2～3 h 后装袋。木屑、棉籽壳、玉米芯等吸水性差的栽培原料，为保证培养基充分吸水，应在使用前预湿。

2. 分装和灭菌

采用袋口接种方法时，栽培袋采用 17 cm×33 cm 的聚丙烯菌袋或采用 15 cm×40 cm 的袋子；装料要结实，上下松紧一致，不留空隙。料面压平，中心打孔，套上菌环，周转筐装好后送入灭菌室灭菌，灭菌可采用常压灭菌和高压灭菌两种方法。常压灭菌时间长，量多；高压灭菌时间短，量少。灭菌结束后待料中心温度降至 30 ℃以下时，方可接种。

3. 接种

接种方式采用袋口接种法，从一端接种，接种量为每瓶二级种可转接 30～40 袋。

4. 发菌

发菌场所要求避光条件好，室内安装培养架，培养架层高 30～40 cm。使用前室内消毒。将已接种的菌种袋摆在架上，室温保持 20～26 ℃，空气相对湿度 70%，25～30 d 菌丝可长满。培养菌丝时需要遮光，每天定时通风。发菌期间要注意经常检查菌丝生长情况，一旦发现有污染菌袋要及时捡出，并采取有效措施进行处理。菌丝快长满菌袋时，给予散射光，适当降低温度，诱导子实体原基形成。在菌袋两端开始出现原基时，菌袋转入出菇管理。

图 16-5　猴头菇出菇管理

5. 出菇期管理

适宜条件下，经过 30～35 d 菌丝可长满菌袋，菌袋表面或接种穴出现零星原基时，可运往出菇场所出菇(图 16-5)。

出菇房应建立在地势较高、有利于排水、靠近水源且周围没有仓库、养殖场、化工厂的地方。菇房应保温、通风换气良好。100 m^2 的菇房可按 5 层摆放，约可容纳 8 000～10 000 袋。

多采用架式出菇，将菌袋横放在出菇架上，叠放 3～5 层，一头或两头出菇。打开口圈或者在两头用刀划一个小口，盖上薄膜或者报纸，增加室内湿度，诱导菇蕾形成。菌袋经过催蕾之后，将温度稳定在 16～18 ℃。室内气温高时，要增加洒水量和加强通风进行降温，温度低时要采取中午通风、早晚覆盖的保温措施。

猴头菇子实体生长期，要根据天气情况，决定浇水次数，空气湿度要达到 90%。浇水时不能直接浇在子实体上。在菌刺停止生长后，要少浇水，适当通风。

子实体生长期需要有 100～300 lx 的散射光。出菇期间加强通风换气，在子实体膨大期，每天早中晚通风 3 次，每次 1 h 左右。通风时不要让风直接吹到菇体上，以免菇体萎缩发黄。

6. 采收

猴头菇宜早采不可晚采，采收过迟会影响转潮时间及风味。应在菇体饱满、肉质团块表面出现菌刺、长度为 1 cm 左右，还未释放孢子时采收。采收时用锋利的刀子沿根割下或者直接用手拧下，将菇根清理干净，不要漏出培养基。停止喷雾 1～2 d，让菌丝恢复生长。保持温度和湿度，诱导第二茬菇生长。

采收的猴头菇不进行鲜菇销售时应及时晒干。先将菌柄朝上晒，再翻晒，直至晒干。阴雨天要烘干。干猴头菇的质量标准为：呈天然黄色，形状完整，菌刺齐全，个体直径在 3 cm 以上。无霉变，无虫蛀。含水量控制在 10%以下。将干猴头菇装于封闭的塑料袋内置于干燥处保存，防止吸潮。

任务二 猴头菇瓶栽

瓶栽猴头菇污染率低，出菇整齐。从瓶口长出的菇菇形紧凑，朵形美观，畸形菇少，菇的质量好、品质高。此外，管理较规范整洁，便于工厂化生产。尽管要购置玻璃瓶，一次性投入较高，但仍不失为猴头菇的一种重要栽培方式。

猴头菇瓶栽在栽培季节、菌种制备、栽培原料、培养基配方、场所设施等方面与袋栽方法基本一致，在装料、灭菌、接种和出菇管理方面有所差异。

一、装瓶

采用口径 3 cm，容积 750 mL 的普通菌种瓶。装瓶不能装得太浅，否则会在瓶颈以下形成长柄猴头菇，使食用部分的比例下降。猴头菇只有在空气中才能得到形态正常的子实体，并获得高产，所以培养料要装至瓶颈以上距瓶口 2～2.5 cm 处。将培养料压平后，在中部打孔，直达瓶身中、下部，用双层牛皮纸封口。在料中间用木棍打孔至瓶底，以便于接种后利于菌丝生长。最后抹净瓶外壁，用耐高温的塑料薄膜夹 1 层牛皮纸扎封瓶口，送入灭菌锅灭菌。

二、灭菌

将料瓶装入灭菌锅内，采用高压或常压灭菌，高压灭菌 2 h。常压灭菌待温度上升到 95 ℃，保持温度 14～16 h。因为是瓶栽，蒸汽穿透瓶子进入培养料的时间要比袋装时间慢，为防止灭菌不彻底，可将灭菌时间适当延长。

三、接种

灭菌后冷却至 60 ℃左右时将料瓶出锅，运入接种室，当瓶内料温降至 30 ℃以下时，在无菌操作下接入猴头菇菌种。

接种时动作要快，以免污染杂菌。1 瓶栽培种可接 35～40 个栽培瓶，接种量每瓶为 10～15 g。

四、发菌期管理

接种后把栽培瓶直立在架上培养 3～5 d，待菌丝定植后，拿出杂菌及破损的菌瓶，再卧倒在床架上继续培养。春栽时，气温较低，可将瓶子卧放堆积在床架上，堆高 0.7～1 m，5～6 d 翻堆一次，并在堆上覆盖纤维袋或旧麻袋，利用堆温加快菌丝的生长速度。栽培中室温控制在 24～28 ℃，菌丝生长致密，30 d 发菌满瓶。温度太高，虽然发菌时间可缩短，但菌丝不致密，不利于高产。培养室空气相对湿度在发菌阶段要求控制在 65%～70%，并定期通风，保持干燥。发菌期间最好遮光，以免过早形成原基。

五、原基分化期管理

瓶内培养料表面接种块上有白色幼蕾时，不要急于拔去封口材料，只有当瓶内菌丝全部长满（或单点接种的菌丝深入 2/3 处），原基已有蚕豆或核桃大小时，才可除去封口材料。这时可把瓶子直立于床架上，瓶口盖报纸，经常喷水保湿，空气相对湿度增加到 80%。如果场地不允许，也可将菌瓶卧放于床架上，堆 3～6 层，这样促控结合，使其发育壮大。当幼菇从瓶口长出 1～2 cm 时进入出菇期管理阶段。

六、出菇期管理

出菇期空气相对湿度控制在 85%～90%，这时的猴头菇子实体生长迅速，颜色洁白。若过于干燥，子实体生长迟缓或停止，活力下降，在子实体和培养基表面会滋生霉菌。幼菇对环境湿度敏感，当湿度低于 70%时，很快干缩发黄，并留下永久性斑痕，在湿度提高后仍可恢复生长，但畸形菇较多。

菇房内空气相对湿度也不可太高，若高于 90%，蒸腾作用下降，代谢活动减弱，生长缓慢，易发生病害导致烂菇，或颜色发红，形成肉刺变短的畸形菇。

菇房内喷水时切忌让水珠落到菇体上，早期可在瓶上盖报纸，去纸后则可向空中或地面喷雾。

出菇期间室温以 18～22 ℃最适，高于 26 ℃或低于 10 ℃时，子实体生长减慢，质量降低。

出菇期间要逐渐加大通风量和通风时间与次数。猴头菇对二氧化碳十分敏感，二氧化碳浓度超过 0.1%时，就会刺激菌柄不断分枝，抑制中心部分发育，形成珊瑚状的“花菇”。但在通风时应避免室外风直接吹于菇体上。

图 16-6　覆土栽培

七、采收

从菌蕾出现到子实体成熟一般需要 10～12 d。子实体成熟的标志是菇体饱满，菌刺长度适中，孢子未大量弹射，菌袋表面有一层白色粉状物。采摘时一手扶住瓶身，一手轻握猴头菇基部轻轻旋转，将猴头菇摘下，轻放于采收筐内。

采收后，应立即对料面进行清理和搔菌，即用小刀或小耙子清除掉料表面残余的子实体基部、老化的菌丝和有虫卵的部分，并防止病虫害的发生。采收一潮后，应停止喷水 1～2 d，加强通风换气，然后再喷水保湿，使空气相对湿度保持在 70%左右，在出菇房或菇棚进行“养菌”约 7 d 后，可再次催蕾，进入下一潮菇的管理。瓶栽一般可出 3～4 潮菇，前两潮产量最高，一般可占到总产量的 80%以上，后两潮若用覆土处理(图 16-6)，可明显提高产量。

思考与练习

1. 简述猴头菇生长发育的条件。
2. 简述猴头菇袋栽发菌阶段管理技术。
3. 结合当地农业资源制订猴头菇栽培计划。

项目十七　银耳栽培

知识目标

1. 了解银耳的分类学地位及食药用价值。
2. 掌握银耳的形态特征、生长发育条件。
3. 掌握银耳的常见栽培方式。

能力目标

1. 能根据当地气候或生产情况制订银耳生产计划。
2. 能根据银耳生物学特性，采取适当措施，创造银耳正常生长发育的条件。
3. 能运用代料、段木栽培技术获得银耳栽培的高产品质。

素质目标

1. 合理利用当地自然资源栽培银耳，增强学生保护环境、节约资源意识，践行“绿水青山就是金山银山”理念。
2. 通过银耳生产的学习，培养学生吃苦耐劳、爱岗敬业精神。

银耳（*Tremella fuciformis* Berk.）又称白木耳、雪耳、银耳子，具有“菌中之冠”的美称，是公认的珍贵食用菌和药用菌。分类上隶属于真菌界担子菌门银耳纲银耳目银耳属。野生银耳主要分布于亚热带地区，在热带、温带和寒带地区也有分布（图 17-1）。我国南北各地均有分布，主要生长于阔叶树腐木上。据了解，银耳发源于四川通江，如福建古田、四川通江已成为我国银耳的主产区。银耳良好的市场前景，促使河南、重庆等地也开始大力发展银耳产业。

图 17-1　野生银耳

银耳是一种天然健康的滋补品，具有较高的药用价值。中医认为银耳有“滋阴补肾、润肺止咳、和胃润肠、益气和血、补脑提神、壮体强筋、嫩肤美容、延年益寿”之功效。现代医学表明，银耳蛋白质中含有 17 种氨基酸，还含有酸性异多糖、中性异多糖、有机铁等化合物，能提高人体免疫力，有扶正固本的作用，对老年慢性支气管炎、肺源性心脏病等具有显著疗效,还能提高肝解毒功能。

我国人工栽培银耳始于19世纪下半叶,但长期处于半野生半人工栽培状态。杨新美采用银耳子实体进行担孢子弹射分离,首次获得银耳纯菌种,并观察到银耳与香灰菌存在伴生关系。陈梅朋首次分离出银耳和香灰菌的混合菌种,并进行段木栽培获得成功。随后人们开发了银耳和香灰菌混合制种技术,并在代料栽培技术上取得了突破。段木栽培产品质量好,表现在耳片泡发率高、蒂头小、糯性强、耳片开张度好、质地脆、售价高,但段木栽培的生物学效率较低。代料栽培周期较短,产量高,但产品质量不如段木栽培。目前银耳主要采用设施化袋栽模式。

一、银耳的生物学特性

(一)形态特征

1. 菌丝体

从广义上说,银耳菌丝包括银耳纯菌丝(纯白菌丝,俗称白毛团,属担子菌)和香灰菌丝(羽毛状菌丝,属子囊菌)。它们之间存在着特殊关系,香灰菌丝作为银耳纯菌丝的"开路先锋",将培养基质内的纤维素、半纤维素等大分子物质降解成可溶性营养物质,再提供给银耳纯菌丝吸收、利用。离开香灰菌丝,银耳生长则会受到很大的抑制,甚至不出耳。如果只有香灰菌丝单独存在,它只能完成其自己的生活世代。所以说,银耳纯菌丝和香灰菌丝之间的关系为单向共生关系,属混合菌丝类型。

(1)银耳纯菌丝:在PDA培养基上,纯白菌丝表现为短而密,前端整齐。培养初期为白绒绣球状,培养适宜温度为23~24 ℃。菌丝生长极缓慢,每日仅生长0.1 cm。

(2)香灰菌丝:香灰菌丝在PDA培养基内,菌丝细长,呈羽毛状分枝,爬壁力极强,生长速度极快,培养3~5 d后即长满试管,并自行分泌黑褐色色素,使培养基变黑。在含碳源较高的培养基表面易出现"黑疤",培养最适温度为28 ℃。生产上所用的银耳菌丝均为纯白菌丝和香灰菌丝的混合体。两菌丝搭配必须注意,同一地区分离的可以搭配,跨省异地的香灰菌有的可以搭配,有的则不可搭配,任意混合会导致银耳不能正常发育。

2. 子实体

新鲜银耳子实体白色,半透明,由多片呈波浪曲折的耳片丛生在一起,呈菊花形或鸡冠形,大小不一。子实体晒干后呈白色或米黄色。子实层着生于耳片一侧,担子椭圆形或近球形,被纵隔膜分割成4个细胞,每个细胞长出1个细长的担子梗,每个担子梗上着生1个担孢子。孢子印白色,担孢子无色透明,大小为(5~7.5) μm ×(4~6) μm。担孢子萌发时直接长成菌丝,或以芽殖方式产生酵母状分生孢子。

(二)生活史

银耳是四极性异宗结合真菌。子实体表面产生许多担孢子,担孢子芽殖形成酵母状分生孢子,再由酵母状分生孢子萌发形成单核菌丝,两个可亲和的单核菌丝交配形成双核菌丝。双核菌丝上有锁状联合,形成的菌落呈绣球状或绒毛团状。在培养条件不适宜或菌丝受伤时,双核菌丝可形成双核或单核酵母状分生孢子,这些酵母状分生孢子呈椭圆形,都能以芽殖方式进行无性繁殖,在适宜条件下可萌发形成单核或双核菌丝。香灰菌在栽培基质上降解大分子物质,为银耳菌丝生长提供部分营养。银耳菌丝在生长过程中积累营养,达到生理成熟后,会在基质表面形成"白毛团",并胶质化形成原基。原基逐渐发育分化形成耳片,在耳片一侧形成子实层，在子实层上产生担孢子。在 PDA 培养基上银耳菌丝能正常生长，并能正常出耳，产生担孢子，完成其有性生活史。但在天然基质上银耳菌丝不能生长，需要有香灰菌伴生才能完成有性生活史（图 17-2）。

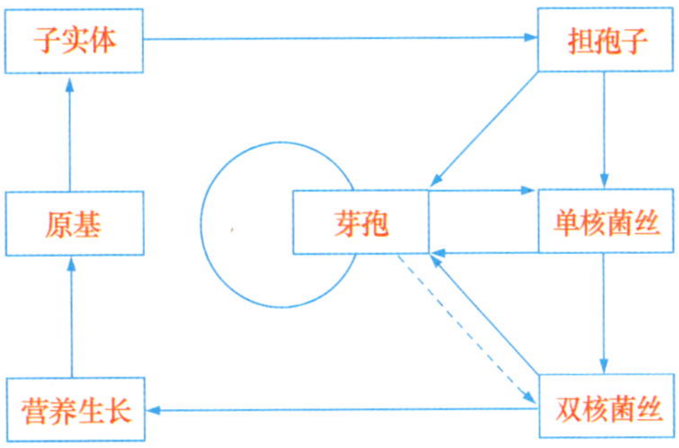

图 17-2　银耳生活史

（三）生长发育条件

1. 营养要求

银耳是一种较为特殊的木腐菌，其菌丝能吸收利用葡萄糖、蔗糖、麦芽糖等小分子糖类，但不能在木屑培养基上生长。银耳菌丝需要借助香灰菌才能在木材或木屑上生长。

研究表明，银耳菌丝几乎没有分解纤维素和木质素的能力。降解纤维素的酶系包括内切葡糖苷酶、外切葡糖苷酶和 β-葡糖苷酶。基因组测序与分析结果显示，银耳基因组中有 173 个糖类活性酶编码基因，而香灰菌有 367 个；基质降解酶（纤维素酶、半纤维素酶、果胶酶、淀粉酶）编码基因银耳只有 41 个，而香灰菌有 127 个；银耳基因组中没有外切葡糖苷酶编码基因，内切葡糖苷酶和 β-葡糖苷酶编码基因的数量分别是 3 个和 15 个，香灰菌分别是 3 个、28 个和 18 个。与半纤维素降解有关的木聚糖酶编码基因，银耳没有，香灰菌有 13 个。在淀粉利用方面，银耳有 13 个基因、香灰菌有 17 个基因。基因组分析结果表明，银耳与香灰菌在基质降解酶方面具有互补作用，且在天然基质的纤维素降解方面也表现出极显著的协同增效作用。

由于银耳栽培中使用银耳菌与香灰菌的混合菌种进行接种，栽培原料可用木屑、棉籽壳、蔗渣、秸秆等作为碳源，以米糠、麦麸、尿素等作为氮源，添加少量的磷酸二氢钾、硫酸镁、石膏等提供矿质营养。

2. 环境条件

（1）温度：银耳是中温型恒温结实性菌类，稳定的温度有利于子实体的形成与发育。银耳菌丝生长适宜温度为 20～25 ℃，低于 12 ℃时菌丝生长极慢，而高于 30 ℃则菌丝生长不良。子实体分化发育适宜温度为 20～24 ℃，不能超过 28 ℃。

（2）水分与空气湿度：银耳培养基质中适宜含水量为 53%～58%，低于 52%时菌丝生长不良，但高于 60%时培养料通气不良，菌丝生长缓慢或停止。纯银耳菌丝极耐旱，将长有银耳菌丝的木屑菌种块置于硅胶干燥器 2～3 个月，香灰菌丝会死亡，而银耳菌丝仍能存活，因此可以利用这一特性从混合菌种或栽培基质中分离纯银耳菌丝。在子实体生长阶段，空气相对湿度对产量和质量影响较大，湿度偏低会影响原基形成，湿度偏高易发生“流耳”现象，空气相对湿度以 85%～95%为宜。

（3）空气：银耳属于好气性真菌。培养料含水量影响培养料底部的氧气供应，含水量偏高会使菌丝生长受到抑制；菌丝培养室通风不良时，易造成接种穴口杂菌污染；但通风量过大，会使接种口水分蒸发而出现菌丝干燥，影响原基形成。出耳阶段培养室如果氧气不足，二氧化碳浓度过高，子实体会呈胶质团，不易开片，失去商品价值。

（4）光照：银耳菌丝生长不需要光照。子实体分化发育需要少量的散射光，黑暗环境中难以形成子实体，直射光不利于子实体分化发育。在银耳子实体接近成熟的 4～5 d 内，应保证室内有足够的散射光，有利于提高产品品质。

(5)酸碱度:银耳适宜在 pH 5.2～7.0 的环境中生长,最适 pH 5.8。当 pH 低于 3.8 或高于 7.0 时,银耳菌丝将无法生长。人工栽培时,银耳和香灰菌菌丝会分泌出一些酸性物质,使培养料 pH 下降。因此,配制培养料时常将 pH 调至 6.0～6.5。

二、银耳生产概述

(一)生产历程

银耳原是野生在枯木上的胶质菌类,主要分布在四川通江和福建南靖,直至 1962 年前后科研人员致力于银耳研究,搞清楚了银耳生长的理论,即银耳生长过程必须和分解能力较强的香灰菌(羽毛状菌丝、耳友菌丝)混合,才能大大提高出耳率,并分别分离出了纯菌种。20 世纪 70 年代在福建、上海、四川、湖北等地人工段木栽培法得到迅速推广。随后福建古田戴维浩在段木栽培银耳和瓶栽银耳工艺的基础上,首创木屑、棉籽壳塑料棒式栽培法,降低了生产成本,大幅度提高产量(每 100 kg 棉籽壳可收干银耳 4～7.5 kg)。该工艺经过不断完善,生产模式已定型,并形成多行业协作产业链。2022 年,古田县共栽培各类食用菌总产量 91 万 t(鲜品),其中银耳产量达 38.5 万 t,占全国总产量的 95%以上。

(二)生产品种

我国目前银耳生产品种主要有 5 种。

1.雪耳

白色银耳,颜色呈自然的乳白色,是古田银耳中的珍稀品种,优点在于几乎无根蒂,胶质非常浓稠,出胶快,易煮糯,叶片厚,性价比高,炖煮 1 h 左右就可以得到软糯的雪耳。

2.大银耳

黄色银耳,单朵直径在 13.5 cm 左右,一般家庭一次食用半朵即可,被人们誉为“菌中之冠”,是名贵的营养滋补佳品。食用前用凉水提前 40 min 彻底泡发,泡发好的银耳,犹如白莲花一样,泡发好之后的银耳可凉拌,可煲汤。

3.椴木银耳

精选优良的椴木,人工钻孔,并将菌种放入孔内,然后放置在深山中模仿野生生长,其色泽正,无熏硫,朵型小巧,容易煮糯。

4.丑耳

丑耳又称细花银耳,是野生银耳经过提纯而成,因而保留着野生银耳的诸多特性。丑耳需水较少,叶片密集扎实,朵型大。采摘后,去掉根蒂杂质部位,不需要浸泡清洗就可以直接烘干。

5.本草银耳

本草银耳出胶更快,且营养成分更利于人体吸收,烹饪方式比其他银耳更加简单方便,只需 30 min 就能煮出浓稠胶质,美味香甜,能极大程度保留银耳的营养成分。

前 4 种银耳在市面上较为常见,最后 1 种较少见。

(三)生产方式

银耳栽培比其他菌类稍复杂些。目前人工栽培银耳有两种方式,即段木栽培(图 17-3)和代料栽培。代料栽培又可分为瓶栽和棒栽(图 17-4)。棒栽是在瓶栽基础上发展起来的新工艺,是现阶段广泛采用的栽培方法。

图 17-3　银耳段木栽培

图 17-4　银耳代料棒式栽培

任务一　银耳代料栽培

银耳代料棒式栽培周期较短，技术要求较高，在适宜栽培季节内能连续性生产。

一、栽培季节选择

我国地域辽阔，各地气候不尽相同，要根据银耳生物学特性结合当地小气候环境来决定最适栽培时期。通常安排在春、秋两季。

南方各省秋季空气相对湿度较春季低，室内栽培较易保湿，气温相对稳定，有利于银耳发育，为主要的栽培时期。秋季栽培应选当地气温稳定 28 ℃以下时进行。若栽培过早，则感染率高；过迟，则昼夜温差大，不能满足银耳子实体发育过程中所需要的相对恒温条件。栽培后期气温较低，可采用室内加温法，但常导致子实体发黄，蒂头大，同时增加成本。为了提高耳房的使用周转率，可采用二区制，即栽培棒培养室和发耳室分开。

二、栽培前准备

（一）银耳菌种制备

银耳菌种生产方法与一般食用菌不同。银耳菌丝仅在耳基或接种点附近数厘米内生长，且银耳菌丝易扭结、胶质化而形成原基，不耐湿，易形成芽孢。香灰菌菌丝生长速度极快，后期分泌黑色色素使培养基变黑，且不耐旱，远离耳基、接种部位处也有香灰菌丝生长。银耳生产中常制作银耳与香灰菌的混合菌种。

1. 菌种分离

分离银耳菌种时，在耳基或接种部位取小块材料，放于硅胶干燥器内 2～3 个月，然后取一小块移入 PDA 培养基斜面上，22～25 ℃培养 10～15 d，可获得白色的银耳菌丝。香灰菌的菌丝会在基质干燥后立即死亡。

分离香灰菌菌种时，在远离耳基或接种部位处取小块材料，移入 PDA 培养基，25 ℃下培养 5～7 d，培养基颜色变黑者，即为香灰菌。

2. 母种制备

在 PDA 斜面培养基上接种一小块银耳菌种，22～25 ℃下培养 5～7 d，接种块长成白色绣球状；在离银耳接种块 0.5～1.0 cm 处，接种一小块香灰菌菌种，22～25 ℃下培养 5～7 d 即可。

3. 原种制备

以 750 mL 菌种瓶作为容器，装入半瓶阔叶树木屑培养基[阔叶树木屑 78%，麦麸 20%，蔗糖 1%，石膏 1%，料水比 1∶(1.0～1.2)]，料面压平。清洗瓶壁内外，塞紧棉塞，高压灭菌和冷却后，接入银耳与香灰菌混合后的母种。一般每支母种接种 1 瓶原种，22～25 ℃培养 15～20 d。

4. 栽培种制备

栽培种培养基配方与原种相同，培养基也只装半瓶。用接种勺将原种表面耳芽刮弃，捣碎料面坚实的银耳菌丝层，挑取少量的下层含香灰菌的疏松料与之混合，捣碎。取一小勺混合的原种，移入栽培种培养基，轻轻摇动，使菌种均匀分布于料面。一般每瓶原种可接种 40～60 瓶栽培种。接种后，置于 22～25 ℃下培养 15～20 d，之后料面有白色菌丝团长出，并分泌黄水珠，随后胶质化形成原基。

(二)栽培原材料准备

用于栽培银耳的原料很多，各地可根据当地资源选用。银耳代料栽培的常用配方如下：

配方 1：杂木屑 74%，麸皮 22%、石膏粉 1.5%、硫酸镁 0.4%，黄豆粉 1.5%，蔗糖 0.6%；

配方 2：棉籽壳 60%，木屑 16%，麸皮 20%，石膏粉 1.5%，黄豆粉 1.5%。

上述主料均要求无霉变、无污染，晒干，防雨淋，棉籽壳、杂木屑等主料使用前预湿 12～24 h，摊晾后使用。

(三)栽培场所设施

银耳属于稳温结实性菌类。子实体发育过程要求环境因子相对稳定，因而国内大部分采用室内栽培。银耳的整个生育期，可概括为菌棒培养和子实体形成管理两个阶段。菌棒培养室又称发菌室。南方各地空气湿度较高，最好选择楼上空气湿度较低、干净的屋室作为发菌室。发菌室要求，即要通风，又能遮光，可根据需要及时调节。为了避免在栽培过程受到螨虫危害，地面要求干净，无尘土。培养室的面积可根据菌棒直接堆垛于地面或用层架式排放。可以同香菇菌棒栽培一样进行“井”字形堆垛。培养室面积一般控制在 15 m^2 左右，不宜过大。银耳栽培户应尽可能提高培养室保温、降温、通风排湿的机械化程度。

银耳属喜湿性菌类，应选择近水源、具有散射光、保温、保湿、对流较好的房间。一般出耳室房屋的面积为 5 m×4 m，可放置 1 500～2 000 个菌棒。应安置纱窗，以防携带有螨虫的蚊蝇飞入。出耳室内设置栽培架，该栽培架由竹木构建。一般架高 2.0 m、宽 75 cm，架距 45 cm。架面无搁板，仅由 3～4 支横杆构成，为的是便于层架之间空气对流。有的地方，将横杆构建成前低后高(单列式)或中高两侧低(双列式)的搁层，使耳棒摆列后，有斜度(夹角为 10°)，以防栽培中接种孔穴造成“死角”，影响耳片的展开。

三、菌袋制作

1.拌料

按以上配方称取原料，将主料摊开，撒入麦麸、黄豆粉，拌和均匀；将石膏、蔗糖、硫酸镁先融入清水溶解后，浇入主料并搅拌均匀；调控含水量在55%～60%为宜。

2.装袋

一般选用大小12 cm(直径7.5)×(45～50) cm×0.005 cm的聚丙烯塑料袋，每袋装干料600 g。一般用螺旋推进式装袋机装袋，当培养料装至离袋口约8 cm时，取下料袋进行扎口。扎袋口时，将料袋竖起，压紧料面，弹去附着在袋口的培养料，将袋口拧在一起，贴紧料面，用棉绳或包装绳扎紧，折回袋口再扎数圈。

3.打穴

扎好袋口后，用木板将料袋稍压扁，便于出耳时排放。随后用打孔器在料袋上打4～5个接种穴，穴口直径约1.2 cm，深约2 cm。用布擦表面的木屑杂质后，贴3.25 cm×3.25 cm见方的小块胶布进行封口。

4.灭菌与接种

采用常压灭菌方法进行灭菌，在消毒处理过的场所进行冷却。将灭菌后的料袋搬入冷却室，“井”字形堆垛。若发现穴口胶布翘起或破袋，应立即用胶布加以贴封，以防杂菌侵入。当料袋温度降至30 ℃以下时，即可进行接种。

5.接种

银耳菌种是混合菌种，银耳菌丝仅生长于培养基表层2 cm左右。在接种箱中，拔去栽培菌瓶上的棉塞，先用接种刀将菌种表层的银耳接种块挖去，将表层2 cm左右的银耳菌种捣碎，再将下层较疏松的香灰菌菌丝层挖起4～6 cm，2层混合均匀。

先用5%石炭酸或1%新洁尔灭喷接种室，将空间尘埃沉降下来，并杀灭附着其上的微生物。随后用福尔马林(5～10 mL/m^3)或气雾消毒盒(3～5 g/m^3)熏蒸2 h。消毒后在接种室进行开放式接种，2人或多人配合接种，一人掀起穴口上的胶布，另一人注入菌种，随后将胶布粘回接种穴。接种时应注意穴内菌种应比胶布凹下1～2 mm，这样有利于银耳白毛团形成和胶质化形成原基。一瓶菌种接种20～25袋，80～100个接种穴。

四、管理

(一)发菌期管理

1.菌丝定植期

接种后的1～4 d为菌丝定植期。此期应注意的问题如下。

(1)保持培养室干燥：使室内空气相对湿度维持在60%左右，这是减少接种穴早期感染杂菌的有效措施。

(2)菌棒堆叠合理：早春气温较低，可采用4棒为一排，呈“井”字形直接堆叠在培养架上，以提高堆温。秋季栽培采用“△”式堆叠，码堆于地面，堆高改为1.0 m，以利通风降温。

(3)密封胶布：接种过程菌丝体易受到机械损伤，需要一段时间恢复。因此，接种后10～

11 d 必须保证种穴胶布密封，若发现胶布块翘起或脱落，应及时封贴。

(4)抢温定植：接种后的前 3～4 d，将室温控制在香灰菌线生长的最适温度(27～28 ℃)，以促使香灰菌丝迅速恢复、定植、蔓延，并尽快封口，使香灰菌丝占绝对生物量，以防止其他杂菌侵入。但不宜超过 32 ℃，否则会发生“烧菌”。早春或晚秋可用电炉加温。若采用炭火加温时，应防止发菌室内二氧化碳浓度过高。发菌定植过程，应尽量保持温度稳定，只需微通风。定植期最好在接种室内完成。

2. 菌棒生长期

菌棒接种后第 5～11 天为菌棒生长期，应做好以下工作。

(1)翻堆弃杂：菌丝定植后应进行翻堆，将堆顶、堆底及内、外菌棒对调，有利于菌棒生长一致，还可及时检查成活及污染情况。针对出现的问题，应及时分析其原因。

(2)疏棒降温：菌丝定植后，棒内新陈代谢逐渐旺盛，棒温逐渐升高，往往超过室温 2～4 ℃，此时将堆形改“井”字形为“△”形堆垛，降低堆高，控制堆内午后温度不超过 24 ℃。如气温适宜，可直接将菌棒逐棒排放于栽培架上，棒间距 1 cm。

(3)弱光下培养：发菌室内以弱光为宜，用门帘、窗帘或糊上旧报纸等遮光。

(二)子实体发生阶段的管理

通常接种后从第 13 d 开始便进入子实体发生阶段，第 14～19 天为耳芽发生期，第 19 天开始进入子实体发育期，第 35 天进入成熟期。

1. 耳芽发生期的管理

菌棒接种后，经控温培养，一般第 11 天前后接种穴口菌丝呈现清晰的辐射状菌丝圈，左右相连，并有黑灰色色斑出现。掀开胶布，接种穴内出现白毛团。此时可将菌棒搬入发耳室。在此之前，应提前 3 d 按常规方法对发耳室清洗、消毒、通风，再将菌棒搬入发耳室单层排放，棒间距为 1 cm。

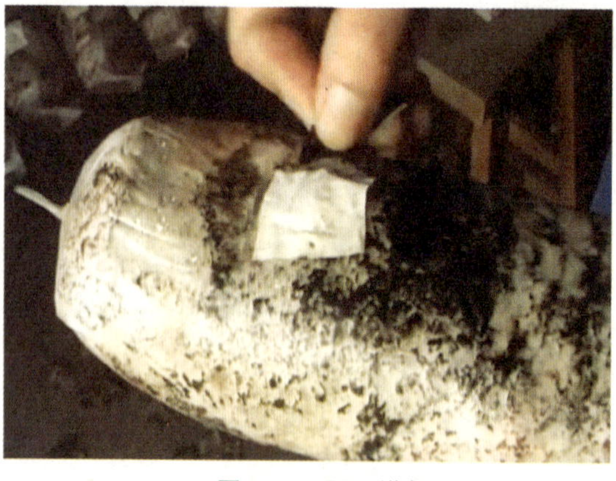

图 17-5　开口增氧

耳芽发生期管理应注意以下几点。

(1)开口增氧：接种后，经 11 d 香灰菌丝已占有绝对优势，抗外界杂菌的能力较强，此时可开口增氧(图 17-5)，其目的是促使香灰菌丝向纵深蔓延，诱导原基形成。方法是将棒面上胶布块揭起一角，此时穴内已形成绿豆大小的白毛团，顺手拱成半圆形，再把胶布边贴在筒面上，使其形成一个黄豆大小的通气孔。菌棒侧放，孔口均朝向一边，以避免管理过程中水滴入穴，造成烂耳。

(2)控制棒温：开口增氧后，棒内菌丝新陈代谢骤然加快，棒温上升，一般会比室温高出 2～3 ℃，此时应加强通风，或在过道、墙壁上喷水降温，勿使室温超过 28 ℃，否则栽培穴内分泌出大量黑色水珠，使耳基发黑，产量骤减。

(3)喷水加湿，促进生理成熟：开口 12 h 后，开始用清水直接向菌棒喷雾，每天 3～4 次，其目的是迫使菌棒从营养生长转入生殖生长。忌喷水过量，以穴口胶布背面有水珠为度。空气相对湿度掌握在 80%～85%。喷水后通风换气 30 min，切不可关门喷水，否则易引起高温高湿，造成烂耳。

(4)及时清理黄水珠：一般在胶布开口 2 d 后，种穴内白毛团就不断地分泌出淡黄水珠，是生理成熟的标志，也是出耳的先兆。若菌棒侧放或斜放，黄水珠会自行流出，否则要用脱脂棉做成的棉签吸干黄水珠，注意不要碰到白毛团，一般每 2～3 d 清 1 次。

(5)通风换气：淡黄水珠出现后，耳芽需氧量增大，为了防止栽培室内二氧化碳浓度过高，应在早晚结合喷水进行通风换气，时间以 20～30 min 为宜，每天 3～4 次。

2. 子实体发育期的管理

当接种穴内白毛团逐渐胶质化，形成晶莹碎米状的耳芽后，预示已进入幼耳期。此后菌棒改称为耳棒。

(1)揭胶布，盖报纸：在接种后的第 14～16 天，将穴口上胶布块全撕掉，以利耳芽继续发育。耳棒依然侧放，再覆盖整张旧报纸，随即喷雾，并保持报纸湿润，以不积水为度。注意千万不能使喷雾水珠落入穴内，否则易引起烂耳。每天掀动报纸一次，如发现耳芽黄水珠较多时，应减少喷水，增加通风，使耳芽保持沙粒大小的晶粒状，促进耳芽顺利膨大。

(2)割膜扩穴：揭胶布后，耳芽发育需氧量渐增，菌丝新陈代谢进入鼎盛期，大量分泌黑色色素，并使耳棒斑纹色泽加深，幼耳逐渐膨大，即可割膜扩穴口。一般在接种后第 17～18 天进行。方法是用锋利刀片沿穴口边缘 1 cm 处将塑料薄膜割掉，使穴口直径扩增至 4～5 cm。注意勿弄伤菌丝，此目的是增加穴口的通气量，以利幼耳的发育并转入子实体伸展期。

(3)提高空气相对湿度：幼耳发育所需要水分绝大多数从培养基中获得，维持较高的空气相对湿度是喜湿性银耳所必需的，覆盖报纸保持湿润的目的也在于此。空气相对湿度应维持在 90%～95%，若低于 85%，幼耳易发黄；高于 95%易出现烂耳现象。但实际栽培中并非始终维持高湿，而应干湿交替，也就是每隔 4～5 d，将报纸取下曝晒，让幼耳露体通风 12～24 h（视气温与空气湿度而定），再盖报纸喷水保湿。

喷水量与通风时间视幼耳生长状况和发耳室内温度、空气、湿度而定。耳蕊多、耳黄、气温高时，应多喷；耳蕊少、耳白、气温低时，应少喷。每次喷雾后均应通风 10～20 min 再关门。

(4)注意通风：银耳子实体进入成熟期，活力较强，棒温较高，此时若室温超过 26 ℃，应全天开门窗通风，并注意防止耳片干燥。

银耳成熟期的标志是耳片全部展开，疏松，触摸后弹性减弱（一般是在接种后第 35 d 左右）。采收前管理工作以降低空气相对湿度和增加供氧量为主。银耳进入成熟期，若一直保持高湿，将会引起烂耳。因此，采收前 5～10 d 应逐渐减少向报纸上喷水的次数，增加通风次数并延长通风时间，使发耳室湿度降为 80%，其目的是使整朵耳中间尚未扩展的耳片继续扩展，耳片加厚，以求获得优质的商品耳，也有利于银耳脱水干燥。

五、采收与干制

采收时，用锋利小刀沿耳基割一圈，即可采下。再用小刀削去蒂头，一般仅采收一潮。耳片可在太阳下晒干或用烘干机干制，但色泽黄，商品价值低。近年来采用剪花脱水技术，即将新鲜银耳用清水浸泡 4～8 h，使耳片充分吸水展开，捞起，用手将一朵子实体掰成 7～8 小朵，摊于塑料薄膜上，在太阳下曝晒，边晒边喷淋清水，直到蒂头变白，再倒入水池中清洗，捞起沥干，摊于竹匾上，烘干，即可获得雪白的银耳子实体。

任务二　银耳段木栽培

段木栽培银耳的质量较高，表现为泡发率高，蒂头小，糯性强，耳片开张度好，质脆，内、外销售价高。此法适宜在森林资源丰富的地区推广，但对树种要求较严格，单位产量较低。银耳段木栽培与香菇段木栽培工艺流程相似。

一、栽培季节选择

春季段木栽培银耳存在出耳期易遇夏季高温、管理难度大等问题。专家探索出了一整套秋季银耳段木栽培技术：于6月下旬准备木段，7月上旬接种，8月中旬至10月下旬及次年4月出耳，银耳产量高于春季栽培。专家还研究了春、夏、秋、冬四季室内层架式短段木熟料栽培银耳模式：除三伏三九天外，人为控温基本可以实现四季栽培出耳。此种栽培模式使发菌时间缩短至15 d，但也存在银耳子实体成熟时间长（50～60 d）的缺点。

二、栽培前准备

（一）菌种准备

银耳段木栽培的菌种制备同代料栽培的菌种制备。

（二）原料准备

银耳段木栽培的原料制备同香菇的段木栽培。专家进行了25 cm短段木立地式栽培银耳、50 cm中段段木覆瓦式栽培银耳试验，与传统100 cm长段木斜架式栽培相比，短段木栽培方式降低了劳动强度，提高了产量，单产增幅140%左右。即将段木锯成10 cm左右的短段木，采用层架式熟料栽培模式，实现了四季栽培段木银耳。

（三）场所准备

根据栽培地的地理环境和地理条件，选择合适的场地。根据银耳培育经验选择地理位置的时候，需要遵循“三不要”。所谓的“三不要”指的是：不要选择阴坡，不利于银耳生长发育，不能接受日常的阳光照射；不要选择石坡，石坡周围的土壤不容易调节与控制；不要选择低坡，低坡容易出现各种意外事故，例如自然灾害等。

图17-6　钻头打孔

三、打穴、接种

用爪斧或直径16 mm钻头打孔，孔深2 cm，行距5～6 cm，孔距6～8 cm；菌种掰碎混匀后放入接种孔，再用小木块封口；也可用直径16 mm钻头打孔，孔深1～2 cm，行距4～5 cm，孔距10 cm，每排钻9个孔，将菌种接入孔中，边接种边用石蜡封口（图17-6）。

为了解决段木银耳栽培中用种量大、银耳菌种和香灰菌配比不合理、接种后菌丝恢复生长较慢的问题，有关专家还研发了一种段木银耳拌种剂。该拌种剂能提高菌丝活力，有效缩短菌丝在段木内的定植时间，显著提高银耳单产。

DB 41/T 1300—2016 中采用台钻打穴，穴孔直径 1.6～1.8 cm，深入木质部 1 cm，行距 4～5 cm，孔距 8～10 cm，将栽培种掰成长块接入穴孔，按压密接，略有凸起，用木槌打平，不封口，裸露培养发菌。该接种方式有接种方便、发菌快、出耳早、耳朵大的优点。

四、发菌期管理

四川地区在银耳段木栽培接种后的耳棒常采用“井”字形堆码发菌，堆高 1.0～1.2 m，堆宽 1 m，耳棒堆码好后，覆盖塑料薄膜。发菌 7 d 后，开始翻棒补水保湿，第一次翻棒后每隔 5 d 翻棒补水 1 次。翻棒补水时耳棒上下、内外换位，喷雾法补水 ，要求“干不露白，湿不流水”。第一次翻棒后，要求每天中午揭膜通风透气 2～3 h，防高温、绿霉等。

豫南地区则采用接种后两排顺码起堆盖膜发菌，堆高 1 m。段木接种后 40 d 内不喷水，在干爽条件下发菌，发菌中后期，若耳棒偏干，适量喷水。发菌前期 10～15 d 翻堆 1 次，中后期 6～7 d 翻堆 1 次，结合翻堆，将粗棒调至上层和中层，细棒调至下层。耳棒表面偏湿时，应及时通气排湿，以防感染杂菌。耳棒顺码起堆发菌比“井”字形堆码发菌节省空间，易升温，易管理。

五、出耳期管理

1. 温度管理

起架早期，棚温应控制在 28～30 ℃；出耳期棚温应控制在 22～25 ℃。在高温季节，温度超过 30°C 以上，可采用加盖遮阳物、棚外喷水、棚内空地喷水及早晚开地窗和 24 h 开天窗、加强通风换气等措施来保持棚内适宜温度。外界自然气温超过 30°以上，则不宜打开门和窗。在银耳子实体生长后期，当气温降到 20 ℃以下时，应注意保温保湿。早晚不宜打开门和窗，通风换气应该选择在中午气温回升时。逐渐减少遮阳物，增强光照，提高耳室内的温度，促使子实体的生长。

2. 湿度管理

棚内的空气相对湿度应保持在 80%～95%，保持棒面、地面湿润。喷水宜采用喷雾器或吊喷设施喷雾状水，喷水量应遵循“晴天多喷，阴天少喷，雨天不喷；耳木上部多喷，下部少喷；耳片干多喷，耳片湿少喷；中午不喷，早晚多喷；采前几天重喷，采后停喷”的原则。

3. 通风管理

通风管理应与温度和湿度管理协调，通风时间、通风时长、通风次数随温度、湿度和棚外环境的不同而改变。

六、采收、干制

待耳片充分展开，手捏整朵变得蓬松有弹性时采收。采收时手扒耳基采下银耳子实体，剔除其基部杂质，及时干燥，以防烂耳造成损失。

传统的银耳干燥方法主要有晒干和烘干。二者对银耳品质无明显影响，但外观上烘干的银耳不如晒干的银耳自然美观，烘干的银耳成品率比晒干的低 5%。

另外，银耳的干燥方式还有微波干燥、热风干燥、真空干燥、微波真空干燥及冷冻干燥。比较热风干燥、微波干燥、真空干燥、微波真空干燥及冷冻干燥5种干燥方式，对银耳干品收缩率、复水比、感官质量及组织结构的影响。结果表明，微波真空干燥的银耳除亮度值低外，其他品质均较优，且能耗低，是一种值得推广的干燥方式。对银耳微波真空干燥工艺进行研究，得出银耳微波真空干燥工艺的最佳参数为：10 W/g，−90 kPa。研究表明，60 ℃热风干燥银耳，干制品的综合品质最优，且干燥方法简便，成本较低。比较热风恒温干燥、热风变温干燥、冷冻干燥、微波干燥、微波-热风联合干燥及冷冻-热风联合干燥6种干燥方法干制段木银耳。结果表明，采用热风变温干燥更能高效生产出高品质银耳干品，该方法具有成本低、操作简单的优点，是一种可以深入研究和推广的银耳干燥方式。

思考与练习

1. 银耳纯白菌丝和香灰菌丝形态上有所不同，它们之间存在什么样的关系？
2. 银耳生活史和香菇生活史有何相同和不同之处？
3. 银耳代料栽培主要技术措施是什么？
4. 如何满足银耳代料栽培各生长时期对氧的需求？

项目十八　蛹虫草栽培

知识目标

1. 了解蛹虫草食用、药用价值。
2. 掌握蛹虫草的形态结构、生育特性及栽培方式。

能力目标

1. 熟悉蚕蛹培养基栽培技术。
2. 能制订蛹虫草大米培养基栽培生产计划。
3. 会制作栽培料瓶，能够进行出草管理。

素质目标

1. 培养严谨认真的工作作风。
2. 弘扬精益求精的工匠精神。

蛹虫草[*Cordycepsmilitaris* (L. exFr. Link)]又称北冬虫夏草、北虫草或蛹草，分类上隶属于真菌界子囊菌门粪壳菌纲肉座菌目虫草属。野生蛹虫草广泛分布于亚洲、欧洲和北美洲许多地区(图 18-1)。

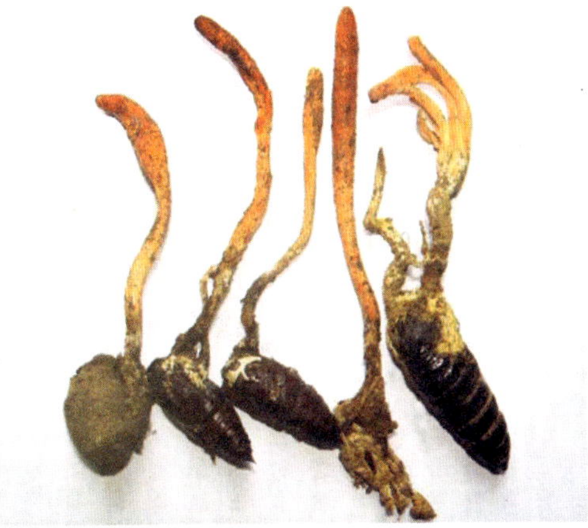

图 18-1　野生蛹虫草

蛹虫草味甘、性平，具有益肺补肾、补精髓、止血化痰的功效。主要活性成分为虫草素、虫草多糖和虫草酸等，除此之外，还含有多种其他核苷类、超氧化物歧化酶(SOD)及亚油酸和软脂酸等活性成分，有多种药理作用。

一、蛹虫草的生物学特性

(一)形态特性

蛹虫草子座单生或数个一起从寄生蛹体的头部或节部长出，颜色为橘黄或橘红色，全长2～8 cm，蛹体颜色为紫色，长 1.5～2 cm。

1. 菌丝体

蛹虫草是一种子囊菌，通过异宗配合进行有性生殖。其无性型为蛹草拟青霉。其子实体成熟后可形成子囊孢子，孢子散发后随风传播，孢子落在适宜的虫体上，便开始萌发形成菌丝体。菌丝隔膜为简单分隔，菌丝无色，分隔频繁，薄壁，菌丝直径变化较大，其形状从丝状到多边形，平滑无结晶，丝状菌丝直径为 3～3.8 μm；菌柄菌丝无色，薄壁，在分隔处无缢缩，平行排列，直径为 2.5～4.5 μm。

2. 子实体

一般当蛹虫草的菌丝把蛹体内的各种组织和器官分解完毕后，菌丝体发育也进入了一个新的阶段，形成橘黄色或橘红色的顶部略膨大的呈棒状的子座（子实体）。子实体一年生，单个或数个从寄主头部长出，棍棒状，分为头部和柄部两部分，高 15～30 mm，直径 2～3 mm；头部可育，不规则棍棒状或圆锥体，新鲜时橘红色，肉质，粗糙或具斑点；干后红褐色，脆质，高 7～19 mm，直径 2～3 mm；柄部不育，圆柱形，新鲜时淡橘红色，干后浅红褐色，光滑，与头部无明显界限，柄基与昆虫的蛹相连。

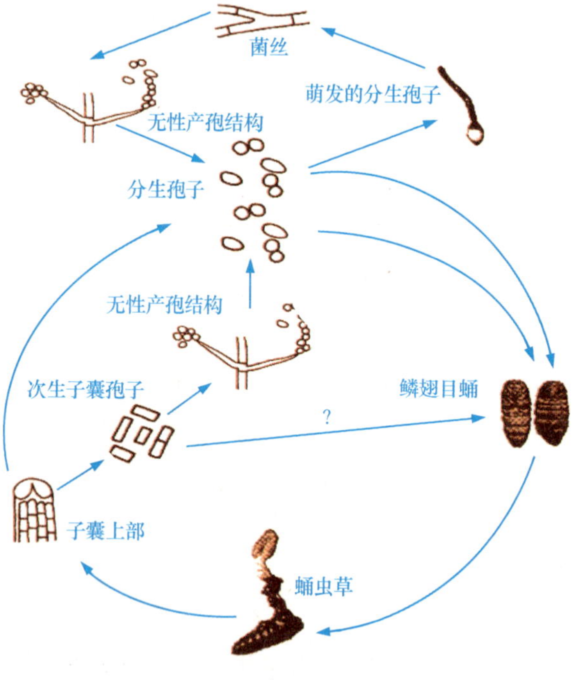

图 18-2　蛹虫草生活史

（二）生活史

蛹虫草成熟子座可孕部分的子囊壳半埋生，其中生有大量子囊，每个子囊中又含有 8 个纤细的子囊孢子。成熟后的子囊孢子从其横隔处断裂，形成次生子囊孢子。次生的子囊孢子逸散，在适宜的环境条件下常产生分生孢子。当遇到合适的寄主后，子囊孢子或分生孢子萌发成菌丝，通过幼虫或蛹体比较薄弱的部位侵入昆虫体内，开始新一轮的生活史（图 18-2）。

（三）生长发育条件

1. 营养条件

蛹虫草为兼性腐生菌。野生的蛹虫草以舟蛾科、天蛾科、大蚕蛾科、蚕蛾科、尺蛾科、枯叶蛾科和螟蛾科等鳞翅目昆虫的蛹为寄主，获取营养。人工栽培时可利用蛋白胨、酵母浸出物、各种蚕蛹等作为氮源。此外，采用米饭、小麦、高粱、小米、马铃薯煮汁等作为培养基，均可培育出子座。试验表明，适宜营养生长的碳源有蔗糖、葡萄糖、甘油、果糖、半乳糖、甘露糖、麦芽糖、纤维二糖和淀粉等。硝酸盐、铵盐和有机氮皆可作为氮源被蛹虫草利用，包括硝酸钠、氯化铵、酒石酸铵、丙氨酸、玉米粉、醇酵母粉、牛肉膏和蛋白胨等。

2. 环境条件

（1）温度：蛹虫草菌丝生长的温度范围为 5～30 ℃，适宜温度为 20～25 ℃。适宜子座生长的温度范围为 10～25 ℃，最适温度为 22 ℃。菌丝可在恒温下生长，原基分化则需要较大的温差刺激。

(2)水分和空气湿度：菌丝生长阶段培养基含水量以 60%～70%为宜，子实体发育和生长阶段初期空气相对湿度以 85%～90%为宜。子实体生长中后期，应注意培养基补水或补充营养液，空气湿度应提高到 90%～95%。在第一批子实体采收之后，培养基含水量下降至 45%～50%，应在转潮期补足水分。

(3)空气：菌丝生长和子实体发育均需要良好的通气条件。子座发生期应增加通气量，空气中若二氧化碳浓度超过 10%，子座就不能正常分化，或分化过多导致子座纤细。

(4)光照：菌丝生长时不需要光照，光照会使培养基颜色加深，易形成气生菌丝，并使菌丝老化，提早形成菌被。接种后 20 d 之内，菌丝生长处于旺盛阶段，培养室要进行遮光处理。原基分化需要明亮均匀的散射光，光线不均匀会使子实体产生扭曲，或倒向一侧。光照强度以 500～1 000 lx 为宜，白天可利用自然散射光，晚上可利用日光灯做光源，每天光照时间不少于 10 h，以利于菌丝体转色和刺激原基分化，但连续光照会阻碍子座分化。此外，蓝光、红光、橙黄光等不同光质对子实体生长、活性成分种类及含量等均有不同的影响。

(5)酸碱度：菌丝生长适宜 pH 为 5.4～6.8，配制培养基时通常将 pH 调至 7.0 左右，菌丝生长过程中 pH 会逐渐降至 6.8 以下。

(6)松针被覆：在蛹虫草菌落表面采用松针被覆，对于蛹虫草子实体形成有良好影响，被覆厚度约 2 cm 时有利于蛹虫草子实体形成。

二、蛹虫草栽培概述

(一)生产历程

20 世纪 30 年代，Shanor 用昆虫蛹接种获得了具有成熟子囊壳的蛹虫草。我国是第一个对蛹虫草进行商业化栽培的国家，1986 年吉林省蚕科研究所以家蚕和柞蚕活蛹为寄主培养蛹虫草，获得了与天然蛹虫草相一致的子实体(图 18-3)。之后人们用米饭培养基培养出了蛹虫草(图 18-4)，用家蚕和柞蚕活蛹接种蛹虫草菌种培养出了批量的蛹虫草子实体。

(二)生产品种

目前，在我国生产上常见的蛹虫草栽培品种有农大 cm-001、cm-0298、HJ-2、川 1、川 2、东方 9 号等。

图 18-3　蚕蛹寄主培养

图 18-4　米饭培养基栽培

(三)生产方式

蛹虫草的栽培技术现已经成熟,栽培方式包括蚕蛹寄主感染栽培和米饭培养基栽培两种。蚕蛹寄主感染栽培以活的桑蚕蛹或柞蚕蛹为寄主昆虫,人工接种蛹虫草无性型菌种,生产蛹虫草子实体;用米饭培养基,也可以培养蛹虫草菌丝和子座。

任务一 蛹虫草蚕蛹寄主感染栽培

寄主感染栽培是指以新鲜的活的桑蚕蛹或柞蚕蛹为培养料,人工接种(感染)蛹虫草无性型子实体(子座)的栽培技术。选择柞蚕蛹或桑蚕蛹作寄主,利用自然温度,春栽在3—5月,秋栽在8—10月。在室内人工气候条件下,四季均可栽培。

一、季节安排与品种选择

选择柞蚕蛹或桑蚕蛹作为寄主,通常一年可栽培两季,春季栽培在3—5月,秋季栽培在8—10月;若室内环境条件可以控制,则蚕蛹栽培不受季节限制。

蛹虫草栽培应选择侵染力强,生长周期短,易产生子座,产量高,药用价值与营养价值高的菌种。进行菌种质量鉴定时,要求菌苔底部呈鲜黄色,且厚薄适中,菌丝平贴,无明显白色绒毛状气生菌丝,无杂菌污染;切记不要使用转管3代以上的母种进行扩制;对于长期在冰箱保藏的菌种,需要转管复壮后方可使用。液体菌种应新鲜,否则不产生子座或产量低。在生产过程中,可用化学方法进行菌种质量快速鉴定,剔除退化菌种。例如在培养基中添加指示剂溴麝香草酚蓝(BTB),进行蛹虫草菌丝培养,以培养液颜色变化或脱色率为指标,能快速鉴定蛹虫草退化菌种。

二、栽培前准备工作

(一)准备菌种

采集野生蛹虫草,采用子囊孢子分离或组织分离选育获得优良菌株。组织分离时,应从子实体可孕部切取组织块。在生产中可选择高产、优质早熟的子实体,表面消毒后,悬挂在具有PDA培养基的三角瓶内,28 ℃培养,挑取单个菌落移接至斜面培养基上培养,然后再挑取尖端菌丝进行转管、纯化,经过栽培试验选取优良子实体,再进行组织分离,获得优良菌种。

斜面培养基常用配方为PDA培养基,另加蛋白胨0.2%、磷酸二氢钾0.1%、硫酸镁0.05%。也可以采用黄豆芽300 g、葡萄糖20 g、蛋白胨2 g、牛肉膏0.5 g、磷酸二氢钾1 g、硫酸镁0.5 g、琼脂20 g、水1 000 mL。

1.固体菌种制备

固体菌种采用的配方为:大米700 g、碎玉米150 g、麸皮150 g,外加磷酸二氢钾1.5 g、维生素B_1 2～3片;其中大米、碎玉米用清水浸泡5～6 h,沥水蒸熟,再拌入其他成分,然后分装,料面稍压平,瓶口包扎聚丙烯薄膜,常规灭菌。无菌条件下接种,每个料瓶内接入黄豆大小母种2～3块或液体菌种10 mL,(23±2) ℃培养,菌丝长满料层后备用。

2.液体菌种制备

蛹虫草人工培养大多用液体菌种接种，其常见培养液配方主要有以下几种。

配方1: 玉米粉2%，葡萄糖2%，蛋白胨1%，酵母粉0.5%，KH_2PO_4 0.1%，$MgSO_4$ 0.05%，pH 6.5；

配方2: 葡萄糖1%，蛋白胨1%，蚕蛹粉1%，奶粉1.2%，Na_2HPO_4 0.1%，KH_2PO_4 0.15%，pH 6.5。

通常500 mL三角瓶装液量为100～200 mL，121 ℃灭菌20 min，每支母种接种5～6瓶，置于摇床上进行振荡培养(140～160 r/min，22～25 ℃)4～6 d后备用。若用液体菌种进行扩大培养，则接种量约10%，上述条件下培养4 d，质量较好的液体菌种中有大量菌丝球，培养液澄清，深棕色，有浓郁香味。

(二)准备蚕蛹

应考虑选择同一虫龄、健硕的老熟幼虫或蚕蛹。目前已经进行人工栽培试验的寄主昆虫有柞蚕、桑蚕、蓖麻蚕、天蚕的蛹，家蚕、黄刺蛾和马尾松毛虫的幼虫，接种成功率均在90%以上。

试验表明，以柞蚕蛹栽培效果最为理想，蛹体大，耐贮，滞育期长，0～2 ℃可贮存8～10个月不变态。桑蚕及蓖麻蚕的蛹体较小，但易建立寄生关系，子座产出率高，适宜温度下也可贮存3～5个月。

上述3种蚕蛹都是缫丝行业的副产物，原料来源充足，均可作为人工培育蛹虫草的寄主。

(三)准备场所

蚕蛹栽培可以床栽，也可以畦栽，还可以瓶栽。床栽时，在室内设多层木架，每层床架宽约80 cm，长度根据房间大小而定。床面铺塑料薄膜，再铺复合土，厚5～7 cm。复合土的配方为林下沙壤土60%、菜田腐殖土30%和杂木屑10%，将三者拌匀，含水量调至50%～60%，pH 6.0～6.5。将蚕蛹集中起来，采用液体菌种喷雾接种，每天喷2次，每平方米栽培面积需喷菌液50～100 mL。然后将接种了液体菌种的蚕蛹均匀放在复合土上，每只蚕蛹相距约2 cm，在蚕蛹上覆盖3～5 cm厚沙壤土，再加盖薄膜或阔叶树叶保湿，控制温度在15～23 ℃，空气相对湿度为60%～70%。

畦栽前需要选好场地，要求土质疏松，排水方便，有遮阳条件。在栽培场内做畦，畦宽约1 m，深约50 cm，长度适宜。先在畦底铺沙壤土，厚约6 cm。按床栽方法将接种液体菌种之后的蚕蛹放到畦床上，在其上覆土，厚3～5 cm，畦上盖塑料小拱棚，遮阳保湿，对环境条件要求与室内床栽相同。

除床栽、畦栽外，蛹虫草蚕蛹栽培时也可采用罐头瓶培养。

三、僵蚕制作

(一)蚕蛹消毒

一般用棉花蘸取75%酒精擦洗蛹体表面2次，随即用无菌水冲洗残留酒精，也可用0.3%高锰酸钾液或0.1%新洁尔灭液进行表面消毒，纱布擦干，注意避免蚕蛹窒息而死。也可选5龄蚕幼虫，用蚕蛹消毒净或熏毒威(含有机氯的复合散剂/三氯异氰脲酸钠)进行表面消毒。

(二)接种和培养

蚕蛹接种可选用喷雾法、注射法、组织块法或涂抹法。

1.喷雾法

喷雾法是将体表消毒的蚕蛹放在灭菌罐头瓶中，置于接种箱内，将菌丝悬浮液喷雾在蛹体上，每天 2 次，连喷 3～4 d，用无菌薄膜覆盖后移入培养室。

2.注射法

注射法是用灭菌注射器，吸取菌丝悬浮液，近似平行地注入蚕蛹的节间膜，每个注射量约 0.2 mL，随即放入灭菌罐头瓶中，再用牛皮纸封口培养。

3.组织块法

组织块法是用灭菌解剖刀在消毒后蛹体节间膜处割开一小口，长 0.2～0.3 cm，然后挑取米粒大小菌丝块，塞入创口处，包扎好，放入灭菌罐头瓶内封口培养。

4.涂抹法

涂抹法是用毛笔或棉球蘸取菌丝悬浮液，涂抹在已消毒的蛹体表面，反复涂抹数次，最后放入罐内培养。

幼虫期接种时，将菌丝悬浮液喷在桑叶或蚕的幼虫体上，每日 3 次，使幼虫感染之后置于床架上进行培养。一般幼虫期不会僵化，即使感染成功，仍会结茧。

四、菌丝培养

室内设多层床架，将罐头瓶排放在床架上，在室内温度 10～25 ℃、相对湿度 60%～85%、自然光照、通风良好的条件下进行培养。被感染的蚕蛹从接种到死亡需 10～15 d。蚕蛹患病后，蛹体失去光泽，体表出现褐色小圆斑，并黑化，逐渐僵硬，长出气生菌丝及分生孢子，蛹的血液中有豆荚状的芽生孢子。

五、出草期管理

子座形成阶段室温保持在 18～23 ℃，空气湿度增至 80%，喷水，保持菌床含水量 50%～60%，适当增加光照和通风量。

培养 20 d 左右，蛹体节间膜出现突起物，如小米粒状，橘黄色，即子实体原基。再经过 10 d 左右培育后，子座逐渐伸长，棒状，此时加强通风，增加散射光，保持空气相对湿度在 85%～90%，室温 18～23 ℃，并将瓶口薄膜松开，适当通风，防止霉烂。

六、采收

从接种到采收需 35～45 d；子座成熟后高 3～8 cm、呈橘黄色时，即开瓶采收。注意不要等到子囊孢子弹射才采收，否则易导致功效降低。采收后，用水洗净子实体表面泥沙杂质，晒干或低温烘干后，分装，密封袋口保存，或送相关企业做原料。鲜品也可稍加整理并包装后，直接进入市场。

任务二　蛹虫草米饭培养基栽培

蛹虫草米饭培养基栽培是以米饭为主要成分配制培养基，以塑料盆或玻璃瓶作为容器栽培蛹虫草，生产周期45～60 d，可采收2次。生物学效率可达70%～80%。收获子实体后，米饭培养基中培养的菌丝体也含有与蛹虫草相似的生物活性成分，可供药用或作为食品加工原料，实现“零排”。

一、季节安排与品种选择

以米饭培养基进行蛹虫草栽培，也可培养菌丝和子座，通常在可控环境下能周年栽培，生产周期45～60 d，可采收2次。品种选择与任务一蛹虫草寄主感染栽培的品种选择相同。

二、栽培前准备

(一)准备菌种

斜面培养基、液体菌种培养基、固体菌种培养基的配方及配制方法，均与蛹虫草寄主栽培的菌种培养基相同。

(二)准备米饭

米饭培养基主要原料为大米、玉米、酵母、麦芽等。由于以植物蛋白为基质，一般产量和质量不够高，在米饭培养基中加入动物性营养成分，可明显提高产量和质量。

生产上常用配方有以下几种。

配方1：大米68%，蚕蛹粉26%，蔗糖5%，蛋白胨1%，维生素B_1微量。

配方2：大米50%，麸皮25%，玉米粉10%，蔗糖2%，杂木屑6%，蚕蛹粉6%，尿素0.1%，硫酸镁0.1%，维生素B_1微量。

配方3：大米∶高粱为9∶1，磷酸二氢钾0.1%，硫酸镁0.05%，酵母粉0.5%，蛋白胨0.2%。

(三)准备场所

蛹虫草的栽培场所，要求交通便利，水电供应良好，排水通畅，地形开阔，周围环境清洁卫生，应尽量远离饲料仓库，畜禽棚舍，屠宰场，垃圾场以及污染严重的工厂等污染源。生产场地可分为接种室，栽培室，成品加工室等。

栽培室是蛹虫草栽培的重要场所，应根据虫草盆或菌瓶规格设计安放床架，并具有完善的温度、湿度、光照控制设施。

三、菌瓶制作

取上述任何一种配方，大米、高粱、碎玉米等需用清水浸泡5～6 h，沥水后放于蒸锅内蒸熟透，拌入其他成分，含水量65%左右，分别装入罐头瓶内，装量为瓶子容量的1/4～1/3，瓶口用聚丙烯薄膜扎封。高压灭菌1.5 h或常压100 ℃灭菌10 h，要求饭粒上下湿度一致，米粒间有空隙，夹生饭或糊状饭均不用。

灭菌后，将料瓶移入接种室内，每个料瓶接入固体菌种10 g或液体菌种10 mL。若采用液体菌种，因接种量大，菌丝生长阶段可提前结束，进入繁殖阶段。

四、发菌

将接种后的菌瓶排放在培养室的层架上，温度 21～25 ℃，空气相对湿度 65%左右，遮光培养。发菌初期为了防止杂菌和螨虫感染，温度宜保持在 15～18 ℃，15～20 d 后菌丝可长透培养料，之后再将温度上调为 20～23 ℃，继续培养。

五、刺激子实体分化

当菌丝体完成转色后，要创造条件刺激子实体的分化，这是出草的关键。常用的方法有以下几种。

1. 温差刺激

蛹虫草子实体生长温度为 15～25 ℃，可利用昼夜温差，连续刺激 10～15 d。

2. 光照刺激

要求每天光照 12 h 以上，光线强度 200 lx。

3. 机械刺激

可用铁丝或钢针在培养基表面划 1 cm×1 cm，深度为 2 mm 的方格，给予机械刺激。

六、出草管理

当大米培养基的表面呈现橘黄色并有乳头状突起时，即进入出草管理阶段。这时要注意以下几点。

1. 温度

子实体生长温度一般在 15～26 ℃，适宜温度为 20～22 ℃。

2. 湿度

空气相对湿度在 85%～90%，喷雾状水，使整个空间保持湿润，地面也要经常喷水。

3. 通风换气

每天通风换气 2～3 次，每次 20～30 min。大风天注意缩短时间，通风结合喷水进行。通风可防止徒长和子实体畸形。

4. 光照

要求每层床架都应有明亮的散射光照射到，而且光照要均匀，因为蛹虫草的趋光性很强，防止一边倒或子实体扭曲。

七、采收

当菇蕾不断伸长，形成下粗上细的棒状子座时，蛹虫草即成熟。采收时去掉薄膜，用带弯头的小铁铲，从子实体根部轻轻铲起，应做到不伤子实体，不带培养基。产品阴干或烘干，切忌太阳曝晒。

在采收第一潮子实体后将料面整理好，重新封好瓶口，进行养菌，保持空气相对湿度 80%左右，10 d 左右第二潮子实体便很快长出。

利用大米培养基生产的蛹虫草，子实体形态与天然的蛹虫草十分相似。其生产周期为90～100 d，每平方米产量可达1 800 g左右，可缓解市场上冬虫夏草短缺的矛盾，有望成为天然冬虫夏草的替代品。

思考与练习

1. 简述蛹虫草生长发育条件。
2. 蛹虫草米饭栽培生产流程是什么？
3. 蛹虫草寄主感染栽培生产流程是什么？
4. 制订蛹虫草栽培生产计划。

项目十九　竹荪栽培

知识目标

1. 了解竹荪的分类学地位及食药用价值。
2. 掌握竹荪的形态特征、生长发育条件。
3. 掌握竹荪大田高效栽培的流程和方法。

能力目标

1. 能根据当地气候或生产情况制订竹荪大田高效栽培的生产计划。
2. 能根据竹荪生物学特性，采取适当措施，创造竹荪正常生长发育的条件。
3. 能运用竹荪大田高效栽培的方法获得优质高产的竹荪产品。

素质目标

1. 合理利用当地自然资源栽培竹荪，充分利用农、林、畜牧业肥料发展生产，提高农业副产品的附加值，降低生产成本。
2. 通过竹荪大田高效栽培技术的学习和实践，培养学生创新、创业和科技助农的意识。

竹荪(*Dictyophora* spp.)又称竹笙、竹参、竹菌、面纱菌、网纱菇，是竹荪属多个种的统称，因在自然界常发生在竹子残体及富含腐殖质的竹林地上而得名，分类上隶属于真菌界担子菌门伞菌纲鬼笔目竹荪属。据报道，竹荪属有10多个种和变种，栽培种类包括长裙竹荪、短裙竹荪、棘托竹荪和红托竹荪等。竹荪主要分布在北半球温带至亚热带地区，我国贵州、云南、四川、福建、浙江、江西、湖南等地均有分布(图19-1)。

图19-1　野生竹荪

竹荪形态优美，香甜味浓，酥脆适口，风味独特。据研究，长裙竹荪干品中含有粗蛋白15%～22.2%、粗脂肪2.6%、糖38.1%，其蛋白质含有21种氨基酸，谷氨酸含量达1.76%。竹荪还具有重要的保健功效，可治疗慢性气管炎，降低血压，减少胆固醇，减少腹壁脂肪，具有抗菌、抗肿瘤、延缓衰老、止咳补气等功效。

一、竹荪的生物学特性

（一）菌丝体

竹荪菌丝体分为菌丝和菌索两种形态。菌丝初期白色，呈绒毛状，并逐渐发育成线状，最后膨大成索状。气生菌丝长而浓密，随着培养时间的延长，有的品种由初期的白色，变为程度不同的粉红色、紫红色或黄褐色等。这些色素受外界条件刺激后，会更加明显。菌索是组织化了的菌丝，起吸收、分解、贮存和运输营养物质的作用。它着生于菌托基部，在土壤中蔓延，接近菌托的部分较粗，呈索状，离菌托越远越细，延伸到基质中的部分则呈丝状。

（二）子实体

竹荪子实体由菌盖、菌柄、菌裙、菌托等部分组成，由于种和品种的不同，其形态也有差异。

1. 菌盖

竹荪菌盖呈钟形，高、宽 2～5 cm，棘托竹荪为墨绿色菌盖（第一菌盖），其表面均有明显凹陷的网格，盖顶上有圆形或椭圆形小孔。产孢组织出现在菌盖外侧，成熟后出现墨绿色胶污状孢子，堆积在菌盖网格内，孢子迅速吸湿并液化，成为孢子液滴下。孢子常散发出浓烈的气味招引昆虫。一朵竹荪子实体有数以万计的孢子，靠昆虫或雨水传播。孢子椭圆形或短柱形。

在菌柄伸长过程中，同时从菌盖内侧撒下菌裙（为第二菌盖）。菌裙上有圆形、椭圆形或多角形网眼，直径为 0.2～1 cm，长 3～20 cm。菌裙在分类上很有意义，同一属内菌裙的长短，区别为长裙竹荪（棘托）或短裙竹荪，依颜色可分为红托竹荪、黄裙竹荪等；各属间根据菌裙的有无，分为竹荪属或鬼笔属（图 19-2 至图 19-5）。

2. 菌柄

菌柄纺锤形至圆柱形，白色，海绵体，中空，起支撑菌盖和菌裙的作用。

3. 菌托

菌蕾完成分化后，最外一层称为外包被，由内、外膜组成，膜间充满液状的胶体，为菌柄伸长提供大量水分。当菌柄伸长并突破外包被后，外包被残留在菌柄基部，即称为菌托。菌托大多为鞘状，有灰白色、红色、紫红色、红褐色等，因品种而异。菌托与地下菌索相连，对菌柄起支撑作用。

图 19-2　长裙竹荪子实体

图 19-3　短裙竹荪子实体

图 19-4　红托竹荪子实体

图 19-5　棘托竹荪子实体

(三)生活史

竹荪的生长发育过程是从子实体散发出孢子开始,在适宜条件下萌发成单核菌丝,即初生菌丝。可亲和的单核菌丝相遇并经过质配形成双核菌丝。这种菌丝粗壮,生命力强,进一步发育便形成组织化的菌索。当达到生理成熟后,在温度、湿度适宜的条件下,由近地面的菌索逐渐分化发育形成白色菌丝团,随后发育成小菌球,菌球发育膨大露出地面俗称菌蛋。初期圆形,逐步变成扁圆形,最后成桃形,顶端有桃突。子实体就是在这圆形或扁圆形的菌蛋中分化发育的。当菌蛋发育成熟后,菌柄逐渐向上伸长,菌柄的伸展压力将外包被挤破俗称"破口",并很快从裂口长出海绵状的菌柄,其顶端着生第一菌盖并带有产孢组织。外包被残留在菌柄基部成为菌托。

从小菌球发育成子实体,气温低时需要 23～28 d,气温高时 18～22 d,而成熟的菌蛋裂口后至出现子实体,只需 3～4 h(视气温及空气湿度而定)。子实体破口,菌柄伸长之后,菌盖下端逐渐撒放菌裙,菌裙也被称为第二菌盖。破口至撒裙结束大多在夏季清晨 5 时开始,至 7 时左右结束。

孢子成熟后,产孢组织开始自溶成液滴状落下。

竹荪的整个生活史如图 19-6 所示,竹荪就这样周而复始,不断循环,一代又一代的繁衍。

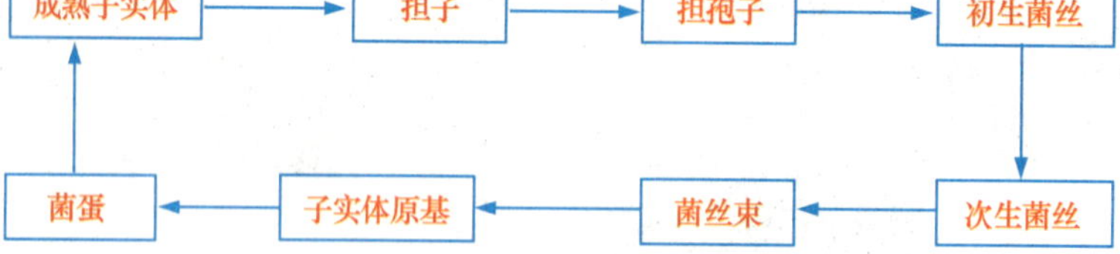

图 19-6　棘托竹荪生活史

(四)生长发育条件

竹荪抗逆性强,栽培原料来源广泛,生产周期短,管理较粗放,产量高,是目前最主要的栽培种类。以下就以棘托竹荪的生长发育条件和大田栽培技术为例,介绍竹荪的大田高效栽培技术。

1.营养条件

竹荪属于腐生真菌，通过分解同化培养料中的有机物质，从而获得其生长发育所需的营养物质。这些营养物质包括碳源、氮源、矿物质元素及维生素等。

(1)碳源：竹荪的碳素营养来自竹类或其他树木的根、叶腐烂后的腐殖质和其他有机物质。竹荪可利用葡萄糖、蔗糖、淀粉以及含纤维素、木质素的竹屑、木屑、甘蔗渣等作为碳源。

研究显示，喷施0.15%亚油酸或0.5%葡萄糖，可使菌蕾数增加，现蕾时间提早。

(2)氮源：竹荪可利用氨基酸、蛋白胨、尿素、鱼粉、黄豆粉、麸皮、米糠等作为氮源。碳氮比以30∶1为最适，如继续提高碳氮比，菌丝生长量反而逐渐下降。

(3)矿质元素及维生素：竹荪生长发育需要磷、硫、钾、钙、镁等矿质元素，在配制斜面培养基时，适量添加磷酸二氢钾、碳酸钙、硫酸镁等，可满足菌丝生长的需要。此外，还需要微量元素，如铁、铜、锰、锌、硼、钴、钼等，这些微量元素一般可以从培养基质中获得。另外，植物激素、维生素 B_1、维生素 B_6、肌醇及烟酸对竹荪菌丝生长都有促进作用。

2.环境条件

(1)温度：菌丝体生长的适宜温度为15～23 ℃。低于5 ℃菌丝停止生长；高于35 ℃菌丝干枯死亡。

不同品种最适生长温度不一样，短裙竹荪为23 ℃，长裙竹荪为20 ℃。子实体的形成适温为17～29 ℃，以22 ℃为最适。

(2)水分与湿度：竹荪是喜湿性强的菌类。培养料的料水比在1∶(1～2.5)范围内菌丝均能生长，以料水比为1∶2(含水量65%～70%)时为最适，菌丝的日生长速度最大。空气相对湿度在95%以上时，子实体生长速度加快。从子实体的发育过程而言，竹荪球(菌蛋)分化和发育有80%的相对湿度即可，当进入破口和出柄阶段时，要求相对湿度为85%，撒裙要求相对湿度为94%以上。干湿处理，可加快竹荪原基形成。

据试验，在菌索布满覆土层时，停止喷水6 d，让覆土逐渐减少含水量，6 d后突然喷水，可使湿润状况与对照组相同。在湿处理后9 d，就有大量菌蕾出现，而对照组直至142 d后才出现菌蕾。

(3)光照：菌丝生长阶段不需要光照，在黑暗中即可培养，菌丝体生长旺盛，色白；在强光下培养，菌丝体生长受到抑制，产生色素，易衰老，生活力降低。

从光质而言，不同波长的光，对菌丝生长的抑制作用不一样，橙光对菌丝生长的抑制作用最小，红、绿、白、黄、蓝光对竹荪菌丝生长的抑制作用最大。

子实体生长发育阶段需要适当的散射光，散射光有利于原基形成，栽培场所光照强度控制在50～200 lx为宜。

(4)空气：菌丝在二氧化碳浓度为0.03%～0.33%的范围内都能生长，较适宜的二氧化碳浓度为0.08%～0.18%，最适浓度为0.13%。含量过低或过高，都会抑制菌丝的生长。

在子实体阶段，需要较多的二氧化碳，常见在室内栽培竹荪时，通气不良的角落长的子实体少，因此要注意栽培室的通风换气。

(5)酸碱度：竹荪对pH敏感，不同pH对竹荪菌丝生长有明显的影响。红托竹荪适宜pH为5.0～5.2，短裙竹荪适宜pH为5.2～5.4，长裙竹荪适宜pH为5.2。竹林中生长竹荪处的土壤 pH 多为 6.5 以下。

据测定，新鲜竹类的 pH 约为 6.5，腐竹的 pH 约为 5.6，而生长过竹荪的竹材基质，多下降到 pH 5.0 以下，这证实竹荪菌丝在生长发育过程中，自始至终都需要微酸性的环境，才能形成大量子实体。

(6)生物因素：在自然条件下，竹荪的孢子传播有赖于蜂、蝇之类的昆虫媒介。在菌丝生长过程中，菌丝体能穿过许多微生物拮抗线而正常生长发育并照常形成子实体。这样的抗杂能力是其他食用菌难以达到的。由此推论，这些与竹荪同生共处的微生物能同时参与有机物的分解，起到如耳友菌丝对银耳所起的有益作用。这一现象在竹荪栽培实践中具有重要的意义。

二、竹荪生产概述

(一)生产历程

我国是最早食用竹荪、最先实现竹荪人工驯化栽培的国家，唐代段成式的《酉阳杂俎》中就有关于竹荪的记载。1973 年，国内开始了人工栽培竹荪的研究，20 世纪 80 年代人工栽培竹荪获得突破性进展，贵州省在 20 世纪 80 年代末竹荪人工栽培进入了大面积推广阶段，90 年代初福建省古田县发明大田栽培法，并推广至全国。据中国食用菌协会统计数据显示，2012 年全国竹荪产量为 5.93 万 t，竹荪产量较大的省市主要是福建、贵州、江西、四川、重庆等，2021 年全国竹荪产量达 23.2 万 t，竹荪产业不断壮大。

(二)栽培品种

目前全世界已报道的竹荪共有 12 种，主要分布于中国、印度、斯里兰卡、非洲、澳大利亚、北美、南美及东西印度群岛。我国有 7 种：长裙竹荪、短裙竹荪、黄裙竹荪、朱红竹荪、皱盖竹荪、红托竹荪和棘托竹荪，其中红托竹荪和棘托竹荪是由我国学者发现并命名的。现人工种植的竹荪品种主要有长裙竹荪、短裙竹荪、红托竹荪和棘托竹荪 4 个品种。

(三)生产方式

竹荪的主要栽培模式有林下栽培模式(图 19-7)、大田栽培模式(图 19-8)、室内栽培模式(图 19-9)、压块栽培模式、袋式栽培模式 、粮、菜间作套种栽培模式等。

图 19-7 林下栽培

图 19-8 大田栽培

图 19-9　室内栽培

任务　竹荪大田高效栽培

竹荪大田栽培模式具有地块易选择、易管理、产量高、品质优、采收方便等优点，为更多农民所接受和掌握。

一、栽培季节与品种选定

目前大面积栽培的竹荪品种主要是棘托竹荪。竹荪栽培一般分春、秋两季。以春播为宜。因我国南北气温不同，栽培时应把握两点：一是播种期气温不超过 28 ℃，适于菌丝生长发育；二是播种后 2～3 个月菌蕾发育期，气温不低于 10 ℃，使菌蕾健康发育成子实体。南方诸省惊蛰开始铺料播种，北方适当推迟。播种后 60～70 d 养菌，进入夏季 5—9 月间出菇，10 月结束，生产周期 7 个月左右，可采收 4～6 潮菇。

二、栽培前准备

（一）菌种制备

棘托竹荪耐涝耐旱，其菌丝生长旺盛。根据当地气象资料找出当地平均气温在 20 ℃的初始期，向前推 70 d 左右即为播种期。竹荪菌丝生长缓慢，二级、三级菌种菌龄可长达 60 d，需要根据生长栽培期提前安排菌种生产。

1. 一级菌种的制作

以菌蛋为分离材料，纵切，用接种针挑取菌蛋剖面中央组织块移接到 PDA 培养基上。置于 28～30 ℃培养箱内培养 20 d 左右。再经严格挑选、提纯、转管、出菇试验，才能用于生产。具体操作方法详见制种篇。初次栽培者宜向有关科研单位购买菌种。

2. 二级、三级菌种制作

常用的培养基配方有：碎竹木块，竹屑 53%，粗杂木屑 20%，麸皮 25%，蔗糖 1%，过磷酸钙 1%。将小于 1 cm 的碎竹木块屑置于水中过夜，第二天取出后，与木屑、麸皮等混合，培养基要求疏松、通气性好，料水比为 1∶1.3，含水量为 65%～70%。

竹荪菌种生长速度慢，极容易污染，制作时应严格按照无菌操作要求进行。高温型棘托竹荪适宜培养温度为26～28 ℃。

（二）原料准备

棘托竹荪栽培原料广泛，可用竹梢、竹枝、竹叶、树枝、树叶、甘蔗渣、甘蔗叶、豆秆、玉米秆、麦秆、稻草、芦苇和杂草等。

常用配方主要有以下几种。

配方1：杂木片50%，碎木块30%，竹梢头5%，竹枝叶5%，木屑10%；

配方2：杂木片30%，碎木块10%，秸秆30%，竹枝叶20%，木屑10%；

配方3：杂木片10%，碎木块10%，竹梢头10%，秸秆60%，竹枝叶5%，木屑5%。

各种原料均切成长5～10 cm材料，晒干。每亩需要干料3 000～4 000 kg。

（三）栽培场所

竹荪栽培田块必须选择土质疏松、透气性强、腐殖质多、至少3年未种过竹荪、排灌水容易、交通便利的田块。准备栽培竹荪前15～20 d，先将田块中杂草铲除，有条件的地方可施猪粪4.5～6.0 t/hm^2、过磷酸钙300～600 kg/hm^2，以提高土壤肥力，有效提高单产；并在田地四周开挖排水沟，以免田间积水。在选择田块时还需要注意4个方面：种植田块应防旱防涝，旱能浇涝能排；竹荪种植忌连做，须间隔三年以上；当年种植地瓜、玉米等作物的田块不宜种植竹荪；沙性壤土田块保水性差，易受旱，产量低，不宜种植竹荪。

三、培养料的堆制发酵

使用的木屑、竹屑必须经过发酵，才更有利于竹荪菌丝分解和吸收营养，进而提高产量。由于木屑、竹屑中纤维素、木质素等高分子物质多且含氮量少，因而在使用该原料时要添加尿素或干禽畜粪进行堆制，以提高培养料的含氮量，一般尿素的添加量控制在总干料的1.5%以内、禽畜粪的添加量控制在总干料的20.0%以内、加入1.0%碳酸钙。若添加禽畜粪，要相应减少尿素的用量或者不用。

建堆时，先铺一层厚0.3 m的木屑或竹屑，在层中间铺上尿素或干禽畜粪（经过预湿），第3层以上料厚0.2 m，这样反复堆制。堆高1 m、宽2 m左右，长度不限。发酵40 d左右，其间翻堆3次（每10 d翻堆1次），每次翻堆时应将上下、内外的培养料互翻，使培养料发酵均匀，并调节培养料的含水量至65%左右，发酵完成后的培养料呈咖啡色、无氨味，pH为5～6即可。

四、铺料与播种

竹荪喜湿好氧，显蕾具有明显的边际效应（子实体长在畦边多，畦中间少）。在田间整0.5～0.6 m宽的畦面，畦与畦间留0.3 m左右的走道，在田块四周挖沟确保排水顺畅，并在沟内撒一薄层石灰消毒、防虫（图19-10）。下料应选择晴天或阴天进行，将腐熟的培养料堆成龟背式的畦，稍压实。播种采用穴播法（图19-11），每穴相隔6～8 cm，再铺上8 cm左右的培养料，将剩余的菌种（用种量约7 500袋/hm^2）均匀撒播在料上，并整平料面。然后覆细土3～5 cm厚，再盖上稻草遮阳保湿。稻草吸湿变软时再盖上地膜，起到保温、保湿、防雨的作用。

图 19-10 铺料

图 19-11 穴播

五、搭建遮阳棚

5 月上中旬在竹荪走透培养料之后，拉架遮阳网，搭棚用长 2 m、口径 4～6 cm 的杉木（或空心钢管）作立桩，桩与桩间距 2.5～3.5 m，各桩之间用铁丝连接，顶棚用遮阳率 90%的遮阳网覆盖，田边打木桩牵引固定，棚的上面每隔 4～5 m 拉绳子网格式固定。拉架遮阳网遮阳较套种农作物遮阳方便，采收时可减少竹荪子实体的破损率，提高竹荪的外观品质和商品价值。

六、发菌管理

（一）通风换气

菌丝生长过程中分解培养料吸收氧气排出二氧化碳，要不定期揭膜通风换气，使畦床内空气新鲜，否则畦床内二氧化碳浓度过高会影响菌丝正常生长。通风 1 d 后再覆盖。

（二）保持湿度

竹荪既不耐水也不耐旱，既要防止雨天畦沟积水缺氧菌丝窒息死亡，也要防止天晴干旱菌丝萎缩。菌丝发育期培养基内固有的含水量足够菌丝生长所需，但遇天晴或覆膜等，基质覆土的水分会有所减少。为了保持基质含水量 60%，覆土含水量 25%，要做到天晴畦沟保持浅度蓄水，但不得高于培养料底部，防止菌丝窒息死亡。雨天，要排干畦沟水，保持覆土、沟土湿润，结合通风换气，掀膜以使表土湿透后再覆盖地膜。

（三）控温发菌

连续天晴，温度超过 25 ℃时，应通过掀、盖薄膜调整畦床温度，同时通风换气以防烧菌。若温度低于 20 ℃，除了透气保温外，还要盖好地膜，防雨保温。同时摘除杂菇。菌丝生长阶段一般不要轻易翻动稻草、覆土以免扯断菌丝，毁坏菌索而影响竹荪生长。

七、出菇管理

（一）水分管理

当畦面布满菌丝时喷出菇水，喷水应少量多次，既确保畦床土面含水量达到 80%以上，又要保证水不渗透到培养料中，以促进菇蕾形成。当小菇蕾形成后，需往空间喷水，晴天多喷、阴雨天少喷或不喷，一般每日早晚各喷水 1 次，以少喷、勤喷为原则。通常湿度以喷水后手捏土粒变扁、松开后不粘手为标准，保持畦面和空气湿度 85%～95%、温度 20～26 ℃为好。当温度超过 28 ℃时，及时掀地膜通风、降温；当温度低于 17 ℃时，午后掀膜透气 0.5 h，其他时间盖严压实，以保温防雨。干旱时，采用灌跑马水和喷水等方式补水。

图 19-12 搭建出菇遮阳棚

(二)菇棚遮阳

利用褪绿杂草和芦苇等达到"七分阴，三分阳"的遮阳效果，温度超过 35 ℃时加厚遮阳物以利竹荪生长(图 19-12)。一潮采收结束后，可进行追肥，杀虫方法是用尿素、食用菌氨基酸加杀虫剂，选择下午 3 时喷洒，要稀喷、勤喷防止药液过浓烧蕾。

(三)受灾管理

若遭水灾，灾后应立即排干沟水。淹后 3 d 检查，覆土未见菌丝，培养料变黑，就应改种水稻、黄豆或玉米等作物。若基料黄、覆土有新菌丝生长，则可摘除腐烂菇蕾，清除沟中堆积的沙石、沉淀在畦床上板结的淤泥，用尿素、食用菌氨基酸、杀虫剂混合液追肥防治虫害，第 2 天盖地膜保持土壤湿润促发菌。加厚芦苇及稻草防旱。

图 19-13 竹荪成熟采收

(四)转潮管理

当一潮菇采收结束后，需停止喷水、加强通风，待 3～5 d 畦床表面布满菌丝时，重新喷出菇水，进入新一潮的出菇管理。一般可采 3～4 潮菇，竹荪干品产量为 1 500～2 250 kg/hm^2。

八、采收

清晨竹荪逐渐开始"破壳而出"，当竹荪成熟伸柄开裙至离地约 1/3 菌柄时，即可进行采收(当大量出菇时，可提前至菌球破口时采收，将破口的菌球排放在桌面湿纱布上，待完全开裙)(图 19-13)。采收的子实体即刻剥离菌托和菌盖(放在另一容器内，避免菌盖上深绿色的黏液及菌托上的泥土污染菌柄和菌裙)，整齐摆放于筐内并及时烘干(采用二次烘烤法，即竹荪经过烘干脱水至 8 成，取出捆扎，再放回烘干房至烘干为止)，贮藏。

思考与练习

1. 简述竹荪的生长发育条件。
2. 简述竹荪大田栽培前的准备工作。
3. 竹荪发菌期应如何管理？
4. 结合当地资源和气候条件制订竹荪大田栽培生产计划。

项目二十　黑皮鸡枞栽培

知识目标

1. 了解黑皮鸡枞的分类学地位及食药用价值。
2. 掌握黑皮鸡枞的形态特征、生长发育条件。
3. 掌握黑皮鸡枞室内层架高效栽培的流程和方法。

能力目标

1. 能根据当地气候或生产情况制订黑皮鸡枞室内层架高效栽培生产计划。
2. 能根据黑皮鸡枞生物学特性，采取适当措施，创造黑皮鸡枞正常生长发育的条件。
3. 能运用黑皮鸡枞室内层架高效栽培技术生产出高产优质的黑皮鸡枞产品。

素质目标

1. 通过学习和制订黑皮鸡枞生产方案，培养学生对未知领域的探索和创新意识。
2. 通过学习和实践黑皮鸡枞室内层架高效栽培技术，培养学生创新创业和科技助农的意识。

黑皮鸡枞(图 20-1)即长根菇(*Oudemansiella radicata*)，长根小奥德蘑、长根金钱菌、露水鸡等，隶属于真菌门担子菌亚门层菌纲伞菌目白蘑科。分布在热带、亚热带和温带，我国大部分地区有野生分布。

该菌常在 6—10 月单生或群生于阔叶林或针阔混交林中，细长的假根长在阔叶树腐根或地下腐木上，是典型的土生木腐型真菌。

黑皮鸡枞具有较高的食用和药用价值，肉质细嫩，柄脆可口，味道鲜美。富含蛋白质、氨基酸、维生素、微量元素和真菌多糖等营养物质，具有较高的食用价值，还具有抗肿瘤、降血压、降血脂、改善肠道、抗菌和抗氧化等药用价值，经常食用黑皮鸡枞菌可提高机体免疫力，是理想的健康食品。

图 20-1　野生长根菇

一、黑皮鸡枞生物学特性

(一)形态特征

1. 子实体

黑皮鸡枞子实体单生或群生，菌盖半球形至渐平展，表面光滑湿润，黑褐色，中部微突起；菌肉较薄，呈白色；菌柄中生，棕褐色，中实质脆，内部纤维质，直径 0.2～3 cm，长 2～30 cm，基部膨大，向地下延伸成假根，长度可达 16 cm。

2. 菌丝体

菌丝白色绒毛状，有分隔；孢子印白色至乳白色，孢子无色光滑，卵圆形至宽圆形，表面光滑，有芽孔。

(二)生活史

黑皮鸡枞由孢子萌发形成初生菌丝，菌丝体初期为白色，成熟后可产生灰褐色薄膜，成熟的菌丝扭结形成原基，原基生长为菇蕾，最终生长为子实体并产生孢子，进入下一个生命周期。

(三)生长发育条件

在营养类型上，黑皮鸡枞属于异养型生物，不能直接自身制造养分，其生长发育所需的各种营养物质均来自其生长的基质。黑皮鸡枞生长所需要的营养物质主要有碳源、氮源、无机盐和生长因子，不同的碳氮比也会影响黑皮鸡枞的生长发育。

1. 营养条件

黑皮鸡枞对营养要求不苛刻，可以在木屑、棉籽壳、玉米芯粉等多种原料上生长，一般种植香菇、黑木耳的原料均可栽培黑皮鸡枞。

2. 环境条件

(1)温度：黑皮鸡枞属中高温、高湿土生木腐菌，菌丝生长适宜温度为 18～30 ℃、最佳温度 25 ℃，出菇适宜温度为 28～28 ℃、最佳温度 26 ℃，子实体分化和生长的适宜温度为 15～28 ℃，最佳温度 25 ℃。

(2)水分和湿度：菌丝体生长阶段，培养料含水量为 65%左右，空气相对湿度为 65%～70%。子实体生长发育期，空气相对湿度为 85%～90%。湿度低影响子实体正常发育，菌盖易破碎。人工栽培时，料面覆土与不覆土都能出菇，因覆土利于保湿，出菇效果更好。覆土层含水量 20%。

(3)光照：黑皮鸡枞是喜光性菌类，菌丝生长不需要光照，子实体生长需要充足的散射光，光照强弱影响菇体色泽和硬度。光照强菇体色泽深、菇柄硬、光照弱菇体色泽浅、菇柄嫩。一般光照强度应控制在 100～300 lx，菇棚保持“三分阳七分阴”。

(4)酸碱度(pH)：黑皮鸡枞是喜微酸性至中性环境，pH 6～6.5 为宜，配料和覆土中可适量添加石灰。

(5)通风：黑皮鸡枞要求生长环境空气新鲜。保证温湿度适宜的情况下，适当打开温室后墙小窗户或者掀开大棚两侧农膜以通风换气，使二氧化碳浓度控制在 0.3%以下。通风不良容易导致黑皮鸡枞菌柄细长。

二、黑皮鸡枞生产概述

（一）生产历程

黑皮鸡枞在中国的栽培历史近 30 年，是我国重要珍稀菇栽培品种，纪大干等（1982）首次对中国西南地区黑皮鸡枞形态、生物学特性进行了描述，通过分离野生黑皮鸡枞获得母种，并尝试采用木屑栽培法对黑皮鸡枞进行人工种植。进入 21 世纪以来，关于黑皮鸡枞栽培的相关报道越来越多，孙思国（2008）申请了黑皮鸡枞生产的专利，其中包括了黑皮鸡枞母种、原种以及生产种的制备以及人工栽培的方法。山东省在 2013 年实现了黑皮鸡枞周年化生产，填补了黑皮鸡枞周年化生产的空白（连静，2013）。黑皮鸡枞大多是室内脱袋覆土栽培（李传华等，2011），一部分采用不脱袋，直接袋内覆土进行出菇（陈林香，2018）。目前，黑皮鸡枞已在山东、福建、四川、辽宁、广东、云南、湖南等地形成了一定规模的人工栽培。

（二）栽培品种

这类真菌目前世界上有 50 多个种，已经人工栽培的种类包括：长根小奥德蘑（黑皮鸡枞）、鳞柄小奥德蘑、褐褶边小奥德蘑、粘小奥德蘑、拟粘小奥德蘑、淡褐小奥德蘑、厚褶小奥德蘑、卵孢小奥德蘑等。

（三）生产方式

黑皮鸡枞为中高温型菌类，是夏、秋食用菌生产淡季的有益补充品种。目前，主要的栽培方式有大棚覆土栽培（图 20-2）、室内床架袋栽（图 20-3）、仿野生栽培及工厂化免覆土周年化栽培等。

图 20-2　大棚覆土栽培

图 20-3　室内床架栽培

任务　黑皮鸡枞室内层架栽培

黑皮鸡枞室内层架栽培能充分利用场地，降低生产成本，实现周年化栽培，获得更大的经济收益。

一、栽培季选择

黑皮鸡枞可在春、秋两季栽培，其菌丝可在 13～31 ℃温度范围内生长、生长适温 20～25 ℃，子实体生长温度范围 15～35 ℃、生长适温 23～25 ℃。黑皮鸡枞菌龄长，菌丝培养 35 d 可长满袋，继续培养 30 d 以上才能达到生理成熟进入出菇阶段，因此生产上菌袋制作时间应比出菇时间早 2.5～3 个月。春季栽培的，2 月下旬制作菌袋，5—6 月出菇；秋季栽培的，7 月上旬制作菌袋，9—10 月出菇。

二、栽培前准备

（一）菌种制备

黑皮鸡枞菌种的生产应按生产计划提前制备。可根据生产规模选择生产固体菌种和液体菌种。

1. 固体菌种

将优质无污染的母种块（1.0～1.5 cm^2）接入原种栽培瓶中，将原种栽培瓶培养室的温度控制在 22～26 ℃。大约 55 d 后菌丝就会长满栽培瓶，然后可进行栽培种制备，即将原种的优良菌丝直接转接到栽培种的栽培袋中。1 瓶原种可以接种 25～30 袋栽培种。栽培种在 22～26 ℃下培养 50 d 左右，菌丝可长满菌袋用于栽培袋的生产。

2. 液体菌种

配置液体培养基，用 200 g 去皮马铃薯、20 g 葡萄糖、3 g 磷酸二氢钾、1.5 g 硫酸镁、30 mg 维生素 B_1，1 L 蒸馏水，将 pH 调节至 6.5～7.0，分装于（500 mL）三角瓶中约 250 mL。配置好上述溶液之后，进入搅拌阶段，一般采用磁力搅拌，需要把它放置在磁力搅拌器上，慢慢地加热并且匀速的搅拌至均匀，完成之后放入高压灭菌锅内灭菌 1 h，灭菌结束后取出培养基，将菌种放在超净工作台上冷却至室温。在无菌条件下，加入 5 块 1.0～1.5 cm^2 的母体菌种块于三角瓶中。然后将接种后液体培养基放置在黑暗摇床上，调整摇床湿度为自然无光，温度为 22～25 ℃，转速控制在 90～160 r/min，培养 1 周左右。然后移至液体培养基的发酵罐中，其液体培养基配置方法为：5.9 g 豆粕粉、20 g 葡萄糖、1.5 g 蛋白胨、0.7 g 磷酸二氢钾、0.8 g 硫酸镁、1 L 水、pH 调节至 6.5～7.0。接种量为 10%，培养 1 周，然后可以制作栽培种，每袋移取 25～30 mL 液体至栽培袋中。

（二）栽培地准备

选地势开阔平坦、交通便利、灌排方便、通风、向阳、环境清洁卫生、方圆 1 km 无污染源、土壤坚实的地块建棚，大棚覆盖塑料薄膜，棚顶再盖 1 层遮阳网。棚内用竹木搭设层架，层架宽 1.4～1.5 m，共设 3 层，层间距 50～60 cm，层架之间留 80 cm 宽通道。闲置食用菌旧棚内往往会有大量病虫杂菌，需彻底消毒后方可使用。揭除棚外遮盖物和塑料膜，晾晒 2 个月以上，棚内地面、层架、棚架等喷洒高锰酸钾 1 000 倍液，消毒后密闭大棚 2～3 d，再用生石灰对地面进行灭菌消毒。

（三）栽培料制备

黑皮鸡枞代料栽培的常见配方主要有以下几种。

配方 1：玉米芯 55%、棉籽壳 21%、麸皮 15%、玉米粉 8%、石灰 1%；

配方 2：木屑 50%、棉籽壳 28%、麸皮 20%、糖 1%、碳酸钙 1%。

黑皮鸡枞分解木质纤维素能力强，生产中常选用杂木屑、棉籽壳、甘蔗渣、玉米芯等作栽培主料，辅料可选用麸皮、玉米粉、碳酸钙、生石灰等，主料和辅料均要求新鲜、干燥、无霉变、无虫蛀。

三、装袋、灭菌与接种

棉籽壳吸水速度慢，可提前 1 d 浸泡预湿，待主料充分吸湿后再加入辅料混合均匀，调节物料的含水量至 60% 左右。将栽培料用装袋机装入袋中，装料要求均匀、松紧适度，每袋湿质量 1.0～1.2 kg。装料后尽快灭菌，从配料到灭菌尽量在 4 h 内完成。常压灭菌，即 100 ℃保持 8～16 h。灭菌后迅速将菌袋移至接种室，待袋温冷却至 25 ℃左右时即可接种。接种完成后将菌袋置于养菌棚养菌。

四、菌丝培养

黑皮鸡枞菌丝培养阶段要求温度 22～25 ℃、相对湿度 60%～70%、无光照，棚内应加强通风换气。接种后 1 周，及时查菌并清理被污染菌袋。接种后 30～45 d，菌袋发菌完成，继续培养 30 d 以上，待菌丝达到生理成熟才能正常出菇。料面的气生菌丝转为褐色，或基质表面菌丝扭结成黑褐色菌丝组织并伴有较浓的菌香味，表明菌丝已达到生理成熟。

五、出菇管理

菌丝达到生理成熟后，应及时开袋并将其排放于菌棚层架上进行覆土培养。覆土能激活土壤微生物活力，保护菌丝体并促使菌丝更好地扭结形成原基，从而使子实体发生更多、生长更健壮，达到增加产量、提高品质的目的。

（一）覆土材料准备

黑皮鸡枞层架式栽培的关键技术是覆土灭菌。覆土可以增加土壤微生物活力，使子实体发生整齐，生长健壮。覆土前 5 d 需准备好覆土材料，选用沙壤土、泥炭土、腐殖质等作覆土材料，生产上常使用透气性好、富含有机质的沙壤土。覆土材料使用前需经长时间曝晒，晒干晒透。在沙壤土中掺入 5%新鲜谷壳（提高土壤透气性，为菌丝生长创造良好条件），再掺入石灰拌匀，消毒灭菌，最后均匀喷洒 5%甲醛溶液。覆土材料用薄膜覆盖密闭 24 h 后掀开摊晾，待甲醛完全散发后备用。

图 20-4 黑皮鸡枞覆土

（二）覆土

在层架上铺设多层尼龙网并固定，同时将覆土材料喷水调湿至含水量 20%左右。选菌丝已达生理成熟的菌袋，解开袋口，将袋口下折反卷（高出料面 3～4 cm）后竖直排放于床架上，菌袋间距 3 cm 左右，其上覆土厚 3～5 cm，盖平压实（图 20-4）。一般每 1 m^2 床架可排放菌袋 60 袋左右。菌袋覆土后，棚内需加强通风换气，以满足菌丝生长对氧气的需要，避免供氧不足发生木霉污染。

(三)环境条件

出菇阶段管理的关键在于控温、保湿。黑皮鸡枞出菇的适宜温度为23～25 ℃、空气相对湿度为85%～95%。

1.温度管理

菌棚温度在20～28 ℃时,黑皮鸡枞子实体发生数量多,菇体健壮且产量高;低于15 ℃或高于30 ℃,子实体难以分化;超过28 ℃菌盖易开伞,菌柄细小,子实体颜色变浅。5—6月出菇期,若气温超过30 ℃应打开菌棚门窗进行通风降温,同时在棚顶覆盖草帘、芦苇等物遮阳,也可在棚内喷洒泉水或井水降温散热。

2.湿度管理

黑皮鸡枞子实体生长阶段空气相对湿度应保持在85%～90%。空气相对湿度低于60%,菌柄易开裂;空气相对湿度高于95%,易发生病虫害。覆土应始终保持湿润状态,含水量25%左右,以手握成形但不粘手为宜。根据覆土干湿度、天气及菌蕾生长情况,灵活掌握喷水量及喷水次数。覆土略干燥时,应及时喷雾状水,做到勤喷、轻喷,尽量避免水珠冲动土粒伤及菌丝或幼蕾。菌蕾开始现蕾并逐渐长大时,喷水量和喷水次数也应随之增加。菌蕾较小时要少喷、轻喷,菌蕾较大时要多喷、重喷,选早晚多次细喷;晴好天气多喷,阴雨天气少喷或不喷。

3.通风换气

黑皮鸡枞为好气性真菌,出菇阶段可适当打开菌棚门窗通风换气。喷水后通常通风0.5 h,以保持棚内空气清新。

4.光照

黑皮鸡枞出菇阶段需适当光照,应保证每天光照时间不少于2 h。光照过强或过弱均会严重影响子实体品质,光照不足时菌柄细长、菌盖小而薄、颜色暗淡,光照太强则菌柄过短、开伞早。

六、采收

一般覆土后25 d左右菌袋开始出现大量菇蕾,再过7～10 d即可采收。以菌柄伸长、菌伞刚开放(呈钟形)、菌幕尚未破裂时为采收适期。采收时,用手捏住菌柄基部轻轻旋转拔起,削去柄基部假根带土部分即可。采收时应轻拿轻放,将采后的黑皮鸡枞置于4～10 ℃低温处存放。黑皮鸡枞可出菇4～6潮,每潮出菇5～10 d,每采完1潮菇后及时清理菌袋表面覆土及菇体残留物,停水3～5 d,让菌丝恢复生长,然后喷重水进行温湿刺激管理,15 d后即可采收下潮菇。

思考与练习

1. 简述黑皮鸡枞的生长发育条件。
2. 简述黑皮鸡枞菌丝培养的环境条件。
3. 简述出菇管理中的覆土操作。
4. 结合当地资源和气候条件制订黑皮鸡枞室内层架高效栽培生产计划。

项目二十一　羊肚菌栽培

知识目标

1. 了解羊肚菌的分类学地位及食药用价值。
2. 掌握羊肚菌的形态特征、生长发育条件。
3. 掌握羊肚菌的大田栽培方法。

能力目标

1. 能根据当地气候或生产情况制订羊肚菌生产计划。
2. 能根据羊肚菌生物学特性，采取适当措施，创造羊肚菌正常生长发育的条件。
3. 能运用羊肚菌大田栽培技术获得羊肚菌栽培的高产优质。

素质目标

1. 通过介绍羊肚菌大田高效栽培技术，激发学生勇于探索，积极进取的创业精神。
2. 培养学生爱农情怀，服务乡村振兴。

羊肚菌(*Morchella* spp.)，在分类学上隶属于真菌界子囊菌门盘菌纲盘菌目羊肚菌科羊肚菌属。羊肚菌又称麻子菌、狼肚、羊肚菜、羊肚蘑、阳雀菌、羊蜂窝蛾子等，因形似羊的肚子故得名羊肚菌(图 21-1)。

羊肚菌风味独特、味道鲜美、嫩脆可口、营养极为丰富。它既是宴席上的珍馐，又是医学中久负盛名的良药，过去常作为滋补贡品，在欧洲被认为是仅次于块菌的美味食用菌。羊肚菌含有大量多糖、氨基酸、维生素和钙、锌、铁等多种矿物质。此外羊肚菌还含有一种脯氨酸类似物的特殊香味物质，加上赖氨酸、精氨酸等含量高，使之成为良好的调味品和食品添加剂。

图 21-1　野生羊肚菌

羊肚菌子实体还可以入药。《本草纲目》中就有“甘寒无毒，益肠胃，化痰利气”的记载；现研究表明，羊肚菌具有益肠胃、消化助食、化痰理气、补肾、壮阳、补脑、提神之功效。主治脾胃虚弱、消化不良、痰多气短、精神亏损等，对精肾亏损，阳痿不举，性冷淡，饮食不振，肠胃炎症，饮食不振，头晕失眠有良好的治疗作用。长期食用具有防癌、抗癌、抑制肿瘤、预防感冒、增加人体免疫力等效果，在医学上和保健上有重要的开发价值。

一、羊肚菌生物学特性

(一)形态特征

1. 子实体

羊肚菌的子实体，单生或丛生，肉质，稍脆。

(1)菌盖：近球形至卵形、长三角形，顶端尖或钝圆，长 3.5～9.5 cm，直径 2.5～6.0 cm，单个重量 1～800 g。表面由纵横交织的垂脊、横脊分隔出许多小凹坑、陷坑或网格，外观似羊肚，故名羊肚菌。垂脊表面稍粗糙，较浅，纵横交错。凹坑规则或不规则，梯格形、方形、多边形或近椭圆形，其形状在子实体的不同生长阶段变化较大，成熟后每个物种的形态比较稳定，内表面光滑，白色、灰白色、黄色至蛋壳色、灰褐色，干后变为褐色或黑色，宽 3～12 mm，长 5～30 mm。小凹坑内表面分布子实层，子实层由子囊、侧丝、子囊孢子组成。菌盖中空，内壁粗糙，白色、灰白色、灰蓝色，由大小均匀的刺突物组成。

(2)菌肉：白色，近白色，肉质，厚 1～3 mm。

(3)菌柄：与菌盖的边缘直接连接，粗大，颜色比菌盖稍浅，近白色或黄色，长 5～10.5 cm，直径 1.5～4.5 cm，幼时外表有颗粒状突起，后期变平滑，基部膨大，有不规则的凹槽，

子实体内部与外部空气直接连通，中空。子实体内壁先为白色，后呈灰白色、灰色、灰绿色、灰黄色、灰黑色，不同的物种变化较大，表面布满微凸的小颗粒，颗粒均匀，直径 200～400 μm。

成熟后不同物种子实体表面的小凹坑形状、大小、深度、颜色、变色长度往往差异很大，是区分不同物种的重要特征。

2. 菌丝体

羊肚菌的菌丝体分为气生菌丝、培养基表面菌丝、基内菌丝。在琼脂培养基上，菌落初期(图 21-2)为白色或淡白色，后变黄色或棕色、灰色，易形成黄色、黄棕色大小不等的菌核(图 21-3)。气生菌丝均匀、稀疏，比一般草菌的浓密程度差些，具有明显的爬壁性，在适宜的培养基上气生菌丝发达。在培养基内常常分泌浅褐色色素，使培养基变色，老后全部变成黑褐色(图 21-4)。菌丝体生长速度快，一般为 1.5～2 cm/d，3～4 d 长满试管斜面。在某些培养基上呈淡粉红色、棕色；在纯培养条件下，尖端菌丝可以形成无性型分生孢子。平贴生长在培养基表面的菌丝，主干菌丝明显，挺直，白色或黄色，生长快速，直角分枝，有隔，分隔处有溢缩，菌丝常有桥连和融合现象；培养基内部的基内菌丝，无主干，呈棒状，间隔短，分枝密集、多而短。

培养皿中的菌落，羊肚菌菌丝隔膜有一个中央孔，细胞质和细胞核都可以在细胞间自由交换和流动，因此羊肚菌的菌丝都应该是多核的。

在纯培养条件下菌丝体容易形成菌核。菌核形成的时间、数量、大小等与培养基成分有密切关系，在玉米粉、麸皮、黄豆粉、土壤等天然培养基上容易形成菌核，松针、木屑等培养基上不容易形成菌核。试管中的菌核可以在培养基表面直接形成，也可以有气生菌丝(图 21-5)在试管壁上形成大量菌核。

图 21-2 菌落初期

图 21-3 菌落后期

图 21-4 培养皿中的菌落

图 21-5 气生菌丝

（二）生活史

羊肚菌生活史的很多环节现在还不清楚。子囊孢子萌发形成初生菌丝，进一步形成芽管，新生芽管内有大量的细胞核；羊肚菌子囊孢子极性鉴定依然存在困难，但单孢分离、多孢分离和组织分离得到的菌丝体均能完成完整的生活史循环（图 21-6）。在不良环境下，羊肚菌营养

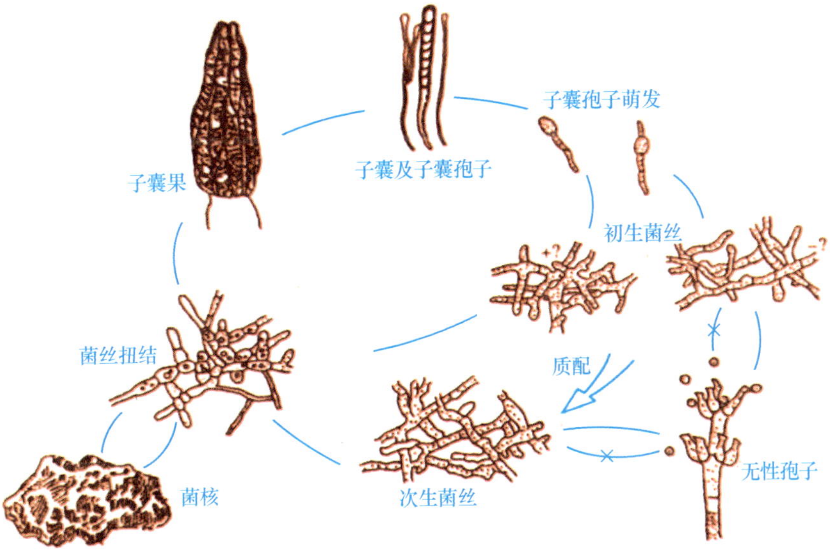

图 21-6 羊肚菌生活史

菌丝交织形成假菌核。在土壤层表面可形成大量球形的无性孢子，人们推测其可能扮演了不动精子的功能。尽管人们尚不清楚羊肚菌菌丝体是否存在初生菌丝与次生菌丝之分，但在人为控制条件下使子实体稳定发生已是不争的事实。成熟的子实体发育产生大量的子囊孢子，开始下一个生活史循环。

(三)生长发育条件

1.营养条件

羊肚菌属真菌的生态类型还存在争议，但目前人工栽培的羊肚菌属于腐生型真菌，一般是利用外援营养袋向土壤中菌丝和菌核细胞补充营养。羊肚菌可以直接吸收利用葡萄糖、蔗糖、乳糖、半乳糖等简单糖类成分作为碳源，可以利用酵母粉、蛋白胨、玉米粉、麦麸等作为氮源，还可以利用尿素等无机氮源。尿素使用浓度≤0.25%，在0.1%～0.2%浓度下，菌丝长势最好；在培养料中添加磷酸二氢钾、石膏等矿质营养，能促进菌丝生长。

2.环境条件

(1)温度：羊肚菌属低温型菌类，一般要求土壤层温度在8～18 ℃，适宜温度为15～18 ℃，低于0 ℃或高于28 ℃菌丝生长均停止甚至死亡。

子实体在5～18 ℃均能生长，适宜温度为12～16 ℃。若昼夜温差大，可促进子实体的形成，但低于5 ℃或高于18 ℃的温度不利于子实体的正常发育。温度过低，子实体生长缓慢、肉厚、色黑；温度过高，子实体肉薄、柄长、帽短小、色黄、商品价值低。

(2)湿度：羊肚菌属于喜湿型真菌，菌丝生长阶段，覆土层土壤含水量应达到15%～25%，在原基形成和子实体发育阶段土壤含水量应达到20%～28%。当自然降水量不能满足其水分需求时，应进行人工补水，保持适宜的土壤含水量。出菇期间空气相对湿度为85%～90%，有利于子实体的发育，但需要注意的是，当遇到高温天气时，应加强通风，降低环境空气湿度，以免出现高温高湿造成的病害。

(3)光照：羊肚菌菌丝生长不需要光照，强光对菌丝生长具有抑制作用，菌丝生长期，通常使用透光率10%～20%的遮阳网进行遮光；微弱的散射光有助于原基形成和子实体生长发育。在子实体生长发育过程中，应避免强光直射。强光易对子实体造成灼伤，导致形成畸形菇。同时羊肚菌子实体具有向光性，往往朝光线方向弯曲生长。

(4)酸碱度：羊肚菌属于喜碱型真菌，培养基和土壤pH应掌握在6.5～8.5，若pH下降到5.0以下或高于9.0都不利于羊肚菌的菌丝和子实体生长。

(5)空气：羊肚菌属于好气型真菌，在生长发育过程中需要消耗大量的氧气。羊肚菌的菌丝生长可以耐受较高的二氧化碳浓度，低二氧化碳浓度(400～600 μL/L)有助于子实体的快速发育，高浓度二氧化碳易造成子实体畸形、菌柄增长、菌盖短小。因此，在生长发育过程中，需要保持足够的氧气含量。实际生产中常通过通风来调节氧气和二氧化碳浓度，原基及子实体的发育过程需加大通风，增加氧气含量。

二、生产概况

1.生产历程

20世纪80年代，美国Ower(1986,1988,1989)发表了3篇有关羊肚菌人工栽培技术的文章，但没有大规模的商业应用。我国羊肚菌栽培近年来获得了突破性进展，特别是源自2012

年四川一带的大田栽培技术，取得较好效果，该模式也得到快速推广。据统计，2012 年我国羊肚菌栽培面积不足 1 万亩，到 2022 年全国羊肚菌栽培面积已经突破 30 万亩。目前大面积栽培主要分布于四川、重庆、湖北、河南等地，并在云南、山西、陕西、湖南、江苏、山东、新疆等地发展。虽然羊肚菌栽培技术逐渐走向成熟，但其遗传、发育、生理学等方面的研究进展相对缓慢，在规模化生产中仍存在着菌种来源不清晰、栽培技术不成熟和产量不稳定等问题，常造成严重的经济损失。

2. 生产品种

目前我国已知羊肚菌属种有 20 个，其中新种有 2 个，即宽阔水羊肚菌、西藏羊肚菌。

国内栽培的物种主要是梯棱羊肚菌(图 21-7)、六妹羊肚菌(图 21-8)、七妹羊肚菌(图 21-9)。其他的物种栽培量很少，最新驯化成功的有 Mel-21，但产量不高或不出菇情况较多，有的物种甚至根本没有栽培。

图 21-7　梯棱羊肚菌

图 21-8　六妹羊肚菌

3. 生产方式

自羊肚菌规模化栽培技术成熟以来，已经发展出多种栽培模式。根据是否使用培养料分为有料栽培和无料栽培，大多数栽培者采用的是无料栽培模式，即直接在翻耕后的大田中播种，不需要任何培养料；有料栽培模式是先在大田中撒一定数量的培养料，只有少数栽培者采用，效果很好。

图 21-9　七妹羊肚菌

栽培模式的主要区别是搭建棚架的形式有很多种，包括温室大棚、平棚(图 21-10)、拱棚(图 21-11)、简易高连棚(图 21-12)、林地(图 21-13)、作物或中药材套种、无棚等，目前大面积使用的是简易高连棚模式。根据栽培季节不同，羊肚菌栽培可分为正季栽培(秋季播种，春季采收)和反季栽培；现国内外也有报道室内周年化栽培的案例。

图 21-10　羊肚菌平棚栽培

图 21-11　羊肚菌拱棚栽培

图 21-12　羊肚菌简易高连棚栽培

图 21-13　羊肚菌林地栽培

任务　羊肚菌大田栽培

羊肚菌大田栽培方法简单、见效快，是脱贫致富的好项目。

羊肚菌大田栽培工艺流程可概括为：季节安排→品种选择→场地整理→菌种制备→播种→覆土→盖膜→营养袋制作与摆放→发菌管理→出菇管理→采收→采收后管理。

其中菌种制备、出菇管理是羊肚菌栽培的重点。

一、季节安排

羊肚菌属于低温型真菌。应根据当地气候条件，选择环境温度低于 20 ℃时进行播种。通常四川、湖北等南方地区 11 月中下旬播种，翌年 4 月中上旬采菇结束；山东、河南、陕西等北方地区 10 月上中旬播种，翌年 5 月初采收结束。春季地温达到 4～8 ℃时开始催菇，此时为最佳出菇温度，当温度高于 20 ℃时则难以出菇，超过 25 ℃时生产季节即结束。

根据播种季节安排菌种和营养袋制备时间。母种生产周期为 10～15 d，原种生产周期为 15～20 d，栽培种生产周期为 20～25 d，营养袋摆放时间为播种后 5～25 d，营养袋摆放时长为 40～50 d。

各级菌种和营养袋务必按时使用，否则应低温储存，避免长时间常温存放造成菌种活力降低。购买菌种需要在 9 月前向专业菌种厂预定。

二、品种选择

针对不同品种羊肚菌的菌丝生长适宜温度和子实体生长适宜温度的差异，结合当地的具体气候条件，筛选出适合本地区的羊肚菌(表 21-1)。

表 21-1　羊肚菌发育相关温度　℃

种类	原基形成地温(地表 10 cm 处)积温	原基形成的地温(地表 10 cm 处)	子实体分化发育温度	子实体生长的适宜温度
梯棱羊肚菌	320～600	7～15	6～21	15～18
六妹羊肚菌	400～600	8～17	8～20	16～18
七妹羊肚菌	400～600	8～17	8～20	16～18

三、场地整理

1. 选地

羊肚菌栽培场地应该选择地势平坦、接近干净水源、避风向阳、交通方便、排水良好的地点。选择干净、透气、有肥力的沙壤土最为适合，水稻田、旱地、果园、菜园、林地、荒地等均可利用，但羊肚菌栽培重茬地病虫害较为严重，应避免使用。

2. 整地

播种前 1 个月进行翻耕晒地，可以有效杀灭土壤中的杂菌。根据地势、水流方向和风向进行整地，将场地整成厢面，厢宽 1.0～1.4 m，长度不限，厢间沟宽约 30 cm，深约 20 cm，确保排水方便和便于行走。

3. 搭建遮阳棚

场地整理之后即进行打桩，架支架，顶部盖遮阳网，平棚或拱棚均可，需要使用遮光率 70%～85%的遮阳网进行遮阳处理。拱棚顺风势走向而建，宽 4～8 m，高 2～3.0 m，长度不超过 80 m，以免影响通风；平棚依据场地面积而定，长江以北地区，优选使用拱棚，以抵御风雪(图 21-14)。

四、菌种制备

菌种制备是羊肚菌生产的关键点，优良菌种具有菌龄合适、生命力旺盛、纯度高、抗性强、无污染等特点。菌种制备时间应根据播种时节往前推 45～60 d，不宜过早，以免影响菌种活力。

当前广泛使用的优良菌种大多由野生菌种驯化而来。由于羊肚菌菌种无论在栽培生产环节还是在转管保藏过程中均容易老化或退化变异，因此应避免母种肆意扩繁，也不能

图 21-14　搭建遮阳棚

随意选择可栽培的子实体自行分离，用作栽培生产中的母种。人工分离的菌种必须经过栽培试验，检验其性状，经过系统筛选，才能应用于规模化栽培。应尽量选择当前已经人工栽培的菌株进行菌种生产，在未栽培过羊肚菌的地区，进行小面积试种或菌种筛选非常必要。

菌种制备必须严格按照菌种生产规程进行，在制作过程中要经常观察菌种长势，剔除菌丝稀疏、污染或老化的菌种。一般母种培养基选用 PDA 固体培养基，接种后 17 ℃恒温、避光培养 7 d 左右，即可长满试管或 9 cm 培养皿。

原种与栽培种的培养料配方相同，常压或高压灭菌后使用，常用配方如下。

配方 1：杂木屑 20%，小麦 75%，腐殖质土 4%，生石灰 1%；

配方 2：杂木屑 15%，小麦 70%，稻谷壳 10%，腐殖质土 4%，生石灰 1%；

配方 3：玉米芯 20%，小麦 70%，稻谷壳 10%，腐殖质土 4%，生石灰 1%。

麦粒使用前需浸泡 18～24 h（无白心）或煮熟软化。培养料充分混匀后，加水搅拌，培养料含水率控制在 60%～65%为宜，装瓶或装袋后灭菌备用，装袋（瓶）与灭菌的具体方法同食用菌菌种制备方法。原种、栽培种菌丝初期洁白、浓密，17～23 ℃菌丝长速为 1.3～1.5 cm/d，后期菌丝发黄或棕黄色，通常在菌丝长满袋（瓶）前后，在菌种袋（瓶）的上部开始出现菌核，不同菌株菌核产生时间、形态特征均不相同。菌核并非是菌种质量优劣的一个评定指标。

五、播种

当秋季气温下降到 20 ℃以下时，开始进行开沟播种（图 21-15、图 21-16）。将培养好的栽培种先进行表面消毒处理。方法是：用 0.1～0.2%来苏尔或新洁尔灭溶液，清洗栽培种的瓶身和瓶口、菌种袋表面、接种工具、塑料盆，接种人员的双手皮肤进行消毒处理。用消毒后的金属工具将菌种掏出，放在消毒后的大塑料盆或编织袋中，运送到大田，

进行撒播或沟播。

撒播：将菌种均匀撒在厢面上，单位面积用种量为 0.3～0.4 kg/m²。

沟播：将菌种均匀地撒在播种沟内，单位面积用种量为 0.1～0.3 kg/m²。大面积播种时，一定要监控用种量，避免菌种过剩或不够的现象发生。

图 21-15　开沟

图 21-16　播种

六、覆土

播种以后要立即进行覆土(图 21-17)。大面积栽培，播种后最多不超过 1 h 就要覆土，否则菌种容易被吹干，导致菌丝体生长缓慢或死亡。覆土用走道内的土壤，覆土厚 2.0～3.0 cm。覆土方法：可以用人工铲土或开沟机翻土，将走道内的土壤翻到畦面上，均匀分布。要求：覆盖均匀，平整，不露种，不露料。土壤偏干或在干旱地区，可以适当碾压土面，减少覆土层土壤的孔隙度，防止水分损失。如果播种期间阴雨连绵，土壤湿度过大，把菌种撒在畦面以后，应该采用干客土覆盖，不要采用原田的湿土覆盖。其中，采挖山坡上干燥的沙土，运送到湿田中进行覆盖，效果较好。

图 21-17　覆土

七、盖膜

播种后在畦面直接覆盖黑色微膜或起小拱棚覆盖黑色微膜或白色薄膜。其作用是保温、保湿、抑杂、防雨、压草，可以提前 15～20 d 出菇，延长出菇期，保证高产稳产。

方式 1：黑色微膜或黑色地膜直接覆盖厢面，四周用土块稍压实。该方法操作简便，但是地膜下表面容易形成冷凝水水珠，滴水在畦面局部形成高湿度的小区域。覆盖双层黑膜效果更好。

方式 2：用竹片起小拱棚，拱棚最高处离畦面的高度为 20～40 cm，用白色薄膜或黑色薄膜遮盖，四周用小土块压实即可。该方法操作稍麻烦，但是薄膜下表面不容易形成水珠。

方式 3：在畦面四周打矮立柱，高出畦面 30 cm，用铁丝或塑钢丝在四周拉线并固定，再在拉线上覆盖黑色薄膜或白色薄膜。该方法操作也稍显麻烦，但是棚架稳固，薄膜下表面不容易形成水珠。

上述方法在播种时如果调控好土壤湿度，在整个菌丝培养期可不在管控土壤水分。一般不要在畦面覆盖稻草、草秸、草帘、树枝、腐殖土、木屑、松针等材料。这些材料的使用不仅费工、费力，还会大大提高成本，同时还容易滋生大量病虫害。

八、营养袋制作与摆放

营养袋是羊肚菌栽培必需的操作环节，不摆营养料袋一般不会出菇或产量很低。营养料袋可以与菌种一起购买，也可以自己生产。

营养袋常用配方：杂木屑 20%，小麦 65%，稻谷壳 10%，麦麸 4%、生石灰 1%，具体制作方法同羊肚菌栽培种。

营养袋摆放方式：料袋间隔 20～30 cm，行距 30～40 cm，密度 4～5 个/m^2，一般呈“品”字形。用量：每亩 1 600～2 000 袋，干料重量 300～500 kg。摆放时间：播种覆土后第 7～25 天待菌丝长至土表即可摆放营养袋，一般不要超过第 30 天。摆放方法：在营养袋的一面用钉板打孔或用刀片划口，并将打孔或划口面朝下放置在厢面上，注意孔和口应与厢面菌丝充分接触，避免与空气接触感染杂菌(图 21-18)。

图 21-18 营养袋摆放

图 21-19 盖地膜发菌

九、发菌管理

放置好营养袋后，再次覆盖地膜，避光养菌，但不能盖严，需要足够氧气以促进菌丝的快速生长(图 21-19)。在播种后到出菇前的期间为发菌期，这个阶段羊肚菌菌丝体大量生长，使羊肚菌菌丝体能够充满表层 20～30 cm 厚的土层。菌丝体吸收、积累土壤内的各种有营养物质，为出菇奠定良好的物质基础。期间要注意温度、水分、空气、虫害、杂菌、风灾、雨雪等。

1. 温度管理

羊肚菌属低温性真菌，对温度非常敏感，适合羊肚菌菌丝体生长的适宜温度为 15～18 ℃，孢子萌发的适宜温度为 15～20 ℃，子实体生长的适宜温度为 10～22 ℃。昼夜温差不能太大，一般最好是相差 10 ℃左右，如果温差值大于 15 ℃，会影响羊肚菌的出菇。水分及湿度管理：羊肚菌发菌期土壤适宜含水量为 20%～22%，空气适宜湿度在 85%左右。播种前土壤湿度过低的需要保持 1～2 次大水喷灌，使土壤含水量保持在适宜范围；没有及时灌水的，可以在播种后第 4～7 天，在畦面进行喷水或用喷灌带喷水。以后根据天气状况适当补水，保持畦面土壤不发白或稍发白为宜。

2. 空气管理

羊肚菌属好氧型真菌，足够的氧气和通风良好的场所是保证羊肚菌正常生长发育的必要条件。菌丝生长阶段对空气无明显要求，但子囊果形成和生长发育阶段对二氧化碳十分敏感。

3. 虫害管理

播种前土壤进行杀虫处理，发菌期在大棚内悬挂黏虫黄板，其间隔距离为 2～3 m/个，也可在棚内安装诱虫灯诱杀各类害虫。发现蛞蝓、蜗牛等软体动物危害啃食菌丝体可通过撒施四聚乙醛有效防控。

4. 杂菌管理

播种以后，每 3～5 d 揭开薄膜观察畦面，发现有异常生长及杂色的菌丝体，可以用石灰覆盖，通风 1～2 h，使土面变干，霉菌不再大量生长。营养袋若出现少量青霉、绿色木霉，可以任其生长。如果出现大量红色、白色的链孢霉，就应该及时喷洒链孢霉专用杀灭剂控制其继续生长。同时应加固大棚设施，避免被大风、雨雪天气的毁坏，影响菌丝体的正常生长。

十、出菇管理

播种 60 d 以后，营养袋将明显变轻，说明里面的营养已经被菌丝吸收。这个时候观察未来的气温，春季气温回升至 6 ℃以上，天气温度呈上升趋势，就可以进入催菇管理，促使菌丝扭结形成羊肚菌原基。

1. 水分刺激

这是刺激出菇的最常用方法。采取喷灌浇水或微喷，至菇床的土壤完全湿透，或者大水漫灌方式，快进快出，确保浸透(图 21-20)。

2. 温差刺激

发菌期将近结束时，采用温差刺激也有利于出菇整齐。可以采用白天不打开帘子，晚上打开，10 ℃以上的温差刺激。利用低温寒潮条件进行晚上通风降温刺激，可获得较好的效果。

3. 通风刺激

足够的氧气对羊肚菌的正常生长发育是必不可少的。子实体的生长发育阶段对空气较敏感，在通风不良处很少形成羊肚菌子实体(图 21-21)。

4. 营养刺激

当外援营养袋明显被吸收变轻时，说明其中的营养已经转移到土壤内菌丝上，可以撤去营养袋，对土壤内的菌丝造成机械刺激和营养刺激，有利于原基形成。

图 21-20 微喷控湿

图 21-21 增氧控温

在原基形成分化为幼菇期时，要保持菇棚环境的稳定性，温度在 6～15 ℃，空气相对湿度保持在 85%～95%，土壤保持湿润，有一定的散射光光照，这个时候避免大通风造成温湿度波动，水勿直喷到原基上，时时关注气温的变化，防寒防冻防高温。

十一、采收

当羊肚菌的子实体在不断增大、菌盖脊与凹坑轮廓分明、菌褶明显、肉质厚实，即为成熟。成熟的羊肚菌子实体须及时采摘，否则易造成羊肚菌过熟，菇肉变薄，孢子迅速弹射，菇体倒伏，菇香降低，商品质量严重下降等问题。采收时，一只手五指并拢捏住菌柄基部，另一只手拿小刀，从菌柄基部近土表面将子实体切下，同时将菇体下面附带的土壤、杂物等削去，轻放在干净的篮子内。

图 21-22 成熟羊肚菌采收

十二、采收后管理

羊肚菌第一潮采收后，若温度适宜，可及时清理畦面残留的菌柄及营养袋，可刺激新原基形成，并减少菌柄基部滋生病虫害。按头潮菇的出菇管理方法进行管理，还能生产第二潮菇(图 21-22)。

思考与练习

1. 简述羊肚菌的生物学特性。
2. 羊肚菌大田栽培发菌期应如何管理？
3. 羊肚菌营养袋如何制备与摆放？
4. 结合当地资源和气候条件制订羊肚菌大田栽培计划。

项目二十二　金针菇栽培

知识目标

1. 了解金针菇的分类学地位及食药用价值。
2. 掌握金针菇的形态特征、生长发育条件。
3. 掌握金针菇工厂化栽培的流程和方法。

能力目标

1. 能根据当地气候或生产情况制订金针菇生产计划。
2. 能根据金针菇生物学特性，采取适当措施，创造金针菇正常生长发育的条件。
3. 能运用袋式或瓶式金针菇工厂化栽培技术获得高产优质的金针菇产品。

素质目标

1. 合理利用当地自然资源栽培金针菇，在追求经济效益的同时，不能忽略对生态环境的保护。
2. 通过金针菇工厂化生产技术的学习和实践，培养学生创新创业和科技助农的意识。

金针菇[*Flammulina vehutipes*(Fr.)Sing]，中文学名毛柄金钱菌，俗称构菌、朴菇、冬菇等，分类上隶属于真菌界伞菌纲伞菌目口蘑科小火焰菌属。因其菌柄细长，似金针菜，故称金针菇。

图 22-1　野生金针菇(毛腿冬菇)

野生金针菇在自然界分布广泛，中国、日本、欧洲、北美洲、澳大利亚等地均有分布(图22-1)。我国北起黑龙江、南至云南，东起江苏、西至新疆均有野生金针菇分布。金针菇属于典型的木腐生菌，常生长在朴树、柳树、榆树、构树、白杨树等阔叶树的枯树干及树桩上。金针菇菇柄脆嫩，菇盖滑爽，口味鲜美。据测定，金针菇每 100 g 鲜菇中含蛋白质 2.72 g、脂肪 0.13 g、糖类 5.45 g、粗纤维 1.77 g、铁 0.22 mg、钙 0.097 mg、磷 1.48 mg、钠 0.22 mg、镁 0.31 mg、钾 3.7 mg、维生素 B_1 0.29 mg、维生素 B_1 0.21 mg、维生素 C

2.27 mg。金针菇氨基酸含量非常丰富，每 100 g 干菇中所含氨基酸总量达 20.9 g，其中人体所必需的 8 种氨基酸占氨基酸总量的 44.5%，尤其是赖氨酸和精氨酸含量分别高达 1.02 g 和 1.23 g。赖氨酸具有促进儿童智力发育的功效，故金针菇被称之为“增智菇”。经常食用金针菇还可预防高血压，对肝疾病及肠胃溃疡病也有辅助治疗作用。

一、金针菇的生物学特性

(一)形态特征

金针菇由营养器官(菌丝体)和繁殖器官(子实体)两大部分组成。

1. 菌丝体

由孢子萌发而成，在人工培养条件下，菌丝通常呈白色绒毛状，有横隔和分枝，很多菌丝聚集在一起形成菌丝体。和其他食用菌不同的是，菌丝长到一定阶段会形成大量的单细胞粉孢子(也叫分生孢子)，在适宜的条件下可萌发成单核菌丝或双核菌丝。有人在实验中发现，金针菇菌丝阶段的粉孢子数量多少与金针菇的质量有关，粉孢子多的菌株质量较差，菌柄基部颜色较深。

2. 子实体

主要功能是产生孢子，繁殖后代。金针菇的子实体由菌盖、菌褶、菌柄三部分组成，多数成束生长，肉质柔软有弹性。菌盖呈球形或扁半球形，直径 1.5～7 cm，幼时球形，逐渐平展，过分成熟时边缘皱折向上翻卷。菌盖表面有胶质薄层，湿时有黏性，色黄白到黄褐，菌肉白色，中央厚，边缘薄，菌褶白色或象牙色，较稀疏，长短不一，与菌柄离生或弯生。菌柄中生，中空圆柱状，稍弯曲，长 3.5～15 cm，直径 0.3～1.5 cm，菌柄基部相连，上部呈肉质(也有书说菌柄为纤维质、胶质)，下部为革质，表面密生黑褐色短绒毛，担孢子生于菌褶子实层上，孢子圆柱形，无色。

(二)生活史

金针菇是一种异宗结合的食用菌，它的性遗传特性是属于四极性异宗结合的类型(图 22-2)。有性阶段产生担孢子，每个担子产生 4 个担孢子，有 4 种交配型(AB，ab，Ab，aB)，性别不同的单核菌丝之间进行结合，质配后，形成每一个细胞有两个细胞核的双核菌丝。双核菌丝发育后，菌丝扭结形成原基，并逐渐发育成子实体。子实体成熟后，又会从菌褶中散发出孢子，继续完成新一代。无性阶段金针菇单核菌丝也会形成单核子实体，与双核菌丝形成的子实体相比，

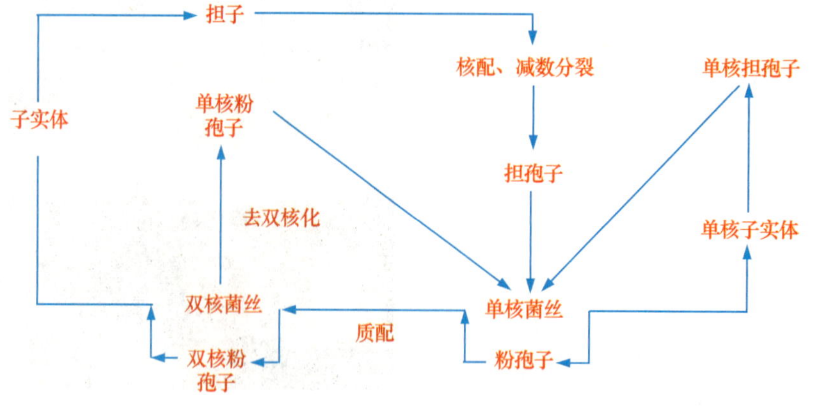

图 22-2 金针菇的生活史

子实体小且发育不良，没有实用价值。栽培的目的是利用双核菌丝体形成子实体，因此在生产中一定要创造各种条件，使单核菌丝发育成双核菌丝体；同时要谨防双核菌丝“退化”成单核菌丝。生产中营养和环境条件恶化，都会发生菌丝“退化”。

(三)生长发育条件

金针菇的生长发育是由其遗传性所决定的，但又受环境条件的影响，二者形成特定的生态体系，只有了解、掌握它们的规律才能取得高产、稳产和优质的产品。

1.营养条件

金针菇是木腐性菌，但分解纤维素的能力很弱。需要的营养有碳源、氮源(喜氮)、无机盐和维生素。常用的主料有木屑、棉籽壳、玉米芯等，辅料有麸皮、米糠、玉米粉、黄豆粉、磷酸二氢钾、磷酸氢二钾、硫酸镁、硫酸钙、碳酸钙、硫酸亚铁等。

栽培生产中常用作碳源的有木屑、棉籽壳、玉米芯、甘蔗渣、酒糟等。用作氮源的有麸皮、米糠、玉米粉、黄豆粉和各种饼粕(豆饼、棉籽饼、菜籽饼等)。培养料中的 C/N 为(20～40)∶1，最适 C/N 为 30∶1，碳氮比过高，菌丝生长快，出菇早，但菇较少，质量差；碳氮比过低，菌丝生长浓密，但出菇推迟，菇数少，同样影响产量和品质。

金针菇的生长发育中还需要大量元素和多种微量元素，大量元素中磷、钾、镁最为重要，微量元素中铁、锌、钴、钙等也是金针菇生长发育所需要的，因所需量甚微，常规配料即可满足，一般生产中无需另外添加。但在生产中发现，若在配料中添加硫酸镁、磷酸二氢钾和过磷酸钙可促进菌丝生长、子实体分化。

2.环境条件

(1)温度：金针菇属于低温型恒温结实性菌类，温度是影响其生长发育的重要因素。15～25 ℃时金针菇的孢子大量形成，更易萌发为菌丝。温度范围在 4～33 ℃菌丝均可生长，适宜温度为 20～23 ℃。菌丝耐低温不耐高温，将菌丝置于－21 ℃环境中 138 d 后仍能存活，但当温度达到 32 ℃以上时，菌丝就停止生长，当温度超过 34 ℃时不久就会死亡。

子实体形成的温度范围是 5～21 ℃，适宜温度 9～12 ℃，温度偏高子实体生长快，但品质差，产量低。

(2)湿度：金针菇为喜湿性菌类，在金针菇生长发育的不同阶段都需要培养料具有一定的含水量和空气相对湿度。

菌丝生长阶段，培养料含水量在 63%～65%为宜，空气相对湿度在 65%～70%为宜，培养料含水量过高，通气性变差，菌丝生长缓慢，甚至停止生长，发菌阶段的空气相对湿度必须控制在 70%以下，湿度太高，污染率将会加大。子实体生长阶段空气相对湿度需控制在 85%～95%。

(3)光照：金针菇是厌光性菌类，菌丝生长不需要光照，子实体原基的形成需要弱光条件，子实体生长阶段，光线过强会使菌盖展开过早、菌柄变短，还会使黄色品种子实体颜色加深。

(4)空气：金针菇是好气性真菌。在生长发育的各个阶段都需要充足的氧气，氧气不足会导致菌丝活力下降，因此在菌丝生长阶段培养室内必须通风换气，并且可以适当调节菌袋(瓶)的位置，尽可能使各处的菌袋(瓶)中的菌丝生长一致。

(5)二氧化碳：二氧化碳是影响金针菇子实体菌盖大小和菌柄长短的主要因素，当空气中二氧化碳含量在 5 000～6 000 μL/L 时，子实体菌盖小而菌柄长，金针菇品质优良，商品价值高，当二氧化碳含量过高，菌盖生长完全受抑制，形成菌柄长、无菌盖的针头菇，将直接影响产品的商品价值。生产中当金针菇子实体长出瓶口1～2 cm时，常套上纸筒，这样有利于提高局部的二氧化碳含量，抑制菌盖生长，促进菌柄伸长。

(6)pH：金针菇适宜在弱酸性的环境中生长，菌丝能在pH 4～8的环境中生长，适宜pH为5.4～6.5，而子实体pH在4～7.2均能形成，适宜pH为5.4～6.2，pH过高或过低都会影响菌种萌发和原基分化。在生产中常用轻质碳酸钙调节培养料pH。

二、金针菇生产概述

(一)生产历程

20世纪30年代我国进行了金针菇瓶栽试验，80年代初我国开始采用聚丙烯塑料袋栽培，在福建、陕西、浙江、湖北等地初具规模。近些年来，金针菇行业呈现爆发式增长，金针菇也是我国食用菌工厂化生产中技术最完善的品种之一。2006—2014年间，我国金针菇产量快速上升，年复合增速达到16%。2015年我国金针菇产量大幅度下降18%，随后2016—2018年间金针菇产量在250万t左右，最新数据显示2021年我国金针菇的产量超过200万t，在所有食用菌产量里排名第四。

(二)栽培品种

金针菇品种繁多。人工栽培的金针菇类型，按出菇的快慢、迟早分为早生型和晚生型；按适宜的温度可分为低温型和偏高温型；按子实体发生的多少，可以分为细密型(多柄)和粗稀型(少柄)。

栽培的金针菇品种有黄色和白色两大品系。白色品系，为白色变种，子实体纯白色，抗逆性强，适于工厂化栽培；黄色品系，子实体黄色或金黄色，菌柄脆嫩，香味浓郁，适于农户设施栽培。我国栽培的金针菇白色品种来自日本或韩国，经过多年的栽培和选育，已有一批适于我国气候和栽培要求的品种；黄色品种为我国自有品种。

常见的主栽品种有黄色品系的金针菇12号、P951、F411，白色品系的F21、白雪等。

(三)生产方式

金针菇的栽培有多种方法。原始的栽培法是段木栽培，但该法产量低，颜色深，易开伞，菌盖大，朵形差，商品价值低不受消费者欢迎。因此，目前不采用此法，多采用棉籽壳、锯末、稻草粉、酒糟等进行代料栽培。栽培的主要方式为袋栽(图22-3)、瓶栽(图22-4)和床栽。下面主要介绍袋栽和瓶栽。

图22-3　金针菇袋栽

图22-4　金针菇瓶栽

任务一 袋式金针菇工厂化栽培

随着栽培技术的不断进步，金针菇已经实现了工厂化周年栽培。其栽培模式主要分为袋栽和瓶栽两种。袋式金针菇工厂化栽培机械化程度和生产效率相对较低。

一、厂房设施准备

1. 原料库

原料库用来存放生产用料，需防雨、通风、地面硬化，应满足30 d生产用料的库容量。

2. 拌料装袋车间

按日生产量配备拌料、装袋等机械设备，地面应硬化、平坦，水电充足，使用方便，备有水槽、地沟和下水道，出入方便。拌料区要将污染等级高的一次拌料区与污染等级低的二次或三次拌料区隔开，还要将拌料区与装袋区进行隔断。装袋区要有养料分配器、装袋和窝口设备等。

3. 灭菌车间

灭菌车间应空间充足，水电齐全，通风散热良好，与装袋操作车间和预冷室相通，按日生产量配备蒸汽发生源、高压或常压灭菌设备。

4. 冷却区

冷却区可划分为排气区、预冷区、强冷区。有排气、净化和制冷设备，另设有回车通道和人行通道。冷却区的面积应是灭菌区的2倍以上。

5. 接种车间

接种室应是无菌区，尤其是接种隧道。接种室面积不宜过大，做到方便操作和安全即可。接种室还设有换衣间、风淋通道等。接种室的面积根据日产能、接种的速度和自动化水平等决定。

6. 上架和摆渡区

接种后的菌包传送到上架区，采用上架机或人工将菌袋摆放在培养架上，然后由叉车将其摆渡到培养室。上架区的面积主要由上架机的大小、多少和回车区决定。这一区域一般设在主厂房或主厂房与培养室连接的廊坊内。

7. 培养车间

应根据日生产量设计培养室大小，根据培养室的遮光、通风等情况合理安排层架个数和层数，层底离地面和墙面的距离、走道宽度等。培养室需设置独立的制冷、制热、排气、光照等自动控制系统。

8. 育菇室

按日生产量设置育菇室面积，一般48～60 m^2，育菇室床架设5～8层，层间距40 cm，宽度90 cm，应具备调风、调湿、调温、调光智能化控制系统。

9. 产品包装车间和低温贮存库

按日生产量配备相应的分装器械和设备。贮存库温度控制在 3～5 ℃。

二、栽培前准备

(一)栽培原料

栽培主料有木屑、玉米芯、棉籽壳、甘蔗渣,棉籽壳含有棉酚,为了保证产品质量、产量的稳定和食品的安全性,大型金针菇生产企业仅少量使用棉籽壳,大部分使用玉米芯替代。甘蔗渣是很好的食用菌栽培原料,特别是用来栽培白色金针菇,金针菇柄具有光泽,口感脆嫩,颜色洁白。辅料有麦麸、细米糠、玉米粉、石灰、石膏、过磷酸钙等。在工厂化生产的配方中营养物质所占比率比常规栽培的要高,一般占总量的 30%～40%,尽可能提高第一潮菇产量。

(二)栽培袋及封口材料

栽培袋的规格为 17 cm×38 cm×0.005 cm,(17～17.5) cm×37 cm×0.0048 cm 的高压聚丙烯折角袋。

(三)菌种准备

规模化生产多数采用瓶装木屑菌种,要在生产前制订详细的菌种生产计划,包括数量计划和时间计划。依照每天生产菌袋数量确定栽培种生产量,依照栽培种需要量确定原种生产量,依照原种需要量确定母种生产量。一般每支母种接种原种 5～6 瓶,每瓶原种接种栽培钟 30 瓶左右,每瓶栽培种接种栽培袋 20 袋左右。按照母种 8 d 长满,木屑原种和栽培种大约 30 d 长满来计划时间。

也可以采用液体菌种,由于液体菌种不耐贮藏,母种、摇瓶种子和发酵罐菌种的生产计划更要详尽。优质菌种应该纯度高、生长旺、菌龄适宜,幼龄菌种菌丝量少,老化菌种萌发力差会直接影响栽培效果。

三、菌袋制备

(一)培养料选择与搅拌

目前工厂化生产金针菇的常用配方有以下几种。

配方 1:棉籽壳 38%,杂木屑 25%,麦麸 32%,玉米粉 3%,过磷酸钙 0.5%,石膏 1%,石灰 0.5%;

配方 2:玉米芯 45%,棉籽壳 27%,麦麸 24%,豆饼 2%,石膏 1%,石灰 1%;

配方 3:棉籽壳 60%,木屑 10%,麦麸 20%,玉米粉 7%,石膏 1%;

配方 4:棉籽壳 20%,木屑 10%,玉米芯 35%,麦麸 30%,玉米粉 3%,石膏 1%,石灰 1%;

配方 5:玉米芯 30%,木屑 33%,米糠 22%,麦麸 11%,玉米粉 3%,碳酸钙 1%;

配方 6:玉米芯 34%,棉籽壳 30%,麦麸 32%,豆饼 2%,石膏 1%,石灰 1%;

配方 7:玉米芯 21.5%,棉籽壳 35.3%,甘蔗渣 5.3%,麦麸 34.2%,玉米粉 2%,轻质碳酸钙 1%,石灰 1%。

各地可根据当地资源条件、原料获取价格的高低、理化性能的好坏、栽培包内孔隙度大小等综合考虑,制订出适合本地生产的栽培配方,经过测试后再用于生产。

通常采用3次拌料或延长拌料时间。一般先干拌5 min，再定量加水，边加水边搅拌，使营养、水分充分混匀，而且要保证每批料的含水量都尽量均匀一致。如果搅拌不匀，发菌、出菇同步性会变差，给循环生产带来诸多麻烦。

（二）装袋

使用装袋机装袋，取专用塑料棒插入栽培料的中心，整平料面，填料高度15 cm，套上套环。

（三）灭菌冷却

为保障生产的稳定性，常采用高压灭菌。灭菌后，可将培养料回接判断是否灭菌彻底。随即取样对栽培料含水量、pH等进行测试。

灭菌后冷却多采用二级冷却，灭菌结束后灭菌车拉至预冷室，通过净化至1万级的自然新风，将料袋温度降至50 ℃以下，冷却2 h左右，起到节能的作用。然后移至冷却室，通过冷风机强制制冷至28 ℃以下。

四、接种

接种操作前1 h开启接种室的空气净化系统，接种室需保持充分洁净，确保整个接种过程中接种室处于正压状态。在接种区域通过层流罩净化处理，局部达到100级。操作人员穿戴无菌衣、帽、鞋，经过风淋室，进入接种室。

（一）固体菌种接种

接种室内建造滚轴接种流水线，接种人员密切配合，1人负责处理菌种，首先用来苏尔等消毒液对菌袋表面进行消毒，去掉表层老化干燥的菌种，将菌种搅碎。坐在接种流水线两侧的接种人员打开袋口，接入菌种，要求菌种覆盖整个袋口，且有少量菌种掉入菌袋内的通气孔中，最后迅速封口。整个接种过程仅持续几秒钟，接种的成功率也相当高。每袋菌种可接30个栽培袋。

（二）液体菌种接种

液体菌种接种时5人1组配合。1名工人将菌袋从冷却室沿滚轴流水线推入接种室，2名工人开袋，封袋，1名工人用接种枪打入20 mL液体菌种，1名工人将接种好的菌袋推出接种室室外，1名工人将菌袋装上运输小车送到培养室培养。

五、发菌管理

接种后的菌袋以周转筐为单位直接放在培养架上。每间培养室面积45 m^2左右，每间培养室可摆放20 000袋左右。也可用移动式床架堆叠培养。发菌期要在完全黑暗条件下培养，培养阶段分成定植期（恢复期、适应期）、发热期、生理成熟期。各期培养室内控制的侧重点有所不同。

（一）定植期

定植期又分为恢复期（接种后的前5 d）和适应期（接种后第6～10 d）。

恢复期，接种后上架，排好栽培包，前5 d菌丝生长量小，袋温要低于气温，培养室温度可适当高一些，控制在18～20 ℃；接种后的第6天测试污染概率，分析产生原因，及时加以改进。

适应期，菌丝开始向下蔓延，正常菌丝前端呈短胡须状，向下蔓延生长。菌包开始稍微发热。此时每天上午与傍晚各检查一次。记录各栽培室环境是否控制在设定的参数范围内。

（二）发热期

接种后第 11 d 菌包明显发热，这时菌丝蔓延，对基质进行降解群体生物量会逐渐增加，新陈代谢逐渐活跃，产生热量，水、二氧化碳增多。层架式发菌，应注意室内通风换气，通过排风扇进行室内外空气交换，开启室内循环系统使室内温度尽量均匀，严格将空间二氧化碳浓度控制在 0.3% 以下，空间温度不宜超过 18 ℃，栽培包中心温度不宜超过 21 ℃，否则易发生“烧菌”。

采用移动式层架堆叠培养时，在培养的第 11 天，用叉车将移动式培养架从定植库移至发热室，原来上层的培养架移至下层，按预先设计好的地线排列。

（三）生理成熟期

接种后第 23～42 天为生理成熟期，生理成熟期再细分成菇芽形成期、菇芽发育期、满芽期 3 个阶段。

菇芽形成期，即诱导期。金针菇长满袋后就开始降温刺激，诱导出菇芽，温度控制在 13～15 ℃，空气相对湿度 70%～80%，二氧化碳浓度 0.3%，同时增加光照，每天隔 4 h，照射 20 min，照射一周，然后关灯培养。如果开灯时间过久，会出现菇芽变粗的情况。

菇芽发育期，料面见小芽时，库内二氧化碳浓度过低，会出现长浮芽的倾向，易掉芽。经过数日培养，在栽培料面上形成众多芽体。新芽形成的快慢和培养室内栽培包的容量有关，通常在培养架的顶层通风条件较好的地方先出现新芽。另外，由于人工打包，接种、接种量存在差异，栽培层架排放位置差异等缘故，整室栽培包出芽快慢不一致，必须人工选择适宜的栽培包进行开袋。

满芽期，密集新芽出现后，仅需几天时间，隔塑料袋膜用手轻轻捏新芽，感觉是否松软，再过 2～3 d，栽培包料面的新芽充满整个气室，手按之柔软，没有鼓起现象，子实体原基可发育成针尖状成丛密集的菇芽。待菌柄长至 2～3 cm 时，进入开袋工序。

六、出菇管理

开袋工序，分为选袋、去塞子、找出圆套、制袋、套上薄膜 5 个动作。选择适宜开袋的栽培包，倒卧在层架外缘；统一拔出塞子及套环，取下栽培包，套上对折直径 19.5 cm，长度 40 cm 的低压聚乙烯塑料袋，外袋口低于栽培包料口，多余袋底弯折置于周转筐内；统一套袋后，用锋利刀片将离袋口 3～5 cm 处的塑料薄膜割一小口，去除袋口的薄膜，完成割袋；割袋后的菌包整车推入出菇室，置于出菇室栽培层架上的中间三层，前后，左右对齐放置，满室容量大致在 1.24 万～1.5 万包。

出菇管理过程分成倒伏再生期（需要 11～12 d）、抑制期（9～10 d）、发育期（2～3 d），全程 25 d 左右。

（一）倒伏再生期管理

倒伏再生期分成倒伏、再生芽形成两个时期，栽培包置于栽培架上，室温控制在 6～8 ℃、湿度 80%～90%。通过对流的干燥风横吹菌袋，使菇蕾失水萎蔫倒伏，经过 7 d 左右，从菇柄的基部重新长出密集的菇蕾，且长度一致。

(二)抑制期管理

利用 6～8 ℃低温和 3 000～4 500 mg/L 的二氧化碳浓度促使幼蕾均匀发育。当菌柄长 1 mm,菌盖直径约 1.5 mm 时,开始进行光抑制和风抑制管理,保持温度 3～5 ℃,空气相对湿度 90%～95%,二氧化碳浓度 3 500～5 000 mg/L,每天 200 lx 光照 2～3 h。在菌柄长至 2 cm 左右开始吹风进行风抑制,风速 20 cm/s,2～3 h/d,持续 2～3 d。

(三)发育期管理

抑制完成后,逐步提高套袋高度,提升高度以高于子实体 2～3 cm 为宜,二氧化碳浓度控制在 4 000～6 000 mg/L,促进菇柄伸长,抑制开伞。温度控制在 8～10 ℃。空气相对湿度控制在 80%～85%,不需要光照。当菇柄长 15～17 cm,菇盖直径达 0.5～1 cm 时,即可采收。

七、采收

采收时,去掉套袋,手握菌柄基部,将金针菇成丛采下,菌盖朝向一端放在采菇筐中,避免菌柄基部的培养料掉落在金针菇上。工厂化栽培金针菇一般只收一茬菇,每袋产量一般可达 300～400 g。

八、包装

采收后把菌柄基部和培养基连接的部分、培养基及生长不良的菇剔除,按市场要求进行包装。金针菇小包装采用单向透气膜,通过自动化机械包装后,用聚乙烯薄膜袋抽气密封、包装后入 2～4 ℃冷库低温保藏,分批上市。

任务二 瓶式金针菇工厂化栽培

瓶式金针菇工厂化栽培可达到较高程度的机械化,各个生产环节均可以机械代替人工,可显著提高生产效率,产菇规格易统一,品质较好,是金针菇工厂化栽培的主要方式。

一、厂房设施

瓶式金针菇工厂化栽培采用塑料瓶栽,整个过程分区域完成。主要生产设施包括堆料场、辅料仓库和生产车间。生产车间根据生产流程和环境要求分为 5 个区域:一区为冷却室和接种室,是无菌区;二区为菌丝培养区,对环境的洁净度也有较高要求;三区对生产环境的整体有一定的要求,为搔菌、栽培、包装区;四区为挖瓶区和配料区;五区为装瓶灭菌区,这两个区域对环境无特殊要求。不同车间要有合理的布局,设计时要根据金针菇的生产流程合理安排,特别是有菌区和无菌区要严格分开。

二、栽培前准备

瓶式金针菇工厂化栽培前的原料准备和菌种准备与袋式金针菇工厂化栽培相同。选用 1 100 mL 耐高压聚丙烯栽培瓶,具体规格为瓶身 100 mm、瓶高 175 mm、外口径 75 mm、内口径 70 mm。

三、配料

常用的配方有以下几种。

配方 1：棉籽壳 30%，玉米芯 35%，麦麸 30%，玉米粉 3%，碳酸钙 1%，糖 1%；

配方 2：杂木屑 33%，玉米芯 30%，米糠 22%，麸皮 11%，玉米粉 3%，碳酸钙 1%；

配方 3：玉米芯 25%、棉籽壳 15%、麦麸 10%、豆饼 5%、锯末 15%、稻糠 26%、玉米粉 1%、贝壳粉 1%、石膏粉 1%、石灰粉 1%。

按照配方称取各种物料以后，为了将培养料充分搅拌均匀并达到相应含水量和 pH 要求，可分三次搅拌。第一次为干料搅拌，目的是将各种养料充分搅匀，保证后期金针菇品质的统一。第二次搅拌为湿料搅拌，在搅拌过程中加入水，保证培养量含水量在 67%～68%。第三次搅拌，目的是调整培养料酸碱度，通过测定并加入酸碱调节物，保证培养料 pH 6.3～7.0。

要注意的是，从加水搅拌开始到灭菌的间隔时间最好控制在 2.5 h，防止杂菌繁殖，导致培养料发酵、腐败。

图 22-5 机械化自动装瓶

四、装瓶

装瓶过程由机械自动化完成（图 22-5）。搅拌机将培养料充分搅拌以后，通过测定含水量和 pH 满足要求后，将搅拌好的培养料通过传送装置传送到装瓶生产线完成装料、压实、打孔、盖盖、装筐，再通过机械手放进台车，最后推进灭菌柜进行灭菌。

对装瓶要求是重量一致，上紧下松，瓶重（含瓶含盖）(1 010±20) g；灭菌前栽培料含水量(67.0±1)%；灭菌前栽培料 pH 6.3～7.0；料面平整，打孔后料面距离瓶口 18～20 mm，用手轻压有弹性，不塌陷不坚硬，打孔清晰；打孔深度为距离瓶底≤3 mm。

五、灭菌

采用灭菌锅真空高压灭菌时，为了防止灭菌后温度降低时外部空气回流到瓶内引起污染，灭菌锅两端的门应分别对着生产车间和冷却室，两扇门不能同时打开。

（一）灭菌前准备

检查灭菌锅内的管道通气性，灭菌锅门密封是否正常，检查胶条是否损坏，并用湿毛巾清除门槽内壁的异物。检查灭菌程序，参数设定为 105 ℃保温 15 min，115 ℃保温 15 min，121 ℃灭菌 70 min，焖置 10 min。

按动开门按钮，锅门胶条抽真空，按住开门按钮，开门，放下踏板，将装满栽培筐的灭菌车推进灭菌锅，摆放整齐，用湿毛巾擦拭锅门，关门，启动灭菌工序。

（二）灭菌

灭菌流程为：灭菌锅经过 3 次抽真空→一次保温→二次保温→灭菌→焖置→排气→结束，

灭菌持续 3.5 h 左右。抽真空 3 次，抽真空至压力为 −0.055 MPa，此时进气阀自动开启，直至压力回升至 −0.020 MPa，反复进行 3 次抽真空；一次保温 105 ℃，保温 15 min；二次保温 115 ℃，保温 15 min；灭菌 121 ℃，保持 70 min；焖置 10 min；排气大约 45 min。

六、冷却

当灭菌结束，界面温度显示在 100 ℃以下时，开启后门，将灭菌车从灭菌锅中拉至预冷室，用冷风机将净化后的空气吹向灭菌车，使培养瓶强制冷却，大约经过 2 h 左右，瓶内的料温就能降至 50 ℃以下。然后进入二冷间，通过新风系统降温至 30 ℃以下，就可以进入接种室进行接种了（图 22-6）。

图 22-6　冷却

七、接种

（一）接种准备

瓶式金针菇工厂化生产的接种大多数采用自动接种机，接种前确保层流罩开启至少 30 min。接种人员必须换鞋、戴帽子、穿连体服、洗手、全身消毒、踩药垫，经风淋室进入接种间、冷却室、放筐区。

（二）接种

1. 液体菌种接种

将液体接种机喷头从冷却间推到接种间，检查喷头软管是否完好，如完好，在火焰保护下用镊子将包裹喷头的保鲜袋、铝箔纸去除，先用消毒液对喷头、夹盖板进行喷雾消毒，用火焰枪灼烧喷头灭菌，每个喷嘴不少于 20 s。然后用大喷雾器对夹盖板圆盘、柱子部位进行喷雾消毒，再对夹盖板及喷头上方空间喷雾消毒，确保软帘及接种机消毒充分彻底。进入层流罩内的手必须戴长袖手套，并进行消毒。

将预冷结束后的培养料瓶通过传送带移入接种室，接种机先将盖抓起，将 10～20 mL 菌液喷入瓶中（喷洒要均匀），盖上盖，通过传送带进入机械手码放区，最后用电叉车插入培养室培养。

2. 固体菌种接种

接种前，工作人员把菌种瓶放在挖料机的瓶架上，挖出瓶口老菌皮，再将菌种瓶从挖料机移动到接种机的瓶架上。此时，培养料瓶被传送带输送到接种机下，接种机就会自动完成掀盖、挖料、接种、封盖一系列操作。接种完成后，装有菌瓶的专用筐就会被传送到下一车间。

3. 卫生清理

接种结束后，风淋室、洗手处、接种间地面清洁后吸干水分，再用消毒液对地面进行擦拭消毒。接种间的层流罩上方和臭氧发生器上面每天用消毒液进行擦拭，确保表面无残留料渣等灰尘。层流罩内、液体接种机底部每天清洁、消毒完成后，开启紫外灯进行定时消毒。接种间的抹布每天用后需清洗干净并进行高温灭菌，以备次日使用。接种间、冷却间、工具筐、运料车应保持整洁，每周对工具筐高温灭菌 1 次。

八、培养

接种后的栽培瓶用叉车转移到培养室前置区，采用堆积培养。将温度计插在列位前、中、后 3 个位置，从上数第 3 筐第 4 瓶中间的位置，将温度计夹紧，每天测量瓶间温度，瓶温和料温一般相差 2～3 ℃。前置区料温 17～21 ℃，瓶间温度 17.5～19.5 ℃，湿度 75%～85%，二氧化碳浓度 1 500～2 500 mg/L。

栽培瓶在前置区培养 6 d 后转移到后置区，以上下、前后，中间与两侧对调的原则调换位置。后置区培养室内温度(14±0.5) ℃，料温 17～19 ℃，湿度 75%～85%，二氧化碳浓度 2 000～4 000 mg/L，发菌期间应尽可能保持培养室暗环境，除了检查外，不要开灯。由于菌丝的呼吸作用，室内易沉积二氧化碳，通过定时的换气阀，每 2～3 h，强制通风 15 min。

除了做好上面的管理工作外，在发菌后期，还要定期检查菌丝的生长情况，正常情况下，培养 24 h，会有白色菌丝生长；48 h 后表面全部覆盖菌丝；第 6 天，菌丝刚刚长过瓶颈；第 10 天，菌丝过瓶肩一半，底部有菌丝长出；第 18 天，底部全部长满，还需要再培养几天；第 21 天，栽培瓶内发满菌丝，进行洗菌出库。如果发现有杂菌污染的栽培瓶，应立即将其带出培养室销毁，以防杂菌的扩散蔓延。

九、搔菌

菌丝长满瓶后，进入搔菌区(图 22-7)，用启盖机将瓶盖启开，工作人员需要挑走有污染的瓶和没有培养出菌丝的瓶、水大的瓶，然后进行搔菌，把瓶子上的老菌去掉。冲掉残留的菌丝以及表面浮料，洗菌在冲洗后要求料面平整、五孔分明，料面距离瓶口 21～23 mm，注水量单瓶为 8～13 mL，同时用毛刷清洁瓶颈，最后传送到栽培室。

图 22-7　搔菌

十、育菇

整个生长周期根据对温度、光照、水分、空气需求上的差异，大致可分为菌丝恢复期、催蕾期、抑制期、后期生长 4 个时期。

(一)菌丝恢复期

入室开始到原基开始出现为菌丝恢复期，一般为第 1～6 天(图 22-8)。转运筐被运到栽培室后，工作人员会把转运筐整齐地码放在出菇床架上，栽培室温度 15～16 ℃，相对湿度 98%～99%，二氧化碳浓度 2000 mg/L 以内，防止瓶口培养料干燥。2～3 d 后受伤的菌丝恢复生长。

(二)催蕾期

菌丝恢复生长到菇蕾长满料面为催蕾期，温度 12～15 ℃，湿度根据栽培料面情况调整，湿度一般控制在 85%～90%，二氧化碳浓度控制在 2 000 mg/L 以内，光照强度 100～150 lx，光照时间根据实际情况调整，一般每天补光 12 h。催蕾中期以后因呼吸转旺，二氧化碳浓度升高，通风管理是关键，经 5～6 d，培养基表面会发生白色棉绒状的气生菌丝，出现透明近无色的水滴，接着菇蕾就会长满料面(图 22-9)。

图 22-8 菌丝恢复期

图 22-9 催蕾期

(三)抑制期

菇蕾发生后，个体发育强弱不同，分枝有先后，会影响整齐度(图 22-10)。当菇蕾出现 2～3 d 后，菌柄长 1 mm，菌盖直径约 1.5 mm 时，进行抑制处理，温度控制在 8 ℃，空气湿度 95%～97%，二氧化碳浓度控制在 7 000～10 000 mg/L，如生长不整齐，可继续降低室内温度，进行抑制，保证整齐度。抑制期温度保持在 3～5 ℃，湿度 85%～90%，二氧化碳浓度在 1 000 mg/L 以下。抑制的措施有光抑制和风抑制两种方法。风抑制是在菌柄长 2 mm 左右时进行，风速 3～5 m/s，2～3 h/d，吹风 3 d 左右。在风抑制时，结合光抑制，对金针菇的子实体形成有效。当子实体伸长到瓶口时，可提高风速。在抑制中期至后期，用蓝光灯带光照射 2 h/d，分数次进行，抑制效果最好。错过光照适期，就会妨碍原基的生长。

图 22-10 抑制期(产生菇蕾)

(四)后期生长

栽培瓶入栽培室第 16～17 天，当 80%的子实体长到瓶口上 2～3 cm 时开始包菇片，即把塑料筒膜卷起直立固定在瓶口上，以达到保湿、定型，使菇体匀称、整齐、饱满的目的(图 22-11)。包菇片后进入生长期，温度调整到 6 ℃左右，室内湿度 90%左右，二氧化碳浓度控制在 10 000 mg/L 以上。

包菇片

包菇片包裹菌瓶口

图 22-11　金针菇工厂化栽培包菇片

图 22-12　金针菇自动化包装

十一、采收

经过 10～15 d 的发育，金针菇高度达到 15～17 cm，超出包菇片 0.5 cm 以上时，即可下架，通过链条传送到包装车间(图 22-12)。

采收后的子实体要及时采取保鲜措施，否则因子实体呼吸作用旺盛，不仅菇体会继续生长，而且会变色，影响商品价值。包装车间的温度应控制在 12 ℃以下，采用厚 0.02 mm 的透明聚丙烯袋包装，包装后装箱、封箱，放在 2～4 ℃库房中临时储存，或在相同的温度条件下运输上市。

十二、挖瓶

采摘完金针菇后，栽培瓶随周转筐传送进入挖瓶室，通过挖瓶机将废料挖除。要求瓶里无料，瓶口无菇，破损瓶、脏瓶挑出。挖完料的空瓶清洁灭菌后，重新投入生产。废料可以当燃料，也可以用作微生物菌肥。

生产结束后，先要把车间内的地面清理干净，然后用高压水枪对着床架墙壁和地面认真地冲洗一遍，最后对墙壁和菇棚喷洒消毒。消毒 2 d 后才可以再次使用。

思考与练习

1. 简述金针菇的生长发育条件。
2. 简述袋式和瓶式金针菇工厂化栽培的培养料的配制方法。
3. 金针菇工厂化生产栽培袋(瓶)制作包括哪些过程？
4. 瓶式栽培金针菇抑制期该如何管理？

项目二十三　杏鲍菇栽培

知识目标

1. 了解杏鲍菇的分类学地位及食药用价值。
2. 掌握杏鲍菇的形态特征、生长发育条件。
3. 掌握杏鲍菇的工厂化栽培方式。

能力目标

1. 能根据当地气候或生产情况制订杏鲍菇生产计划。
2. 能根据杏鲍菇生物学特性，采取适当措施，创造杏鲍菇正常生长发育的条件。
3. 能运用工厂化栽培技术获得高产优质的杏鲍菇。

素质目标

1. 合理利用当地自然资源栽培杏鲍菇，增强学生保护生态、节约资源的低碳环保意识，增强“爱农、重农、兴农”的三农情怀。
2. 通过杏鲍菇生产实践，培养学生吃苦耐劳、爱岗敬业精神。

杏鲍菇(*Pleurotus eryngii*)被人们普遍喜爱，因其可作为美味食材和药用植物而备受推崇。此外，它还有许多别名，包括刺芹菇、雪茸、刺芹侧耳、香口蘑、鸡腿蘑等。从分类学角度来看，它属于真菌门担子菌亚门层菌纲伞菌目侧耳科侧耳属。人们称其为“菌中之冠”，这是因为它不仅肉质美味，还含丰富的蛋白质、B族维生素、纤维素和多种矿物质。除了风味独特外，杏鲍菇还因其药用价值而在国内外市场上备受瞩目(图 23-1)。

图 23-1　杏鲍菇

杏鲍菇因常出现在刺芹的干枯木上，又被称为刺芹侧耳。此外，它还因其具有杏仁香味而被称为杏仁鲍鱼菇或杏鲍菇。杏鲍菇的肉质丰厚且质地脆嫩，菌柄粗壮，整体结构坚实。富含蛋白质、矿物质元素以及维生素等营养成分。特别值得一提的是它含有 18 种氨基酸，其中包括人体所需的 8 种必需氨基酸。因此，其营养价值非常丰富，是一种高蛋白、低脂肪的营养保健品。杏鲍菇不仅有助于促进人体对脂类物质的消化吸收和胆固醇的分解，还能提升人体的免疫力。此外，它还具有一定的预防和抑制肿瘤的作用。因此，它被认为是老年人、心血管疾病患者以及肥胖症患者理想的保健食品。

世界上许多国家先后开展杏鲍菇的人工驯化和栽培研究，并在人工控制的环境条件下栽培成功。目前，中国、日本、韩国、泰国等国家都已开始进入商业性生产。在国内，杏鲍菇的栽培方式正从季节性栽培转变为工厂化栽培，近年来生产杏鲍菇的工厂数量不断增加，这将成为继金针菇工厂化生产之后，发展速度最快的菌类栽培领域。

杏鲍菇生长的速度较为缓慢，但其子实体却能经受得住较长时间的贮藏，保鲜期延长。拥有较高的营养价值和药用潜力，再加上其具备耐贮藏、耐运输、性价比突出等特点，以及在制干后仍能保持原有风味的特质，使其在市场上备受青睐。基于这些优点，杏鲍菇的生产前景广阔，有着巨大的发展潜力。

一、杏鲍菇的生物学特性

（一）形态特征

1. 菌丝体

不同的杏鲍菇菌株在菌丝生长速度方面呈现多样性。一些菌株生长速度较快，仅需 10 d 左右就能将斜面充实。这些菌株的菌丝生长迅猛，强壮有力，而且在后期能够表现出较强的爬壁能力。相比之下，生长速度较慢的杏鲍菇菌株需要 12～15 d 才能将斜面充实。这些菌株的早期生长较为疏松，但后期逐渐变得蓬勃，爬壁能力相对较差。

在试管培养基上，纽结块的出现较为罕见，只有少数菌株在接种块周围可能会产生纽结。原种培养方面，木屑原种需 40～45 d 才能填满培养瓶，其菌丝呈白色，生长十分密集。相比之下，棉籽壳原种培养基仅需 35～40 d 即可将培养瓶填满，其菌丝呈浓白色，粗壮有力，生长旺盛。

2. 子实体

杏鲍菇的子实体在形态上有一些变化，这取决于基质的养分、水分以及菌丝的生理成熟程度。在成熟时，子实体可以是单个生长，也可以是群体生长。子实体的中心部分呈凹陷状，像个漏斗，直径在 2～12 cm 变化。通常情况下，单个生长的子实体稍大，而群体生长时会稍小。子实体的顶部起初呈球形，随着时间的推移逐渐展开。子实体在幼嫩时是灰黑色的，随着生长逐渐变浅，最终成熟时可能呈现浅土黄、浅黄白或浅黄褐色。子实体中心周围还会出现辐射状的褐色条纹，并呈现丝状光泽。菌肉是纯白色的，同时具有明显的杏仁香味。菌褶密集，乳白色，类似普通平茹的菌褶。菌柄可能从侧面长出，长度在 2～8 cm，最大的甚至可以达到 25 cm 以上。直径在 0.5～3 cm 变化，基部稍微膨大，呈现出“球茎体状”，内部坚实，颜色为白色。菌柄具有较强的吸水性。孢子呈椭圆至纺锤形，孢子堆为白色，菌丝呈锁状联合。

根据子实体的形态特征，国内杏鲍菇菌株大致可以分为 3 种类型：保龄球形、棍棒形和鼓槌形。栽培中，保龄球形和棍棒形的类型较为常见。

（二）生活史

杏鲍菇被归类为子囊菌，其生命周期包括孢子的释放、孢子的萌发、菌丝的生长，以及最终形成子实体等多个阶段。子实体内产生的孢子可以散布到新的环境中，从而开始一个新的生长周期。这个过程是一个连续的循环，使得杏鲍菇能够在适宜的条件下持续繁衍生息。

(三)生长发育条件

1. 营养条件

杏鲍菇被归类为木腐生菌类，这意味着它是一种以分解木质物质为食的真菌。杏鲍菇的生长需要充足的碳源和氮源。通常情况下，氮源越丰富，菌丝生长越强壮，产量和品质也越高，但可能会导致子实体的产生时间推迟。最适合的碳氮比是30:1。

经过人工驯化培育的杏鲍菇菌株具有较强的纤维素、木质素和蛋白质降解能力，因此能够利用这些复杂的有机物作为营养源。碳源可以使用积累的杂木屑，也可以选用白松、东北松、棉籽壳、豆秸粉等材料。而氮源则可以使用麸皮、玉米粉等。一般来说，最佳的组合是使用棉籽壳、废棉、阔叶树木屑、玉米芯等作为主要成分，然后适量添加麸皮、米糠、玉米粉等辅助成分以提高氮源含量。有些人也从食品安全的角度考虑，建议避免使用棉籽壳作为培养基，因为灭菌过程可能释放出有毒的棉酚，对菌丝有一定的毒性。

在生产过程中，添加玉米面或豆粉可以提高产量并促进子实体生长。同时，适量增加米糠、蔗糖、石膏等成分有助于促进菌丝的生长，利于子实体的早期形成。

2. 环境条件

(1)温度：杏鲍菇属于稳定温度要求较高的菌类。在杏鲍菇的种植过程中，对于生长温度的控制至关重要。菌丝的生长温度为6～32 ℃，适宜生长温度为22～28 ℃。在这个范围内，菌丝的生长速度会迅速增加。一旦温度超出此范围±1 ℃，菌丝的生长速度会明显减缓。低于4 ℃或高于36 ℃，菌丝将停止生长。通常情况下，只要保持合适的温度，大约20 d就会逐渐出现幼小的菇体。

当幼小的菇体开始生长后，温度需要适当降低。此时，最好将温度控制在10～18 ℃。过低的温度会导致杏鲍菇生长缓慢甚至停止。而高于20 ℃的温度会使杏鲍菇变得畸形。此外，高温条件还容易引发病害，导致菇体腐烂和死亡。从上述情况可以明显看出，杏鲍菇的菌丝培养和子实体出菇温度范围是菇类中最为狭窄的。因此，选择合适的栽培季节和稳定的栽培环境温度对于成功栽培杏鲍菇至关重要。

(2)湿度：杏鲍菇在生长过程中的水分吸收分为两个方面：一部分来自培养基，另一部分则来自空气中的湿度。杏鲍菇的子实体在出菇过程中需要经历低温刺激的阶段，而下雪可以被视为一种低温刺激的过程。当雪融化时，释放的水分以及提高的环境湿度为其发育和出菇创造了适宜的条件。

在代料栽培中，培养基含水量应控制在64%～66%。而在菌丝培育阶段，环境空气的相对湿度保持在70%左右是适宜的。子实体的生长发育需要从培养基中获取水分，而培养基含水量维持在64%～66%有助于原基的形成；低于60%则会显著影响产量。

在子实体出菇阶段，出菇房内的空气相对湿度应该保持在85%～90%。需要注意的是，不能直接将水喷洒到菇体上，而是通过水雾来提高空气的相对湿度，以保持菇体表皮细胞的湿润状态，这有助于减少菇盖表面裂开的现象。

(3)空气：杏鲍菇的菌丝和子实体在生长过程中都需要新鲜的空气。然而，菌丝体对二氧化碳具有较高的耐受性，因此它可以在相对封闭的袋内或瓶内正常生长。但是，当进入子实体发育阶段时，由于呼吸作用十分旺盛，对氧气的需求急剧增加。在这个阶段，必须确保提供足够的新鲜空气。如果通气不良，可能会导致产生异常的菇体，如柄过长、盖过小的畸形菇，严重情况下甚至可能导致子实体无法正常发育并产生。

因此，在杏鲍菇的栽培过程中，特别是在子实体发育阶段，保持良好的通风是至关重要的，良好的通风可以确保菇体能够获得足够的氧气，有利于正常的生长和发育。

(4)光照：杏鲍菇的菌丝在黑暗条件下能够良好地生长，但在菌丝生长后期，适当地增加散射光对于子实体的形成是有益的。通常，将光照控制在500～1 000 lx是适宜的。杏鲍菇表现出了明显的趋光性，即对光的敏感性。

因此，在杏鲍菇的培育过程中，可以根据不同的生长阶段进行光照调控。在菌丝生长初期，可以将环境保持在较暗的条件下，有利于菌丝的扩展。而在营养生长的后期，适当增加散射光，有助于刺激子实体的发生和形成。

(5)酸碱度：培养基酸碱度(pH)的高低直接影响杏鲍菇菌丝细胞的新陈代谢以及整个生命周期的发展。因此，在栽培杏鲍菇时，必须确保它们在适宜的pH环境下生长。杏鲍菇在pH 4～8的范围内都可以生长，但适宜的pH为5～6。

二、杏鲍菇生产概述

(一)生产历程

杏鲍菇栽培历史悠久，最早起源于地中海沿岸地区。随着人们对食物品质和营养需求的提高，对杏鲍菇的栽培越来越感兴趣。从最初的传统露天栽培方式，到如今的工厂化栽培技术，生产方法在不断创新和发展。过去杏鲍菇主要是在露天环境中野生生长或是经过简单的栽培。但随着人们对食用菇类认识的不断深入，以及对食物的品质、口感和营养价值要求逐渐增加，杏鲍菇的栽培得到了更多的关注和研究。

如今杏鲍菇栽培已经迈入了控制环境的时代。通过控制温度、湿度、光照等因素，可以在室内创造出最适合杏鲍菇生长的条件。这种控制环境栽培方式可以提高产量、改善品质，同时也能够使得杏鲍菇的生长周期更加稳定和可控。总的来说，杏鲍菇栽培经历了从传统到现代的转变，生产技术不断创新与发展，以满足现代人们对高品质、高营养价值食物的需求。

(二)生产品种

杏鲍菇是一个拥有多个品种的食用菌类，其中包括白杏鲍菇、茶树菇、紫杏鲍菇等。这些不同品种在外形、颜色和风味上都有明显的差异，可以满足不同消费者的口味需求。

白杏鲍菇是最常见的品种之一，其菌盖呈白色或淡黄色，质地脆嫩，味道鲜美。茶树菇则以深绿色菌盖为特点，通常具有一种独特的茶香味道，颇受喜爱。紫杏鲍菇因其菌盖呈紫色或紫红色而得名，味道鲜美，颜色独特。

不同品种的杏鲍菇在形态、颜色和口感上的变化，使得消费者可以根据自己的口味偏好来选择。这也促进了杏鲍菇作为一种美味、多样化的食材在餐桌上的普及和应用。

(三)生产方式

杏鲍菇的生产方式多种多样，涵盖了露天栽培(图23-2)、菌棒栽培、菌种培养液栽培、瓶栽(图23-3)等多种方法。近年来，室内控制环境栽培方式受到广泛应用，通过精确控制温度、湿度、光照等参数，大大提升了其产量和质量的稳定性。

综上所述，杏鲍菇作为一种既有食用价值又有药用价值的食用菌，在食用菌产业中具有重要地位。其独特的生物学特性和多样的生产方式使其赢得了广泛的关注。通过持续的研究和创新，杏鲍菇的栽培技术将不断得到完善，为人们提供更多美味和营养的食材。随着科技和经验的进一步积累，杏鲍菇产业的发展前景将更加光明。

图 23-2　杏鲍菇露天栽培

图 23-3　杏鲍菇瓶栽

任务　杏鲍菇工厂化栽培

传统的杏鲍菇栽培方式受自然条件的影响较大，导致产品的供应无法保持均衡，产量不稳定，品质参差不齐。然而，经过 50 多年的人工栽培研究和实践，杏鲍菇已经进入了工厂化栽培的阶段。工厂化栽培通过使用现代化的生产设备模拟杏鲍菇的生长环境，并按照标准化的方式控制栽培过程的各个环节，具备高效率和可精细化管理的优势。随着时间的推移，逐步建立了一套相对完整的生产工艺流程，以稳定杏鲍菇的产量和品质。目前，在国内的许多地区已经形成了大规模的杏鲍菇工厂化栽培。

杏鲍菇工厂化生产的工艺流程包括以下几个步骤。

(1)培养料配制：准备适合杏鲍菇生长的培养基材料，保证养分供应。

(2)搅拌：将培养料进行均匀搅拌，确保养分的均匀分布。

(3)填料：将搅拌好的培养料填充到培养容器中，为菌丝提供生长的空间。

(4)灭菌：对填充好的培养料进行灭菌处理，杀灭有害微生物。

(5)冷却：待灭菌的培养料冷却至适宜的温度，为接种做准备。

(6)接种：将杏鲍菇的菌种接种到培养料中，引导其生长。

(7)培养：控制温度、湿度、光照等环境因素，促进菌丝的生长和发育。

(8)出菇管理：在子实体发育阶段进行适当的管理，确保产量和质量。

(9)采收：当杏鲍菇完全成熟时进行采收，为食用或销售做准备。

通过这套工艺流程，杏鲍菇的工厂化栽培能够更加稳定地生产出优质的食用菌产品，为市场提供可靠的食品供应。

一、工厂化设施栽培

在杏鲍菇工厂化设施栽培中，建立了专门的培养室和出菇房等设备，通过制冷、加热、通风等设备，能够精确地控制环境条件，包括温度、湿度、通风、光照等，保证杏鲍菇适宜生长和发育条件，同时能够抵消自然环境的变化。这意味着不再存在因季节变化而限制杏鲍菇栽培的问题。

通过这种方式，工厂化设施栽培可以在任何时候都创造出适合杏鲍菇生长的环境，不受季节的影响。这种栽培方式为杏鲍菇的连续生产提供了稳定的条件，使得人们能够随时获得高质量的产品。这种栽培方法的优势在于，可以实现产量的稳定性和产期的灵活性，更好地满足市场需求。

二、生产前的准备

（一）菌种的准备

杏鲍菇的栽培涉及多个品种，而在发酵料栽培中，宜选择中低温型、抗病能力强、色泽较深的品种。对于同一品系的菌种，应进行轮换栽培，以避免病虫害的积累。如果有条件，最好能自行制作菌种，以降低生产成本。为了确保获得合适的菌种，制种时间与栽培时间的衔接需要特别注意。试管种应提前 70 d 制作，原种则适宜提前 50～60 d 制作，而栽培种则应提前 30～35 d 制作。在菌种培养过程中，要特别关注杏鲍菇菌丝的生长情况。由于其菌丝生长速度较快且粗壮，如果不及时检查和防控杂菌，可能会出现菌丝体覆盖杂菌的现象，导致即使菇体表面看起来纯正健壮，实际上已经受到了杂菌的污染。这种情况最终可能会影响生产，造成损失。

因此，在杏鲍菇的栽培过程中，正确选择品种、合理安排制种时间，以及注意杂菌的检查和防控，都是确保高质量和高产量的关键步骤。

（二）原料的准备

杏鲍菇不适合在秸秆基质上生长，因此在选择栽培原料时应避免使用作物秸秆。相反，可以优先选择棉籽壳作为原料，因为杏鲍菇在棉籽壳上生长良好。此外，还可以考虑一些软硬适中的木屑材料，如杨、柳、榆、栋、柞等，作为备选原料。其他适合作为栽培原料的选项包括棉花加工时产生的废棉，以及纺织产生的废棉绒等。这些废棉类材料都可以作为良好的栽培基料。

在栽培过程中，除选择主要的基料外，还可以添加一些辅料来调整碳氮比，并补充其他营养成分。例如，可以添加麦麸、豆饼、棉籽饼、过磷酸钙、石膏粉等。这些辅料的添加可以调节基料的养分含量，提供必要的营养元素。初次进行杏鲍菇的栽培时，可以参考当地的生产企业或专业户的具体培养料配制方法。通常在当地会有许多有经验的人可以提供指导。

杏鲍菇发酵栽培常用配方如下。

配方 1：木屑 55％，麸皮 35％，玉米粉 10％；

配方 2：木屑 45％ ，棉籽壳 30％ ，麸皮 25％；

配方 3：木屑 23％，棉籽壳 38％，麸皮 19％，玉米粉 5％，豆秸粉 15％；

配方 4：木屑 23％，棉籽壳 23％，麸皮 19％，玉米粉 5％ ，豆秸粉 30％。

（三）场所设施的准备

杏鲍菇的栽培可以采用瓶栽、袋栽，也可以用箱栽，有部分地区在栽培杏鲍菇时进行覆土栽培，但目前最方便和适用的方式是塑料袋栽培。

工厂化栽培温度控制及通风、换气等是非常重要的，要建设适合杏鲍菇栽培专用的厂房。厂房通常为钢结构，墙体采用聚氨酯冷库保温板，墙体外贴挤塑板，减少室外辐射热，内喷聚氨酯。按照杏鲍菇生产要求，主要功能区分为5个部分。

(1)料袋制作区：包括搅拌机、装袋机或装瓶机等设备，用于料袋制作。

(2)菌袋制作区：包括灭菌锅、冷却室和接种室，用于菌袋制作。

(3)菌丝培养区：包括养菌室和催蕾室。

(4)出菇区：包括出菇房、包装车间和保鲜冷库。

(5)辅助功能区：包括原料存储区、锅炉区、挖袋间、菌渣处理区和制冷设备系统。

三、培养料配置

制备培养料是杏鲍菇栽培过程中的关键一步，需要严格遵循配方要求进行准确计量。为确保最佳质量，我们首先要检测培养料的水分含量，进而确定在拌料时所需的精准加水量。

拌料的步骤是有序而重要的。首先，将主要成分如木屑、玉米芯和麸皮等添加到双螺旋搅拌机的料斗中。通过连续机械搅拌，保持搅拌时间在30 min以上，确保不同种类的培养料充分混合均匀。接下来，在搅拌的过程中逐步添加水，同时也加入轻质碳酸钙等辅料。这个步骤通常需要搅拌20～30 min。为了保证培养料的质量，可以利用水分测定仪、酸碱度测试纸等工具来检测其理化性质。

在这个过程中，需要确保培养料的水分含量维持在63%～65%，并将pH控制在7～8.5。这样的调控有助于为杏鲍菇的健康生长提供一个理想的环境。通过严格的制备步骤和质量检测，能够确保培养料的合适性，为杏鲍菇成功栽培奠定坚实基础。

四、装袋和灭菌

为了进行高效的杏鲍菇栽培，最好选择使用规格为(17～19) cm×38 cm×0.05 mm的高压聚丙烯食用菌栽培袋。在装袋的过程中，要按照每袋湿料1.1～1.3 kg、料高18～20 cm的标准，将培养料填装进袋内。为了便于后期的接种，在料的中间部位插入一个塑料棒。接下来，拉紧塑料套环，使其贴紧培养料的表面。同时，要用专用的海绵盖盖住袋口，这样可以有效地保持湿度。随后，将装有菌包的袋子放置在层架式推车上，将其搬运到高压灭菌锅内。在高压灭菌的过程中，需将菌包置于121～123 ℃的温度条件下，持续灭菌约2 h。这一步骤能够有效地杀灭菌包中的有害微生物，确保其培养卫生和品质。通过以上的步骤，可以为杏鲍菇的栽培创造一个优质的环境，为其健康生长提供良好的条件。

五、冷却和接种

在进行杏鲍菇栽培过程中，为了确保接种的成功率和最大限度地降低污染风险，需要注意以下步骤。

1. 准备接种室或冷却室

在接种前1～2 d，要将接种室或专门的冷却室进行彻底的清洁，可以通过喷药或熏蒸消毒，为后续的接种创造一个清洁的环境。

2. 控制料温

在料温降至 30 ℃以下时进行接种，确保菌种的接种温度适宜，有利于菌丝的生长和萌发。

3. 菌种接种量

根据菌种的瓶装规格，一般每 500 mL 或 750 mL 瓶的菌种可接 10～12 袋或 15～18 袋。在接种时，尽量选择较大的菌块进行接种，这可以加速菌丝的覆盖料面，减少细碎型菌种，降低污染风险。

4. 菌包降温和接种

灭菌结束后，将菌包从高压灭菌锅移到预冷区域降温，待料温降低到 25 ℃以下时进行接种。

5. 空气净化室流水线接种

采用工厂化栽培时，可以使用空气净化室流水线接种工艺。提前 6 h 开启紫外线或臭氧设备进行杀菌，确保接种时室内空气处于正压状态，减少外界污染。

6. 接种方式

接种时，先将菌种进行揉搓挤压，使粘连的枝条菌种散开。然后使用镊子夹取 1 根枝条，将其放入料内孔穴中。同时，在袋内空隙和料面上填充碎菌种，确保接种均匀。

通过以上各项措施，能够确保菌种的健康接种和菌丝的正常生长，为杏鲍菇的栽培打下良好的基础。

六、栽培管理

杏鲍菇的栽培过程需要经过多个关键的管理阶段，以确保产量和品质的稳定。以下是栽培过程中的几个重要阶段。

1. 发菌管理

接种后的培养袋应迅速放入培养室，保持温度在 22～25 ℃。培养时间通常为 30 d。在培养过程中，要进行通风换气，遮光管理，定期翻堆，及时挑出污染的菌袋并进行处理，以减少污染的风险。

2. 蕾期管理

当菌袋发满、菌丝达到充分生理成熟后，进入蕾期管理。选择在原基形成到出现小蕾时开袋，保证菇体的产量和质量。在开袋后，调控湿度至 90%，增加光照强度，并稍微通风。约 15 d 后，袋口料表会出现白点状原基。控制室温在 20 ℃以下，促进原基数量的增加和菇蕾的分化。

3. 幼菇管理

幼蕾及幼菇阶段是易发生萎缩死亡的阶段，温度过高是主要原因。严格控制室温，特别是避免温度超过 22 ℃是关键。秋季栽培的第一潮菇和春季栽培的二潮菇，尤其容易受到较高温度的影响，因此在管理中要格外谨慎。

4. 成菇期的管理

为获得高质量的子实体，需要进一步降低室温至 15 ℃左右，控制湿度在 90%左右，减弱光照强度至 500 lx，适当增加通风。要避免强风以及温差较大的风对子实体的影响。适当的通风可以确保子实体健康、正常地生长(图23-4)。

通过精心的管理和合理的控制，杏鲍菇的各个阶段都能够得到良好的发展，从而获得高产优质的产品。

图 23-4　成菇期

七、采收

当杏鲍菇的子实体基本长大，出现基部隆起但不松软、菌盖基本平展并中央下凹、边缘稍有内卷、表面稍有绒毛的特征时，即表明菇体已经部分成熟，适合采收。通常在菌盖尚未完全展开，但已经有八成熟的迹象时进行采收，在生产规模较大时，甚至可以在七成熟时采收，此时菌盖尚未形成伞状，菇的品质较好，价格也较高。

采收时，应握住菌柄，将菇体整颗拔起。采摘下来的子实体应立即割除基部的杂物，然后整齐地码放，以防止菌盖破碎。之后，可以将菇体送往保温库进行分级、整理和包装，或者直接送往加工厂加工处理。另外，也可以将其置于0～2 ℃的冷库中进行冷藏保鲜，然后再进行销售。要避免长时间置于常温下影响菌盖质量，也不应浸泡于水中，以防吸水过多影响商品质量(图23-5)。

图 23-5　分级、整理和包装

在杏鲍菇的出菇期间，需要注意维持适宜的环境条件。温度应保持在13～15 ℃，相对湿度维持在90%左右。此外，散射光的条件也很重要，光照强度一般应在300～800 lx。充足的散射光不仅有助于杏鲍菇正常出菇，还可以减少病害的发生，避免菇体出现异常情况。

八、采收后的管理

采收完毕后，需要对出菇料面进行彻底清理，并清洁整个菇棚。在春季栽培时，可以喷洒杀菌剂和杀虫剂，以预防害虫和杂菌病害的发生。随后，将菇棚密封遮光，让菌袋进入休养生息的状态。在秋季栽培时，同样要注意杀菌消毒措施。待料面再次出现原基迹象后，可以进行第二潮的出菇管理。

进行第二潮出菇管理时，需要清理料面，停止喷水，并让菌袋在生息养菌的状态下休养7～10 d，这样就可以出现第二潮菇。通常在整个生产过程中可以进行1～3潮的出菇管理。生物学效率一般可以达到60%～80%，而商品率可以达到80%～90%。需要注意的是，在实际生产中，生物学效率可能因不同的菌株而有较大的差异。

如果采用立体栽培方式，保龄球状的菌种生物学效率通常在60%左右，而柱状菇种则可以达到80%以上。在覆土栽培模式下，保龄球状菌种的生物学效率可以超过70%，柱状菇种甚至可以达到100%,某些高效菌株甚至可以达到120%以上的效率。这些数据可能因菌种和栽培方式的不同而有所变化。

思考与练习

1. 简述杏鲍菇生长发育的条件。
2. 简述杏鲍菇工厂化栽培的培养料制备过程。
3. 杏鲍菇工厂化栽培发菌期该如何管理?
4. 结合当地资源和气候条件制订杏鲍菇生产计划。

项目二十四 真姬菇栽培

知识目标

1. 了解真姬菇的分类学地位及食药用价值。
2. 掌握真姬菇的形态特征、生长发育条件。
3. 掌握真姬菇的常见栽培方式。

能力目标

1. 能根据当地气候或生产情况制订真姬菇的生产计划。
2. 能根据真姬菇生物学特性，采取适当措施，创造真姬菇正常生长发育的条件。
3. 能运用工厂化的栽培技术获得高产优质的真姬菇。

素质目标

1. 合理利用当地自然资源栽培真姬菇，增强学生保护环境、节约资源意识，践行“绿水青山就是金山银山”的理念。
2. 通过真姬菇生产实践，培养学生吃苦耐劳、爱岗敬业精神。

真姬菇[*Hypsiagus marmoreus*(Peck)H. E. Biglow]又称斑玉蕈、蟹味菇(褐色)、白玉菇(白色)。分类上属于真菌界担子菌门担子菌亚门层菌纲伞菌目白蘑科玉蕈属。在自然条件下，真姬菇秋季生于壳斗科树种及其他阔叶树的枯木、树桩上，是一种白色木材腐朽菌，主要分布于北半球温带地区，美国、加拿大、欧洲、日本等都有分布。真姬菇形态美观，质地脆嫩，味道鲜美独特。在日本常将其与珍贵的松茸相提并论，被冠以“假松茸”之称，享有“闻则松茸，食之玉蕈”的美誉。真姬菇营养成分丰富，口感极佳，每 100 g 鲜菇中含蛋白质 2.1 g、脂类 0.3 g、糖类 4.4 g，富含钾、钙、磷、铁等多种无机盐及维生素 B_1、维生素 B_2 和 17 种氨基酸，其中 7 种为人体必需氨基酸。真姬菇是低热量、低脂肪食品，具有提高免疫力、预防衰老的功效(图 24-1)。

图 24-1 真姬菇

一、真姬菇的生物学特性

(一)形态特征

真姬菇子实体多丛生,菌盖幼时呈半球形,边缘内卷后渐平展,直径 3～8 cm,灰褐色或白色,表面有龟裂纹。菌柄长 3～10 cm,直径 0.4～0.6 cm,洁白,多中央生、少偏生,菌褶近白色,与菌柄呈圆头状直生,孢子近卵圆形至球状,无色透明,(4.0～5.0) μm×(3.5～4.0) μm,孢子印白色。菌丝白色,棉毛状。

(二)生活史

真姬菇属于异宗结合四极性担子菌。每个担子上产生 4 个担孢子,担孢子萌发成单核的初生菌丝,由可亲和的单核菌丝配对形成含有两个遗传性质不同的细胞核的次生菌丝。次生菌丝具有锁状联合,菌丝培养时会产生许多节孢子和厚垣孢子,节孢子大部分是双核,极小部分为单核,节孢子比担孢子萌发率高。菌丝生长需要较长的生理成熟期,达到生理成熟的菌丝在适宜环境条件下,菌丝扭结、分化形成白色粒状原基,最后子实体继续生长发育,子实层逐渐成熟,释放担孢子,从而形成生活史循环。

(三)生长发育条件

1. 营养条件

真姬菇可分解利用木质素、纤维素和半纤维素。栽培中碳源主要来自各种阔叶树及针叶树木屑,若使用针叶树木屑须经 3～6 个月室外堆积才能使用,棉籽壳、玉米芯也是栽培中常用的碳源。除碳源外,真姬菇生长发育需要吸收蛋白质、维生素和矿物质等营养成分,因此培养料中需要添加麸皮、米糠、大豆皮、玉米粉等辅料。辅料混合使用比单独使用增产效果明显。

2. 环境条件

(1)温度:真姬菇不同菌株对温度的要求略有不同。真姬菇菌丝生长的温度在 5～30 ℃,适宜温度为 20～25 ℃。当温度处于 8～22 ℃时,子实体能够进行分化发育,而适宜温度在 12～16 ℃。温差达到 8～10 ℃,可以使子实体在较短时间内分化。

在对工厂化栽培技术予以实际应用时,要对温度控制予以重点关注,当菌丝开始生长时可通过恒温控制系统来保证菌包中心温度在 20～25 ℃,以保证菌丝生长不受影响,出菇能够更加整齐,品质性状更为理想。若菌包中心温度过高,会出现“烧菌”现象。出菇阶段温度处于 12～16 ℃,子实体会更加整齐,菇柄的质地更加结实。菌盖形成后,应注意控制温度,防止温度过低导致菌盖出现畸形。若出菇温度过高,会导致子实体生长速度过快、菇柄质地较软,影响产量和品质。总体说来出菇时温度应控制在 14 ℃左右,可以保证子实体具有良好的品质。

(2)水分:真姬菇培养料含水量应控制在 65%～67%,菌丝体培养阶段空气相对湿度以 70%～75%为宜,在催蕾及子实体生长阶段空气相对湿度则要求达到 90%～98%。培养基含水量是影响真姬菇生长的关键因素之一。含水量过低,菌丝走菌速度慢;含水量过高,则会使得透气性变差,导致菌丝缺氧,影响菌丝生长及养分传输,出菇量下降。为保证菌丝能够顺利生长,可控制基质的含水量在 60%～70%。开袋时基质中的水分含量应超过 50%,

否则子实体会出现过早分化，品质、产量均会受到影响。出菇阶段，空气湿度对于子实体生长发育的影响也是较大的。湿度适宜时，子实体朵型均匀，重量增加，通常来说，子实体分化发育时应该将湿度控制在85%～95%，而菇苗期则要更高。一旦空气湿度较低，菇蕾的死亡概率会变大，而环境过于潮湿则会使得子实体发育受到影响。

(3)光照：真姬菇菌丝生长阶段不需要光照，但催蕾阶段需50～100 lx的散射光，以促进原基分化。子实体生长有明显的向光性，需要300～500 lx的光照。适宜的光照可以改善子实体色泽，提高商品品质。真姬菇菌丝培养阶段不需光照，但在出菇阶段光照对出菇朵型、白度影响较大。现阶段，工厂主要针对不同出菇周期定时照射。刚开袋菌丝恢复阶段，黑暗条件培养能够使得菌丝更为洁白、粗壮。现蕾期开始，若想使得子实体发育更为理想，应用微弱散射光进行照射，进入伸长期后可适当增加光照时间，光照强度以200 lx左右为宜。

(4)空气：真姬菇属好气性真菌，菌丝生长、原基分化和子实体发育均需新鲜的空气。培养料应粗细搭配，含水量适宜，否则影响透气性及菌丝生长速度。菌丝培养和出菇过程中注意通风换气，菌丝培养室二氧化碳含量需控制在0.1%以下，出菇室控制在0.2%～0.25%。真姬菇菌丝培养阶段，氧气必须保证充足，这样可以在短时间内发菌，而且菌丝显得更为浓密。当子实体分化发育时，应根据不同发育阶段调节通风量，控制空气中二氧化碳浓度含量，二氧化碳含量偏高，子实体生长就会受到影响，畸形菇的发生概率明显增加。

(5)酸碱度：真姬菇菌丝生长要求弱酸性至中性环境，当pH在5～7.5时，菌丝体开始生长，适宜的pH为5.5～6.5。对培养料进行灭菌处理后，pH会有一定程度降低，若想保证菌丝体能够更成熟，对培养料搅拌的过程中要对pH进行适当调整，保证灭菌前pH在8.5左右。

二、真姬菇生产概述

(一)生产历程

1972年在日本开始进行真姬菇人工栽培，如今，在日本已成为仅次于香菇、金针菇的重要品种。我国于20世纪80年代从日本引进真姬菇，主要在山西、河北、河南、山东、福建进行小规模栽培，经历了家庭手工操作到基地化生产再到工厂化生产的过程，近年来栽培规模逐渐扩大，已遍及全国，并实现工厂化生产。根据新思界产业研究中心发布的《2021—2025年中国食用菌类即食零食行业市场调查与投资战略分析报告》，2016—2020年，我国真姬菇工厂化栽培产量呈快速增长的趋势，其中2020年全国真姬菇工厂化栽培产量为34.9万t。

(二)栽培品种

真姬菇目前栽培较多的有浅灰色和纯白色两个品系，白色品系又称“白玉菇”“玉龙菇”；浅灰色系又称“蟹味菇”(图24-2)。白玉菇颜色洁白，菌肉肥厚，口感细腻，气味芬芳，味道鲜美。蟹味菇子实体群生至丛生。菌盖表面近白色至灰褐色，中央常有深色的大理石花纹。菌褶近白色，与菌柄圆弯生，密集至稍稀。蟹味菇侧向生长时菌柄偏生，孢子印近白色，阔卵形至近球形。

图 24-2　蟹味菇(左)和白玉菇(右)

(三)生产方式

真姬菇种植主要有农户种植模式和工厂化生产模式,农户种植模式是真姬菇行业的初级生产模式,该模式使用大棚、简易机械栽培,具有生产规模较小、抗污染能力较弱、技术水平较低、产品质量不稳定等不足之处。工厂化生产采用立体化的种植模式,需占用的土地面积较少,实现了资源的集约化利用,其生产模式竞争优势逐步体现(图 24-3、图 24-4)。

图 24-3　白玉菇工厂化生产

图 24-4　蟹味菇工厂化生产

任务　真姬菇工厂化栽培

真姬菇工厂化生产是将模拟生态环境、智能化控制和自动化机械作业集合于一体的生产方式,可以达到提高周年复种指数、设施和设备使用效率、资金使用率的目的,是在短期内提高经济效益的一种新型的、集现代农业企业化管理的栽培方法。

一、栽培季节的选择

真姬菇与香菇、平菇相似,属中低温型、变温结实性菇类。子实体原基分化温度为 10～

17 ℃。在适宜温度范围内，温差变化越大，子实体分化越快。真姬菇的规模栽培主要分布在湖北、河北、山西、河南等产棉省份，一般为秋冬栽培。在河北省石家庄地区的最佳出菇季节为10月中下旬至翌年的3月中旬，即7月上旬制作三级菌种，9月中旬接种栽培袋，10月中下旬开始出菇。

二、生产前的准备

(一)菌种的准备

有条件的最好自制菌种，以降低成本。为了得到适龄菌种，必须切实做好制种时间与栽培时间的衔接。试管种提前70 d左右制作，原种提前50～60 d制作，栽培种提前30～40 d制作为宜。

在菌种培养过程中，由于菌丝生长粗壮、速度快，如果不注意及时检查杂菌，就可能出现菌丝体将杂菌覆盖的现象，导致培养结束后，菌种从表面上看纯正健壮，其实已经污染了杂菌，最终给生产带来损失。

(二)原料的准备

培养料配方有以下几种。

配方1：棉籽壳92%，麸皮5%，钙镁磷肥料2%，石膏1%；

配方2：棉籽壳72%，木屑20%，麸皮5%，钙镁磷肥料2%，石膏1%；

配方3：木屑78%，麸皮20%，糖1%，石膏1%。

真姬菇属木腐菌，也可广泛利用棉籽壳、棉秆屑、玉米芯，转化率可达70%～100%；豆秸秆栽培的转化率为70%～80%；玉米芯转化率为65%左右。原料要求新鲜，无霉变。陈旧的原料需经发酵处理后再利用。

在进行栽培的过程中，必须要保证配方是最合适的，棉籽壳、木屑、麸皮、玉米粉、碳酸钙、石灰等所占比例要有效控制。在对配方进行选择的过程中，应将各地的实际情况作为依据，对现有原料资源予以充分利用，为使选择的配方最为合适，须将出菇试验切实做到位。

(三)场所的准备

1.生产场地

生产场区应选择地势平坦、水源充足、排灌方便的地方，要求环境清洁、通风良好，远离食品酿造工业区、畜禽区、垃圾场、医院和居民区。距离化学污染源5 km以上，距离工业废弃物1 km以上，距离水泥厂、禽畜舍0.5 km以上，距离集市、木材加工厂、垃圾场和死水池塘等0.2 km以上。

工厂化栽培场所一般设置原料仓库、原料处理区、灭菌室、冷却接种区(菌种制备区)、菌丝培养室、出菇区(菇房)、包装加工区、冷藏库、菌糠处理区等。原料仓库置于下风口，原料处理区紧邻原料仓库，菌种制备区应远离原料仓库和菌丝培养区。

栽培场所设置的合理性是工厂化栽培顺利进行的前提保障，相关的区域、车间要配备齐全，水、电均要满足实际需要，选用的变压器要达到1 200 kVA。具体来说，菇房的墙体可选用彩钢加厚夹芯板，密封处理应做到位，以达到保温保湿的目的，同时具有良好的抵御腐蚀能力。

接种室面积在 60 m^2左右，空气过滤器、臭氧发生器等均要满足实际需要。常见养菌房的面积在 70 m^2左右，养菌架根据实际需求选择，一般中架、边架的宽度分别为 1.3 m、0.9 m，层间距 0.35 m 以上，通道则应该达到 0.75 m。空调的选择与房间的大小和菌包容量匹配，确保温度控制达到预期，换气顺畅。出菇房所需的制冷机组、换气扇、节能灯、加湿器等均要满足需要，对出菇床架的层间高进行控制，保持 0.5 m 以上，通道以 1.1 m 左右为宜，而且要保证底层架和地面保持 0.2 m 的距离。

真姬菇栽培产量高低、品质优劣，除与选用优良菌种、选择适宜季节和科学管理外，关键是需要建造一个结构合理，具有良好保温、保湿性能的菇棚。菇棚以半地下室为好。选择背风向阳地，菇棚东西向长 10～20 m，南北宽是周围“干打垒”土墙结构，北高南低呈 30°；拱形顶。棚门设在土墙东西向的中央，棚内中央设东西向通道，每 100 cm^2 可放置 5 000 kg 干料的出菇菌袋。

2. 原料处理

原料仓库要建在地势高的地方，地面要硬化，要达到牢固、防火、防雨、防潮、通风防霉变的要求，并设置给排水设施，配备物料称量、周转设备。

原料处理区设置给排水设施，一侧或外部建污水收集池。配备适宜的搅拌机、传送带、装袋（瓶）机、周转箱（筐）等设备。

3. 灭菌室

配备高温灭菌设备，通风散热良好。

4. 菌种制备区

菌种制备区包括培养基配制室、灭菌室、接种室、菌种培养室、质检室、留样室、菌种保藏室，另外需要配备更衣室。

5. 冷却接种区

冷却区应达到万级净化要求。接种室配备百级空气净化装置、接种流水线、紫外线灯、臭氧发生器、温控设备、风控设备。

6. 菌丝培养室

菌丝培养室应配备传输转运设备、温控设备、湿控设备、风控设备、通风设备等。

7. 出菇区

出菇区配备的设备有温控、湿控、风控及光控设备等。

8. 包装加工区

配备分装、包装设备。

9. 冷藏库

配备制冷设备。

10. 辅助生产设施

一是锅炉房，用于安装蒸汽锅炉，要按要求建造。二是配电室，用于安装变压器、配电控制设备。三是供水系统，用于建设供水管网和蓄水池。四是雨水排放系统，用于建设雨水排放管网，并且间隔设置窨井。

11. 安全生产

一是要求锅炉工、电工等工作人员必须持证上岗。二是配备消防安全设施，需要安装生产监控以及消防监控。

三、菌种生产

菌种生产应符合《食用菌菌种生产技术规程》(NY/T 528—2010)的规定。选择的菌种要达到菌龄合适、菌丝浓白粗壮、无菌索、无菌皮、无黄水以及无病虫害感染的要求。

长期以来真姬菇生产均使用固体菌种，目前部分厂家已开始使用液体菌种进行规模化生产。真姬菇菌种生产的要求不同于金针菇，一方面，真姬菇菌种培养时间较长，菌种接入栽培瓶后培养时间长达 80～90 d，固体菌种接种后瓶口菌种与瓶盖紧密压实，培养料保湿效果好，而液体菌种培养料面容易失水；另一方面，使用固体菌种时，通常在馒头形老菌种块上出菇，出菇整齐，宝塔状朵形，品质好，产量稳定；而使用液体菌种时，出菇数量多，产量高，但整齐度差，且中心处有接种孔，朵形不饱满。

四、菌丝体培养

真姬菇的生产周期因品种不同而存在差异，褐色的蟹味菇为 100～110 d，白色的白玉菇为 110～120 d。在菌丝生长与后熟期方面，蟹味菇约 80 d，白玉菇约 90 d，出菇期均为 23～27 d。

1. 培养料配制

真姬菇的主要栽培原料是阔叶树木屑或堆积过的针叶树木屑、棉籽壳、玉米芯等，辅料包括麸皮、米糠、玉米粉、高粱粉、大豆皮等。培养料要求干燥、新鲜、无霉变和无虫害，培养料潮湿易产生霉变，导致灭菌不彻底，影响营养成分，最终影响产量和质量。工厂化生产中，还要求培养料颗粒大小适宜，粗细均匀。真姬菇栽培料配方之一为：木屑 47%、玉米芯 5%、棉籽壳 5%、米糠 25%、麸皮 15%、黄豆皮 3%。

2. 装瓶和灭菌

目前，真姬菇通常采用瓶栽方式，可根据自身情况决定塑料瓶的规格大小。装瓶机组自动装料，装料松紧度均匀一致，装料高度在瓶肩至瓶口 1/2 处适宜，通常 1 100 mL 栽培瓶装料 700～720 g，装料后料面压实，并打 1 个接种孔，盖好瓶盖，121～123 ℃高压灭菌 2 h。

3. 冷却与接种

灭菌后，栽培瓶冷却至料温 20 ℃以下才可接种。正式展开接种工作前 24 h，使用 84 消毒液对接种室进行消毒处理，前 8 h 时通过臭氧机消毒，前 1 h 时要将空气净化系统开启，通风换气。从事接种工作的相关人员要按照要求穿戴，先在风淋室中进行洁净处理，才可进入接种室中。接种工具、双手要使用 75%的酒精棉球擦拭。

目前，工厂化栽培主要采用固体枝条种菌种接种。进行固体枝条种接种时，可选用 75%的酒精棉球对菌袋外部进行消毒。在作业区域中，要对通风换气单元进行合理设置，保证空气净化度能够达到要求。接种过程中，菌种表层存在的 1～2 cm 的老菌皮应该挖除，当枝条种接入后，用菌料封口，注意菌料量不宜过多，否则会堵塞菌盖出气孔，导致菌丝“缺氧”。1 袋枝条种一般可接种45～50袋菌包，接种动作必须要迅速、准确，也可采用自动接种机定量接种，每瓶菌种接种40瓶左右。

4. 菌丝培养

进行暗光培养时，对发菌室的温度、通风应进行控制，保证二氧化碳的浓度不超过0.25%。对栽培包的检查应该2 d进行1次，需重点关注菌丝生长，如有污染包要立刻清除。接种45 d后，菌丝已经将培养料吃透，要进行约75 d的后熟培养，保证菌丝生理成熟目的切实达成。

将接种后的栽培瓶移入培养室进行菌丝培养。可根据真姬菇生长特点，调节培养室温度、空气湿度和通风量，保持菌丝培养温度在22～25 ℃，空气相对湿度在70%～75%，保持通风良好，菌丝培养阶段不需要光照。

真姬菇菌丝生长速度较慢，通常需要30～35 d才能长满菌瓶。真姬菇菌丝长满培养料之后，需要继续培养一段时间，只有达到充分的生理成熟才能形成子实体。当料面出现白色菌皮，并分泌浅黄色或褐黄色色素时，即达到菌丝生理成熟，可移至生育室进入出菇管理。

五、出菇期管理

1. 搔菌与注水

真姬菇菌丝达到生理成熟后，即可搔菌。采用馒头形搔菌刀搔菌，搔去瓶口表面边缘的老菌丝，留下中间部位的菌种块，使料中间凸起呈馒头状，促使真姬菇原基从料面中间留存的老菌种块上长出成丛菇蕾。搔菌后，立即注水10～20 mL，补充料面水分，增加原基形成数量。但搔菌后菌丝受伤，抵抗力较弱，注水后易引起污染，因此必须保证水及搔菌刀片洁净。

2. 催蕾

搔菌后经3 d左右菌丝恢复生长后，即进入原基分化期，此时生育室内温度控制在14～15 ℃，催蕾期需要较高的空气湿度，通常用超声波加湿器产生雾化状水，使空气湿度控制在95%～98%，原基分化阶段需要100 lx光照条件，每天光照10 h以上。二氧化碳含量控制在1 000～2 000 μL/L，有利于原基分化，可通过调节通风时间及通风量控制二氧化碳浓度。在适宜的环境条件下，搔菌后7～8 d，培养料表面呈瘤状突起，出现成堆的小粒状白色菌蕾。

3. 出菇管理

原基分化2～3 d后，菇蕾膨大成分枝状，渐渐长出上细下粗的菌柄，顶端分化出半球形菌盖。移入菇棚内，墙式堆放，高4～6层，将袋口打开，喷水降温加湿，并给予温差刺激。子实体生长期温度控制在14～15 ℃，空气湿度控制在90%～95%，温差较大时，子实体分化快、出菇整齐。根据子实体生长情况调整通风量，不良通风易长畸形菇，二氧化碳浓度控制在1 500～2 000 lx。真姬菇子实体生长需要充足的光照，生育室栽培床架需加装荧光灯或LED灯，提供500 lx间歇式光照条件，每天光照10 h以上(图24-5)。

图 24-5　出菇期 LED 灯补光

在上述管理条件下，5～7 d 袋口产生黄水，这标志着即将出菇。菇体长至符合标准时应及时采收。每次采收后将料面清理干净，重复进行出菇管理，菇潮间隔 10～15 d，一般可采收 3～5 潮菇。每 1 000 g 干料的菌袋 1～3 潮菇鲜菇量分别可达 600 g、250 g、150 g，第 3 潮菇时，需用补水器向袋内补水。

当原基渐渐伸长、菌盖似黄豆大小、整个菇体形同珊瑚时，在瓶口套上喇叭形的塑料杯托，以促使菌柄粗壮，并成丛状向上生长。随着子实体生长发育，菌柄逐渐伸长增粗，菌盖逐渐增大呈半球形，蟹味菇菌盖表面形成褐色龟裂状斑纹，白玉菇菌盖表面形成白色龟裂状斑纹。

六、采收与包装

当菌柄长至 4～6 cm、菌盖直径 0.8～1.2 cm、菌盖呈半球形且尚未开伞时，即可采收。采摘时既不使培养料成块带起，又使菇柄完整，不留柄蒂。以手握菇柄，将整丛子实体轻轻拧下，或一只手按住瓶子，另一只手用压缩空气气枪将整丛菇压出瓶口，防止压碎菇体及菇盖边缘破损。通常每个栽培瓶(1 100 mL)的产量为 180～230 g。菇棚内温度较低时每天采收一次，温度较高时早晚各采收一次。采下的鲜菇用小刀切去根蒂，分级、加工。出现损伤、病虫的真姬菇必须挑出，经过分拣之后进行称重，按照分级标准予以归类，做好真空包装。在包装上要将产地、商标、条形码等标注清楚。贮存的温度要严格控制，运输要选用冷藏车，避免混放。

真姬菇鲜菇风味极佳，以鲜食为主，主要采用盒式抽气保鲜薄膜包装保鲜，也可盐渍加工，将分选过的真姬菇放入开水中煮沸 3～5 min，捞出放入冷水中冷却。菇体下沉后捞出(不下沉可再煮)，放入缸或池中腌制。菇水比 1∶1，保持盐度 20 °Bé，经 15 d 可出售。真姬菇菌采收结束后，菌瓶移入挖瓶室，采用挖瓶机将废料挖出，菌瓶重复用于生产，菌渣用于加工栽培基质肥料或用作生物质燃料。

真姬菇工厂化生产必须根据真姬菇生物学特性与真姬菇生长和发育的外界条件进行有机结合，进行人工调节、选择适宜真姬菇生长和发育的外界条件，特别要协调好温度、湿度、通气、光照之间的关系，将传统“经验化”种植向“数据化”种植转变，提升真姬菇栽培技术水平，保证真姬菇的高产与稳产。

思考与练习

1. 简述真姬菇生长发育的条件。
2. 简述真姬菇菌种培养过程。
3. 真姬菇栽培发菌期该如何管理?
4. 结合当地资源和气候条件制订真姬菇生产计划。

模块四

食用菌病虫害防治技术

项目二十五　食用菌病虫害防治

知识目标

1. 掌握食用菌生理性病害的危害特征、发生原因和预防措施。

2. 了解食用菌竞争性杂菌的类型，掌握食用菌竞争性杂菌防治措施。

3. 了解食用菌常见害虫的类型，掌握食用菌常见害虫的综合防治方法。

能力目标

1. 能识别食用菌生理性病害，会采取相应预防措施。

2. 能识别食用菌竞争性杂菌，会采取相应防治措施。

3. 能识别食用菌常见害虫，会采取综合防治措施。

素质目标

1. 通过学习食用菌常见的病虫害，让学生能够正确鉴定病虫害的类型并开展相关防控；同时培养学生善于分析、灵活应用知识的能力。

2. 食用菌病虫害的防治应按照“预防为主，综合防治”的策略，尽量减少使用化学药剂，提升食品安全意识，减少化学污染，保护环境。

一、食用菌病害的种类

食用菌在生产过程中，受外部不适条件或其他有害生物侵染、侵蚀的影响，会引发其自身外形和内部构造变化以及生理机能障碍，严重时可导致子实体或菌丝体萎缩死亡，甚至消失，使食用菌产量和质量降低，称为食用菌病害。

引起食用菌发病的最直接因素称为病原，一般分为非侵染性病原和侵染性病原，其引起的病害分别为非侵染性病害（生理性病害）和侵染性病害（病原性病害）两大类。

1. 非侵染性病害（生理性病害）

非侵染性病害是由非生物因素的作用，而无病原微生物侵染，造成食用菌生理代谢性失调而发生的病害，叫非侵染性病害，也叫生理性病害。这类病不会传染，但会造成不同程度的减产和产品质量的下降，甚至绝收。

2. 侵染性病害（病原性病害）

由于病原物的侵染，造成食用菌生理代谢失调而发生的病害，叫侵染性病害，也叫病原性病害。根据病原物对食用菌的危害方式可分为寄生性病害和竞争性病害。寄生性病害是指由真菌、细菌、病毒、黏菌等病原生物直接侵染食用菌的菌丝体或子实体引起的病害。竞争性病害是指有害杂菌侵染培养料，有的还能分泌有毒物质，给食用菌生产造成威胁的病害。竞争性杂菌虽不直接侵染食用菌菌丝体和子实体，但发生在制种阶段，会造成菌种培养失败；发生在栽培阶段，会造成减产，甚至绝产。

二、食用菌病虫害的防治

食用菌生长发育所需要的环境条件，也非常适宜食用菌病虫害的发生与发展，病虫害一旦发生，其发展蔓延的速度往往是很快的，并难以控制。尤其是侵染性病害的发生给防治工作带来很大的困难。因此发病前采取各种措施，预防病虫害的发生，可以收到事半功倍的效果。食用菌病虫害的防治措施，都有其局限性，单独采取任何一种方法，均难以有效地解决病虫害危害问题，需要根据具体情况采取措施相互补充和协调，以期收到最好的防治效果。

食用菌病虫害的防治应遵循"预防为主，综合防治"的方针，综合防治就是要把农业防治、物理防治、化学防治、生物防治等多种有效可行的防治措施配合应用，组成一个有计划的、全面的、有效的防治体系，将病害控制在最小的范围和最低的水平。

选择综合防治措施要遵循以下 5 个原则。

(1)预防病害的发生和蔓延。

(2)通过改变生态环境条件，控制病害的危害。

(3)能够及时有效地消灭有害生物。

(4)使用药剂时要保护好食用菌的菌丝体和子实体不受药害，不污染产品，不危害人体健康。

(5)要保护好天敌。始终坚持保护环境与可持续发展相结合，坚持"绿色生产"、标准化生产的原则。

任务一　生理性病害及综合防控

生理性病害是食用菌生长过程中受到不良条件因素的影响，导致的生长发育障碍，子实体或菌丝体产生各种异常状态。不同病因的病害症状有所不同，在菌丝体阶段表现为菌丝徒长或萎缩等症状，在子实体阶段则表现畸形、死菇、着色病。

(一)菌丝徒长

1. 为害特征

食用菌菌床上长出一层白色气生菌丝，菌丝持续生长，在料面形成厚厚的菌丝层，难以形成子实体，俗称"菌被"或"菌皮"(图 25-1)。

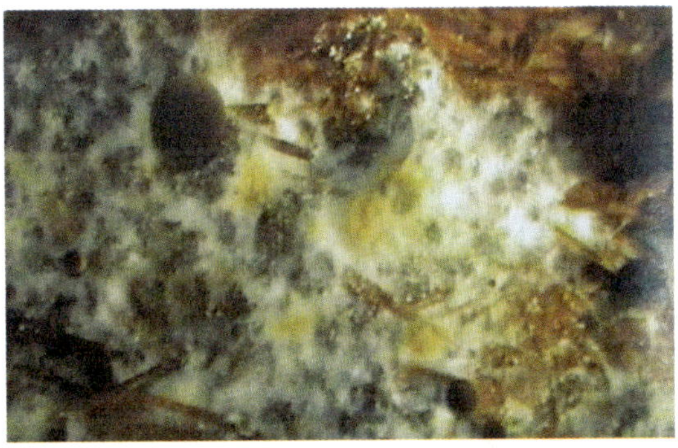

图 25-1　菌丝徒长

2. 发生原因

(1)移接母种时，气生菌丝挑得过多，接种在含水量过高的原种或栽培种瓶内，均会使菌丝生长过于浓密。

(2)管理不当。菇房高温,通风不良,培养料表面湿度大,二氧化碳浓度过高。

(3)培养料中含氮量偏高,菌丝进行大量营养生长。

(4)出菇期温度、湿度十分适宜菌丝生长,菌丝开始二次生长,从生殖生长又转入营养生长,造成代谢紊乱不能出菇。

3. 预防措施

(1)移接母种时,挑选瓶内半气生菌丝混合接种,预防气生菌丝挑得过多。

(2)培养基配比要合理,掌握适宜的碳氮比,防止氮营养过剩。

(3)加大通风,促进菌丝倒伏,促进营养生长向生殖生长转化。

(4)在栽培过程中,一旦出现菌丝徒长的现象,就应立即加强菇房通风,降低二氧化碳浓度,降低培养湿度及料面湿度,抑制菌丝生长。若菇床已形成菌被,应及时用刀破坏徒长菌丝以促进原基形成。

图 25-2　菌丝萎缩退化

(二)菌丝萎缩退化

1. 为害特征

在食用菌栽培中,常有菌丝萌发后不吃料、发黄萎缩,子实体停止生长,逐渐萎缩、变干,甚至死亡的现象(图 25-2)。

2. 发生原因

(1)菌种质量差,菌种衰退,生活力弱化。

(2)高温烧菌。在发菌后期,由于菌丝代谢旺盛,释放的能量多,料内温度一般比室温高 2~5 ℃,如果菌袋内温度过高,较长时间超过 35 ℃以上,会造成菌丝死亡现象,发生“烧菌”的菌袋表现出流黑色水、腐烂散袋、绝收等特征,严重影响食用菌生产。

(3)营养缺乏或不合理。多出现在播种之后 3~5 d,由于培养料配制或堆积发酵不当,培养料含氨量过高导致“氨中毒”而死亡。堆料配制时碳氮比不合适,发酵时间过长,培养料过于腐熟产生酸化,都会造成培养料内菌丝萎缩成细线状。

(4)培养料湿度过大或压料过实,造成通气不良,水分不足,菌丝生长缓慢且细弱。

3. 预防措施

(1)选用长势旺盛的优质菌种。

(2)合理配制培养料,碳氮比适宜。

(3)装料时,松紧适度且灭菌要及时。

(4)培养过程中,给予最适宜的环境条件。

(三)拮抗现象

1. 为害特征

食用菌菌袋内的菌丝不发展,菌丝积聚,由白变黄,形成一条明显的黄色菌丝线,有的菌丝连结处形成一道明显凸起的菌丝线条(图 25-3)。

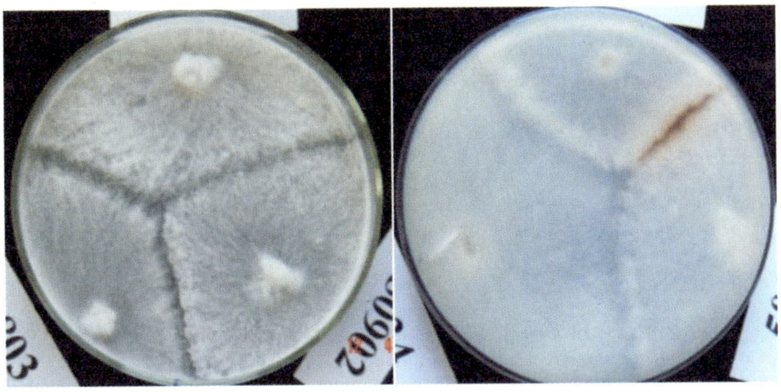

图 25-3 拮抗现象(由白变黄)

2. 发生原因

(1)菌袋两头接入了两个互不融合的菌种。

(2)培养料的含水量过高,菌丝不能向高含水量的料内渗入。

(3)酸碱度不适合或用种量太少。

3. 预防措施

(1)接种时不能将两个或两个以上的菌种接到同一菌袋内。

(2)配制培养料时严格按照各种食用菌生长要求的条件调节好培养料的含水量和 pH,适量使用菌种。

(四)退菌

1. 为害特征

菌种接入后,初期萌发生长等均正常,此后的菌丝发展也能按预计进行,但按时间推算,菌丝生长到达生理成熟期或者在出完一潮菇后,菌丝逐渐失白,继而消失(图 25-4)。

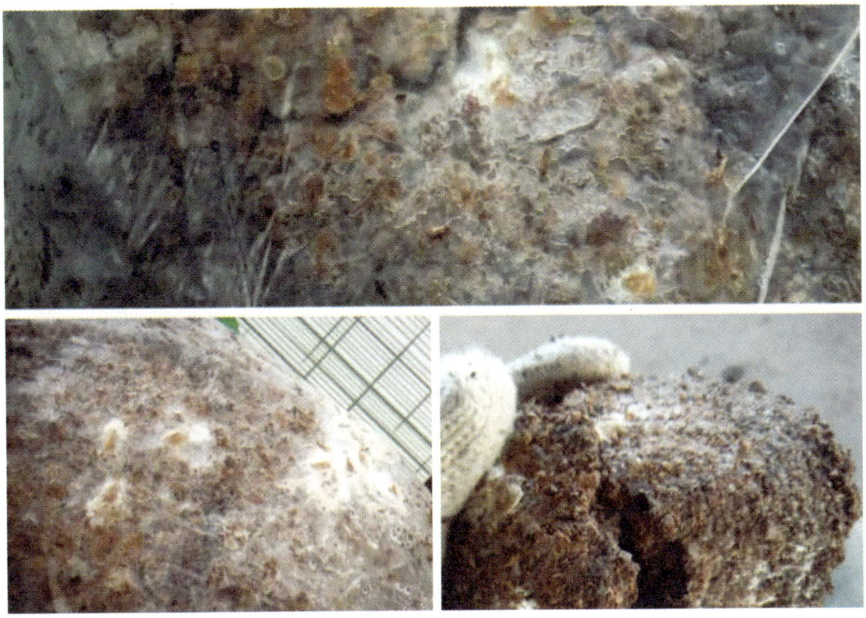

图 25-4 平菇退菌现象

2. 发生原因

(1)种源种性退化，导致抗性下降，无法适应较高的培养温度。

(2)培养料含水量过高，出现闷热，水分偏高，菌丝自溶。

3. 预防措施

(1)选用适龄脱毒的菌种。

(2)培养料的含水量要适宜，控制在63%～65%，不宜超过70%。

(3)发菌期间要根据栽培品种特性调节好培养室温度，一般不超过25 ℃，避免出现高温。

(五)畸形

1. 为害特征

子实体形状不规则，如柄长盖小，子实体歪斜，或原基分化不好，形成菜花状、珊瑚状或鹿角状的畸形子实体(图25-5)。

猴头菇　　平菇　　金针菇

图25-5　畸形菇

2. 发生原因

(1)出菇室通风不良，二氧化碳浓度过高，光线不足，温度偏高。

(2)覆土颗粒太大，对菇体产生机械压迫。

(3)病毒为害、药害及物理化学诱变作用。

3. 预防措施

(1)减少机械创伤，加强通风透光，控制好出菇时的环境温度。

(2)防止病毒感染，正确使用有关药剂，避免药害影响。

(六)死菇

1. 为害特征

死菇是指在无病虫害情况下，子实体变黄、萎缩、停止生长，最后死亡的现象(图25-6)。

2. 发生原因

(1)出菇过密，营养不足。

(2)出菇室持续高温高湿，通风不良，氧气不足。

(3)覆土层缺水，幼菇无法生长。

(4)采菇或其他管理操作不慎，造成机械损伤。

(5)使用农药不当，产生药害等均可引起子实体死亡。

图 25-6　菇体萎缩死亡

3.预防措施

保持基质含水量适当，喷水要得当，既要保证适宜的空气相对湿度，又要避免重水过头，特别是高温季节，要注意遮阳、降温，同时严禁向菇体直接给水，给水降温时要向空中和地面喷雾，适当通风，合理用药。

(七)着色病

1.为害特征

幼菇菌盖局部或全部变为黄色、焦黄色或淡蓝色，子实体生长受到抑制(图 25-7)。

2.发生原因

(1)菇棚内二氧化碳浓度较高，子实体中毒而变色，菌盖变蓝后不易恢复。

(2)质量不好的塑料棚膜中会有某些不明结构和成分的化学物质，被冷凝水析出后滴落在子实体上，往往以菌盖变为焦黄色居多。

(3)覆土材料中或喷雾器中的药物残留及外界某些有害气体的侵入等，也可导致该现象发生。

图 25-7　平菇着色病

3.预防措施

根据具体情况，找出病因并采取相应措施；同时，注意在生产过程中，不可乱用农药。

思考与练习

1.什么是食用菌生理性病害？

2.菌丝体阶段常见的生理病害有哪些？发生的原因是什么？如何防治？

3.如何预防出菇阶段生理性病害发生？

任务二　竞争性杂菌及综合防控

竞争性杂菌主要是指与食用菌争夺生长的基质和环境，从而阻碍或抑制食用菌生长发育乃至生存的病原物。常见的竞争性病害主要由青霉菌（*Penicillium* spp.）、木霉菌（*Trichoderma* spp.）、曲霉菌（*Aspergillus* spp.）、链孢霉菌（*Neurospora* spp.）等真菌引起，它们多数能产生分生孢子或小菌核，污染培养料及生产场所。少数是细菌和黏菌类。

一、真菌性病害的识别

（一）青霉

青霉是食用菌制种和栽培过程中常见的一种杂菌，主要为害各种食用菌的菌丝体。在一定条件下，也能引起香菇、平菇、草菇、金针菇等子实体病害。

1. 症状

培养基感染青霉后，在感染部位首先形成白色菌落，2～3 d 后，扩展为白色绒毛状平贴的圆形菌落，接着菌落的中间变成深绿色或蓝绿色的粉状菌斑，菌落边缘常有 1～2 mm 白色菌丝边。其菌落一般扩展较慢，而且有局限性，即当菌落扩大到一定程度时，边缘会成收缩状而基本不扩展，但其菌落上的绿色分生孢子在空气和人为的作用下，会飘落在培养基的其他部位或紧邻其原菌落，继续萌发成大小不等的菌落，这些菌落在密集产生时会自然连接成片，菌落的表面再交织在一起，形成一种膜状物，这种膜状物不仅使培养基的通气性变差，严重阻碍食用菌菌丝生长，同时还分泌毒素使菌丝死亡（图 25-8）。

图 25-8　青霉及其菌丝

2. 发生规律

青霉菌主要通过气流、昆虫及人工喷水等途径感染传播。在 28～32 ℃高温、高湿条件下，青霉分生孢子在 1～2 d 就萌发成菌丝，并迅速产生分生孢子。2～3 d 后从菌落中心开始形成绿色或黄橙色的分生孢子，菌落中心为绿色，外圈为白色。菌丝很快覆盖培养基表面，影响食用菌菌丝的呼吸作用，并分泌毒素，导致食用菌菌丝死亡。高温、高湿条件下有利于青霉菌的发生，但低温条件下青霉菌也能生长。

多数青霉菌喜酸性环境，培养料及覆土呈酸性较易发病。食用菌生长衰弱利于发病，幼菇生长瘦弱或菇床上残留菌柄基部没及时清除均有利于病菌侵染。

（二）链孢霉

链孢霉又称脉孢霉、红色面包霉、串珠霉、红粉菌。食用菌生产中最常见的链孢霉有两种：一种分生孢子为粉红色或橘黄色的称之为红色链孢霉，另一种分生孢子为乳白色至淡黄色，是脉孢霉属的好食链孢霉白色变种（图 25-9）。寄主范围广，几乎所有的食用菌生长阶段都可以发生，是制种及袋料栽培中最常发生的杂菌。

1. 症状

感染初期，长出灰白色或黄白色纤细菌丝，菌丝呈棉絮状，1 d 后迅速变成橘红色或粉红色的粉状霉层，呈现出橘红色，能穿出菌袋的封口材料，挤破菌袋，形同棉絮状蓬松霉层。在玉米芯、棉籽壳上极易生长，菌落开始为粉色孢子粒状，很快便为橘黄色，绒毛状。菌落成熟后，上层覆盖粉红色分生孢子梗及成串分生孢子。

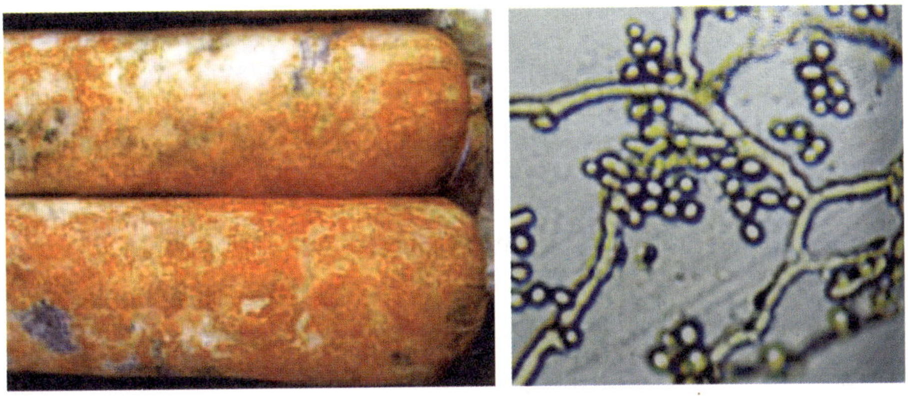

图 25-9　链孢霉及分生孢子

2. 发生规律

链孢霉是土壤微生物，广泛分布于自然界的土壤中和禾本科植物以及富含淀粉的食物上。空气中到处飘浮有该杂菌的分生孢子，当分生孢子沉降到有机物表面后很快就可萌发生长，并产生大量的孢子，靠气流传播，传播力极强。在潮湿条件下，病菇菌柄的基部可见白色菌丝的粉状物。培养料灭菌不彻底，接种室或接种箱消毒不严格，接种没有严格按照无菌操作，棉塞受潮，菌种带菌等，都可能造成链孢霉污染。

（三）木霉

1. 症状

木霉是食用菌生产中发生最普遍、危害性最严重的杂菌之一。在母种培养基上，先长出纤细略透明的菌丝，然后菌丝变为白色絮状，充满试管，接着很快产生绿色的分生孢子，同时在培养基内分泌出淡绿色的色素（图 25-10）。

木霉在温度高、湿度大时容易发生，能在 3～5 d 内由点、片发展到整个料面，导致栽培失败。木霉常与青霉混生，二者菌丝颜色相似，不同之处是青霉由白向绿黄色转变，而木霉菌丝开始为白色，产生绿色孢子后变成绿色或钢绿色，并逐渐加深。

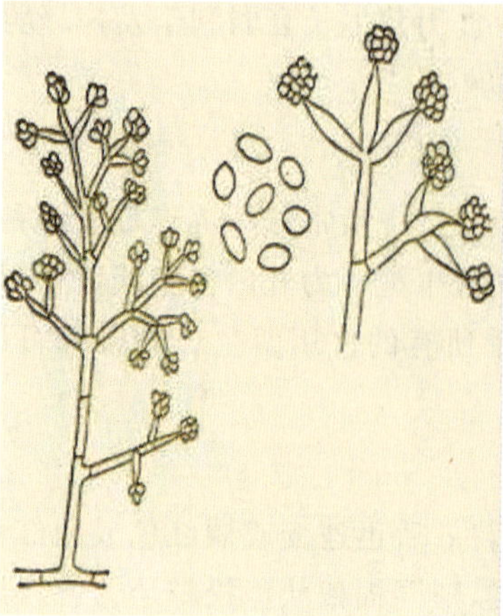

显微镜下的木霉

木霉前期

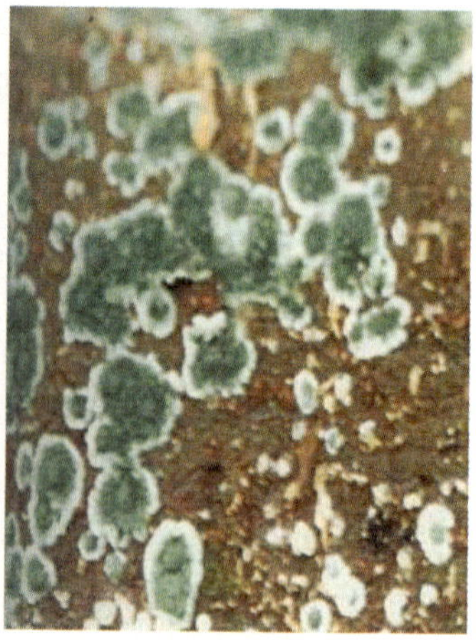

木霉后期

图 25-10　木霉及被感染的菌丝

2. 发生规律

木霉菌可生长于富含有机质的杂物上和土壤中，其分生孢子还掺杂在空气中，因此栽培场所、带菌工具、堆料和废弃料的堆积场所是绿色木霉菌主要来源。分生孢子可通过风、喷水或浇水和昆虫等扩散蔓延。袋料栽培食用菌，木屑、麸皮、玉米芯等培养料等很容易受到污染，并在生长不良的子实体上形成绿色木霉菌的菌落。

高湿对木霉菌菌丝生长和孢子萌发有利，孢子萌发要求相对湿度 95%以上，但在较干燥的环境中也能生长。该病菌喜微酸条件，pH 4～5 时生长最好，通常接种时消毒不严格，棉塞潮湿，生长环境不干净易感染病，菌丝愈合、定植或采菇期菇柄基部伤口极易受绿色木霉菌感染。

(四)曲霉

1. 症状

曲霉是食用菌的第二大杂菌品种。曲霉菌丝感染初期为白色棉絮状，后转为黄色，温度达到 27 ℃以上时产生大量孢子。因菌种不同，有黑、黄绿、橘黄和橘红等颜色，扩散极快，与食用菌争夺营养、水分，并分泌毒素，从而抑制食用菌生长。该病原可为害多种食用菌(图 25-11)。

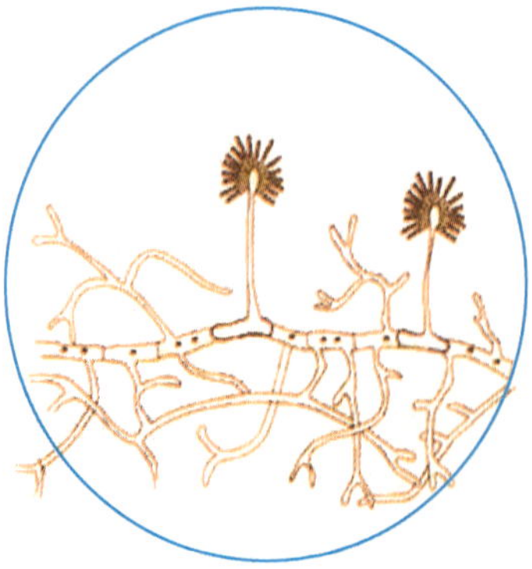

显微镜下的曲霉

纯培养曲霉

曲霉污染状

图 25-11　曲霉及被感染的菌丝

2. 发生规律

曲霉分布广泛，存在于土壤、空气及各种腐败的有机物上，分生孢子靠气流传播。曲霉菌生活主要利用淀粉，培养料含淀粉较多或碳水化合物过多的情况下容易发生；湿度大、通风不良的情况下容易发生。

(五)毛霉

1. 症状

毛霉又称长毛菌，主要发生在室内栽培菇的初期培养基上和菌种上。菌丝初期呈白色或灰白色，后转为淡黄色。菌丝稀疏、粗壮。培养料含水量越大，发生越重。分解淀粉能力强，生长快。在料面上交错生长，形成疏松的针状长毛，约经 3 d，可覆盖整个料面，隔绝氧气，争夺养料、水分并分泌毒素，影响食用菌菌丝的生长。生长后期，能产生大量黑色孢子(图 25-12)。

a. 单轴式孢囊梗　b. 假轴式孢囊梗　c. 孢子囊结构

图 25-12　毛霉及被感染的菌丝

2. 发生规律

初次侵染由空气传播，接种器具及接种环境等消毒灭菌不彻底，无菌操作不严格，培养料含水量大，棉塞受潮，培养环境湿度大都易发生此菌污染。

(六)根霉

1. 症状

根霉是食用菌生产中常见的污染杂菌，分布范围广，适应性强，为害严重。栽培袋被根霉污染后，菌丝在料面上交错生长，形成疏松的针状长毛，可覆盖整个料面，隔绝氧气，争夺养料、水分，并分泌毒素，影响食用菌菌丝的生长，后期能产生大量黑色孢子。根霉与毛霉相似，但是根霉在培养料中无明显菌丝，仅平贴基物表面匍匐生长，无气生菌丝(图 25-13)。

2. 发生规律

根霉菌主要生活在有机物上，其适应性强，成熟孢子通过空气和培养料等进行传播，因其没有气生菌丝，所以扩展速度慢。根霉在 20～25 ℃下生长速度快，培养物中碳水化合物过多易生长此菌。

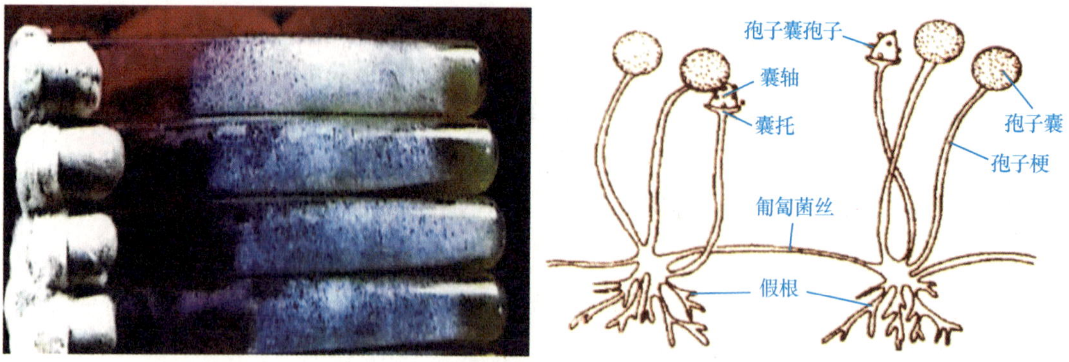

图 25-13 试管被根霉感染的菌丝及根霉

二、真菌性病害发病原因与防控技术

(一)真菌性病害发病原因

1. 灭菌不彻底

(1)常压灭菌时，灭菌锅内菌瓶(袋)排放过密，升温过快，冷空气未排净，造成假压。

(2)玉米芯、大颗粒木屑等不容易吃透水分的原材料，未提前进行预湿处理，或延长拌料时间，因大颗粒内部吃不透水分而出现灭菌不彻底的情况。

(3)麦粒浸泡过湿、填料过松都会造成灭菌不彻底而引起内源性污染。

2. 接种污染

接种环境污染，没有经常检测净化间的沉降菌落数，沉降菌落数超标；无菌操作不严格，接种环境不清洁。

3. 接种量不足

有的菌类菌丝生长速度比较慢，可能是接种量不足，菌丝没能尽快占领绝对优势。

4. 发菌期感染

(1)使用液体菌种接种，接种枪在喷液体菌种时，菌液飞溅可能导致污染，且接种后没有在净化空气下培养，容易产生污染。

(2)接种后置于培养室内，由于室内净化度不达标会导致霉菌随着内外气体的交换而污染。

(3)使用劣质菌袋，或在装袋、搬运过程中引起的菌袋破损，培养 5～15 d，就会在料面或者菌袋四周表面有星点状散布的菌斑。

(二)真菌性病害的防控技术

(1)培养料要求新鲜、干燥，配方合理，含水量适中；填料严实，封口严密；玉米芯、大颗粒木屑等不容易吃透水分的原材料需提前进行预湿处理，或延长拌料时间，防止因大颗粒内部吃不透水分而出现灭菌不彻底的情况；灭菌过程进行实时监控，保证灭菌彻底。

(2)接种应全过程无菌操作，接种后的菌袋进出轻拿轻放，防止菌袋破损。

(3)严格检查菌种质量，适当加大菌种用量。

(4)培养室及出菇场所内外的环境卫生保持清洁，废料及时处理。培养室所用的消毒药剂要经常轮换使用，以防病菌产生抗药性。

(5)培养过程中发现杂菌要及时处理。培养过程中每隔5～7 d检查1次，将杂菌消灭在点片发生阶段；对污染的菌种通常要立即销毁，对污染轻的栽培袋可用5%～10%石灰水冲洗杂菌，也可用75%酒精、3%～5%石炭酸等注射杂菌污染处，放在低温处隔离培养。

三、细菌性病害的识别与防控技术

为害食用菌的细菌较常见的有芽孢杆菌、假单胞杆菌、黄单胞杆菌、欧氏杆菌等。细菌可为害多种食用菌，数量增长快，危害较大。

(一)细菌性病害的识别

受细菌侵染的母种，菌落形态各式各样，有的乳白色、淡黄色、粉红色、暗灰色，有的产生色素，使培养基变色。原种和栽培种表现症状多样，以麦粒、棉籽壳等为培养料的栽培种培养料表面出现“湿斑”。被污染的部分基质变软，且其周围出现淡黄色黏液，菌种袋(瓶)内有一股难闻的腥臭味(图25-14)。

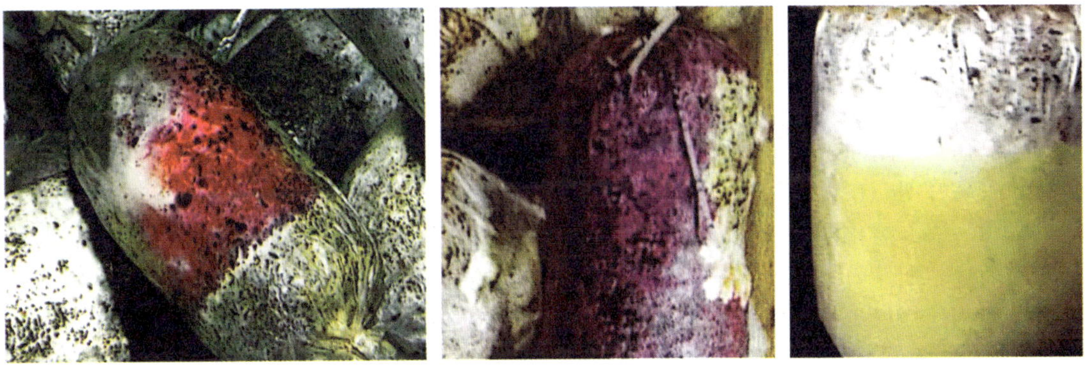

图25-14　被细菌感染的菌袋

(二)发病原因及防控技术

产生细菌污染的根本原因是灭菌不彻底，如麦粒浸泡过湿、灭菌时间和压力不足、棉塞在灭菌过程中被冷凝水打湿、灭菌后冷却过快等。

对细菌性病害的防控最根本是彻底灭菌，生产所需的培养料、器具严格按照灭菌程序灭菌，灭菌过程进行实时监控，保证灭菌彻底；严格执行进入净化间的流程，经常进行冷却间、净化间微生物菌落的测试；抽检部分菌种采用细菌液体培养基培养48 h，根据是否出现浑浊判断是否隐藏隐性污染，从而防止菌种带菌；严格按无菌操作要求进行接种。

思考与练习

1. 链孢霉危害特征是什么？
2. 菌丝体阶段常发生的真菌病害有哪些？
3. 举例说明木霉病害发生的原因，如何预防？
4. 细菌性病害的防治措施有哪些？

任务三　食用菌虫害及综合防控

食用菌生长发育过程常受许多害虫为害，其幼虫咬食菌丝体，成虫吞食子实体，都会直接造成减产和影响菇体外观，使食用菌产量降低甚至失去商品价值。又由于虫咬的伤口极易导致腐生性细菌或其他杂菌侵染，而且昆虫本身就是病原物的传播者，因此很容易引发病害，从而造成更大损失。

一、食用菌主要虫害的识别

据初步统计，有 14 个目 90 多种昆虫能为害食用菌菌丝体和子实体。为害食用菌的害虫主要是双翅目的菌蚊科、眼蕈蚊科和瘿蚊科，弹尾目的幼虫，螨类及其他软体动物等。

(一)双翅目

1. 菌蚊科

菌蚊(图 25-15)幼虫蛆状，黄白色，头部黄色，老熟后体长 10～16 mm；成虫头部褐色，虫体黄褐色，体长 5～6 mm。

菌蚊在 0～26 ℃都能正常完成生活周期，以 15～25 ℃为宜，通常 11—12 月和 3—6 月是菌蚊繁殖高峰期。在食物丰富和温度适宜条件下，成虫产卵量达 100～250 粒。在 18～26 ℃时，卵期 3～5 d，孵化期 7～10 d，幼虫 4～5 龄，以蛹的形式越夏。冬季大棚内幼虫正常取食，无明显的越冬期。

初孵化幼虫群集于水分较多的腐烂培养料内，随着虫龄增长，开始向培养料内部和子实体内钻蛀，老熟幼虫爬出料面或子实体结茧化蛹。喜食菌丝体或钻蛀幼嫩子实体，造成菇蕾萎缩死亡。喜咬食毛木耳、黑木耳、银耳等胶质食用菌耳片，使耳基变黑，引起流耳。成虫常携带螨虫和病原物，造成多种病虫害同时发生(图 25-16)。

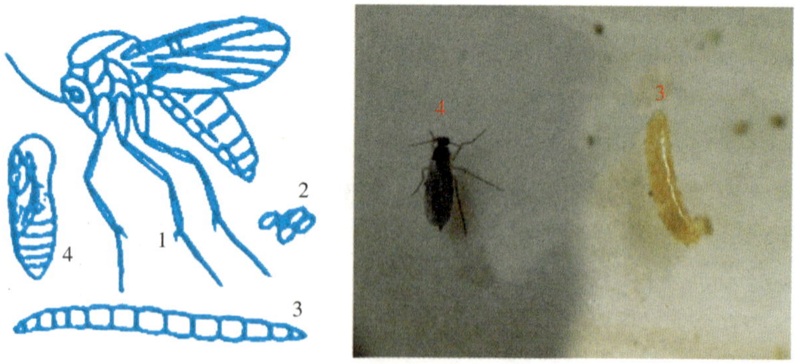

1. 成虫　2. 卵　3. 幼虫　4. 蛹

图 25-15　菌蚊(引自吴菊芳等，1998)

图 25-16 因菌袋破损被菌蚊为害

2.眼蕈蚊科

眼蕈蚊幼虫蛆状，乳白色，头部黑色，老熟幼虫体长 6～8 mm；成虫暗褐色，头部颜色较深，雄虫体长 2.7～3.2 mm，雌虫体长 3.4～3.6 mm。迟眼蕈蚊在福建省漳州等地双孢蘑菇产区发生普遍。

幼虫在低于 13 ℃时活动缓慢，16～26 ℃时大量取食和繁殖，以幼虫咬食菌丝体、原基和子实体，造成褪菌或菇蕾萎缩、子实体缺刻和出现孔洞等为害，被害部位变黑色，呈现糨糊状，易感染各种病原物。幼虫期 10～15 d，成虫期 3～4 d，产卵量 100～300 粒，以蛹或卵越夏，以蛹或幼虫的形式越冬，每年发生 2～3 代(图 25-17)。

图 25-17 眼蕈蚊成虫及幼虫

3.瘿蚊科

在食用菌上为害的瘿蚊科害虫主要是嗜菇瘿蚊和异翅瘿蚊，主要为害双孢菇、平菇和银耳等食用菌。

嗜菇瘿蚊成虫极小，长 1.1 mm 左右，头部小，头胸部为黑色，腹部及足部为橘红色。幼虫蛆形，白色，老熟后米黄色或橘红色(图 25-18)。

嗜菇瘿蚊在 5 ℃以下时，以幼虫在培养料中越冬，30 ℃以上时以蛹的形式越夏。在 5～25 ℃ 时，嗜菇瘿蚊 3～5 d 繁殖 1 代，在菇床料面和子实体中迅速出现橘红色虫体。幼虫喜潮湿环境，干燥时虫体易失水死亡，常密集成球状以度过干燥的季节；待环境适合时，幼虫再次分散为害。秋冬季气温偏低时，以幼虫为害菌丝体和子实体。幼虫也能携带病原物，导致病害发生。

图 25-18 瘿蚊成虫及幼虫

(二)弹尾目

为害食用菌的弹尾目害虫是一类无翅的低等微小昆虫，因有弹器能跳跃，故称跳虫，发生时常聚集成堆，状如烟灰，又称烟灰虫。跳虫几乎能为害所有的食用菌种类，以成、若虫取食菌丝和子实体，同时携带螨虫和病菌，造成菇床二次感染，常在夏秋高温季节多发(图 25-19)。跳虫取食菌丝，可导致菇床菌丝退菌；菇体形成后，跳虫群集于菇盖、菌褶和根部咬食菌肉，造成菇盖遍布褐斑、凹点或孔道，木耳耳片被害后引发流耳。

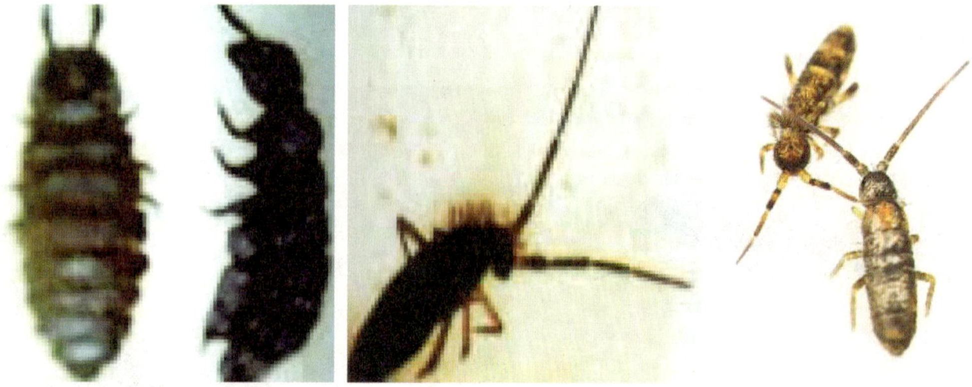

图 25-19 跳虫

跳虫体长大多为 1～3 mm，一般不超过 5 mm，体表光滑或具微毛。眼不发达，触角 4 节，少数 5 节或 6 节。其最显著的特征是腹部腹面第 1、第 3 和第 4 腹节上分别生有腹管(或称黏管)、握弹器和弹器 3 种特化的附肢。

为害食用菌的跳虫种类有紫跳虫、黑角跳虫、短角跳虫、黑扁跳虫、姬圆跳虫等。

(三)螨类

螨类是属于动物界节肢动物门蛛形纲蜱螨亚纲害虫，又叫菌虱、红蜘蛛。螨类生活史中包括成螨、卵、幼螨和若螨 4 个时期，虫体分为颚体和躯体两个部分，以口器直接吸吮菌丝或子实体内汁液，造成接种后菌丝不萌发，或菌丝体出现消退现象。在子实体阶段，易引起菇蕾死亡、子实体萎缩或畸形，严重影响产量或品质。为害食用菌的螨虫种类繁多，以腐食酪螨、长头螨、木耳卢西螨、兰氏布伦螨为主(图 25-20)。

螨类喜潮湿，怕干燥，卵在空气相对湿度 70%以上才能孵化，在我国螨类盛发期多在梅雨季节。在适宜的条件下，腐食酪螨繁殖一代需 15 d 左右。产卵的适宜温度为 17～22 ℃，相对湿度为 90%～95%，每次产卵 85～100 粒，日产卵量最高可达 14 粒，卵多产在子实体背面的皱褶中。腐食酪螨行动迅速，喜在暗处活动，常群聚在表面为害，还可携带病菌，导致菇床感染病害。

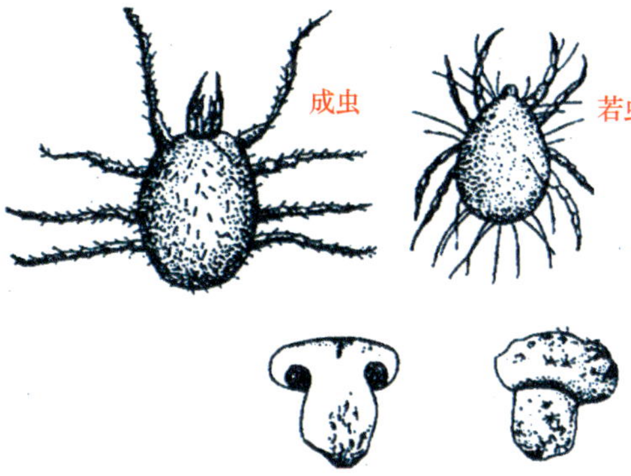

图 25-20　螨虫成虫及若虫示意图

(四) 其他软体动物

在食用菌上为害的软体动物主要是蛞蝓和蜗牛，属于动物界软体动物门腹足纲柄眼目。蛞蝓属蛞蝓科，又称鼻涕虫，体柔软而无外壳，呈不规则的圆柱形。蜗牛属蜗牛科，身体具螺旋形贝壳。蛞蝓和蜗牛可以为害多种食用菌，咬食原基和菇体，造成孔洞和缺刻，加之爬行时留下的黏液，严重影响子实体的商品价值，携带病原物传播病害，造成病原物从伤口侵染，引发多种病害。

二、食用菌虫害综合防控

食用菌病虫害防治必须贯彻“预防为主，综合防治”的方针，突出绿色防控策略，采用农业栽培措施、物理防治方法和生物防治方法，严禁滥用农药，谨慎使用农药，确保生态安全与食品质量安全。

(一)农业防治

1. 搞好环境卫生，杜绝虫源、菌源

做好接种室、培养室和栽培场所的环境卫生，定期检查，发现有污染的菌袋立即处理，不可随地乱丢。菇房使用前要彻底清扫干净，并彻底消毒。

2. 选择优良菌种

对优良菌种除要求高产、优质、抗逆性强外，还要纯度高、无病虫感染且菌龄适宜。针对不同的生产季节进行不同温型品种配套。菌种的来源要正，严格控制扩繁的代数，避免使用不合格菌种。

3. 选用合适的栽培原材料及生产资料

选择优质耐用的塑料袋和栽培瓶、避免菌袋破损、菌瓶及菌盖变形，避免病原物和害虫进入培养料。确保木屑、稻草、麦秆、麸皮、玉米粉等栽培原材料质量，严禁生产中使用假石膏、假麸皮等原材料，防止因原材料质量低劣而影响菌丝体和子实体生长发育。

4. 创造适宜生长的环境条件

栽培管理过程中，可采取通风、控水、遮光等措施，创造一个有利于食用菌生长而不利于杂菌生长的环境条件，以达到控制病害污染的目的。

5. 注意合理轮作换潮

翻耕曝晒场地，结合撒石灰或其他药物，拌入土内，可以杀死土中的多种害虫；场地轮休也可以大大减少害虫的发生数量。

(二)物理防治

1.阻隔法

在菇房四周门窗上安装网眼较小的窗纱,在出菇棚外罩上防虫网,可防止菇蚊、菇蝇、夜蛾、谷蛾等害虫进入,减轻虫害发生。菌丝培养时,盖好瓶盖或扎紧袋口,以防止菇蚊、菇蝇、螨虫等害虫入侵。

2.温度控制法

栽培食用菌时,先将培养料上堆,让料发热 60 ℃以上,并保持一定的时间,可以杀死料中大量的害虫。夏季可将干菇(耳)在水泥场上曝晒,以杀死菇耳中的害虫。在食用菌产品贮藏期间、可将发生虫害的食用菌放在冷库或冰箱中,消灭其中的害虫。

3.灯光或色板诱杀

利用害虫的趋光性,在菇房内设置黑光灯等诱虫灯,诱杀双翅目菇蚊及鞘翅目等具有趋光性的害虫。利用害虫对颜色的趋性,设置黏虫板进行诱杀。如蓟马对蓝色有趋性,在蓟马发生严重的耳(菇)场,可用蓝色黏虫板进行诱杀;双翅目菇蚊、菇蝇对黄色的趋性强,在菇蚊、菇蝇大发生时,可以在菇棚中悬挂黄色黏虫板诱杀成虫。

4.人工捕杀

根据害虫的生活习性,可以使用一些比较简单的机械进行捕杀,如使用铁丝钩杀在椴木中为害的天牛幼虫等。

(三)生物防治

生物防治是利用害虫天敌、病原微生物及其代谢产物来防治病虫害的方法。采用病毒感染食用菌病原物,导致其致病力下降,或采用拮抗菌抑制病原物生长繁殖,都属于病害生物防治技术。害虫天敌包括捕食性动物和寄生性动物两类,许多害虫天敌可以被有目的性的培养和释放,或从外地引进有益的天敌,消灭一些害虫。

1.保护和利用天敌资源

保护利用好当地天敌昆虫,可以从外地引进天敌来防治害虫,但务必确保其不会破坏本地生态平衡。

2.利用生物源类农药

(1)病原微生物制剂:苏云金芽孢杆菌、阿维菌素可防治螨类、蝇蚊类、线虫等害虫。

(2)植物制剂:除虫菊酯、鱼藤酮、烟碱、苦皮藤、烟草浸出液等对多种食用菌害虫具有较好的防治效果。

(四)化学防治

化学防治是采用化学药剂处理,以减少或消灭病虫害。食用菌是一类对各种化学药剂较为敏感的真菌,对食用菌病虫害进行化学防治时,应注意以下问题。

1.避免在食用菌子实体或菌丝体上喷施化学农药

化学药剂主要用于生产场所化学处理,包括对接种室、接种工具、栽培菇房、覆土材料等进行药剂处理。也可以在清除感病子实体或菌袋之后,对栽培场所喷洒药剂进行处理。应避免在食用菌子实体或菌丝体上直接喷施化学农药,以免产生药害或造成食品安全问题。

2.严禁使用高毒高残留农药和尽可能减少农药用量及次数

目前，我国登记使用的杀菌剂仅50%咪鲜胺锰盐为可湿性粉剂。在食用菌害虫防治上，常用化学药剂有菇净(4.3%高氟氯氰·甲阿维乳油)、甲维盐、噻嗪酮、除虫脲、螺螨酯、磷化铝等。菇净对菇蚊、菇蝇、跳虫、夜蛾、谷蛾、白蚁及害螨均有较好防治效果，可用于喷雾、浸泡菌袋(2 000倍液左右)、拌料或拌土处理(1 000～2 000倍液)。甲维盐对鳞翅目害虫和螨类有较高活性，1%乳油常用浓度为1 500～2 500倍液。噻嗪酮可用来防治跳虫和菇蚊幼虫，25%可湿性粉剂常用浓度为2 000～3 000倍液。磷化铝是常用的熏蒸剂，可用于熏蒸防治食用菌栽培及贮藏期间的多种害虫及害螨类，常用量为每3 m^2 空间放1片药。

3.科学规范使用农药

将杀菌剂拌入干细土，混合后撒施在菇床或菌袋表面，是控制病害蔓延的有效方法。在即将采收的子实体上，不能使用化学农药防治病虫害，可用烂果、酒渣等拌药剂，毒饵诱杀菇蝇类害虫。选择合适的施药时机，在出菇期间发现病虫害时，应选择在出菇间歇期，当料面无菇时用药，避免菇体上用药产生药害或农药残留超标。

思考与练习

1.食用菌生产中常见的害虫有哪些？

2.如何防治食用菌中双翅目的害虫？

3.针对食用菌生产中常见的病虫害，如何开展综合防治措施？

模块五

食用菌保鲜与加工技术

项目二十六　食用菌保鲜

知识目标

1. 了解食用菌保鲜的原理。
2. 了解影响食用菌鲜度的因素和常用的保鲜方法。
3. 掌握香菇低温保鲜的方法。
4. 掌握双孢菇速冻保鲜的方法。
5. 掌握真姬菇套盘包装保鲜的方法。

能力目标

1. 能够根据香菇低温保鲜的方法进行低温保鲜。
2. 能够根据香菇分级标准进行正确的分级和精选并做好冷库贮藏管理。
3. 能够根据真姬菇套盘包装保鲜工艺流程做好真姬菇的保鲜工作。

素质目标

1. 通过对食用菌保鲜原理和方法的学习，体会科学技术在食用菌生产中的重要性。
2. 通过对香菇、双孢菇和真姬菇保鲜技术的学习，培养学生精益求精，科学严谨的工作态度。

食用菌的保鲜加工是食用菌产业化中的一个重要组织环节，既是生产、流通、消费中不可缺少的环节，又是为食用菌产业化提供扩大再生产和增加效益的基础。由于食用菌采收后，仍进行呼吸作用和酶生化反应，易导致褐变、菌柄伸长、枯萎、软化、变色、发黏、自溶甚至腐烂变质等，严重影响食用菌的外观、品质和风味，使其失去食用价值。为了减少损失，丰富食用菌的市场供应，满足国内外市场的需要，提高食用菌产业的效益，大规模进行食用菌生产必须要对产品进行保鲜、贮藏与加工。

一、食用菌保鲜原理

根据食用菌生理特征，通过适当降低环境温度、提高二氧化碳浓度、添加防腐剂等物理、化学或综合方法，降低菇体呼吸强度，减轻微生物活动、抑制酶活性等，达到保持食用菌商品和营养价值，延长货架寿命和加工前的保质期的目的。

二、影响食用菌鲜度的因素

(一)温度

鲜菇的保鲜性能与其生理代谢活动关系密切。在一定的范围内,温度越高,鲜菇的生理代谢活动越强,物质消耗越多,保鲜效果越差。据试验,在一定温度范围内(5～35 ℃),温度每升高 10 ℃,呼吸强度增大 1～1.5 倍。所以,温度是影响食用菌保鲜的一个重要因素。

(二)水分和湿度

菇体水分直接影响鲜品的保鲜期。采摘食用菌鲜品前 3 d 最好不要喷水,以降低菇体水分,延长保鲜期。另外,不同菇类在贮藏过程中,对空气湿度要求不一样。一般以 95%～100%为宜,低于 90%常会导致菇体收缩而变色、变形和变质。

(三)气体成分

在贮存鲜菇产品时,氧气浓度降至 5%左右,可明显降低呼吸作用,抑制开伞。但是氧气浓度也不是越低越好,如果太低,会促进菇体内的无氧呼吸,基质消耗增多,不利于保鲜。几乎大多数菇类,在保鲜贮藏期内,空气中的二氧化碳含量越高,保鲜效果越好。但二氧化碳浓度过高,对菇体有损害。一般空气中二氧化碳浓度以 1%～5%为适宜。

(四)酸碱度

酸碱度能影响菇体褐变。菇体内的多酚酶是促使变褐的重要因素。变褐不仅影响其外观,而且影响其风味和营养价值,使商品价值降低。当 pH 为 4～5 时,多酚氧化酶活性最强,当 pH 小于 2.5 或大于 10 时,多酚氧化酶变性失活,护色效果最佳。低 pH 同时可抑制微生物的活性,防止腐败。

(五)病虫害

鲜菇保鲜时,常因细菌、霉菌、酵母等的活动而腐败变质。此外,菌蚊、菇螨等害虫也会严重影响鲜菇的质量。食用菌即使在低温条件下,仍会受到低温菌的污染。

三、保鲜方法

(一)低温保鲜

低温保鲜是保鲜贮藏食用菌的常用方法。它通过降低鲜菇的贮藏温度,来减缓菇体的褐变反应,抑制腐败微生物的污染。但菇类常规的低温保鲜,并不是温度越低越好,合理的保鲜温度是 0～5 ℃,不能低于 0 ℃,以免发生冻害。鲜菇的低温保鲜方式常见的有冷藏保鲜和冰藏保鲜等。

冷藏保鲜是将冷藏库、冷藏车、冷柜等组成贮藏、运输、销售冷链系统,缺一不可。少量鲜菇保鲜,可在拣选、切根、分级包装后再预冷、冷藏;大量鲜菇保鲜,则应在预冷库中拣选、切根、分级与包装。在保证子实体不冻结的情况下,冷藏温度越接近冻结温度,则贮藏保鲜时间越长。食用菌的冷藏温度一般为 0～6 ℃,相对湿度为 85%～90%。冷藏运输一般不能超过 3 d,否则菇盖表面颜色会变深,菇柄切口处会变黑。此外,常在包装箱内加一小包除臭剂,消除厌氧呼吸产生的怪味。

冰藏是利用天然或机制冰块,放在贮存食用菌的容器中,通过冰块降低温度,达到保鲜目的的方法。常在菇体运输中使用，方法是在包装容器内垫一层薄膜，底部放 4～6 cm 厚的碎冰，在中部放置冰袋，四周放菇体，装八成满时将四周向内折叠，膜上再盖厚约 5 cm 的碎冰，最后加盖运输。

（二）速冻保鲜

食用菌速冻加工是将烫漂冷却的食用菌置于低温环境，使其迅速通过冰晶形成阶段，然后置于低温冷库中冻藏的加工方法。采用快速冻结的先进设备和科学工艺，可在 30～40 min 内完成冻结过程，使冻品的中心温度达到－18 ℃，菇体中的水可以在短时间内均匀地形成冰晶而不破坏细胞结构。

方法是将鲜菇经冰水预冷后，捞出沥干，迅速置于－60～－50 ℃的超低温冰库中速冻，然后再放入－24～－18 ℃冷库中贮藏，通过“冷链”运输上市。

（三）气调保鲜

气调保鲜是一种通过调节贮藏环境中气体成分和浓度，来抑制产品新陈代谢及微生物活动的保鲜技术。气调保鲜费用较低，适合长途运输，且产品货架寿命较长，效果很好，是当前国际上果蔬生产中广为应用的最现代化的保鲜技术。目前研究较多的且食用菌的气调保鲜，氧气含量降至 2%，二氧化碳含量升至 10%左右，可以显著延长其保鲜的时间。气调保鲜分为自发气调、充气气调和抽真空保鲜。

1. 自发气调

薄膜包装保鲜技术简称 MA 保鲜技术，是利用包装、覆被、薄膜内衬等方法，使鲜活食用菌在改变了气体成分的小环境中贮藏。该方法在贮藏过程中氧气和二氧化碳的浓度变化不确定，因而多用于短期贮藏、运输以及作为鲜销的一种临时性贮藏方式。薄膜包装可减少菇体中水分蒸发，保护产品免受机械损伤，另外，包装材料来源广，保存费用低，而且既卫生又美观，是鲜销包装贮藏的良好方法。

食用菌包装方式的较优组合为采用厚度为 0.05 m 的防雾聚乙烯(PE)薄膜包装，每袋装菇为总容积的 80%，贮藏的第 3 天在单面用细针扎 2 个小孔；贮藏温度在(3±1) ℃时保鲜时间可达到 9 d。

2. 充气气调

将鲜菇装入复合塑料袋后，往袋内注入一定数量的氮气后密封，可有效抑制其细胞酶的活性，从而延长保鲜期。充气气调贮藏保鲜法效率高，但所需设备投资大，成本也高。适合规模化生产单位周年化栽培或反季节栽培时使用。

将菇体封闭入容器后，利用机械设备人为地控制贮藏环境中的气体组成，使得食用菌产品贮藏期延长，贮藏质量进一步提高。人工降低氧气浓度有多种方法，如充二氧化碳法或充氮气法。

3. 抽真空保鲜

采用抽真空热合机，将鲜菇包装袋内的空气抽出，造成一定的真空度(并非绝对真空)，以抑制微生物的生长和繁殖。然后将鲜菇置于超市货架上，可延长上架时间。常用于金针菇鲜菇小包装，具体方法是将新采收的金针菇经整理后，称重 105 g 或 205 g，装入 20 μm 厚的低密度聚乙烯薄膜袋，抽真空封口，将包装袋竖立放入专用筐或纸箱内，1～3 ℃低温冷藏，可保鲜 13 d 左右。

(四)化学保鲜

使用某些化学试剂达到抑制食用菌酶活性、防止异味、延缓衰老和防止变质的保鲜法称化学保鲜法。如二价铁离子、亚硫酸钠、山梨酸、L-抗坏血酸等具有抑制酶活性，脱氧降低呼吸作用。食用菌化学保鲜具有方法简单、成本低、保鲜程度高等优点。

利用一定浓度的化学药品浸泡鲜菇，可以防止变色、变质或开伞老化，延长销售和贮运时间。

1. 氯化钠(盐水)

将鲜菇浸入0.6%盐水中约10 min后，沥干装入塑料袋内贮藏，于10～25 ℃条件下，经4～6 h，鲜菇变为亮白色，可保鲜3～5 d。

2. 氯化钠＋氯化钙

0.2%氯化钠和0.1%氯化钙制成混合浸泡液。将刚采收的鲜菇浸泡于混合液中，用一竹箅盖上并加重物，使菇体浸入液面以下30 min，在15～25 ℃条件下可保鲜5 d左右，5～10 ℃条件下可保鲜10 d以上。

3. 焦亚硫酸钠

将新采收的平菇摊放在干净的水泥地面上，向菇体喷洒0.15%焦亚硫酸钠水溶液，边喷边翻动菇体，以便喷洒均匀。喷后装入塑料袋，立即封口储存在阴凉处，在10～25 ℃条件下可保鲜8～10 d。食用时，要用清水漂洗。

4. 米汤膜

用做米饭时的稀米汤，加入1%纯碱或5%小苏打，冷却至室温。将采下的鲜蘑菇浸入米汤碱液中，5 min后捞出，置阴凉干燥处。此时在蘑菇表面形成一层米汤薄膜，可以隔绝空气，保鲜3 d。

5. 抗坏血酸

金针菇、香菇、草菇等采收后，往鲜菇上喷洒0.1%的抗坏血酸液，装入非铁质容器内，可保鲜3～5 d，其鲜度、色泽基本不改变。

6. 抗坏血酸＋柠檬酸

将0.05%抗坏血酸和0.02%柠檬酸配成混合保鲜液，把鲜菇浸泡在保鲜液中10～20 min，捞出沥干，用塑料袋包装密封，可保鲜5～8 d。

7. B_9

以0.01%～0.1%的维生素B_9水溶液浸泡鲜菇10 min，在5～22 ℃条件下可保鲜5～8 d。

8. 麦饭石保鲜

将新鲜草菇装入塑料盒中，以麦饭石水浸没菇体，置于0 ℃以下低温保鲜，保鲜期可达70 d。而且氨基酸含量与鲜菇差别不大，色泽、口感均较好。

(五)辐射保鲜

利用电离射线辐射降低食用菌酶活性，抑制或杀灭微生物，达到保鲜目的。通常平菇辐射保鲜，以$^{60}Co\gamma$射线照射平菇，辐射剂量为5万～10万rad，贮藏在0 ℃条件下，可较好地保持鲜菇的颜色、气味与质地等达7～10 d。草菇辐射保鲜，以$^{60}Co\gamma$射线处理塑料袋袋装草菇，辐射剂量为 8 万～12 万 rad，于 14～16 ℃条件下保鲜 2～3 d，商品性状良好。但最近日本市场已拒绝辐射保鲜产品进入，还是采用物理保鲜法更可靠。

（六）负离子保鲜

空气中负离子可抑制菇体生化代谢过程，还能净化空气。负离子发生器在产生负离子的同时还可产生臭氧。臭氧具有强氧化力，杀菌和抑制机体活性的作用，臭氧遇到有机体会分解，不聚集。负离子与空气中正离子结合则消失，不残留有害物质。因此，负离子对菇体有良好的保鲜作用，其成本低，操作简便。

（七）涂膜保鲜

涂膜保鲜是在食用菌表面涂上一层无毒、稳定、无明显异味、不产生对人体有害的物质、具有良好附着力和一定机械强度的涂膜剂，经干燥后在果蔬表面形成一层不易察觉、无色且透明的半透膜。

涂膜保鲜法以其低廉的成本和良好的保鲜效果而备受关注。涂膜材料有多糖类（如壳聚糖、海藻酸钠、魔芋葡甘聚糖）、蛋白类（玉米醇溶蛋白、乳清蛋白、大豆分离蛋白）、酯类涂膜保鲜剂（米糠蜡、乙酰单甘酯、蔗糖脂肪酸酯）等。

任务一　香菇低温保鲜技术

香菇低温保鲜工艺流程：原料分级与精选→降湿处理→预冷→入库冷藏→打包发件。

一、原料分级与精选

鲜香菇要求菇形圆整，菇肉肥厚，卷边整，色泽深褐，菌盖直径在 3.5 cm 以上，菇体含水量低，无黏附杂物，无病虫感染。出口香菇通常采用三级制：大菇（L 级）菇盖直径在 55 mm 以上，中菇（M 级）菇盖直径在 45～55 mm；小菇（S 级）菇盖直径在 38～45 mm。

分级采用人工挑选或用分级圈进行机械分级，也可两者结合进行分级。在进行原料分级的同时，应剔除破损、脱柄、变色、有斑点、畸形及不合格的次劣菇，选好后应及时入库冷藏。有条件的地区可在冷库中进行分级和拣选，以确保鲜菇的质量。

二、降湿处理

刚采收或采购的鲜香菇，其含水量一般在 85%～95%，不符合低温贮运保鲜的要求。因此，需要进行降湿处理，鲜菇因包装形式、冷藏时间的不同而有所差异。一般用作小包装的含水量掌握在 80%～90%；用作大包装的含水量掌握在 70%～80%；空运较为迅速，含水量可控制在 85%以下；海运含水量大多控制在 65%～70%。可以采用脱水机排湿，也可以采用晾晒排湿。机械排湿时，要注意控制温度和排风量。

三、预冷

将降湿后的鲜香菇倒入塑料周转筐内，入库后按一定方式堆放，避免散堆。堆放时，货垛应距离墙壁 30 cm 以上，垛与垛之间、垛内各容器之间都应留有适当的空隙，以利库内空气流通、降温和保持库内温度分布均匀。垛顶与天棚或与冷风出口之间应留有 80 cm 的空间层，以防因离冷风口太近，引起鲜菇冻害。

四、入库贮藏

排湿后的鲜香菇要及时送入冷藏库保鲜，冷藏库温度在 1～4 ℃，贮温越低，保鲜期越长。但不应降至 0 ℃以下，以防引起冻害或不可逆的生理伤害。出入冷藏库时，要及时关闭库门，并尽量避免货物出入的次数过多。冷藏库空气相对湿度为 75%～85%，如湿度过高，也可采用除湿器进行除湿。要注意通风换气，通常选在一天气温较低的时间进行，同时要结合开动制冷机械，以减缓库内温、湿度的变化。

五、打包发货

鲜香菇起运前 8～10 h，才可进行菇柄修剪工序。如提前进行剪柄，容易变黑，影响质量。因此，在起运之前必须集中人力突击剪柄，菇柄的长度一般为 2～3 cm，剪柄后纯菇率为 85%左右，然后再按大、中、小菇使用防雾薄膜保鲜包装袋，包装好后呈紧凑方形，抽真空排除多余空气，包装袋皱缩成形，袋口旋转扭紧，并用胶带扎紧袋口。4 袋装成 1 个小件，合计 10 kg，整齐排放在泡沫箱内。3 个小件(12 袋)装成为 1 个大件，合计 30 kg。把握“先进先出”的出货原则，保鲜运输车辆应配备冷藏、防雨、防晒、防尘等设施，车厢内温度控制在 0～4 ℃，保持清洁卫生。

任务二　双孢菇速冻保鲜技术

速冻双孢菇品质的好坏，主要是由菇色、菇体大小、均匀性、嫩度、风味等几方面决定的。菇色淡乳黄，大小均匀一致，味道鲜美，质地嫩脆者为上品。而速冻双孢菇品质的好坏又取决于速冻工艺。

速冻工艺流程为：原料挑选→护色→热烫→冷却→沥干→速冻→分级复选→包冰衣→包装检验→冷藏。

一、原料挑选

选择菇体新鲜，菌盖完整，色泽正常，无病虫害，无杂质，无严重机械损伤，菌盖直径为 2～5 cm，菌柄切削平整，不带泥根的上等双孢菇作为速冻的原料。

二、护色

常用薄膜气调包装，将刚采摘的双孢菇立即放入 0.06～0.08 m 聚乙烯袋中，每袋可放20 kg，将袋口扎紧。一方面，由于双孢菇与外界空气基本隔断，因此也可抑制酶促褐变的反应。另一方面，由于薄膜袋较薄，尚有一定的透气性，可使袋内维持低氧气浓度和较高的二氧化碳浓度，双孢菇在一段时间内仍然能维持最低限度的呼吸作用，而不至于达到有害的程度。但时间必须严格控制在 4～6 h 以内，此时测定薄膜袋内气体成分：氧气为 2%～3%，二氧化碳为 20%。若超过这一时间，由于袋内缺氧，双孢菇无法维持最低限度的呼吸作用则可能导致金黄色葡萄球菌的滋生。

三、热烫

采用漂烫机或漂烫池通入蒸汽连续漂烫，一般大级菇漂烫 2.5 min，中级菇漂烫 2 min，小级菇漂烫 1.5 min，漂烫液中可添加 0.3%的柠檬酸，将 pH 控制在 3.5～4.0。漂烫过程中应注意水质混浊度和 pH 的变化，适时更换漂烫液。

四、冷却

热烫后，迅速将双孢菇送入 3～5 ℃的冷却水池中冷却 15～20 min，以最快的速度使漂烫后的菇体降到 10 ℃以内。冷却水含余氯 0.4～0.7 mg/kg。

五、沥干

双孢菇速冻前还要进行沥干，否则双孢菇表面含水分过多会冻结成团，不利于包装，影响外观，而且过多的水分还会增加冷冻负荷。沥干可用振动筛，甩干机（离心机）或流化床预冷装置进行。

六、速冻

采用流化床速冻装置，将冷却、沥干的双孢菇均匀地放入流化床传送带上由于双孢菇在流化床中仅能形成半流化状态，因此传送带的双孢菇层厚度为 80～ 120 cm，流化床装置内空气温度要求－35～－30 ℃，冷气流 4～6 m/s，速冻时间 12～18 min，双孢菇中心温度为－18 ℃以下。

七、分级复选

速冻后的双孢菇应按菌盖形态大小和菌柄长度采用滚筒式分级机分选，剔除不合速冻双孢菇标准要求的菇。如畸形、斑点、锈渍、空心、脱柄、开伞、变色菇、薄菇等。

八、包冰衣

将冻结后的菇体倒进有孔塑料筐或不锈钢丝篮中，再浸入 1～3 ℃的清洁水中 2～3 s，拿出后左右振动，摇匀沥干，并再操作 1 次。冷却水要求清洁干净，含余氯 0.4～0.7 mg/kg。

九、包装检验

包装必须保证在－5 ℃以下低温环境中进行，包装间在包装前 1 h 必须开紫外灯灭菌，所有包装用工器具，工作人员的工作服、帽、鞋、手均要定时消毒。

内包装可用耐低温、透气性低、不透水、无异味、无毒性、厚度为 0.06～0.08 mm 聚乙烯薄膜袋。外包装纸箱，每箱净质量 10 kg，纸箱表面必须涂油，防潮性良好，内衬清洁蜡纸，外用胶带纸封口。所有包装材料在包装前须在－10 ℃以下低温间预冷。

用真空包装机装袋。装箱后整箱进行复磅。合格者在纸箱上打印品名、规格、重量、生产日期、贮存条件和期限、批号和生产厂家。将检验后符合质量标准的速冻双孢菇用封口条封箱后，迅速放入冷藏库冷藏。

十、冷藏

冷藏库温度－20～－18 ℃，温度波动范围应尽可能小，一般控制在±1 ℃以内，相对湿度95%，湿度波动≤5%，速冻食用菌产品一般可贮藏1年不变质。外运销售，以冷藏车或冷藏集装箱为运输工具，运输过程中的低温应稳定。速冻菇产品即买即食，解冻可在常温、冷水和冷藏箱中进行。

任务三　真姬菇套盘包装保鲜技术

真姬菇多利用塑料薄膜封闭气调法，也称简易气调或限气贮藏法(Modified Atmosphere Storage)，简称MA贮藏。是在一定低温条件下，对鲜真姬菇进行预冷，并采用透明塑料托盘，配合不结雾拉伸保鲜膜进行分级小包装。

一、生产前材料及用具准备

1.周转箱

规格为40 cm×8 cm×16 cm，底部实板，四周预设直径2～3 cm的圆孔，底下四角均有内缩插接角块，便于码高多层。

2.保鲜包装材料选用

(1)聚苯乙烯托盘(PS)：规格按鲜菇100 g装用15 cm×11 cm×2.5 cm，200 g装用15 cm×11 cm×3 cm ，300 g装用15 cm×11 cm×4 cm。

(2)包装膜：用拉伸保鲜膜每筒膜长500 m、宽30 cm 、厚度1.0～1.5 mm。拉伸膜要求具有透气性好，有利于托盘内水蒸气的蒸发。目前，常见塑料保鲜膜及包装制品有适合菇品超市包装的密度为0.91～0.98 g/cm^{2}的低密度聚乙烯保鲜膜(LKPE)；还有类似玻璃般光泽和透明度的热定型双向拉伸聚丙烯防结雾的保鲜膜(OPP)。

3.整理工具

薄片不锈钢刀或竹片刀。

4.包装材料

小包装封口、打箱设备，泡沫保鲜箱：规格为16 cm×8 cm×4 cm。

二、真姬菇套盘包装保鲜工艺流程

保鲜工艺流程：采收装箱→削菇→产品分级→包装→预冷→分装→入库。

1.采收装箱

鲜菇采收后顺头排放(不使头尾相接，以免造成污染)，在40 cm×8 cm×16 cm的周转箱内，并尽快送往低温车间进行整理。

2.削菇

先用小刀将鲜菇基部削净，去掉泥土、基料等杂物，鳞片多时应一并除去。

3. 产品分级

真姬菇保鲜菇品的等级标准是以菇盖直径大小、开伞程度、菌柄长短、朵形好坏、色泽程度来划分。

4. 包装

一般以每盒 100 g、200 g 或 300 g 装量将菇品按大小、长短，分成同一规格标准定量，排放于托盘上，采用托盘式薄膜拉伸裹包机械和袋装封口机械，进行分级包装。要求外观优美，菇形整齐，色泽一致。保鲜膜覆盖托盘上，紧缩贴于菇体上。

5. 预冷

低温车间内温度为 1～3 ℃。鲜菇成箱搬入车间后分开摆放，不得再码高多层，以便于菇体充分降温。

6. 分装入库

待菇体内部降温至 3 ℃以下时，将小包装盒再装入泡沫保鲜箱内，用透明胶带封口入库。冷藏温度为 0～4 ℃，相对湿度为 85%～95%。

短期贮存和运输时还可使用冰块降温保鲜或冷藏车运输等方法，冷藏温度控制在 1～3 ℃即可。

鲜菇 MA 贮藏保鲜，在超市冷贮货柜上 0～4 ℃条件下贮藏，商品货架期可达 15～20 d。

思考与练习

1. 食用菌保鲜原理是什么？
2. 食用菌常见保鲜方法有哪些？
3. 简述香菇低温保鲜技术。
4. 简述双孢菇速冻保鲜技术。
5. 简述真姬菇套盘包装保鲜技术。

项目二十七 食用菌加工

知识目标

1. 了解食用菌干制、盐渍、制罐加工原理。
2. 掌握羊肚菌干制方法。
3. 掌握秀珍菇盐渍方法。
4. 掌握双孢菇罐头加工方法。

能力目标

1. 能够根据具体情况做好羊肚菌烘干前的准备工作,即采收和菌柄修剪;会根据烘箱湿度和人为观察调控烘箱温度,进行烘干管理;能根据干羊肚菌分级标准进行分级和贮藏管理。

2. 能按加工的不同标准对秀珍菇进行分级;能够把控好漂洗液的浓度和漂洗时间;会判断漂烫杀青成熟度;能够做好盐渍过程管控;能够按比例配置调酸剂,并调控贮藏桶内 pH。

3. 会对双孢菇进行罐头加工的护色处理;能够把握好漂烫的温度和时间;能够按照标准冷却分级;能根据汤汁配方和罐号规格进行装罐。

素质目标

1. 通过对各类标准的把控,培养学生认真负责的工作态度和对资源浪费的忧患意识。

2. 通过食用菌加工的学习和生产实践养成学生环保意识、安全意识、创新意识及创业精神。

为了达到长期保藏的目的,在保持菇体的外貌和原有质地结构的基础上,采用一定手段处理,防止食用菌变色、变味、变质的技术称为食用菌的加工。我国食用菌目前仍以鲜品和初加工产品销售为主,初产品中以干品和盐渍品为主。部分食用菌被加工成汤料、调味品、强化食品、保健品或药品。常用的加工方式有食用菌的干制、盐渍、罐藏技术及深加工技术等。

一、食用菌干制技术

食用菌干制加工也称为烘干、脱水加工等,是在确保产品质量指标(色、香、味、形和营养等)的前提下,采用自然条件或人工条件,促使新鲜菇体中水分蒸发,使水分含量减少到13%以下,称为食用菌干制。食用菌干制具有设备可简可繁,生产成本廉价;干制品体积小,质量轻，携带方便，耐贮运，不易腐败变质；干制品能较好保持或提升食用菌固有特色或风味；调节生产淡旺季，有利于周年供应等优点。

（一）食用菌干制原理

食用菌鲜品含水量高，又含有蛋白质、糖、脂肪等多种营养物质，是许多微生物天然的优质培养基，极易被微生物入侵而造成腐败。进行食用菌的干制加工，目的就是借助热能将食用菌的大部分水分除去，使含水量下降到13%以下，将可溶性物质的浓度增高到微生物不能利用的程度。同时干制过程也使食用菌本身所含的酶活性受到抑制。在干燥的同时，附着在食用菌上的微生物同时脱水，干品中微生物长期处于休眠状态，降低或减缓微生物生长和繁殖速度，使产品能长期保存。

（二）食用菌干制方法

1. 自然干制

自然干制是依靠风吹日晒等自然条件使新鲜食用菌干燥，这是一种传统的加工方法。它不需要特殊的设备，简单易行，节省能源，成本较低。

具体方法：将适时采收的新鲜食用菌，摊铺于晒帘上，晒帘以竹编或者苇编的比较适宜，不可用铁丝编的晒帘，铁丝易生锈，影响食品卫生。食用菌排放方式：银耳以耳片朝天，基座靠帘，一朵朵的排放，切不可重叠，以免压坏伸展的朵形。其他菇类应采取菇盖朝上，菇褶向下，依次排放好。白天出晒，晚上连同晒帘搬进室内。通常晒1～2 d，进行整靠拼帘，再晒2～3 d，一朵朵的翻起，把耳座或菇褶向上，晒至干燥后收藏。晒干法的缺点是干燥过程慢，时间长，产品质量低，受气候的影响较大，特别是在潮湿多雨的天气，干燥时间拉长，产品食量下降，甚至大量腐烂损失。

2. 人工干制

与自然干制相比较，人工干制不受气候条件的限制，人为地控制干燥条件，干制时间短。在干制过程中，由于高温破坏了酶活性，菇的呼吸作用也逐渐停止，减少了后熟造成的不良影响及对有机物质的消耗，相对增加了产品的重量百分率。干制品外形丰满、色泽好、香味浓。而且在烘烤过程中，霉菌孢子、害虫被杀死，提高了商品价值，更有利于长期保存。常用的人工干制方法有：烘烤、热风干燥、真空冷冻干燥、微波干制、高压干制等。

（1）烘烤：将鲜菇放在烘箱、烘笼或烤房中，用电、煤、柴作为热源，对易腐烂的鲜菇进行烘烤脱水的方法。此法的特点是干燥速度快，可保存较多的干物质，相对地增加产品产量，同时在色、香、外形上均比晒干法提高2～3个等级。烘干后产品的含水量在10%～13%，较耐火贮藏。适于大规模生产和加工出口产品。

（2）热风干燥：采用热风干燥机产生的干燥热气流过物体表面，干湿交换充分而迅速，高湿的气体及时排走。具有脱水速度快，脱水效率高，节省燃料，操作容易，干度均匀，菇体不变色、不变质的优点，适宜大量加工。

热风干燥机用柴油作燃料，设有一个燃烧室和一个排烟管，将燃烧室点燃，打开风扇，验证箱内没有漏烟后，即可将食用菌烘筛放入箱内进行干燥脱水。干燥温度应掌握先低、后高、再低的曲线，可以通过调节风口大小来控制，干燥全过程需8～10 h。

（3）真空冷冻干燥：真空冷冻干燥又称冷冻干燥法或升华干燥，简称冻干。先把新鲜产品冷冻至冰点以下，水分变为冰，然后在较高真空下将水分由固态直接升华为气态而除去，产品即被干燥。如将经过清理、洗净的食用菌放在一个密闭的容器里，在－20 ℃的温度下冷冻，然后在较高的真空条件下，通过缓慢地升温，经过 10～12 h，达到升华干燥，产品含水量在 7％左右。

其优点是食用菌无需杀青，预处理干净的菇体即可用于加工，制品能较好地保持原有的色、香、味、形和营养价值。缺点是成本高。

(4)微波干制：微波是指频率为 300 MHz 至 300 kMHz，波长为 1～1 000 mm 的高频交流电。常用的加热频率为 915 MHz 和 2 450 MHz。微波干制具有加热速度快，加热均匀，热效率高，反应灵敏，无明火等优点。

(5)高压干制：在将新鲜食用菌放入密闭干燥器后，迅速输入高压干燥空气流，此时水分迅速渗透到气流中，5 min 后，将带水分的高压气体排出，并重复 2～3 次，即可除去新鲜食用菌中 98％的水分。用这种方法干制的食用菌，养分无变化，色泽、风味正常。用塑料袋密封贮藏 2～3 年也不会发霉变质。

二、食用菌盐渍技术

食用菌的盐渍技术是利用高浓度的食盐溶液产生的高渗透压作用来抑制有害微生物的生存，从而达到长期保藏的目的。食用菌盐渍加工具有技术简单易行、设备简单、成本低廉、产品便于贮运等特点。同时，盐渍加工还能调节食用菌生产淡旺季，满足外贸出口和国内市场的需要。盐水菇是我国大宗出口的食用菌产品之一。

(一)盐渍加工原理

盐渍加工时，首先通过漂烫(杀青)来终止菇体内的生物化学活动，同时增加菇体细胞膜的透性，排除菇体内的空气，然后在预煮冷却后的菇体中加入食盐，利用渗透压的作用，将菇体中的部分水分析出，盐水慢慢渗入，使菇体逐渐饱满，含盐量与食盐溶液保持平衡。这样，在高浓度(20％～25％)的盐液产生的高渗透压的作用下，微生物细胞内的水分就会外渗而使其脱水，最后导致原生质与细胞壁分离，造成生理干燥，迫使微生物处于休眠状态，甚至死亡。同时由于盐溶液中解离出的钠离子和氯离子，会造成微生物所需的离子不平衡，起到抑制微生物活性的作用。这是盐渍加工品得以较长时间保藏的主要原因。

微生物的种类不同，对食盐浓度忍受能力也不同。从表 27-1 中可以看出，中性溶液中酵母菌和霉菌对盐浓度的忍受能力比细菌要大得多。而以酵母菌的耐盐性最强。但是，在酸性较高的情况下，即使较低的食盐浓度对微生物也具有明显的抑制作用。这就是食用菌腌制品装桶前调酸的原因之一。

表 27-1　几种微生物在中性溶液中忍受的最高食盐浓度

微生物名称	食盐浓度/％
乳酸杆菌	12
大肠杆菌	6
丁酸菌	5
变形杆菌	10
霉菌	20
酵母菌	25

（二）盐渍加工工艺

不同的腌制方法和不同的腌制液，可腌制出不同的产品和口味。常用的腌制方法有盐水腌制、糟汁腌制、酱汁腌制、醋汁腌制。

1. 盐水腌制

利用盐水的高渗透来抑制微生物活动，避免在保藏期中因微生物活动而腐败。如盐水双孢菇、盐水平菇、盐水金针菇和盐水香菇等。

2. 糟汁腌制

先配制糟汁，一般配方（以 1 000 g 菇计）为：酒糟 2 g、蔗糖 80 g、糖 250 g、食盐 180 g、味精 16 g、辣椒粉 8 g、35%酒精 220 mL、山梨酸钾 2.8 g。将上述各料混合均匀后备用。

将冷却后的菇体放入陶瓷容器中，撒一层糟汁腌制剂放一层菇体，依次重复地摆放下去，直到放完为止。糟汁腌制好后，每天翻动 1 次，7 d 后腌制结束。糟制最好在低温下进行，因为高温下糟制微生物活动频繁，糟制品易腐败变质。

3. 酱汁腌制

先配酱汁，腌制 1 000 g 菇的酱汁配方为：豆酱 2000 g、食醋 40 mL、柠檬酸 0.2 g、蔗糖 400 g、味精 8 g、辣椒粉 4 g、山梨酸钾 3 g。将上述各料充分混合备用。

腌制时，操作方法与糟汁腌制法相同，也要在陶瓷容器中腌制，一层酱汁一层菇摆放。

4. 醋汁腌制

腌制 100 g 食用菌的醋汁配方为：醋精 3 mL、月桂叶 0.2 g、胡椒 1 g、石竹 1 g。

将调料一并放入沸水中搅混，同时放入菇体，煮沸 4 min，然后取出菇体，装进陶瓷或搪瓷容器中，再注入煮沸过的、浓度为 15%～18%的醋汁，最后密封保存。

三、制罐加工

制罐加工也称罐藏，食用菌罐藏就是将新鲜的食用菌经过一定的预处理，装入特制的容器中，经过排气、密封和杀菌等工艺，使其能在较长时间内保藏的加工方法。用这种方法保藏的产品称食用菌罐头。

（一）制罐加工原理

罐藏食用菌产品之所以能较长时间保藏，一方面是密封的罐藏容器隔绝了外界的空气和各种微生物，另一方面是密闭在容器里的食用菌产品经过杀菌处理，罐内微生物营养体被完全杀死，极少数幸存的好气性微生物因罐内缺氧而无法活动，但当厌气性微生物存在时依然有变质的风险。一般来说，罐藏食用菌产品的保藏期限是 2 年。

（二）制罐加工工艺流程

制罐加工工艺流程为：原料验收→护色装运→漂洗→预煮（漂烫）→冷却→修整、分级→装罐、注汁→排气密封→杀菌→排气。

排气是指罐头密封时将罐内空气排除掉，使罐内产生部分真空状态。一般在注入汤汁后，应迅速加热排气或抽气密封，使食用菌产品与外界隔绝。应尽可能地提高杀菌温度和缩短杀菌时间，宜采用高温瞬时杀菌。杀菌结束应立即冷却，以淋水滚动冷却为好。玻璃罐冷却时，应分不同温度阶段降温，每个阶段相差 20 ℃，以防破损。高压杀菌后采用反压冷却方式较好，即在杀菌锅内采用压缩空气或反压水冷却。

在罐头类食品中，金属罐和玻璃瓶是常见的包装容器，近年来塑料薄膜及塑料金属复合薄膜包装的软罐头产品开始出现。

四、食用菌深加工

食用菌深加工是指利用食用菌的菌丝体或子实体作为主要原料，生产食品、饮料、医药、调味品等食用菌产品的加工工艺。

食用菌深加工的原料可以是食用菌子实体、液体或固体培养的菌丝体，也可以是子实体下脚料，如双孢菇、香菇、平菇、黑木耳、银耳、猴头、茯苓、灵芝、灰树花、蛹虫草等许多食用菌，都可加工开发。将干净的子实体、粉末或提取液，按成品要求加入米、面中，制成时令点心和滋补食品。以传统工艺制成各种糕饼、面粥，如香菇面包、八宝粥、双孢菇挂面等；食用菌饮料主要有食用菌酒、食用菌汽水、食用菌可乐、食用菌冲剂、食用菌茶等；食用菌调味品主要有食用菌酱油、食用菌醋、麻辣酱、调味汁、方便汤料等；保健药品主要有灰树花多糖胶囊、香菇多糖口服液、灵芝破壁孢子粉胶囊、灵芝切片保健茶、蛹虫草胶囊、灵芝虫草酒、天麻茶等。

食用菌深加工食品的研制成功，不仅为人们生活增添了新的美食及保健佳品，而且通过加工增值，可促进食用菌产业的发展，形成食用菌生产、产品加工、内销外贸一体化的产业化格局，为今后食用菌的生产开发提供一条高效发展模式，使食用菌产业进入一个高层次发展水平，产生更大的效益。

任务一　羊肚菌干制技术

羊肚菌鲜菇货架期短，且菇帽易碎不耐运输。羊肚菌 80%以上是以干制品形式销售。

干制生产工艺：物料准备→修剪菌柄→装盘入烘箱→温度控制→升温排湿→强化烘干排湿→高温干燥→回软→分级→贮藏。

一、物料准备

羊肚菌适时采收是加工优质干羊肚菌的关键环节之一。采收过早会导致产量低、品质差，采收过晚则菌盖营养成分低，羊肚菌菌盖棱纹与凹坑明显、菌盖颜色由灰褐色变为黄褐色或黑色时为采收适期。

采收前 1 d 禁止浇水，采收时用刀片沿菌柄基部采下，采大留小，确保菇体不带泥土。采收用的篮子（或筐）底部应铺放干净卫生纸或茅草等物品，将羊肚菌按顺序整齐排放，尽量轻拿轻放，积压不得过厚。搬运或置换周转筐时，应避免碰压变形或破损。羊肚菌采收后应在 6 h 内进行烘干，如果有冷藏条件，保存时间可适当延长，但一般不超过 24 h。

二、修剪菌柄

烘干前需对羊肚菌菌柄进行修剪，菌柄长短应根据子实体形态、菌肉薄厚等具体情况来确定。根据留柄长度，一般分为剪平脚、剪半脚、留全脚 3 种方法。

1. 剪平脚

对于菇体个大、色深、尖顶、菌肉厚而紧实、菌盖达 5 cm 以上的羊肚菌，留 0.5 cm 左右长柄，切口剪平，即为平脚菇，此类菇价格昂贵。

2. 剪半脚

对于菌盖大、色深，菌盖达 3～5 cm，但菌肉薄、松软的羊肚菌，剪去羊肚菌菌柄的一半，留 1.5～2.0 cm 长的菌柄。

3. 留全脚

羊肚菌菌盖长度小于 3 cm，且菌肉薄、菌柄长的羊肚菌，则剪去带泥土部分，菌柄尽可能长一些，即留全脚。

三、装盘入烘箱

将修剪好的羊肚菌按等级、均匀排放于烘盘上，菌柄朝下，均匀摆放，不可重叠积压，以防伤菇而影响质量。羊肚菌装盘后送入烘箱烘烤(图 27-1)。应把大而厚及水分含量较高的放在上层，小而薄及含水量较低的放在下层。一般摆放 8～10 层。若摆放过多，则易使上层、中层、下层的物料受热温度不均匀。每层的间距应为 30 cm。

图 27-1　装盘入烘箱

四、温度控制

最适起始烘干温度为 35 ℃，湿度控制在 70%以内，维持 3 h 左右，低温有利于羊肚菌定形、护色，子实体形状饱满。

五、升温排湿

采取缓慢升温的方法，每隔 2 h 控制温度升高 3～5 ℃，温度上升至 45 ℃时，湿度控制到 55%左右，约 2 h，此时菇体水分减少，有明显收缩，但手捏不会有水滴下。

六、强化烘干排湿

温度升至 48～50 ℃，湿度控制在 35%左右，继续烘烤 3～4 h，进行强化烘干排湿，直至菇体基本干透，但此时尚未完全干透，手捏菌柄与菌盖结合处发软。

七、高温干燥

最后温度上升至 53～55 ℃，湿度降至 15%以内，进行高温干燥，直至羊肚菌彻底干燥，菇体含水量降至 12%。

八、回软

羊肚菌烘干完成后，不要急于马上装袋，在空气中静置10～20 min，使其表面微微回软，以免在装袋过程中因过脆导致菇体破碎。

九、分级

1. 一等菇

尖顶、无杂质、无虫蛀、无霉变、菌肉厚、香气浓郁、朵形完整，均匀一致；菌柄长度小于1 cm，菌盖直径大于2 cm，菌盖长度6～10 cm，菌盖深褐色至黑色，菌柄白色或米白色。

2. 二等菇

尖顶、无杂质、无虫蛀、无霉变、菌肉厚、香气浓郁、朵形完整、均匀一致；柄长1～2 cm，菌盖直径1.5～2 cm，菌盖长度5～7 cm，菌盖深褐色至黑色，菌柄白色或米白色。

3. 三等菇

无杂质、有损伤、无虫蛀、无霉变、朵形基本完整、肉稍薄，菌柄长度2～4 cm、菌盖直径1.5 cm、菌盖长度3～5 cm，菌盖灰褐色、深褐色至黑色，菌柄白色或黄白色。

4. 等外品

无杂质、朵形破损不完整，无虫蛀、无霉变、无异味、有香味，肉薄，允许有少量白菌霉盖灰褐色、深褐色至黑色，菌柄白色或黄白色。

十、贮藏

羊肚菌烘干后，如果不妥善贮藏，很容易返潮。特别是在雨季气温高、湿度大时更容易引起霉变及虫蛀。所以羊肚菌烘干后，要迅速分等级装入塑料袋中，再放入一小包无水氯化钠，避免菇体变色，同时防止害虫产卵和孵化。

任务二　秀珍菇盐渍技术

秀珍菇盐渍技术生产工艺：分级→漂洗→漂烫（杀青）→冷却→盐渍→调酸装桶。

1. 设备设施准备

盐渍加工场应设置选菇分级台、漂洗池、杀青锅、冷却槽、盐渍池或盐渍缸、盐库和成品包装库等配套设施。

用具：不锈钢剪或刀、铝锅、波美计、pH试纸、竹编盖、多孔铝盆或塑料盒、铝勺、塑料包装桶等。尽可能不使用铁制品工具、容器。

2. 材料

应选购精制盐（图27-2）。低质晒盐，往往杂质含量较高，常混有嗜盐细菌、酵母等。若要使用这种盐，则应将食盐放入缸中，冲入沸水，使食盐溶解澄清，并用纱布过滤后再使用。

图 27-2　秀珍菇盐渍

一、分级

鲜菇采摘后，剔除有病虫为害的个体，削去菇柄蒂，按加工的不同标准分级。

大菇的叶片直径为 5～6 cm，菌柄长度<4 cm；

中菇的叶片直径为 4～5 cm，菌柄长度<3.5 cm；

小菇的叶片直径为 2.5～4 cm，菌柄长度<3 cm。

二、漂洗

清洗护色，分级后尽快用 0.5%盐水或 0.02%焦亚硫酸钠溶液进行漂洗，以除去菇体外表杂质。用于漂洗的盐水浓度不应超过 0.6%，过浓则易导致菇体发红，若用焦亚硫酸钠漂洗，则应先放在 0.02%焦亚硫酸钠溶液中漂洗干净，然后再置入 0.05%焦亚硫酸钠溶液中护色 10 min。漂洗后用清水冲洗 3～4 次。

三、漂烫

鲜菇漂洗后，及时捞出，并投入 10%沸腾盐水中杀青。每 100 kg 开水一次煮菇 40 kg，并使水温保持在 98 ℃以上。杀青过程中要尽量使菇体全部淹没，并用工具上下搅动，应时常用漏勺捞出泡沫。时间因菇体大小而异，一般需 3～4 min。

判断方法：将样菇投入冷水中，菇体沉底，抛开后，菇体内外颜色一致，若不具备这些特点，则未熟，若杀青不足，在保藏过程中会变色，甚至腐烂；时间过长，菇体熟烂，会变得软绵。

四、冷却

将杀青后的菇体及时投入凉水（或流动冷水）中冷却。当菇体温度降低至室温时，方可捞出盐渍。

五、盐渍

盐渍可采用一次盐渍法或二次盐渍法，分级后分别装缸。

1. 一次盐渍法

此法又可分为层盐层菇法和盐菇混拌法。

(1)层盐层菇法：先在缸底铺一层 1～2 cm 厚的食盐，然后铺一层 2～3 cm 厚的菇，依此反复至装满缸，然后用重物压紧，注入饱和食盐水淹没菇体，防止腐烂变色。此法菇盐用量比为 10∶7左右，腌制 25～30 d 即可取出装桶。

(2)盐菇混拌法：按 1 kg 菇 0.4 kg 食盐的比例，将盐与菇充分拌匀后，装入缸内盐渍，其他处理同层盐层菇法。

2. 二次盐渍法

第 1 次盐渍 1 d 后倒一次缸(即将菇体捞出，上下翻动后装缸或换上新盐水再装缸盐渍)，第 2 次盐渍 20 d。此法菇盐用比为 10∶4。其他处理同一次盐渍法。

六、调酸装桶

将盐渍好沥干水的菇体装入塑料桶中，每桶装 70 kg，边装边均匀地撒些精盐，上面用盐盖顶，每桶用盐量为 5 kg。最后注入饱和盐水。为保证成品菇品质稳定，应在饱和食盐水中加入调酸剂。调酸剂的配制：柠檬酸、偏磷酸钠、明矾按 42∶50∶8进行配比混合，用饱和盐水溶解而成，pH 为 3.5～4，将配好的溶液注入装有菇体的塑料桶中，再将塑料桶盖紧，最后放入铁桶中盖好盖子，桶外标明品名、等级、自重、净重和产地，即可储存或外销。

任务三　双孢菇罐头加工技术

双孢菇罐头加工工艺流程为：选料→漂洗、整理→护色→烫漂→冷却分级→装罐→排气、封罐→杀菌→冷却→抽检。

一、选料

制罐用菇应选择新鲜，菇形圆整，质地致密，色泽洁白，无病虫害，菌柄切面平整的纽扣菇和整菇(直径 2～4 cm)作加工原料。削平菌柄，柄长不超过 0.8 cm。

二、漂洗、整理

将选好的菇体倒入流水槽内(软水)，迅速洗去泥沙、杂质，捞出后进行护色处理(图 27-3)。

图 27-3　漂洗、整理

三、护色

稀盐溶液处理：双孢菇采摘后，立即浸入0.6%～0.8%食盐溶液中，可减缓加工前变色。虽然20%的食盐溶液对酚酶钝化作用效果更好，但会严重影响双孢菇的风味与品质，所以要采用低盐溶液浸泡。从浸泡到加工，不得超过6 h。

1. 亚硫酸溶液处理

生产上常用300～500 mg/L浓度的亚硫酸溶液作保护色剂，将双孢菇装入有孔容器内，在保护色液中浸1～2 min，随即捞起、沥干，装入套有聚乙烯塑料薄膜袋的箱中运到工厂。在工厂内处理时，沥干后直接进行烫煮。按照中国食品卫生法规定，二氧化硫残留量不得超过30 g/m^3，部分国家已禁止使用亚硫酸盐护色。

2. 硫代硫酸钠处理

使用浓度为100～500 mg/L，处理时间为40 min至3 h，至双孢菇成纯白色为止。若漂白剂使用过多，对风味会有一定的影响。

四、烫漂

利用蒸汽预煮机，在温度为96～98 ℃的范围内处理5～15 min，双孢菇滴下的汁液可回收做罐头的填充液。

用连续预煮机或不锈钢夹层锅，先将2%浓度的盐水（或0.1%柠檬酸的自来水）在锅内烧开，投入双孢菇，水与菇比为3:2，水温85～90 ℃，处理5～8 min，并不断撇去上浮的泡沫。无论采用哪种方法，都应以菇体熟透为准，否则，制成罐头失重较多，容易变质。

五、冷却分级

烫漂后立即投入流水或冷水、冷风中冷却，时间以30～40 min为宜，并按大小进行分级、选拣，分级可采用滚筒式或机械振荡式分级。然后进行选拣，分成纽扣菇、整菇、片菇、碎菇4档，有的则需要修剪或切开。

六、装罐

菇体烫漂冷却后按等级装入已消毒的空罐，要求大小均匀，不得混级，排放整齐，同时注入罐液，注意每罐不可装得太满，要距盖留8～10 mm的空隙。由于在灭菌时还要收缩，所以在

图 27-4　装罐

装菇体时，应按标准计算多加 4.7%～8.7%，然后加入汤汁(图 27-4)。汤汁配方：清水(软水) 97.5%，精盐 2.5 kg，柠檬酸 50 g。加热 90 ℃以上，用纱布过滤，注入时汤汁温度不低于 70 ℃。分装时，应按各种罐号规定称量装足。

七、排气、封罐

排气方法有两种，过去多用加热排气法，在排气箱内通入蒸汽，使罐内中心温度达到 75～80 ℃，排气后立即用手扳式封口机密封。现在多用半自动真空封罐机或自动真空封罐机，抽真空和密封是同步完成的，不需要加热排气。

八、杀菌

封罐后应尽快杀菌，食用菌罐头通常采用高压蒸汽杀菌。在完全密封的条件下，加压升温，温度一般控制在 121～127 ℃，高温高压灭菌 60 min。

九、冷却

一般采用加压冷却。罐头的冷却水要求符合生产用水标准，活细菌数不得超过 50 个/mL，最好使用氧化处理的冷却水。玻璃罐的冷却水温度要逐步降低，以免玻璃罐破裂。

十、抽检

待罐头冷却到 35～40 ℃，将罐头取出擦干，置于保温室中保温培养 1 周，然后抽样检查，打印标记后，即可包装入库贮藏或销售(图 27-5)。

图 27-5 双孢菇罐头

思考与练习

1. 食用菌干制、盐渍的原理是什么？
2. 食用菌常见加工方法有哪些？
3. 简述羊肚菌干制技术。
4. 简述秀珍菇盐渍技术。
5. 简述双孢菇罐头加工技术。

附　录

附表一　农作物秸秆及副产品的化学成分

%

种类	水分	粗蛋白	粗脂肪	粗纤维（含木质素）	无氮浸出物（含可溶性糖类）	粗灰分
(一)秸秆类						
稻草类	13.4	1.8	1.5	28.0	42.9	12.4
小麦秆	10.0	3.1	1.3	32.6	43.9	9.1
大麦秆	12.9	6.4	1.6	33.4	37.8	7.9
玉米秆	11.2	3.5	0.8	33.4	42.7	8.4
高粱秆	10.2	3.2	0.5	33.0	48.5	4.6
黄豆秆	14.1	9.2	1.7	36.4	34.2	4.4
棉　秆	12.6	4.9	0.7	41.4	36.6	3.8
棉籽壳	13.6	5.0	1.5	34.5	39.5	5.9
甘薯藤(鲜)	89.7	1.2	0.1	1.4	7.4	0.2
花生藤	11.6	6.6	1.2	33.2	41.3	6.1
(二)副产品类						
稻　壳	6.7	2.0	0.6	45.3	28.5	16.9
统　糠	13.4	2.2	2.8	29.9	38.0	16.9
细米糠	9.0	9.4	15.0	11.0	46.0	9.6
麦　麸	12.1	13.5	3.80	10.4	55.4	4.8
玉米芯	8.7	2.0	0.7	28.2	58.4	2.0
花生壳	10.1	7.7	5.9	59.9	10.4	6.0
玉米糠	10.7	8.9	4.2	1.7	72.6	1.9
高粱糠	13.5	10.2	13.4	5.2	50.0	7.7
豆　饼	12.6	35.9	6.9	4.6	34.9	5.1
豆　渣	7.4	27.7	10.1	15.3	36.3	3.2
菜籽饼	4.6	38.1	11.4	10.1	29.9	5.9
芝麻饼	7.8	39.4	5.1	10.0	28.6	9.1
酒　糟	16.7	27.4	2.3	9.2	40.0	4.4
淀粉渣	9.8	11.5	0.7	27.3	47.8	2.9
蚕豆壳	7.6	18.5	1.1	26.5	43.2	3.1
废　棉	12.5	7.9	1.6	38.5	30.9	8.6
棉仁粕	10.7	32.6	0.6	13.6	36.9	5.6

续附表一

种类	水分	粗蛋白	粗脂肪	粗纤维（含木质素）	无氮浸出物（含可溶性糖类）	粗灰分
（三）谷类、薯类						
稻　谷	12.9	9.1	2.4	8.9	61.3	5.4
大　麦	14.5	10.0	1.9	4.0	67.1	2.5
小　麦	13.5	10.7	2.2	2.8	68.9	1.9
黄　豆	12.4	36.6	14.0	3.9	28.9	4.2
玉　米	12.6	9.6	5.6	1.5	69.7	1.0
高　粱	12.5	8.7	3.5	4.5	67.6	3.2
小　米	13.3	9.8	4.3	8.5	61.9	2.2
马铃薯	75.0	2.1	0.1	0.7	21.0	1.1
甘　薯	9.8	4.3	0.7	2.2	80.7	2.3
（四）其他						
血　粉	14.3	80.4	0.1	0	1.4	3.8
鱼　粉	9.8	62.6	5.3	0	2.7	19.6
蚕　粪	10.8	13.0	2.1	10.1	53.7	10.3
槐树叶粉	11.8	18.4	2.6	9.5	42.5	15.2
松针粉	16.7	9.4	5.0	29.0	37.4	2.5
木　屑	—	1.5	1.1	71.2	25.4	—
蚯蚓粉	12.6	59.5	3.3	—	7.0	17.6
芦　苇	—	7.3	1.2	24.0	—	12.2

（表中的成分含量仅为参考数据）

附表二　各种培养料的碳氮比(C/N)

种类	C含量/%	N含量/%	C/N
木　屑	49.18	0.10	491.80
栎落叶	49.00	2.00	24.50
稻　草	45.39	0.63	72.05
大麦秆	47.03	0.64	73.58
玉米秆	43.30	1.67	25.93
小麦秆	47.03	0.48	97.98
稻　壳	41.64	0.64	65.06
马　粪	11.60	0.55	21.09
猪　粪	25.00	0.56	44.64
黄牛粪	38.60	1.78	21.69
水牛粪	39.78	1.27	31.32
奶牛粪	31.79	1.33	23.90
羊　粪	16.24	0.65	24.98
兔　粪	13.70	2.10	6.52
鸡　粪	4.10	1.30	3.15
纺织屑(废棉)	59.00	2.32	25.43
沼气肥	22.00	0.70	31.43
花生饼	49.04	6.32	7.76
大豆饼	47.46	7.00	6.78

附表三　常见消毒剂使用方法

消毒剂名称	用途	用量和使用方法	注意事项
甲醛溶液 (CH_2O)	空间或表面消毒	熏蒸 8～10 mL/m^3，喷雾 2%溶液	1. 有白色沉淀时加几滴硫酸溶解 2. 注意皮肤和眼睛的防护 3. 先用来苏尔溶液空间喷雾再用甲醛熏蒸效果更好
硫黄(S)	空间消毒	15～20 g/m^3燃烧熏蒸	1. 消毒时先喷水预湿 2. 金属用具易锈蚀，应防护
乙醇(C_2H_2OH)	手及器皿表面消毒	70%～75%	易燃，注意按实验室操作方法使用
高锰酸钾 ($KMnO_4$)	1. 甲醛熏蒸助蒸剂 2. 使用期间表面消毒	1. 5 mL/m^3 2. 0. 1%～0. 2%水溶液	随用随取随配
来苏尔 ($C_6H_4CH_3OH$)	手和器皿表面消毒，空间喷雾	1. 浸泡容器用 3%水溶液，时间 1 h 2. 洗手和空间喷雾用 2%水溶液	具有腐蚀性，对黏膜和皮肤由刺激作用，避免接触皮肤和误服
新洁尔灭	皮肤和不耐热的器皿表面消毒	0. 1%～0. 25%水溶液	系阳离子表面活性剂，避免与阴离子表面活性剂(如肥皂、合成洗涤剂等)合用
石炭酸 (C_6H_5OH)	空间和表面消毒	5%水溶液	对皮肤由腐蚀作用，避免接触皮肤
过氧乙酸 ($C_2H_4O_3$)	1. 手及器皿表面消毒 2. 空间消毒	1. 表面消毒，0. 2%～0. 5% 水溶液浸洗 2. 空间消毒，先用 0. 5%水溶液喷雾增湿，再用 20%药液 5 mL/m^3熏蒸	勿与碱性药品混合
烟雾消毒剂 (含氯量>48%)	空间消毒	3～4 g/m^3燃烧熏蒸	1. 消毒空间先喷水预湿 2. 用火星点燃本品，密闭 30 min 即可 3. 贮存于阴凉干燥处，慎防水火侵袭
漂白粉	在水溶液中放出有效氯，破坏细菌酶的活性而致死亡。能杀灭各种致病菌、病毒、芽孢	1%～3% 澄清液喷洒(100～300 mL/m^3)后通风 0. 5%～1%的漂白粉溶液能在 1～5 min 内杀死大部分细菌	配置的澄清液性质不稳定，密闭保存时间不可超过 1 周；有腐蚀及褪色作用，不易用于金属制品、有色衣物及油漆家具。布类消毒后应立即清洗，以防被腐蚀

参考文献

[1] 边银丙. 食用菌栽培学[M]. 北京：高等教育出版社，2017.

[2] 黄毅. 食用菌栽培(全一册)[M]. 3 版. 北京：高等教育出版社，2023.

[3] 闵华. 食用菌生产技术[M]. 北京：中国农业大学出版社，2023.

[4] 杨桂梅，崔兰舫. 食用菌生产与加工[M]. 北京：中国农业大学出版社，2021.

[5] 谭伟. 食用菌优质生产关键技术[M]. 北京：中国科学技术出版社，2019.

[6] 牛贞福，刘文宝. 食用菌生产技术[M]. 济南：山东城市出版传媒，2019.

[7] 陈俏彪. 食用菌生产技术[M]. 北京：中国农业出版社，2019.

[8] 高霞，高瑞杰. 珍稀食用菌安全高效栽培技术[M]. 北京：中国农业出版社，2020.

[9] 国淑梅，牛贞福，等. 食用菌高效栽培关键技术[M]. 北京：机械工业出版社，2020.

[10] 郭士环，郭士晶. 食用菌栽培技术[M]. 北京：中国农业出版社，2019.

[11] 李玉，刘淑艳. 菌物学[M]. 北京：科学出版社，2015.

[12] 张金霞，赵永昌. 食用菌种质资源学[M]. 北京：科学出版社，2017.

[13] 胡永锋，才伟丽，何斌. 食用菌高效栽培与病虫害绿色防控[M]. 北京：中国农业科学技术出版社，2019.

[14] 宋金娣，曲绍轩，马林. 食用菌病虫识别与防治原色图谱[M]. 北京：中国农业出版社，2013.

[15] 李明，等. 食用菌病虫害防治关键技术[M]. 北京：中国三峡出版社，2006.

[16] 边银丙. 食用菌病害鉴别与防控[M]. 郑州：中原农民出版社，2016.

[17] 崔颂英. 食用菌生产与加工[M]. 北京：中国农业大学出版社，2007.

[18] 刑作山，李洪忠，陈长青，等. 食用菌干制加工技术[J]. 中国食用菌，2009(3)：56-57.

[19] 黄毅. 食用菌工厂化栽培[M]. 福州：福建科学技术出版社，2014.

[20] 孟国庆，侯俊，刘国宇，等. 食用菌工化栽培技术图解[M]. 北京：化学出版社，2021.

[21] 高春燕，王朝，李慧，等. 平菇优质生产技术[M]. 北京：中国科学技术出版社，2017.

[22] 贺新生. 羊肚菌生物学基础、菌种分离制作与高产栽培技术[M]. 北京：科学出版社，2017.

[23] 刘伟，张亚，何培新. 羊肚菌生物学与栽培技术[M]. 长春：吉林科学技术出版社，2017.

[24] 吕作丹，刘卿，姚志伟，等. 灵芝、北虫草高效栽培与加[M]. 北京：化学工业出版社，2013.

[25] 董彩虹，李文佳，李增智. 我国虫草产业发展现状、问题及展望——虫草产业发展金湖宣言[J]. 菌物学报，2016，35(1)：1-15.

[26] 刘海强，肖奎，李翔，等. 杏鲍菇冷链保鲜及商品化处理技术[J]. 农产品加工，2015(6)：42-44.

[27] 孙军国.北方地区杏鲍菇周年工厂化生产技术[J],农艺农技,2018(7):23-24,27.
[28] 吴建坤,龚翔,等.杏鲍菇工厂化高效栽培关键技术要点[J],南方农业,2019,13(27):1-2.
[29] 张功友.承德地区双层拱棚栽培错季香菇新技术要点[J].中国农业文摘——农业工程,2017(3):70-71.
[30] 李钦艳,黄坚,钟莹莹,等.夏季香菇的代料栽培[J].食用菌,2018,26(4):259-262.
[31] 李术臣,刘光东,杨文平,等.北方反季层架立体栽培香菇关键技术[J].食用菌,2018(1):56-57.
[32] 马雪梅,安玉森,李艳华,等.小孔单片黑木耳栽培技术[J].黑龙江农业科学,2012(2):160-161.
[33] 王延锋,戴元平,徐连堂,等.黑木耳棚室立体吊袋栽培技术集成与示范[J].中国食用菌,2014(1):30-33.
[34] 沈敏.双孢菇高产优质工厂化生产技术[J].安徽农学通报,2017(02-03):35.
[35] 黄建春,沈新芬,蔡斌强,等.双孢蘑菇打包料工厂化栽培技术规程[J].食用菌,2019,41(1):61-62.